矿山救援队应急救援人员培训教材

矿山救援队指挥员

应急管理部信息研究院　组织编写
刘　远　王应德　主　　编

应急管理出版社
·北　京·

图书在版编目（CIP）数据

矿山救援队指挥员 / 应急管理部信息研究院组织编写 ; 刘远，王应德主编. -- 北京 : 应急管理出版社，2024. -- （矿山救援队应急救援人员培训教材）.

ISBN 978－7－5237－0657－2

Ⅰ. TD77

中国国家版本馆 CIP 数据核字第 2024EG8144 号

矿山救援队指挥员（矿山救援队应急救援人员培训教材）

组织编写 应急管理部信息研究院
主　　编 刘　远　王应德
责任编辑 杨晓艳
责任校对 赵　盼
封面设计 解雅欣

出版发行 应急管理出版社（北京市朝阳区芍药居 35 号　100029）
电　　话 010－84657898（总编室）　010－84657880（读者服务部）
网　　址 www.cciph.com.cn
印　　刷 海森印刷（天津）有限公司
经　　销 全国新华书店

开　　本 $787mm \times 1092mm^{1}/_{16}$　**印张** $24^{1}/_{2}$　**字数** 578 千字
版　　次 2024 年 11 月第 1 版　2024 年 11 月第 1 次印刷
社内编号 20231440　**定价** 78.00 元

编　委　会

主　　编　刘　远　王应德

副 主 编　刘　涛　王金波　张　举

参编人员（按姓氏笔画排序）

王海宽　王智恒　田　松　冯则君　冯秋登
刘晓强　李　超　李　晶　李云婷　李旭阳
李振豪　杨东锋　张宇龙　陈　娟　陈付清
陈永辉　陈晓江　陈新宇　庞　龙　孟丽洁
高玉忠　樊子铭

前　言

为适应矿山救援培训工作的需要，应急管理出版社组织矿山应急救援方面的专家、教师、矿山救援队应急救援人员和工程技术人员等，编写了矿山救援队应急救援人员培训教材《矿山救援队指挥员》。

本书在编写过程中认真贯彻落实“安全第一、预防为主、综合治理”的方针，以人为本，坚持人民至上、生命至上，贯彻科学施救原则，遵循《矿山救援规程》，紧扣《矿山救援培训大纲及考核规范》，在继承的基础上发扬，在总结的基础上创新。从救援规范到组织管理，从救援措施到应急预案，从专业知识到救援决策，从理论技术到装备管理，认真总结和吸取矿山救援工作经验和教训，使矿山救援队指挥员牢固树立“生命至上、科学救援”理念，熟练掌握救援知识和技能，从而达到快速、安全、有效处置矿山生产安全事故，保护矿山从业人员和应急救援人员生命安全的目的。

本书全面吸收、融汇了新的救援理念和技术，如救援心理训练、领导艺术、矿山救援信息化技术等方面的内容。本书内容朴实，理念先进，措施规范，具有较强的系统性、科学性、专业性、指导性和实用性。

本书主要内容包括：矿山安全生产法律标准、矿山救援规程规范、矿山救援队的组织与管理、矿山救援行动计划及安全措施、应急救援决策指挥技术、应急预案编制与管理、矿井通风理论与灾变通风技术、矿山灾害事故应急救援技术、矿山事故隐患排查与治理、地面火灾处理技术、领导科学与艺术、自我防护技术、救援心理训练、现场急救与自救互救、矿山安全生产技术、矿山救援信息化技术，以及矿山救援装备（仪器）的使用与管理。同时，为便于教师授课和学员课后复习，本书编写采用章、节、目的叙述形式，并附有复习题，微信扫描二维码可以进行随机答题。为增加学习的趣味性，部分章节还配有视频资料，读者可通过微信扫描书中的二维码免费获取。

本书主要由国家矿山救援平顶山培训中心、国家矿山应急救援开滦队、平顶山工业职业技术学院编写，本书的编写工作得到了众多单位领导和专家的支持与帮助，编写中还参考整合了相关专著、教材、刊物及网络资源，在此，一并表示衷心感谢。

由于时间紧迫及水平所限，书中难免有疏漏和不足之处，敬请读者批评指正并提出宝贵意见，以便修订再版时予以完善和改进。

题库

目　录

第一章　矿山安全生产法律标准

为加强和规范矿山应急救援工作，提高相关人员防范和处置各类突发事件的能力，最大限度地预防和减少突发事件及其造成的损害和影响，保障人民群众生命财产安全，维护国家安全和社会稳定，国家及有关部门相继出台了一系列法律、行政法规和部门规章，为矿山安全生产及应急救援工作提供了坚实的法治保障。

第一节　中华人民共和国安全生产法

《中华人民共和国安全生产法》（以下简称《安全生产法》）是为了加强安全生产工作，防止和减少生产安全事故，保障人民群众生命和财产安全，促进经济社会持续健康发展而制定的国家法律。《关于修改〈中华人民共和国安全生产法〉的决定》于 2021 年 6 月 10 日由第十三届全国人民代表大会常务委员会第二十九次会议通过，自 2021 年 9 月 1 日起施行。

《安全生产法》分为 7 章共 119 条，主要包括总则、生产经营单位的安全生产保障、从业人员的安全生产权利义务、安全生产的监督管理、生产安全事故的应急救援与调查处理、法律责任和附则等内容。

一、《安全生产法》为安全生产工作指明了方向、提供了根本遵循

第三条　安全生产工作坚持中国共产党的领导。

安全生产工作应当以人为本，坚持人民至上、生命至上，把保护人民生命安全摆在首位，树牢安全发展理念，坚持安全第一、预防为主、综合治理的方针，从源头上防范化解重大安全风险。

安全生产工作实行管行业必须管安全、管业务必须管安全、管生产经营必须管安全，强化和落实生产经营单位主体责任与政府监管责任，建立生产经营单位负责、职工参与、政府监管、行业自律和社会监督的机制。

二、《安全生产法》明确了国家对参加抢险救护等方面取得显著成绩的单位和个人给予奖励

第十八条　国家鼓励和支持安全生产科学技术研究和安全生产先进技术的推广应用，提高安全生产水平。

第十九条　国家对在改善安全生产条件、防止生产安全事故、参加抢险救护等方面取得显著成绩的单位和个人，给予奖励。

三、《安全生产法》为生产安全事故的应急救援和调查处理提供了法律保障

第七十九条　国家加强生产安全事故应急能力建设，在重点行业、领域建立应急救援基地和应急救援队伍，并由国家安全生产应急救援机构统一协调指挥；鼓励生产经营单位和其他社会力量建立应急救援队伍，配备相应的应急救援装备和物资，提高应急救援的专业化水平。

国务院应急管理部门牵头建立全国统一的生产安全事故应急救援信息系统，国务院交通运输、住房和城乡建设、水利、民航等有关部门和县级以上地方人民政府建立健全相关行业、领域、地区的生产安全事故应急救援信息系统，实现互联互通、信息共享，通过推行网上安全信息采集、安全监管和监测预警，提升监管的精准化、智能化水平。

第八十条　县级以上地方各级人民政府应当组织有关部门制定本行政区域内生产安全事故应急救援预案，建立应急救援体系。

乡镇人民政府和街道办事处，以及开发区、工业园区、港区、风景区等应当制定相应的生产安全事故应急救援预案，协助人民政府有关部门或者按照授权依法履行生产安全事故应急救援工作职责。

第八十一条　生产经营单位应当制定本单位生产安全事故应急救援预案，与所在地县级以上地方人民政府组织制定的生产安全事故应急救援预案相衔接，并定期组织演练。

第八十二条　危险物品的生产、经营、储存单位以及矿山、金属冶炼、城市轨道交通运营、建筑施工单位应当建立应急救援组织；生产经营规模较小的，可以不建立应急救援组织，但应当指定兼职的应急救援人员。

危险物品的生产、经营、储存、运输单位以及矿山、金属冶炼、城市轨道交通运营、建筑施工单位应当配备必要的应急救援器材、设备和物资，并进行经常性维护、保养，保证正常运转。

第八十三条　生产经营单位发生生产安全事故后，事故现场有关人员应当立即报告本单位负责人。

单位负责人接到事故报告后，应当迅速采取有效措施，组织抢救，防止事故扩大，减少人员伤亡和财产损失，并按照国家有关规定立即如实报告当地负有安全生产监督管理职责的部门，不得隐瞒不报、谎报或者迟报，不得故意破坏事故现场、毁灭有关证据。

第八十四条　负有安全生产监督管理职责的部门接到事故报告后，应当立即按照国家有关规定上报事故情况。负有安全生产监督管理职责的部门和有关地方人民政府对事故情况不得隐瞒不报、谎报或者迟报。

第八十五条　有关地方人民政府和负有安全生产监督管理职责的部门的负责人接到生产安全事故报告后，应当按照生产安全事故应急救援预案的要求立即赶到事故现场，组织事故抢救。

参与事故抢救的部门和单位应当服从统一指挥，加强协同联动，采取有效的应急救援措施，并根据事故救援的需要采取警戒、疏散等措施，防止事故扩大和次生灾害的发生，减少人员伤亡和财产损失。

事故抢救过程中应当采取必要措施，避免或者减少对环境造成的危害。

任何单位和个人都应当支持、配合事故抢救，并提供一切便利条件。

第八十六条 事故调查处理应当按照科学严谨、依法依规、实事求是、注重实效的原则，及时、准确地查清事故原因，查明事故性质和责任，评估应急处置工作，总结事故教训，提出整改措施，并对事故责任单位和人员提出处理建议。事故调查报告应当依法及时向社会公布。事故调查和处理的具体办法由国务院制定。

事故发生单位应当及时全面落实整改措施，负有安全生产监督管理职责的部门应当加强监督检查。

负责事故调查处理的国务院有关部门和地方人民政府应当在批复事故调查报告后一年内，组织有关部门对事故整改和防范措施落实情况进行评估，并及时向社会公开评估结果；对不履行职责导致事故整改和防范措施没有落实的有关单位和人员，应当按照有关规定追究责任。

第八十七条 生产经营单位发生生产安全事故，经调查确定为责任事故的，除了应当查明事故单位的责任并依法予以追究外，还应当查明对安全生产的有关事项负有审查批准和监督职责的行政部门的责任，对有失职、渎职行为的，依照本法第九十条的规定追究法律责任。

第八十八条 任何单位和个人不得阻挠和干涉对事故的依法调查处理。

第八十九条 县级以上地方各级人民政府应急管理部门应当定期统计分析本行政区域内发生生产安全事故的情况，并定期向社会公布。

第二节 中华人民共和国矿山安全法

《中华人民共和国矿山安全法》（以下简称《矿山安全法》）是为了保障矿山生产安全，防止矿山事故，保护矿山职工人身安全，促进采矿业的发展而制定的国家法律。《矿山安全法》于1992年11月7日由第七届全国人民代表大会常务委员会第二十八次会议通过，自1993年5月1日起施行。根据2009年8月27日第十一届全国人民代表大会常务委员会第十次会议《关于修改部分法律的决定》修正。

《矿山安全法》分为8章共50条，主要包括总则、矿山建设的安全保障、矿山开采的安全保障、矿山企业的安全管理、矿山安全的监督和管理、矿山事故处理、法律责任和附则等内容。

一、《矿山安全法》明确了对参加矿山抢险救护等方面取得显著成绩的单位和个人给予奖励

第五条 国家鼓励矿山安全科学技术研究，推广先进技术，改进安全设施，提高矿山安全生产水平。

第六条 对坚持矿山安全生产，防止矿山事故，参加矿山抢险救护，进行矿山安全科学技术研究等方面取得显著成绩的单位和个人，给予奖励。

二、《矿山安全法》对矿山事故处理方面的规定

第三十六条　发生矿山事故，矿山企业必须立即组织抢救，防止事故扩大，减少人员伤亡和财产损失，对伤亡事故必须立即如实报告劳动行政主管部门和管理矿山企业的主管部门。

第三十七条　发生一般矿山事故，由矿山企业负责调查和处理。

发生重大矿山事故，由政府及其有关部门、工会和矿山企业按照行政法规的规定进行调查和处理。

第三十八条　矿山企业对矿山事故中伤亡的职工按照国家规定给予抚恤或者补偿。

第三十九条　矿山事故发生后，应当尽快消除现场危险，查明事故原因，提出防范措施。现场危险消除后，方可恢复生产。

第三节　煤矿安全规程

《煤矿安全规程》是为保障煤矿安全生产和从业人员的人身安全与健康，防止煤矿事故与职业病危害，根据《煤炭法》《矿山安全法》《安全生产法》《职业病防治法》《煤矿安全生产条例》和《安全生产许可证条例》等制定的部门规章。《应急管理部关于修改〈煤矿安全规程〉的决定》经2021年8月17日应急管理部第27次部务会议审议通过，自2022年4月1日起施行。

《煤矿安全规程》分为6编1附则共721条，主要包括总则、地质保障、井工煤矿、露天煤矿、职业病危害防治、应急救援和附则等内容。其中，应急救援分为6章共48条，主要包括一般规定、安全避险、救援队伍、救援装备与设施、救援指挥和灾变处理等内容。

一、《煤矿安全规程》对应急救援的一般规定

第六百七十二条至第六百八十二条对煤矿企业、矿山救护队和煤矿作业人员在应急救援方面应负的责任、应做的工作等作出了一般规定。

其中，对矿山救护队的设立与出动时间作出了如下规定：

第六百七十六条　所有煤矿必须有矿山救护队为其服务。井工煤矿企业应当设立矿山救护队，不具备设立矿山救护队条件的煤矿企业，所属煤矿应当设立兼职救护队，并与就近的救护队签订救护协议；否则，不得生产。

矿山救护队到达服务煤矿的时间应当不超过30 min。

第六百八十一条　矿山救护队在接到事故报告电话、值班人员发出警报后，必须在1 min内出动救援。

二、《煤矿安全规程》对安全避险方面的规定

在安全避险方面，必须遵照第六百八十三条至第六百九十二条的规定执行。

第六百八十三条　煤矿发生险情或者事故时，井下人员应当按应急救援预案和应急指

令撤离险区，在撤离受阻的情况下紧急避险待救。

第六百八十四条　井下所有工作地点必须设置灾害事故避灾路线。避灾路线指示应当设置在不易受到碰撞的显著位置，在矿灯照明下清晰可见，并标注所在位置。

巷道交叉口必须设置避灾路线标识。巷道内设置标识的间隔距离：采区巷道不大于200 m，矿井主要巷道不大于300 m。

第六百八十五条　矿井应当设置井下应急广播系统，保证井下人员能够清晰听见应急指令。

第六百八十六条　入井人员必须随身携带额定防护时间不低于30 min的隔绝式自救器。

矿井应当根据需要在避灾路线上设置自救器补给站。补给站应当有清晰、醒目的标识。

第六百八十七条　采区避灾路线上应当设置压风管路，主管路直径不小于100 mm，采掘工作面管路直径不小于50 mm，压风管路上设置的供气阀门间隔不大于200 m。水文地质条件复杂和极复杂的矿井，应当在各水平、采区和上山巷道最高处敷设压风管路，并设置供气阀门。

采区避灾路线上应当敷设供水管路，在供气阀门附近安装供水阀门。

第六百八十八条　突出矿井，以及发生险情或者事故时井下人员依靠自救器或者1次自救器接力不能安全撤至地面的矿井，应当建设井下紧急避险设施。紧急避险设施的布局、类型、技术性能等具体设计，应当经矿总工程师审批。

紧急避险设施应当设置在避灾路线上，并有醒目标识。矿井避灾路线图中应当明确标注紧急避险设施的位置、规格和种类，井巷中应当有紧急避险设施方位指示。

第六百八十九条　突出矿井必须建设采区避难硐室，采区避难硐室必须接入矿井压风管路和供水管路，满足避险人员的避险需要，额定防护时间不低于96 h。

突出煤层的掘进巷道长度及采煤工作面推进长度超过500 m时，应当在距离工作面500 m范围内建设临时避难硐室或者其他临时避险设施。临时避难硐室必须设置向外开启的密闭门，接入矿井压风管路，设置与矿调度室直通的电话，配备足量的饮用水及自救器。

第六百九十条　其他矿井应当建设采区避难硐室，或者在距离采掘工作面1000 m范围内建设临时避难硐室或者其他临时避险设施。

第六百九十一条　突出与冲击地压煤层，应当在距采掘工作面25～40 m的巷道内、爆破地点、撤离人员与警戒人员所在位置、回风巷有人作业处等地点，至少设置1组压风自救装置；在长距离的掘进巷道中，应当根据实际情况增加压风自救装置的设置组数。每组压风自救装置应当可供5～8人使用，平均每人空气供给量不得少于0.1 m^3/min。

其他矿井掘进工作面应当敷设压风管路，并设置供气阀门。

第六百九十二条　煤矿必须对紧急避险设施进行维护和管理，每天巡检1次；建立技术档案及使用维护记录。

三、《煤矿安全规程》对救援队伍建设等方面的规定

第六百九十三条　矿山救护队是处理矿山灾害事故的专业应急救援队伍。

矿山救护队必须实行标准化、军事化管理和 24 h 值班。

第六百九十四条　矿山救护大队应当由不少于 2 个中队组成，矿山救护中队应当由不少于 3 个救护小队组成，每个救护小队应当由不少于 9 人组成。

第六百九十五条　矿山救护队大、中队指挥员应当由熟悉矿山救援业务，具有相应煤矿专业知识，从事煤矿生产、安全、技术管理工作 5 年以上和矿山救援工作 3 年以上，并经过培训合格的人员担任。

第六百九十六条　矿山救护大队指挥员年龄不应超过 55 岁，救护中队指挥员不应超过 50 岁，救护队员不应超过 45 岁，其中 40 岁以下队员应当保持在 2/3 以上。指战员每年应当进行 1 次身体检查，对身体检查不合格或者超龄人员应当及时进行调整。

第六百九十七条　新招收的矿山救护队员，应当具有高中及以上文化程度，年龄在 30 周岁以下，从事井下工作 1 年以上。

新招收的矿山救护队员必须通过 3 个月的基础培训和 3 个月的编队实习，并经综合考评合格后，才能成为正式队员。

第六百九十八条　矿山救护队出动执行救援任务时，必须穿戴矿山救援防护服装，佩戴并按规定使用氧气呼吸器，携带相关装备、仪器和用品。

四、《煤矿安全规程》对救援装备与设施方面的规定

第六百九十九条　矿山救护队必须配备救援车辆及通信、灭火、侦察、气体分析、个体防护等救援装备，建有演习训练等设施。

第七百条　矿山救护队技术装备、救援车辆和设施必须由专人管理，定期检查、维护和保养，保持战备和完好状态。技术装备不得露天存放，救援车辆必须专车专用。

第七百零一条　煤矿企业应当根据矿井灾害特点，结合所在区域实际情况，储备必要的应急救援装备及物资，由主要负责人审批。重点加强潜水电泵及配套管线、救援钻机及其配套设备、快速掘进与支护设备、应急通信装备等的储备。

煤矿企业应当建立应急救援装备和物资台账，健全其储存、维护保养和应急调用等管理制度。

第七百零二条　救援装备、器材、物资、防护用品和安全检测仪器、仪表，必须符合国家标准或者行业标准，满足应急救援工作的特殊需要。

五、《煤矿安全规程》对救援指挥方面的规定

第七百零三条　煤矿发生灾害事故后，必须立即成立救援指挥部，矿长任总指挥。矿山救护队指挥员必须作为救援指挥部成员，参与制定救援方案等重大决策，具体负责指挥矿山救护队实施救援工作。

第七百零四条　多支矿山救护队联合参加救援时，应当由服务于发生事故煤矿的矿山救护队指挥员负责协调、指挥各矿山救护队实施救援，必要时也可以由救援指挥部另行

指定。

第七百零五条 矿井发生灾害事故后，必须首先组织矿山救护队进行灾区侦察，探明灾区情况。救援指挥部应当根据灾害性质，事故发生地点、波及范围，灾区人员分布、可能存在的危险因素，以及救援的人力和物力，制定抢救方案和安全保障措施。

矿山救护队执行灾区侦察任务和实施救援时，必须至少有 1 名中队或者中队以上指挥员带队。

第七百零六条 在重特大事故或者复杂事故救援现场，应当设立地面基地和井下基地，安排矿山救护队指挥员、待机小队和急救员值班，设置通往救援指挥部和灾区的电话，配备必要的救护装备和器材。

地面基地应当设置在靠近井口的安全地点，配备气体分析化验设备等相关装备。

井下基地应当设置在靠近灾区的安全地点，设专人看守电话并做好记录，保持与救援指挥部、灾区工作救护小队的联络。指派专人检测风流、有害气体浓度及巷道支护等情况。

第七百零七条 矿山救护队在救援过程中遇到突发情况、危及救援人员生命安全时，带队指挥员有权作出撤出危险区域的决定，并及时报告井下基地及救援指挥部。

六、《煤矿安全规程》对灾变处理方面的规定

处理灾变事故时，必须遵照《煤矿安全规程》第七百零八条至第七百一十九条的规定执行。

第七百零八条 处理灾变事故时，应当撤出灾区所有人员，准确统计井下人数，严格控制入井人数；提供救援需要的图纸和技术资料；组织人力、调配装备和物资参加抢险救援，做好后勤保障工作。

第七百零九条 进入灾区的救护小队，指战员不得少于 6 人，必须保持在彼此能看到或者听到信号的范围内行动，任何情况下严禁任何指战员单独行动。所有指战员进入前必须检查氧气呼吸器，氧气压力不得低于 18 MPa；使用过程中氧气呼吸器的压力不得低于 5 MPa。发现有指战员身体不适或者氧气呼吸器发生故障难以排除时，全小队必须立即撤出。

指战员在灾区工作 1 个呼吸器班后，应当至少休息 8 h。

第七百一十条 灾区侦察应当遵守下列规定：

（1）侦察小队进入灾区前，应当考虑退路被堵后采取的措施，规定返回的时间，并用灾区电话与井下基地保持联络。小队应当按规定时间原路返回，如果不能按原路返回，应当经布置侦察任务的指挥员同意。

（2）进入灾区时，小队长在队列之前，副小队长在队列之后，返回时则反之。行进中经过巷道交叉口时应当设置明显的路标。视线不清时，指战员之间要用联络绳联结。在搜索遇险遇难人员时，小队队形应当与巷道中线斜交前进。

（3）指定人员分别检查通风、气体浓度、温度、顶板等情况，做好记录，并标记在图纸上。

（4）坚持有巷必察。远距离和复杂巷道，可组织几个小队分区段进行侦察。在所到

巷道标注留名，并绘出侦察线路示意图。

（5）发现遇险人员应当全力抢救，并护送到新鲜风流处或者井下基地。在发现遇险、遇难人员的地点要检查气体，并做好标记。

（6）当侦察小队失去联系或者没按约定时间返回时，待机小队必须立即进入救援，并报告救援指挥部。

（7）侦察结束后，带队指挥员必须立即向布置侦察任务的指挥员汇报侦察结果。

第七百一十一条　矿山救护队在高温区进行救护工作时，救护指战员进入高温区的最长时间不得超过表1－1的规定。

表1－1　救护指战员进入高温区的最长时间

温度/℃	40	45	50	55	60
进入时间/min	25	20	15	10	5

第七百一十二条　处理矿井火灾事故，应当遵守下列规定：

（1）控制烟雾的蔓延，防止火灾扩大。

（2）防止引起瓦斯、煤尘爆炸。必须指定专人检查瓦斯和煤尘，观测灾区的气体和风流变化。当甲烷浓度达到2.0%以上并继续增加时，全部人员立即撤离至安全地点并向指挥部报告。

（3）处理上、下山火灾时，必须采取措施，防止因火风压造成风流逆转和巷道垮塌造成风流受阻。

（4）处理进风井井口、井筒、井底车场、主要进风巷和硐室火灾时，应当进行全矿井反风。反风前，必须将火源进风侧的人员撤出，并采取阻止火灾蔓延的措施。多台主要通风机联合通风的矿井反风时，要保证非事故区域的主要通风机先反风，事故区域的主要通风机后反风。采取风流短路措施时，必须将受影响区域内的人员全部撤出。

（5）处理掘进工作面火灾时，应当保持原有的通风状态，进行侦察后再采取措施。

（6）处理爆炸物品库火灾时，应当首先将雷管运出，然后将其他爆炸物品运出；因高温或者爆炸危险不能运出时，应当关闭防火门，退至安全地点。

（7）处理绞车房火灾时，应当将火源下方的矿车固定，防止烧断钢丝绳造成跑车伤人。

（8）处理蓄电池电机车库火灾时，应当切断电源，采取措施，防止氢气爆炸。

（9）灭火工作必须从火源进风侧进行。用水灭火时，水流应从火源外围喷射，逐步逼向火源的中心；必须有充足的风量和畅通的回风巷，防止水煤气爆炸。

第七百一十三条　封闭具有爆炸危险的火区时，应当遵守下列规定：

（1）先采取注入惰性气体等抑爆措施，然后在安全位置构筑进、回风密闭。

（2）封闭具有多条进、回风通道的火区，应当同时封闭各条通道；不能实现同时封闭的，应当先封闭次要进回风通道，后封闭主要进回风通道。

（3）加强火区封闭的施工组织管理。封闭过程中，密闭墙预留通风孔，封孔时进、回风巷同时封闭；封闭完成后，所有人员必须立即撤出。

（4）检查或者加固密闭墙等工作，应当在火区封闭完成 24 h 后实施。发现已封闭火区发生爆炸造成密闭墙破坏时，严禁调派救护队侦察或者恢复密闭墙；应当采取安全措施，实施远距离封闭。

第七百一十四条　处理瓦斯（煤尘）爆炸事故时，应当遵守下列规定：

（1）立即切断灾区电源。

（2）检查灾区内有害气体的浓度、温度及通风设施破坏情况，发现有再次爆炸危险时，必须立即撤离至安全地点。

（3）进入灾区行动要谨慎，防止碰撞产生火花，引起爆炸。

（4）经侦察确认或者分析认定人员已经遇难，并且没有火源时，必须先恢复灾区通风，再进行处理。

第七百一十五条　发生煤（岩）与瓦斯突出事故，不得停风和反风，防止风流紊乱扩大灾情。通风系统及设施被破坏时，应当设置风障、临时风门及安装局部通风机恢复通风。

恢复突出区通风时，应当以最短的路线将瓦斯引入回风巷。回风井口 50 m 范围内不得有火源，并设专人监视。

是否停电应当根据井下实际情况决定。

处理煤（岩）与二氧化碳突出事故时，还必须加大灾区风量，迅速抢救遇险人员。矿山救护队进入灾区时要戴好防护眼镜。

第七百一十六条　处理水灾事故时，应当遵守下列规定：

（1）迅速了解和分析水源、突水点、影响范围、事故前人员分布、矿井具有生存条件的地点及其进入的通道等情况。根据被堵人员所在地点的空间、氧气、瓦斯浓度以及救出被困人员所需的大致时间制定相应救灾方案。

（2）尽快恢复灾区通风，加强灾区气体检测，防止发生瓦斯爆炸和有害气体中毒、窒息事故。

（3）根据情况综合采取排水、堵水和向井下人员被困位置打钻等措施。

（4）排水后进行侦察抢险时，注意防止冒顶和二次突水事故的发生。

第七百一十七条　处理顶板事故时，应当遵守下列规定：

（1）迅速恢复冒顶区的通风。如不能恢复，应当利用压风管、水管或者打钻向被困人员供给新鲜空气、饮料和食物。

（2）指定专人检查甲烷浓度、观察顶板和周围支护情况，发现异常，立即撤出人员。

（3）加强巷道支护，防止发生二次冒顶、片帮，保证退路安全畅通。

第七百一十八条　处理冲击地压事故时，应当遵守下列规定：

（1）分析再次发生冲击地压灾害的可能性，确定合理的救援方案和路线。

（2）迅速恢复灾区的通风。恢复独头巷道通风时，应当按照排放瓦斯的要求进行。

（3）加强巷道支护，保证安全作业空间。巷道破坏严重、有冒顶危险时，必须采取防止二次冒顶的措施。

（4）设专人观察顶板及周围支护情况，检查通风、瓦斯、煤尘，防止发生次生事故。

第七百一十九条　处理露天矿边坡和排土场滑坡事故时，应当遵守下列规定：

（1）在事故现场设置警戒区域和警示牌，禁止人员进入警戒区域。

（2）救援人员和抢险设备必须从滑体两侧安全区域实施救援。

（3）应当对滑体进行观测，发现有威胁救援人员安全的情况时立即撤离。

第四节　金属非金属矿山安全规程

《金属非金属矿山安全规程》（GB 16423—2020）于2020年10月11日由国家市场监督管理总局和国家标准化管理委员会共同发布，2021年9月1日实施。《金属非金属矿山安全规程》（GB 16423—2020）主要包括总则、露天矿山、地下矿山、特殊开采和应急救援等部分。其中，应急救援部分中有如下规定：

（1）矿山企业应建立健全应急管理、应急演练、应急撤离、信息报告、应急救援等规章制度，落实应急救援装备和物资储备，按照相关规定设立矿山救护队，或设立兼职矿山救护队并与就近的专业矿山救护队签订救护协议。

（2）矿山企业应根据矿山实际编制应急救援预案，由矿山企业主要负责人批准实施，并定期进行应急救援演练，当矿山实际情况发生较大变化或在应急演练中发现有重大问题，应及时修订应急救援预案。

（3）矿山应为入井人员配备额定防护时间不少于30 min的隔绝式自救器，入井人员应随身携带。自救器的数量不少于矿山全天入井总人数的1.1倍。

（4）矿山企业应建立和完善井下安全撤离通道，并随井下生产系统的变化及时调整；井下应设置声光报警系统。

（5）井下所有工作地点100 m范围内、巷道分岔口应设置避灾路线指示牌，巷道内每200 m至少设置一个。避灾路线指示牌应标明避灾路线和方向、人员所在位置等信息，避灾路线指示牌应设在受到保护的显著位置，避灾信息在矿灯照明下应清晰。

（6）矿山应对所有入井人员进行安全培训，告知井下安全须知、紧急情况下的撤离路线和自救器的使用方法。井下作业人员应熟悉应急救援预案和避灾路线，具有自救、互救和安全避灾知识，熟练掌握自救器和紧急避灾系统的使用方法。班组长应具备兼职救护队员的知识和能力，能够在发生险情后第一时间组织作业人员自救互救和安全避灾。

（7）矿山企业应及时向矿山救护队提供本规程规定的图纸和应急救援预案。

（8）矿井发生事故时，井下人员应在保证安全前提下组织抢救，否则应立即撤离并报告矿山企业主要负责人。矿山企业主要负责人接到报告后应立即启动应急预案，组织抢救并上报事故信息。

（9）发生事故的矿山在进行事故应急救援工作的同时，应报请当地政府和主管部门在通信、交通运输、医疗、电力、现场秩序维护等方面提供保障。

第五节　尾矿库安全监督管理规定

《尾矿库安全监督管理规定》（以下简称《规定》）是为了预防和减少尾矿库生产安全事故，保障人民群众生命和财产安全，根据《安全生产法》《矿山安全法》等有关法律、行政法规而制定的部门规章。《规定》经2011年4月18日国家安全生产监督管理总局局长办公会议审议通过，2011年5月4日国家安全生产监督管理总局令第38号公布，自2011年7月1日起施行。《规定》根据2015年5月26日国家安全生产监督管理总局令第78号进行了修正。

《规定》分为7章共43条，主要包括总则、尾矿库建设、尾矿库运行、尾矿库回采和闭库、监督管理、法律责任和附则等内容。

其中，应急救援部分做了如下规定：

第二十一条　生产经营单位应当建立健全防汛责任制，实施24小时监测监控和值班值守，并针对可能发生的垮坝、漫顶、排洪设施损毁等生产安全事故和影响尾矿库运行的洪水、泥石流、山体滑坡、地震等重大险情制定并及时修订应急救援预案，配备必要的应急救援器材、设备，放置在便于应急时使用的地方。

应急预案应当按照规定报相应的安全生产监督管理部门备案，并每年至少进行一次演练。

第二十四条　尾矿库出现下列重大险情之一的，生产经营单位应当按照安全监管权限和职责立即报告当地县级安全生产监督管理部门和人民政府，并启动应急预案，进行抢险：

（1）坝体出现严重的管涌、流土等现象的。

（2）坝体出现严重裂缝、坍塌和滑动迹象的。

（3）库内水位超过限制的最高洪水位的。

（4）在用排水井倒塌或者排水管（洞）坍塌堵塞的。

（5）其他危及尾矿库安全的重大险情。

第二十五条　尾矿库发生坝体坍塌、洪水漫顶等事故时，生产经营单位应当立即启动应急预案，进行抢险，防止事故扩大，避免和减少人员伤亡及财产损失，并立即报告当地县级安全生产监督管理部门和人民政府。

第六节　生产经营单位生产安全事故应急预案编制导则

《生产经营单位生产安全事故应急预案编制导则》（GB/T 29639—2020）于2020年9月29日由国家市场监督管理总局和国家标准化管理委员会共同发布，2021年4月1日实施。

《生产经营单位生产安全事故应急预案编制导则》（GB/T 29639—2020）主要包括生产经营单位生产安全事故应急预案的编制程序、体系，综合应急预案，专项应急预案，现场处置方案和附件等内容。

该标准适用于生产经营单位生产安全事故应急预案（以下简称应急预案）编制工作，核电厂、其他社会组织和单位的应急预案编制可参照该标准执行。

一、应急预案编制程序

生产经营单位应急预案编制程序包括成立应急预案编制工作组、资料收集、风险评估、应急资源调查、应急预案编制、桌面推演、应急预案评审和批准实施8个步骤。

二、应急预案体系

生产经营单位应急预案分为综合应急预案、专项应急预案和现场处置方案。生产经营单位应当根据有关法律、法规和相关标准，结合本单位组织管理体系、生产规模和可能发生的事故特点，科学合理地确立本单位的应急预案体系，并注意与其他类别的应急预案相衔接。

该标准符合相关政策法规、背景形势、功能定位等方面的新要求，补充细化了应急预案评审的程序内容，为生产经营单位应急预案编制提供依据和指南，从技术标准层面上解决目前生产经营单位应急预案风险评估不落实、操作性不强、体系不完善、相互不衔接等问题，提高了生产经营单位应急预案的编写质量。该标准为生产经营单位的应急预案编制、评估和应急演练等工作提供规范性技术指导，在规范生产经营单位应急管理和推动生产安全事故应急管理标准体系建设方面有着非常重要的意义。

第二章　矿山救援规程规范

《矿山救援规程》和《矿山救护队标准化考核规范》是全国安全生产应急救援工作的理论基础，是矿山救援（护）队伍建设、发展的依据，是应急救援人员开展学习、训练、救援等一切工作的标准，是党中央、国务院对应急救援工作的支持和重要部署。《矿山救援规程》和《矿山救护队标准化考核规范》的制定和实施从整体上提高了矿山救援队伍的战斗力，促进了矿山救援队伍的管理体系、体制、机制的不断完善，促进了矿山救援工作逐步实现规范化管理、科学化管理、制度化管理，保证了安全、快速、有效地实施矿山安全生产应急救援工作。

第一节　矿山救援规程

一、《矿山救援规程》的形成与历史沿革

随着我国煤炭企业由国家、地方所有向国家、集体、个人所有的转变，为保障矿工安全，各主要采煤地区、市县政府组建了矿山救援队伍，逐步形成地方矿山救援队和企业矿山救援队。1978 年，在全国开展了创建矿山救护甲级队活动。1979 年，在各省区管理的基础上，建立了东北、华北、华东、中南、西北、西南六个矿山救护协作网。1983 年，建立了平顶山、大同、抚顺三大矿山救护中心，负责全国矿山重大事故的应急救援工作。1994 年，建立了总队—支队—区域大队—独立中队—辅助队的矿山救援管理体制。1996 年，在平顶山、大同、抚顺三个矿山救护中心的基础上，增加了淮南、六枝、靖远三个救护中心，形成了六大救护中心。2003 年，国家安全生产监督管理局（国家煤矿安全监察局）制定了国家矿山应急救援体系建设方案，确定了 14 个国家级矿山救援基地。2006 年，国家安全生产监督管理总局、国家安全生产应急救援指挥中心根据全国矿山灾害严重程度和矿山救援资源分布情况，将原有 14 个国家级矿山救援基地扩充至 26 个。

为使矿山应急救援管理逐步实现法治化，矿山应急救援主管部门高度重视应急救援法治建设，随着应急救援工作的不断发展，矿山应急救援有关法规陆续出台。

1956 年，煤炭工业部颁布了《矿山救护队规程》和《矿山救护队战斗条例》。

1963 年，煤炭工业部修订了《矿山救护队战斗条例》。

1978 年，煤炭工业部颁发了《矿山救护队工作条例》和《矿山救护队战斗准备标准和检查办法》。

1987 年，煤炭工业部颁发了《煤矿救护规程》《军事化矿山救护队战斗条例》和《军事化矿山救护队管理办法》。

1993 年，发布实施的《矿山安全法》对矿山救护队的建立和应急救援工作作出了

规定。

1995 年，煤炭工业部组织对《煤矿救护规程》《军事化矿山救护队战斗条例》和《军事化矿山救护队管理办法》三个文件进行修订合并，形成《煤矿救护规程》（1995 年版）。

2002 年，颁布实施的《安全生产法》对各级政府制定应急救援预案、建立应急救援体系和企业建立应急救援组织、配备应急救援装备作出明确规定。

2004 年，国家安全生产监督管理局（国家煤矿安全监察局）颁发了《矿山救援工作指导意见》。

2005 年，国家安全生产监督管理总局颁布了《矿山救护队资质认定管理规定》（于 2015 年 7 月 1 日废止）、《矿山救护队培训管理暂行规定》。

2006 年 1 月，国务院发布了《国家突发公共事件总体应急预案》，7 月出台了《国务院关于加强应急管理工作的意见》。

2007 年 8 月 30 日，国家颁布了《中华人民共和国突发事件应对法》，于 2007 年 11 月 1 日起施行。

2007 年 10 月 22 日，国家安全生产监督管理总局以第 20 号公告批准了《矿山救护规程》（AQ 1008—2007）安全生产行业标准，并明确自 2008 年 1 月 1 日起施行。

2024 年 5 月 8 日，中华人民共和国应急管理部以第 16 号令发布《矿山救援规程》，明确自 2024 年 7 月 1 日起施行。

上述法律、法规的制定和实施对推进矿山应急救援事业的发展不仅奠定了法律基础，并且对强化矿山救援队伍建设、提高应急救援能力发挥了重大作用。如充实、调整人员，解决长期存在的队员不足和人员老化的问题；按照标准配置和更新必备的矿山应急救援装备；建立健全各项规章制度；按照防救结合的原则，积极开展预防性安全检查，切实做好安全技术工作和各项演练活动；实现了安全、及时、有效地抢救和处理各类矿山事故等。

二、《矿山救援规程》的内容

《矿山救援规程》共 10 章 172 条，明确了矿山救援工作的指导原则和基本要求，从矿山救援队伍、救援装备与设施、救援培训与训练、矿山救援一般规定、救援方法和行动原则、现场急救、预防性安全检查和安全技术工作、经费和职业保障等方面对矿山救援工作进行规范。《矿山救援规程》与《矿山救护规程》相比，主要修改内容如下：

一是践行“两个至上”的应急救援理念。明确矿山救援工作应当以人为本，坚持人民至上、生命至上，贯彻科学施救原则，全力以赴抢救遇险人员，确保应急救援人员安全，防范次生灾害事故，避免或者减少事故对环境造成的危害。

二是强化矿山企业应急救援工作责任。规定矿山企业应当建立健全应急值守、信息报告等规章制度，编制应急救援预案、组织应急救援演练、储备应急救援装备物资，对从业人员进行应急教育和培训，全力做好矿山救援及相关工作。矿山企业主要负责人对本单位的矿山救援工作全面负责。

三是加强矿山救援队伍建设管理。规定矿山救援队应当加强标准化建设，并明确标准化建设的主要内容。提出矿山救援队应当加强思想政治、职业作风和救援文化建设，强化职责使命教育，进一步规范队伍日常管理，建立24小时值班制度等要求。

四是加强现场指挥和救援保障。规定矿山救援队参加矿山救援工作，带队指挥员应当参与制定应急救援方案，在现场指挥部的统一调度指挥下具体负责指挥矿山救援队的救援行动，遇到危及应急救援人员生命安全的突发情况时有权带队撤出危险区域。提出了救援保障基本要求，鼓励队伍加强自我保障能力。

五是补充矿山事故救援方法和安全措施。新增冲击地压事故、矿井提升运输事故救援方法和行动原则，对救援联络信号和大口径救生钻孔措施进行规定。补充矿山救援队参加排放瓦斯、启封火区等安全技术工作以及封闭火区的安全措施，露天矿边坡坍塌事故救援相关规定，采用手机定位、车辆探测、无人机等技术和设备进行人员搜救和安全监测预警。

六是加强矿山救援队经费保障和应急救援人员职业保障。为保障矿山救援队持续、健康发展，进一步明确关于矿山救援队建设运行经费保障和应急救援人员职业保障方面的规定。

七是调整优化矿山救援基本装备配备要求。增加了技术成熟、先进适用的便携式气体分析化验设备、生命探测仪、泥沙泵、高压排水软管等新装备，删除了技术落后、适用性差的负压氧气呼吸器、高压脉冲灭火装置、爆炸三角形测定仪等老装备，鼓励采用新技术、新装备。

三、《矿山救援规程》制定背景和总体考虑

为了快速、安全、有效地处置矿山生产安全事故，保护矿山从业人员和应急救援人员的生命安全，应急管理部组织有关单位和专家，以强制性行业标准《矿山救护规程》（AQ 1008—2007）为基础，经过认真研究、征求各有关方面和社会公众意见、反复修改完善，形成《矿山救援规程》，以部门规章的形式公布施行。

制定《矿山救援规程》有3个方面的考虑：一是适应新时代提升矿山救援能力的需要。《矿山救护规程》是矿山事故灾害应急救援工作的基本规范，自2007年发布以来已有17年。进入新时代，党中央、国务院对加强应急救援能力建设提出了新理念、新要求，科技进步和应急产业发展推动救援技术装备达到新水平，近年来事故救援实践形成了一些更加科学的救援措施，有必要对现行规定作出相应改进，以适应当前和今后一个时期矿山救援工作需要。二是加强和规范矿山救援工作的需要。《矿山救护规程》作为行业标准，在规范矿山救援工作、保护矿山职工生命安全、减少事故损失等方面发挥了积极作用，但也存在偏重于技术性要求、矿山救援管理工作弱化、权威性不高、矿山企业和有关单位不够重视等问题，为进一步加强矿山救援工作，有必要将《矿山救援规程》从行业标准上升为部门规章管理，以更好地发挥其作用。三是完善应急救援法律法规体系的需要。《安全生产法》《矿山安全法》《生产安全事故应急条例》《煤矿安全生产条例》等法律法规对应急救援工作作了原则性规定，需要制定一部涵盖矿山救援各方面工作、细化落实和准确执行上位法有关规定的部门规章，为矿山救援工作提供基本、全面的制度遵循。

《矿山救援规程》是矿山救援工作的基本规范，各有关方面应当共同发力，切实抓好

《矿山救援规程》的贯彻落实。一是加强《矿山救援规程》的宣传培训。组织出版发行《矿山救援规程》单行本，组织专家编写《矿山救援规程》条文释义，推出矿山救援典型案例。各地区有关部门、安全生产培训机构、矿山企业和矿山救援队伍要结合实际，运用线上线下多种方法手段，组织开展专题培训、宣传教育、经验交流等活动，推动矿山救援工作相关人员准确掌握和全面落实《矿山救援规程》的要求。二是强化矿山企业责任落实。矿山企业要落实安全生产主体责任，主要负责人和安全生产管理人员负责贯彻落实《矿山救援规程》的要求，健全完善相关规章制度，加大应急投入，建强救援队伍，加强应急演练，做好应急准备，切实提升本单位事故灾害应急救援工作水平。三是强化救援队伍“学、用、行”。全国矿山救援队伍要结合典型救援案例，认真学习、主动运用、严格执行《矿山救援规程》，确保每一名应急救援人员精准掌握《矿山救援规程》的要求，将救援理念、原则、方法贯穿于救援工作中，作为开展事故灾害救援的基本遵循和行动指南，切实做到科学救援、安全救援、高效救援。四是强化执行效果检查评估。各级应急管理部门和矿山安全监察机构结合安全生产督查检查、明察暗访、各类专项行动和矿山救援队标准化定级考核等活动，检查评估《矿山救援规程》落实情况和效果，加强督促指导和服务，推动《矿山救援规程》落实落地和发挥作用。

第二节　矿山救护队标准化考核规范

一、《矿山救护队标准化考核规范》（AQ/T 1009）修订背景

党的十八大以来，以习近平同志为核心的党中央站在全局和战略的高度，把安全生产和应急管理工作摆在治国理政的突出位置。2018 年 3 月，第十三届全国人民代表大会第一次会议批准国务院机构改革方案，决定组建应急管理部，标志着我国应急管理事业迈入新的历史发展阶段。同年 11 月 9 日，习近平总书记向国家综合性消防救援队伍授旗并致“对党忠诚、纪律严明、赴汤蹈火、竭诚为民”训词。2019 年 11 月 29 日，习近平总书记在主持中央政治局第十九次集体学习时发表重要讲话，就推进我国应急管理体系和能力现代化作出全面论述，充分体现了以习近平同志为核心的党中央对应急管理工作的高度重视和关心关怀，也是新形势下矿山救护队伍建设发展的方向引领和精神动力。

二、历史沿革

矿山救护是矿山企业安全生产工作的重要组成部分，在各类矿山生产安全事故救援中发挥着重要作用。新中国成立后，矿山救护队建设发展即进入新的历史发展时期。1956 年煤炭工业部颁布了《煤矿军事化矿山救护队战斗条例》，是矿山救护队标准化建设的早期实践。1988 年煤炭工业部安全监察局颁发了《军事化矿山救护队伍验收标准及评定办法》，标志着矿山救护队标准化建设已步入规范化轨道。2003 年，国家安全生产监督管理局（国家煤矿安全监察局）矿山救援指挥中心（现为应急管理部矿山救援中心）成立，全面负责矿山救护队标准化建设工作。2007 年 10 月 22 日，国家安全生产监督管理总局批准的《矿山救护队质量标准化考核规范》实施后，矿山救护队军事化、规范化建设水

平进一步提高。2021 年 12 月 24 日，应急管理部发布修订的《矿山救护队标准化考核规范》（AQ/T 1009—2021）。该规范对队伍的等级条件、考核标准、评分办法、装备类型及相关技术指标等作出调整，较好地适应了矿山企业安全生产新形势，符合应急管理体制改革后应急救援队伍建设的新要求。

我国自然灾害种类多、分布地域广，矿山企业生产安全事故时有发生，局部地区甚至多发频发，且近年来出现的矿井顶板透水透砂、泥浆崩塌等新特点对队伍的应急救援能力提出了更高要求。此外，为适应“全灾种、大应急”的形势需要，矿山救护队在隧道工程、密闭空间、地震地质灾害等领域应急抢险救援作用发挥突出，队伍从单一矿山事故救援向综合应急救援拓展也是形势需要。

三、目的和意义

（一）目的

为适应我国矿山安全生产形势和应急救援体系建设的需要，加强矿山救护队的管理，全面促进矿山救护队的专业化、正规化、标准化建设，提高管理水平、技术水平、装备水平和整体素质，保证安全、迅速有效地处理矿山事故，最大限度地减少人员伤亡和财产损失，保护矿工生命和国家财产安全，依据国家有关法律法规的要求，在充分考虑矿山生产安全事故特点和救援工作实际的基础上，原国家安全生产监督管理总局组织修订了《矿山救护队质量标准化考核规范》，形成了《矿山救护队标准化考核规范》。

（二）意义

矿山救护队标准化考核是矿山救护队管理的一项重要内容，是矿山救护队开展队伍建设的基本要求，是检验和考核矿山救护工作的重要尺度，也是煤矿矿井质量标准化建设的重要组成部分。我国实施矿山救护队质量标准化达标活动 20 年来，对于推动矿山救护队建设，促进救护队发展发挥了重要作用。但由于矿山救护体制的变化、一些新法规和标准的颁布，以及矿山救援技术的发展，多年来一直沿用的《矿山救护队质量标准化考核规范》已不能满足矿山救护队质量标准化考核及规范矿山救护队管理的需要。

四、框架结构

《矿山救护队标准化考核规范》（AQ/T 1009—2021）是在总结矿山救护工作和救护队伍建设经验的基础上，融入先进的救护理念、技术措施和管理方法，在矿山救护队伍的人员、装备、设施、管理、训练、培训等方面提出的科学、全面的技术标准。《矿山救护队标准化考核规范》（AQ/T 1009—2021）定义了矿山救护标准化的基本术语，详尽地规定了矿山救护大、中队标准化考核的内容、标准、评分办法、标准化等级、组织和验收等，它是我国矿山救护队开展标准化达标考核、规范和指导矿山救护队伍标准化建设的统一权威性标准。

《矿山救护队标准化考核规范》（AQ/T 1009—2021）包括范围，规范性引用文件，术语和定义，一般规定，大队标准化考核标准及评分办法和大队所属中队、独立中队及所属小队标准化考核标准及评分办法 6 个部分。

第三章　矿山救援队的组织与管理

矿山救援队的工作性质、特点及任务决定了矿山救援队的组织和管理有其特殊性，它与矿山其他单位的工作性质完全不同，它的组织和管理与中国人民解放军有诸多相同之处。矿山救援队奉行“练兵千日、用兵一时”的训练理念，在矿井突发事故时，一声令下赴汤蹈火，在所不辞，所以救援队要有高度的政治觉悟，要有严密的组织、严明的纪律、严格的管理，要有一个坚强团结、经验丰富的指挥机构，要建立健全岗位责任制和各项规章制度，做到年有计划、季有安排、月有工作图表，并经常开展练兵竞赛比武活动，以提高应急救援人员的个人素质和整体战斗力。

第一节　国家矿山应急救援体系

国务院安全生产委员会和应急管理部是两个独立的机构，但它们之间有一定的关系。国务院安全生产委员会负责领导和协调全国的安全生产工作，防范和减少事故的发生，保障人民群众生命财产安全。而应急管理部负责组织和协调全国的应急管理工作，即在紧急情况下组织应对和处置，保障人民群众生命财产安全。

应急指挥中心是应急管理部的机关单位，国家安全生产应急救援中心是应急管理部的部属单位。

2005 年 5 月 8 日，中央机构编制委员会批准成立国家安全生产应急救援指挥中心，为国务院安委办领导、国家安全监管总局管理的事业单位，履行全国安全生产应急救援综合监督管理的行政职能。2018 年 3 月国务院机构改革，国家安全生产应急救援指挥中心转隶为应急管理部管理，同年 11 月更名为国家安全生产应急救援中心。

国家安全生产应急救援中心下设综合部、指挥协调部、信息管理部、技术装备部、资产财务部和矿山救援中心。

矿山救援中心是应急管理部所属参照《公务员法》管理的事业单位，内设综合处、救援处、技术处、管理处 4 个处室，人员编制 30 人。

矿山救援中心负责协调、指导、组织矿山救援队进行灾害救援、标准化定级和技术竞赛等工作，以全面提高矿山救援队整体建设水平和综合应急救援能力，实现安全、快速、高效处置矿山生产安全事故的目的。目前，全国有开滦、大同、平顶山等 49 支矿山救援队被命名为国家队，2 万多名矿山应急救援人员接受矿山救援中心的直接调遣。

第二节 矿山救援队工作性质、特点及任务

一、矿山救援队的工作性质

在煤矿开采过程中，经常受到瓦斯燃烧爆炸、煤尘爆炸、煤与瓦斯突出、围岩冒落、冲击地压、水、火等灾害的威胁，矿山救援队的工作性质就是协助矿井预防这些灾害事故的发生或灾害事故发生后通过在特殊环境下（高温浓烟、缺氧，充满有毒有害气体等）进行作业来及时抢救遇险遇难人员，减小事故危害直至消灭事故。矿山救援队工作环境的特殊性决定了必须实行军事化管理；必须要求应急救援人员具有高度的政治觉悟、强烈的责任感和事业心，具有丰富的救援知识和抢险救灾实践经验，具有健壮的体质，具有熟练的救援仪器、装备使用和维护本领。

二、矿山救援队的特点

矿山救援队是处理矿井火、瓦斯、煤尘、水、顶板等灾害的专业队伍，矿山救援队员是煤矿井下一线特种作业人员。矿山救援队的工作有其特殊性，具体如下：

（1）矿山救援队在矿井发生事故时，要做到闻警即到，速战能胜。大多数矿井事故是突发的，但要求事故抢救要及时有效，这就要求救援队平时要加强战备，严格训练，苦练基本功，战时才能做到闻警即到，速战能胜。

（2）矿山救援队实属战备单位，是为矿山安全生产服务的，除紧急出动处理事故和有计划的工作外，没有生产指标的要求，所以对它的管理只能用训练时的严格程度、业务技术的熟练程度、日常管理的细致程度，以及在实战中的表现来衡量。

（3）矿山救援队的工作性质特殊，对应急救援人员的年龄、身体素质、技术素质、业务素质有很高的要求。同时，矿山救援队的日常工作比较枯燥，而事故处理过程又非常紧张、危险，因此稳定应急救援人员思想、提高战备意识和风险意识，保证救援工作的连续性，是救援管理工作的一个重要环节。

（4）矿山救援队工作具有明显的紧迫性和危险性。救援队接到事故电话后，不管何时何地、何种恶劣气候，都必须立即出动。到达事故矿井后，必须立即积极地投入抢险救灾第一线。这一工作特点，要求救援队 24 小时值班，做到“闻警即到，速战能胜”。危险性，就是在处理事故时，会受到各种各样的安全威胁。返回驻地，不管多么疲劳，都必须整理装备，使其达到良好的战斗准备状态。若不具备高度的思想觉悟和自我牺牲精神，是不能胜任这一工作的。

（5）矿山救援队青年人多，约占 2/3。青年人爱动、思想活跃，要不断地进行思想教育工作，把这些突出的特点正确地引导到救援工作上，充分发挥他们的工作积极性。

以上五个特点和矿山救援队的管理工作关系是非常密切的。管理工作不适应这些特点和要求，就会脱离救援队的实际，造成思想混乱，纪律松懈，工作拖拉，队伍没有生机，同时也就失去了战斗力。

多年的实践经验证明，要把救援队建成一支特别能战斗的队伍，必须有一个团结战斗

的领导班子，建立健全以岗位责任制为中心的各项规章制度，并严格搞好科学化管理等工作。

三、矿山救援队的任务

矿山救援队是处理矿井水、火、瓦斯、煤尘、顶板等灾害的专业队伍。矿山救援队的任务如下：

（1）抢救事故灾害遇险人员。

（2）处置矿山生产安全事故及灾害。

（3）参加排放瓦斯、启封火区、反风演习、井巷揭煤等需要佩用氧气呼吸器作业的安全技术工作。

（4）做好服务矿山企业预防性安全检查，参与消除事故隐患工作。

（5）协助矿山企业做好从业人员自救互救和应急知识的普及教育，参与服务矿山企业应急救援演练。

（6）承担兼职矿山救援队的业务指导工作。

（7）根据需要和有关部门的救援命令，参与其他事故灾害应急救援工作。

第三节　矿山救援队应急救援人员岗位责任制

一、救援队应急救援人员的一般职责

（1）热爱矿山救援工作，全心全意为煤矿安全生产服务。

（2）自觉遵守有关安全生产法律、法规、标准和规定。

（3）爱护救援仪器装备，做好仪器装备的维修保养，使其保持完好。

（4）按规定参加战备值班工作，坚守岗位，随时做好出动准备。

（5）服从命令，听从指挥，积极主动地完成各项工作任务。

二、大队长职责

（1）对救援大队的救援准备与行动，技术培训与训练，日常管理等工作全面负责。

（2）组织制订大队长远规划，年度、季度和月度计划，并组织实施，定期进行检查、总结、评比等。

（3）负责组织全大队的矿山救援业务活动。

（4）事故救援时的具体职责是：

① 及时带队出发到事故矿井。

② 在事故现场负责矿山救援队具体工作的组织，必要时亲自带领救援队下井进行矿山救援工作。

③ 参加抢救指挥部的工作，参与事故救援方案的制订和随灾情变化进行方案的重新修订，并组织制订矿山救援队的行动计划和安全技术措施。

④ 掌握矿山救援工作进度，合理组织和调动战斗力量，保证救援任务的完成。

⑤ 根据灾情变化与指挥部总指挥研究变更事故救援方案。

三、副大队长职责

（1）协助大队长工作，主管救援准备及行动、技术训练和后勤工作。当大队长不在时，履行大队长职责。

（2）事故救援时的具体职责是：

① 根据需要带领救援队伍进入灾区抢险救灾，确定和建立井下救灾基地，准备救援器材，建立通信联系。

② 经常了解井下事故救援的进展，及时向救援指挥部报告井下救援工作进展情况。

③ 当大队长不在或工作需要时，代替大队长领导矿山救援工作。

四、大队总工程师职责

（1）在大队长领导下，对大队的技术工作全面负责。

（2）组织编制大队训练计划，负责应急救援人员的技术教育。

（3）参与审查各服务矿井的矿井灾害预防和处理计划或应急预案。

（4）组织科研、技术革新、技术咨询及新技术、新装备的推广应用等项工作。

（5）负责事故救援和其他技术工作总结的审定工作。

（6）事故救援时的具体职责是：

① 参与救援指挥部事故救援方案的制订。

② 与大队长一起制订矿山救援队的行动计划和安全技术措施，协助大队长指挥矿山救援工作。

③ 采取科学手段和可行的技术措施，加快事故救援的进程。

④ 必要时根据抢救指挥部的命令，担任矿山救援工作的领导。

五、中队长职责

（1）负责本中队的全面领导工作。

（2）根据大队的工作计划，结合本中队情况制订实施计划，开展各项工作，并负责总结评比。

（3）事故救援时的具体职责是：

① 接到出动命令后，立即带领救援队奔赴事故矿井，担负中队作战工作的领导责任。

② 到达事故矿井后，组织各小队做好下井准备，同时了解事故情况，向抢救指挥部领取救援任务，制订中队行动计划并向各小队下达救援任务。

③ 在救援指挥部尚未成立、无人负责的特殊情况下，可根据矿山灾害事故应急预案或事故现场具体情况，立即开展先期救援工作。

④ 向小队布置任务时，应讲明完成任务的方法、时间，应补充的装备、工具和救援时的注意事项和安全措施等。

⑤ 在救援工作过程中，始终与工作小队保持经常联系，掌握工作进程，向工作小队及时供应装备和物资。

⑥ 必要时亲自带领救援队下井完成任务；需要时，及时召请其他救援队协同救援。

六、副中队长职责

（1）协助中队长工作，主管救援准备、技术训练和后勤管理。当中队长不在时，履行中队长职责。

（2）事故救援时的具体职责是：

① 在事故救援时，直接在井下领导一个或几个小队从事救援工作。

② 及时向救援指挥部报告所掌握的事故救援和现场情况。

七、中队技术人员职责

（1）在中队长领导下，全面负责中队的技术工作。

（2）事故救援时的具体职责是：

① 协助中队长做好事故救援的技术工作。

② 协助中队长制订中队救援工作的行动计划和安全措施。

③ 记录事故救援经过及为完成任务而采取的一切措施。

④ 了解事故的处理情况并提出修改补充建议。

⑤ 当正、副中队长不在时，担负起中队工作的指挥责任。

八、小队长职责

（1）负责小队的全面工作，带领小队完成上级交给的任务。

（2）领导并组织小队的学习和训练，做好日常管理和救援准备工作。

（3）事故救援时的具体职责是：

① 小队长是小队的直接领导，负责指挥本小队的一切救援行动，带领全队完成救援任务。

② 接受上级布置的任务，了解事故类别、矿井概括、事故简要经过、井下人员分布、已经采取的救灾措施等。

③ 向队员布置救援任务，说明灾情类型、与其他队的分工、任务要点、行动路线、联系方式、安全措施、注意事项等。

④ 必须保持与上级指挥员或救援指挥部经常联系。

⑤ 带领队员做好救灾前检查和下井准备工作。

⑥ 进入灾区前，确定在灾区作业时间和撤离时氧气呼吸器最低氧气压力。

⑦ 在井下工作时，必须注意队员的疲劳程度，指导正确使用救援装备，检查队员和本人氧气呼吸器的氧气消耗。

⑧ 出现有人自我感觉不良、氧气呼吸器发生故障或受到伤害时，应带领全小队人员立即撤出灾区。

⑨ 带领小队撤出灾区后，经过检查气体情况符合安全规定，确定摘掉氧气呼吸器面罩（或口具）的地点。

⑩ 从灾区撤出后，应立即向指挥员（指挥部）报告灾区状况和小队任务完成情况。

九、副小队长职责

协助小队长工作。当小队长不在时，履行小队长职责并指定临时副小队长。

十、队员职责

（1）遵守纪律、听从指挥，积极主动地完成领导分配的各项任务。

（2）保养好技术装备，使之达到战斗准备标准要求。

（3）积极参加学习和技术、体质训练，不断提高思想、技术、业务、身体素质。

（4）事故救援时的具体职责是：

① 在事故救援时，应迅速、准确地完成指挥员的命令，并与之保持经常的联系。

② 了解本队的救援任务，熟练运用自己的技术装备。

③ 积极救助遇险人员和消灭事故。

④ 在行进或作业时，时刻注意周围的情况，发现异常现象立即报告小队长。

⑤ 注意自己仪器的工作情况和氧气呼吸器的氧气压力，发生故障及时报告小队长。

⑥ 在工作中帮助同志，在任何情况下都不准单独离开小队。

⑦ 撤出矿井后，应迅速整理好氧气呼吸器及个人分管的装备。

十一、电话值班员职责

电话值班员岗位是救援工作的重要岗位之一，电话值班员由救援队员轮流担任。电话值班员的职责是：

（1）集中精力，时刻守在电话机旁，不做无关事务。

（2）听清、记清事故召请电话，做好填写记录，及时传达各种命令。

（3）发出事故警报并向领队指挥员报告。

（4）在井下值班时，保持同工作小队和抢救指挥部的联系，并向抢救指挥部报告救援工作小队的停留地点和工作情况。

十二、通讯员职责

为保证指挥部同井下基地和井下工作小队的联系，应派熟悉井下巷道情况的队员担任通讯员。通讯员的职责是：

（1）知道指挥员的位置和指挥部地面基地、井下基地的所在地。

（2）在接受指挥员的命令时，应复述一遍，无误后再进行传达。

（3）完成通讯任务后，应向派遣任务的指挥员报告任务完成情况。

十三、站岗队员职责

处理事故时，安全岗哨由救援队员担任。站岗队员的派遣和撤离由井下基地的指挥员决定。站岗队员除有最低限度的个人装备外，还应配有各种气体检测仪器。站岗队员的职责是：

（1）阻止未佩用氧气呼吸器的人员进入有害气体积聚的巷道和危险地区，阻止佩戴氧气呼吸器的人员单独行动。

(2) 将从有害气体积聚的巷道中出来的人员引入新鲜风流地区，必要时施行急救。

(3) 观测守卫巷道的情况，并将变化情况（包括有害气体及烟雾的变化）迅速报告抢救指挥部。

十四、作战汽车司机职责

(1) 保证汽车经常处于良好状态。

(2) 坚守岗位，保证按规定的时间出车。

(3) 严格遵守交通规则，保证安全、迅速地将应急救援人员送到事故矿井。

(4) 汽车停在事故矿井时，经常处于出发状态，并负责保管汽车上的装备。

(5) 返回驻地后，及时检修车辆，使其保持战备状态。

十五、矿山救援队其他工种职责

矿山救援队的机电修理工、氧气充填工、医生、电台话务员、仓库保管员等人员，都应以救援工作为中心开展各项工作，在相应的职责范围内确保救援工作完成。

第四节　矿山救援队的管理

实行正确的领导制度是现代化的工业企业管理的客观要求，建立科学的管理机构是实现工作目标的组织保证。矿山救援队在发展、壮大过程中，在管理机构上已形成了一套固定的模式，实践证明是科学的、有效的。

一、矿山救援队是基层党组织领导下的队长负责制

基层党组织领导下的队长负责制，就是把单位基层党组织的集体领导和行政业务工作中的队长个人分工负责正确地结合起来。基层党组织坚持集体领导的原则，集体领导就是一切重要问题均须交委员会讨论，然后分别执行。

在实行党组织集体领导的同时，要有个人负责，两者必须结合起来。

（一）基层党组织行政业务工作的领导责任

基层党组织行政业务工作的领导责任表现在以下三个方面：

(1) 贯彻执行党的路线、方针、政策，保证全面完成救援工作计划和上级布置的工作任务。

(2) 讨论和决定行政业务中的重大问题。重大问题是指党的路线、方针、政策的贯彻执行问题，国家、单位、职工三者之间的利益结合问题和矿山救援队的实际问题，具体包括：

① 长远规划、年度计划及实施计划措施。

② 技术革新及技术装备的更新改造。

③ 本队发展、基本建设计划和方案。

④ 劳动工资、奖励、生活福利等方面的重大问题。

⑤ 主要规章制度的建立、修改和废除。

⑥ 管理机构的设置和调整。

⑦ 本队经费计划及经费使用等。

(3) 检查和监督各级行政领导人员及本队基层党组织的决议和上级政策的执行情况。

(二) 队长要对救援队的行政业务工作全面负责

队长要对救援队的行政业务工作全面负责，它包括以下两个方面：

(1) 基层党组织对救援队的行政业务重大问题的决议，由队长全权负责贯彻执行；日常的行政业务工作，由队长分工负责处理；对行政业务中的问题，队长有决定权。

(2) 在救援队系统指挥中，副队长、总工程师是大队长的助手，在队长的领导下负责一个方面的工作。

(三) 执行基层党组织领导下的队长负责制应注意的问题

(1) 基层党组织在上级党委的领导下，做好队内的党务工作、思想政治教育工作，对队内的行政业务工作起到监督保证作用，不要以党代政。

(2) 队长要自觉地接受和维护党组织的领导，定期报告工作，取得党组织的支持，并敢于负责，注意发挥副职、工程技术人员和各级行政领导的作用。

(3) 领导干部必须努力学习，钻研业务技术，坚决贯彻执行党的方针、路线、政策，遵守党纪国法，大公无私，艰苦奋斗，结合本队实际情况学习科学技术和管理知识，以适应救援技术、装备现代化的要求。

二、矿山救援队的内部管理层次

目前，我国矿山救援队根据自身的工作特点，一般分为三个层次进行管理，即矿山救援大队、矿山救援中队和职能科室及小队三级管理。

矿山救援队要根据队伍自身的规模、装备水平、基础设施建设、服务对象和功能，来确定管理模式和管理内容。正确处理各个管理层次的分工关系，明确、具体、详尽地规定每一管理层次的职责和权限。确定管理层次的职责和权限，要注意以下几个问题：

(1) 职责和权限必须协调一致。既要明确规定每一管理层次应负的管理职责，又要赋予完成这一职责所不可缺少的管理权限，职责与权限必须统一。

(2) 有令即行统一指挥。矿山救援队是一支专业化的队伍，处理矿井事故时是在非正常环境中工作的，工作中往往带有一定的危险性。为了处理事故，应急救援人员要养成服从命令、听从指挥的军人素质，在行动中必须做到有令即行，有禁必止。为了保证命令和指挥的统一，一般下级机构只能接受一个上级的命令和指挥，不能多头指挥。例如小队长只能接受本队中队长的指挥，中队长听从大队长或副大队长的指挥，大队长或副大队长一般不直接指挥小队长进行工作，副职在正职领导下进行工作，对正职负责。一般情况下，不应当越级指挥。

(3) 上下级之间实行合理分工，对于常规的业务管理工作，应当交给副职去处理，只有遇到特殊情况时，才由主管领导来处理。这种上下级之间的合理分工，既有利于主管领导摆脱日常事务，又有利于副职积极地工作，主管领导可以专心致志地研究全局性的管理问题。

（4）集权和分权相结合，实行“统一领导，分级管理”的原则。把集权和分权正确地结合起来，是一种积极的管理办法。凡关系到救援队全局性的工作，应当在队务会议上决定。如：救援工作方针的制定，财务经费的计划，规章制度的制定和修改，机构的变更，人员的调动和分配等，同时又要有管理权力的适当分散，使各级都有一定的管理权限和相应的管理责任。

三、矿山救援队管理的内容

矿山救援队管理的内容就是对整个救援工作活动进行预测和计划、组织和指挥、监督和控制、教育和激励、创新和改造。管理的目标就是把救援队建成一支思想革命化、行动军事化、管理科学化、装备系列化、技术现代化的特别能战斗队伍。矿山救援队要按组织机构进行分级管理，工作中要求做到统一指挥、统一行动、令行禁止。

（一）健全管理制度

加强管理是搞好救援工作的关键和基础。搞好管理的前提条件就是在一个科学管理机构的基础上，根据机构和人员配备，按照管理层次进行科学分工，明确划分职责范围，进行系统管理，并建立健全以岗位责任制为基础的各项管理制度，实行责、权、利相统一的目标管理。矿山救援队主要建立以下几项管理制度：

（1）24 小时值班制度：对值班工作标准、值班人数、活动范围、作息时间、工作内容和闻警出动程序等内容作出规定。

（2）交接班制度：对交接班时间、内容、形式、装备检查、负责人等相关内容作出规定。

（3）值班工作制度：在 24 小时值班制度的基础上，对值班小队和值班指挥员在值班期间的工作要求、发生事故后的出动要求，以及作为第一出动小队到达事故现场后的工作要求作出具体规定。

（4）待机工作制度：对应急救援人员在队内待机岗位的工作要求、发生事故后转入值班的程序、随同值班队出动的事故类别、出动要求，以及在事故现场担负待机任务的职责作出规定。

（5）技术装备的检查、维护、保养制度：根据装备的种类和使用要求对装备的检查、维护、保养期限，负责人（或单位），装备的战备标准、保养原则，以及确认方法作出规定。

（6）学习培训和训练演练制度：对矿山救援的理论、技能、仪器装备，体能训练的日常学习（训练）时间、周期、内容，以及队员的掌握标准、考核办法作出规定。

（7）考勤制度：对应急救援人员的上岗时间、上岗要求及在岗情况确认方式，请假、外出的特殊要求等作出规定，确保战备人数。

（8）安全管理制度：对应急救援人员在上下班、上岗、出动过程中以及抢险救灾期间应注意的安全问题和安全工作要求作出规定。

（9）救援总结讲评制度：对事故抢救全过程、一个阶段工作或某一项工作进行总结讲评的具体情况、内容、时间、要求以及表扬、批评的范围作出规定。

（10）下井预防检查制度：对每一个矿山救援中队预防检查地域、检查次数、检查周期、检查内容，针对不同矿井携带的装备工具，小队分工，检查问题汇报要求，图纸绘制要求作出规定。

(11) 内务卫生管理制度：对内务卫生分工、清理标准、次数、周期、检查方法、负责人等作出规定。

(12) 材料装备库房管理制度：对装备、材料的储备数量、放置标准，灯光、卫生标准，防火、防盗，检查周期、次数和负责人，出入库程序等作出规定。

(13) 车辆管理使用制度：对车辆的完好状况、油量、水量和灯光以及维护保养周期、负责人，车辆出动要求作出规定。

(14) 计划财务管理制度：根据单位实际需要对救援队资金、财务、工资等计划的周期、内容、使用以及日常管理作出规定。

(15) 会议制度：对矿山救援队应召开的各类会议的召集人、召集单位、时间、周期、会议内容和达到的目的作出规定。

(16) 评比检查制度：对矿山救援队日常业务、装备维护保养、内务管理、标准化等的检查周期、负责人、检查形式、评比办法作出规定。

(17) 奖惩制度：对在抢险救灾中和日常管理中作出贡献的集体或个人的奖励范围、形式，以及对违反规定的行为的处罚额度、形式作出规定。

(二) 矿山救援队的计划管理

矿山救援队的各项工作，是按本行业的要求和需要制定出自己的工作方向，即计划安排，通过计划的落实来实现其发展。

1. 计划管理的重要性

计划管理是社会发展的产物，矿山救援队的计划管理是煤炭事业发展的需要，它的重要性将随着救援技术、装备的现代化，而越来越突出。计划管理要求救援队必须有一个统一周密的计划，来指导各项工作的开展。

矿山救援队要想达到有条不紊地发展，必须有一个合理的计划，没有计划，现代化的救援工作就不可能搞好，工作中出现的盲目性、混乱状态，是计划不周或无计划的结果。因此，计划管理是救援工作活动的实质，救援队各项工作的开展，必须按照救援队的工作特点，用计划组织起来，协调工作，完成救援事业的发展目标。

2. 长远规划

长远规划，一般指三年以上的规划。我国制定的五年发展计划，已度过五十个年头，以五年一个阶梯的发展，使新中国成立初一穷二白的国家，已逐步走向小康。有计划方有奋斗方向，没有计划则视为盲目。矿山救援队的长远规划，就是矿山救援队的奋斗方向。

(1) 长远规划的意义。在救援队计划管理工作中，编制长远规划有其重要意义。救援队在一定时期内的发展方向、主要业务技术水平应达到的目标，以及激发应急救援人员有的放矢地工作，使其成为推动救援工作的动力。

(2) 长远规划的内容和要求：

① 随着我国现代化建设的需要，作为我国主要能源的煤炭工业得到迅速发展。为确保煤矿安全生产，矿山救援队的建设要相应发展壮大。因此，救援队的长远规划应根据本矿区的发展来制定。

② 为提高救援队的战斗力及抗灾能力，增加处理事故的手段，需要有技术革新和引进新技术及先进设备的项目。

③ 为巩固队伍和发展队伍，要把物质文明和精神文明纳入长远规划。

④ 将安全文化的理念引入矿山救援队伍的管理工作中，推行科学化、精细化、规范化管理，培育具有矿山救援队自身特色的管理文化。

（3）年度计划。年度计划是具体指导救援工作活动的重要计划形式，是年度内工作行动纲领。因此，在制定年度计划时，要慎重、细致、全面，年度计划的内容及要求包括：

① 队伍建设计划。矿山救援队是一支综合队伍，由应急救援人员和后勤人员组成。矿山救援队对应急救援人员的具体素质要求很强，每年要有体格检查计划，对不合格队员要进行调整，对应急救援人员的年龄、身体状况、技术水平、思想表现进行摸底，填写应急救援人员服务卡，并存入档案。矿山救援队 35 岁以下队员经常保持 2/3，以保持救援队员的年轻化。因此，要年年有救援力量的调整计划。

根据矿区的发展和救援网点布置的需要，增设新中队，应向有关部门提出申请、计划投资、组织培训、购置救援仪器及装备等。

② 教育与培训计划。根据矿山救援队的性质，每年应制定出切实可行的教育与训练计划，要有明确的目的和要求，具体要做到年有计划、季有安排、月有图表，并建立考核检查记录。

③ 技术装备管理计划：

a）矿山救援队的装备，即大队、中队和应急救援人员个人装备，每年都要进行定期检查，掌握现有装备的数量及完好状况，建立装备使用档案。

b）对在用装备的使用管理，要达到维护标准要求，对各类装备的合格率要提出明确要求，要制订装备使用管理责任制。

c）技术装备的更新及备品、备件的补充，每年都要有计划，报废的设备要及时提出报告，以免延误战机。

d）建立健全技术装备、备品、备件领用制度。库房要干净卫生，设备存放整齐，做到“账、卡、物”三统一。

④ 矿井预防检查计划。矿山救援队必须有计划地对所服务的矿井进行预防性检查，坚持“加强战备、严格训练、主动预防、积极抢救”的原则，把这一工作作为矿山救援队的日常工作认真去抓。

⑤ 内务管理计划。内务工作管理的好坏，体现在一个救援队的面貌上，从一个队的环境布局、队部管理，就能看出一个队的领导善不善于管理。如果在管理上杂乱无章，这个队的战斗力一定很差。所以，不重视内务管理工作或忽视内务管理工作，都会影响整个队伍的建设。相反，内务管理搞好了，给应急救援人员创造一个舒适的学习、工作、休息环境，人心舒畅，工作才有干劲。总之，只有把内务管理搞好，把精神文明搞好，队伍的素质才能提高。

⑥ 劳动工资及财务计划。矿山救援队的基本工资及附加工资，应根据在职职工人数作出全年劳动工资计划。

财务计划包括办公费、差旅费、书报费、汽车养路费、设备购置费、劳保福利费、技术措施费、车辆修理费、材料购置费，以及其他费用等，应作出年度计划，报上级财务部门审批拨款。

⑦ 设备维修计划。编制设备维修计划的目的是使所有技术装备处于良好状态，充分发挥设备的效能，保证救援工作顺利进行。在设备维修计划中，要规定设备维修的种类，如（大修、中修、小修）工作量、备品备件的需要量，以及修理所需的资金。

3. 季度计划

季度计划是根据年度计划的安排制定的，它比年度计划更具体，更详细。它的作用是指导一个季度的工作，即季度应完成的计划。

4. 月计划

月计划即月“工作日程图表”，根据季度计划，作出月“工作日程图表”，把救援队每天所做的工作填写入图，有条不紊地组织实施。“工作日程图表”对季度和年度计划的实施起到保证作用，这一形式便于救援工作的组织领导和开展日常工作。

（三）矿山救援队的技术管理

矿山救援队工作的特殊性决定了矿山救援工作是一项技术性很强的工作，矿山应急救援人员不但要掌握救援业务技术知识，还需掌握和了解煤矿生产中的采掘知识、机电运输知识、通风安全知识等，一旦发生事故，就能够采取措施，正确处理。同时煤矿事故的一个重要特性就是突发性，虽然每一起事故发生的地点、性质和处理方法都不完全相同，但对于一种事故来讲，都有其普遍的规律性。从日常技术管理入手，在总结救援实战经验的基础上，将《煤矿安全规程》《矿山救援规程》具体化，融入日常的救援技术管理当中，使应急救援人员熟知各类矿井事故的特性和处置方法，明白各类矿山救援技术装备的使用条件和方法，就能够在突发事故面前有的放矢，很快找到切入点，提高救援的有效性。

1. 技术管理的任务和要求

科学技术是生产力，现代科学技术为煤矿生产技术的进步开辟了广阔的道路。科学技术的发展，必须有科学的管理作保证，才能使先进的科学在生产中发挥作用，忽视科学管理，煤矿就会发生事故。因此，加强对煤矿事故的性质和处理事故手段的研究，对于提高救援技术，保证更好地消灭煤矿事故有着重要的意义。

（1）大力开展救援科学技术的研究，革新改造技术装备，使救援技术、装备更适合救援工作的需要，从而发挥积极的作用。

（2）重视救援技术资料的收集整理工作，建立健全各项技术管理规章制度，对技术性的文件、图纸、印刷品、总结资料、经验与教训材料、处理事故的总结报告等，都要注意收集整理，妥善保管。

（3）对救援队服务矿井的地质、生产、通风、安全及“五大灾害”的预防措施等基本概况和有关技术资料，要进行收集整理，存案备查。

矿山救援队要总结自己的经验，形成自己的一套科学管理方法和救援技术。同时，还要善于学习别人的长处，吸取别人成功的经验和失败的教训，特别是要从救灾自身伤亡事故案例中吸取教训，检查对照自身的工作，避免发生同样的事故。要加强国际救援技术交流，及时获取矿山救援技术信息，积极借鉴国外的救援理念，把外国的好经验、好技术、好装备引进来。

2. 要做好抢险救灾措施的编制工作

矿山救援队抢险救灾措施分为两部分，即抢险救灾一般技术措施和针对不同事故特点的特殊技术措施，由此构成完整的技术措施，使矿山救援队在行动过程中遵循科学，确保安全性，减少盲目性。

（1）抢险救灾一般性技术措施的制定。矿井事故的突发性决定了矿山救援队的行动突然性，矿山救援工作不可能像煤矿其他工作一样制定完善、科学、符合现场实际的技术措施，使得技术工作的指导作用难以充分发挥。因此，在日常工作中，矿山救援队技术负责人要组织工程技术人员根据服务矿井的灾害特点，结合矿井应急预案和矿井灾害预防处理计划，制定出能够指导不同类别事故抢救的一般性技术措施。一般性技术措施包括如下内容：

① 服务矿井的总体概况，包括瓦斯、自然发火、煤尘、顶板、水文地质情况，矿井产量，提升、运输方式等，分析矿区灾害特点以及矿井事故的普遍规律。

② 根据矿井的分布明确在事故发生后救援队的调度程序和出动顺序，特别是第一出动队的调动要体现快速的要求。

③ 规定不同的矿井事故救援队应当携带的技术装备、装备检查内容和要求。

④ 规定小队从入井到出井沿途行走或乘坐不同交通工具的安全注意事项。

⑤ 规定不同矿井事故抢救的基本方法，特别是第一出动小队到达现场后应采取的控制事故扩大措施。

⑥ 规定采取不同通风手段控制事故时救援队的监测内容、注意事项，对救援队撤离灾区的条件作出具体规定。

⑦ 对灾区探察内容、要求、图纸绘制、现场描述作出明确规定，对不同工作环境和不同用途的设施构建标准作出明确技术要求。

⑧ 制定行动过程中的安全、技术、组织措施。

（2）抢险救灾特殊性技术措施的制定。抢险救灾特殊性技术措施是在一般性技术措施的基础上制定的，一般性技术措施不针对某个具体的工作地点，只是对事故的类别有普遍的指导意义。特殊性技术措施是在事故发生后根据事故区域的特点对一般性技术措施进行针对性的补充和完善。首先，由先期到达的救援指挥员根据对事故性质和区域的了解，在布置具体任务的过程中强调技术措施和安全措施。其次，救援小队入井后，在进入灾区前，带队指挥员要根据已了解的信息进行进一步的补充和完善。再次，在完全掌握灾区情况后，救援队技术负责人要组织技术人员制定书面的技术措施，并组织参战应急救援人员进行讨论、补充和完善，并为后续入井小队进行贯彻。

在每一次事故抢救结束后，救援队技术负责人要通过对事故的总结、讲评，补充、完善一般性技术措施，使其更具有指导性。

3. 技术档案和资料管理

技术资料要分门别类地建立档案，其内容有：

（1）供应急救援人员学习的教科书、教材及其他学习资料。

（2）收集整理的外地兄弟单位经验材料。

（3）救援队服务矿井的各种矿图及有关资料。

（4）服务矿井的灾害预防措施和避灾路线图纸等。

（5）每年的救援工作总结和救援比武资料。

（6）历年的事故处理总结及事故地点示意图。

（7）设备仪器更新记录。

实践证明，用记录报表管理救援技术工作是一种好办法。健全各项记录，便于总结工作经验，查找问题，这是矿山救援队行之有效的管理办法。要建立应急救援人员身体、技能档案，便于在人员调度过程中选拔技术过硬的队伍去完成任务；要建立预防检查记录，掌握服务矿井的生产状况、事故隐患，完善一般性技术措施；要建立技术装备维护保养和装备完好状况记录，在处理事故过程中充分利用技术装备去改善救灾手段；要建立矿井抢险救灾过程记录，便于有针对性地完善技术措施和事故后进行系统、科学的总结，为事故处理提供经验。

记录的建立和管理，要做到切实可行，根据本队情况，把记录报表建立起来。记录报表最根本的要求是要及时认真地填写，只有这样才能发挥记录和报表的作用。

（四）矿山救援队的装备管理

矿山救援队的技术装备，按使用范围不同分为个人防护装备、气体检测装备、化验分析设备、通信设备、灭火设备、排水设备及运输设备等；按技术组合不同分为个人装备、小队装备、中队装备、大队装备等。救援技术装备管理，从工作内容上，包括技术装备运作全部过程的管理，即从设备到位到投入使用，以及在使用中维护、保养及补偿，直至报废退出服务救援工作的全过程。

1. 装备管理的意义和任务

技术装备是矿山救援队处理煤矿灾变事故的武器和工具，是救援队战斗力的重要组成部分。技术装备管理对于保证救援队顺利完成处置事故任务，保证应急救援人员生命安全，及时抢救遇难人员，防止在抢救事故中扩大事故，都起着重要作用。技术装备管理，是救援队管理工作中的一个重要方面。加强技术装备管理，能保证救援队正常而有秩序地工作。用现代化技术装备武装起来的矿山救援队，很多救援工作是靠救援应急救援人员操作技术装备，由技术装备直接完成的。加强技术装备管理，使技术装备经常处于良好状态，才能保证救援工作正常进行。救援队在处理事故中所发生的自身伤亡事故，不少是由于技术装备管理不善造成的。所以管理好技术装备，有其重要的意义。

矿山救援技术装备管理任务，就是要保证为救援工作提供良好的技术装备，使救灾工作建立在良好的物质基础上，具体任务有以下几点：

（1）根据技术先进、经济合理的原则，正确选购救援装备仪器。

（2）保证技术装备始终处于良好的状态，即技术装备投入使用后，要在节约维护费用的前提下，保证技术装备的完好率。

（3）对先进技术装备，要尽快掌握操作和维修技术。

对技术装备管理要求是：一般性的装备，要建卡立账；对固定资产的大型装备，要建立技术档案和装备定期检查记录。这样，有利于掌握装备的技术性能，对装备出厂的使用说明书、合格证要妥善保管，一旦装备有重大问题或技术性能不合乎要求时，可作为追究厂家责任的依据，以利于产品质量的提高。

2. 装备的维护保养

为了加强装备管理，使装备经常处于良好的状态，就必须对使用装备的人员有严格的管理维护要求，做到人人遵守装备管理维护保养和修理制度。在装备管理中，要根据各种装备的具体情况和技术特点，提出明确的管理维护标准，并做到尽职尽责认真执行。装备的维护保养情况，要记入检查登记簿内，根据不同类型的装备，应分级管理，属中队或小队的装备，应由中队或小队负责人签字后，方可投入抢险救灾工作。

在装备使用和维护保养过程中，矿山救援队应急救援人员和维护保养人员要发现装备的优点和不足，为新装备的补充提供借鉴。对存在不足的装备要及时向生产厂家反馈信息，与生产厂家一同制定解决、改进方案，促进装备不断优化，提高救援工作的可靠性。

（五）救援队的日常工作管理

矿山救援队的管理要做到牌板化，使应急救援人员每天能够直观地学习各种岗位职责和工作标准，动态地反映每个小队、每个人的综合工作业绩，营造军事化管理的氛围。同时要注重资料管理、完善各种记录，随着电子计算机的推广应用，要逐步实现无纸化办公、计算机信息管理。日常管理中必备的资料有：

（1）各项工作、各种会议记录。

（2）服务矿区交通图和矿山救援队到达各矿的距离及行车时间表。

（3）服务矿井的灾害预防和处理计划。

（4）服务矿井的通风系统图。

（5）事故总结，技术资料、图纸等。

为了加强救援业务技术的管理，应建立以下记录簿，反映日常管理行为，记录每天的工作动态，为总结、评比、不断推陈出新作准备，并由值班队长或分管队长认真及时填写。

（1）矿山救援工作日志。

（2）技术装备检查维护登记簿。

（3）交接班登记簿。

（4）学习训练情况和考核登记簿。

（5）事故处理记录簿。

（6）预防检查登记簿。

（7）会议记录。

（8）材料消耗登记簿。

（9）好人好事登记簿。

（10）安全技术工作登记簿。

为实现矿井事故的快速抢救，协调调度矿山救援力量，反馈抢险救灾和日常工作信息，矿山救援大队应建立调度室，中队应建立电话值班室，在调度室和值班室应装备可以直通煤矿和抢险救灾指挥中心的普通电话机、专用录音电话机、事故调度盘、矿井位置、交通显示图、计时钟表、事故紧急出动报警装置等设备和图板，以及调度记录台账和救灾任务通知单。

第五节　矿山救援的基本原则、救援理念

矿山救援队必须坚持“安全第一、预防为主”的安全方针，救援工作应当以人为本，坚持人民至上、生命至上，贯彻科学施救原则，践行习近平总书记“对党忠诚、纪律严明、赴汤蹈火、竭诚为民”的训词精神，切实做好矿井灾变事故预防和抢险救灾工作。具体的工作原则是：在救援工作中，认真执行《安全生产法》《矿山安全法》《煤炭法》《煤矿安全生产条例》《煤矿安全规程》和《矿山救援规程》的相关规定，坚持“属地为主、条块结合、精心组织、科学施救”的原则。矿山救援队在服务矿井发生事故时，要做到“闻警即到，速战能胜”；矿山应急救援人员在进行矿井安全预防检查和熟悉巷道工作时，要履行安全检查员的职责，检查出的问题要责令矿方“三定”处理，对于危及矿井安全生产的事故隐患要当场停止生产，撤出人员，协助整改。

第六节　矿山救援队军事化队列训练

一、军事化概述

军事化管理强调严格、科学、高效管理。我国军事化管理摸索出许多成功经验，既有深厚的中华文化积淀，又体现了鲜明的时代特色。

军事化管理要求：三治、三智、三千、三性、三个作用、四个能力、四个管住。

三治：“严治”使人不能违纪违法；“法治”使人不敢违纪违法；“德治”使人不想违纪违法。

三智：小智者治事；大智者治人；睿智者治法（管理者要做“睿智者”）。

三千：千军万马抓主官；千头万绪抓根本；千方百计抓落实。

三性：管理工作坚持原则性；管理工作允许灵活性；管理工作绝对不允许随意性。

三个作用：发挥军官在管理中的主导作用；发挥士官在管理中的骨干作用；发挥义务兵在管理中的参与作用。

四个能力：要提高管理者运用条令条例带兵的能力；要提高管理者发现问题和解决问题的能力；要提高管理者严格管理与说明教育相结合的能力；要提高管理者做好个别人思想转化的能力。

四个管住：自己管住自己；党委管住成员；正职管住副职；上级管住下级。

军队军事管理有四个特征：以人为本的民主管理；以“五统四性”为基本内容的正规化管理；以法律、法规、规章为依据的法治化管理；科学高效的信息化管理。

军队管理理论的基本点：坚持党对军队绝对领导的根本原则和根本制度；坚持军队的基础在士兵的根本原则；坚持从严治军和依法治军的基本方针；坚持严格管理和说明教育相结合的基本方法。

军队管理要坚持以下基本原则：依法从严的原则；集中统一的原则；官兵一致的原则；说明教育的原则；按级负责的原则；发扬民主的原则；教养一致的原则；以身作则的

原则。

军队管理的基本规律：以战斗力为标准；以人员管理为重点；以条令条例为依据；以作风纪律为核心。

军事化管理的基本理念：以人为本的理念；以战为本的理念；以法为本的理念；科技为本的理念；以实为本的理念。

军事化管理的基本思路：认识要到位；组织要严密；制度要落实；方法要科学。

军事化管理创新：精确管理；素质管理；和谐管理；危机管理；源头管理。

（一）正规化建设

正规化建设就是以实行统一的指挥、制度、编制、纪律、训练，加强组织性、计划性、准确性、纪律性，建立正规的战备、训练、工作、生活秩序为基本内容，用以条令条例为主体的法规制度规范军队的各个方面，建立适应建设信息化军队、打赢信息化战争的组织机构和运行机制。

正规化建设的标准：高度的集中统一；科学合理的体制、编制；完备的法规制度；严整的军容；优良的作风；严明的纪律；正规的秩序。正规化建设强调统一性、规范性、有序性。

正规化建设在军事化管理中的地位十分突出。正规化建设是军事化建设不可违背的客观规律；正规化建设关系着革命化现代化建设的全面发展；正规化建设关系着军队的形象和战斗力的巩固与提高；正规化建设关系着国防的巩固与党和国家的生死存亡。

（二）准军事化管理

准军事化管理的内涵与实质是：学习解放军的好思想、好作风、好传统，以严格、规范、统一、高效为特征，建立科学合理、运转协调、具有矿山救援特色的新机制。全面提高矿山救援队伍的整体素质，树立矿山救援队伍的良好形象，形成矿山救援队伍坚强的战斗力。

实行准军事化管理是全面贯彻落实“科学决策，安全施救”指导思想的必然要求，是确保应急救援体制高效运转的必然选择。

实行准军事化管理是一项长期而复杂的系统工程，推行准军事化管理，认识是基础，军训是入门，制度是核心，结合是关键，养成是根本。实行准军事化管理应贯穿于矿山救援工作的全过程，不仅仅局限于队容举止、工作、生活等制度和形式，更重要的是通过制度和形式建立规范的工作秩序。

二、军事化矿山救援队的队容风纪

1. 着装

军事化矿山应急救援人员必须按规定着装，并保持队容严整。着制式服装时，要遵守下列规定：

（1）按照规定佩戴帽徽、肩章、领花及有关符号。

（2）军事化矿山应急救援人员的大檐帽前缘与眉同高，大檐帽的风带不用时，应拉紧并保持水平。从事矿山救援队管理工作的女同志的大檐帽，应稍向后倾。绒（皮）帽护脑下缘距眉约 1.5 cm（女同志约 4.5 cm）。大檐帽松紧带不使用时，不得露于帽外，不准戴便帽。

（3）扣好领钩、衣扣，不得披衣、敞怀、挽袖、卷裤腿。冬夏季服装和毛、布料服装不得混穿，内衣下摆不得外露，指挥员着礼服、夏秋服时必须内着制式衬衫。战斗服（工作服）只限于处理事故、训练、体力劳动时穿。

（4）不得在制式服装外罩便服，不准围围巾。

（5）通常应着制式队鞋，着便鞋（凉鞋）时，只准穿黑、灰、棕色鞋，鞋跟高度（应急救援人员）不超过 3 cm，从事管理工作的女同志鞋跟不超过 4 cm。除工作需要外，不准着拖鞋。

（6）季节换装的时间和着装要求，由各救援队统一规定。

（7）参加队列训练、检阅、比赛时，要扎腰带，其他场合和时间可不扎腰带。特殊情况需要扎腰带时，由区域救援大队以上单位领导、指挥员决定。

（8）担负着生产、勤杂及服务于救援第一线的其他人员，工作时间应着工作服或便服。

（9）应急救援人员非因公外出，从事救援管理工作的女同志在怀孕期间及其他勤杂人员外出采购时，应着便服。应急救援人员探亲期间可着便服。上下班的指挥员乘公共汽车或骑自行车时，往返途中可着便服。

（10）矿山救援队的制式服装不准变卖，不得擅自拆改或借给非矿山救援人员。应急救援人员因工作需要调离救援系统或服役合同期满时，帽徽、肩章、领花和有关符号一律上交。

2. 仪容

军事化矿山应急救援人员不准留大包头、大鬓角和胡须，蓄发不得露于帽外，帽檐下发长不得超过 1.5 cm。女同志发辫不得过肩，不准烫发。区域救援大队以上的领导可在规定的发型内决定所属人员蓄一种或几种发型。

从事矿山救援队管理工作的女同志着制式服装时，不准戴耳环、项链、领饰、戒指等饰物，不得描眉、涂口红、擦胭脂、染指甲，除工作需要和眼病外，不准戴有色眼镜，不准文身。

应急救援人员只准佩戴国家和本系统内统一颁发的饰物，不得描眉、涂口红、擦胭脂、染指甲，除工作需要和眼病外，不准戴有色眼镜，不准文身。

应急救援人员只准佩戴国家和本系统内统一颁发的勋章、奖章、证章、纪念章，不准佩戴其他徽章。

3. 称呼和举止

应急救援人员之间通常称职务，或姓名加职务、职务加同志、姓名加同志。上级对部属和下级以及同级间的称呼，可称姓名或姓名加同志。在公共场所和不知道对方职务时可称队衔加同志或同志。

应急救援人员听到指挥员呼唤自己时，应立即回答“到”。在领受口述命令、指示后，应回答“是”。

应急救援人员进入指挥员室内前，要喊“报告”或敲门，进入同级或其他人员室内前，应敲门，经允许后方可进入。

应急救援人员在室内要脱帽。因特殊情况不适宜脱帽时，由在场的最高指挥员临时规定。

应急救援人员必须举止端正，精神振作，姿势良好。不准袖手、背手和将手插入衣袋，不准边走边吸烟、吃东西、扇扇子，不得搭肩挽臂。

应急救援人员外出，必须遵守公共秩序和交通规则，尊重社会公德，自觉维护矿山救援队的声誉。不准围集街头，不准嬉笑打闹，不准携带违禁物品。乘坐车、船和飞机时，要按次序上下，不准争抢座位。乘坐公共汽车、电车时，主动给上级、老人、幼童、孕妇和伤、病、残人员让座。

应急救援人员不准擅自参加地方组织的舞会，不准喝酒、赌博、参加迷信活动。

应急救援人员参加集合、晚会，必须按规定的时间和顺序入场，按指定的位置就座，遵守会场秩序，不迟到、早退。散会时，依次退场。

应急救援人员不准着制式服装摆摊设点，叫买叫卖，不准以军事化矿山应急救援人员的名义、肖像做商业广告。

4. 队容风纪的检查

军事化矿山救援大队要设置队容风纪检查机构或指定单位负责。对违反队容风纪规定者，应当令其立即改正，对不服从纠察和严重违反队容风纪者，应给予批评教育，必要时予以扣留并通知所在单位负责人领回严肃处理。

三、军事列队训练

1. 军事训练的目的和要求

（1）通过训练，提高应急救援人员的军事素质和修养。

（2）严肃队容风纪，提高组织性、纪律性，增强战斗力。

（3）应急救援人员参加军训时，要严格要求自己，认真操练，服从命令，听从指挥。

2. 各级指挥员必须进行军事口令训练

军事口令训练的具体内容和要求，按照矿山救援队军事教范的规定执行。队列操练要求全队人员参加，着装统一整齐，队列操练由领队指挥员在场外整理队伍，跑步进入场地内至各项操作完毕。领队指挥员向首长请示后，将队伍跑步带出场地结束。指挥员在带领队伍操练中要做到姿态端正，精神振作，动作准确熟练，口令准确、清晰、洪亮。

有关规定及说明：纵队跑步从入口处进场；进场后停止在出口侧；行进间队列操练时行进距离不少于 10 m；纵队跑步出场；在各项操练过程中，不许再分项布置任务与提示动作要求。

第七节　矿山救援队标准化考核

（1）按照矿山救援队建制，矿山救援队标准化考核分为大队标准化考核（含所属中队）和独立中队标准化考核。

（2）大队和独立中队标准化考核采用每项单独扣分的方法计分，标准分扣完为止。

（3）大队标准化考核包括组织机构（8 分）、技术装备与设施（10 分）、业务培训

(6 分)、综合管理（6 分）和所属中队（百分制得分乘以 70%）共五大项，满分为 100 分。大队标准化考核得分 = 前四大项得分之和 + 所属中队得分 × 70%。大队标准化考核时，对全部所属中队或随机抽取 1 ~2 个所属中队进行考核，平均得分为所属中队得分。

（4）大队所属中队和独立中队标准化考核包括队伍及人员（10 分）、培训与训练（7 分）、装备与设施（17 分）、业务工作（15 分）、救援准备（5 分）、医疗急救（5 分）、技术操作（13 分）、综合体质（10 分）、准军事化操练（8 分）、日常管理（10 分）共 10 项，满分为 100 分。大队所属中队和独立中队标准化考核得分为 10 项得分之和。

大队所属中队和独立中队标准化考核的 10 个项目应全部考核。每个项目包含若干小项，除规定可采取抽小项考核外，其他均应逐小项考核。每个项目在逐小项考核时，按实际扣分计算，该项标准分扣完为止；在抽小项考核时，按该项标准分乘以该项总扣分率计算该项总扣分值，该项总扣分率等于该项中实际抽查小项扣分率的平均值。

大队所属中队和独立中队标准化考核时，业务知识和准军事化操练由 2 个及以上小队集体完成，其他项目以小队为单位独立完成。2 个以上小队完成同一项目，小队平均得分为该项目中队得分。

（5）矿山救援队标准化考核分为 3 个等级，分别为一级、二级、三级，如果未达到 60 分，则不予评级，应限期整改。等级评级要求如下：

① 一级，总分 90 分及以上，且具备以下条件：

a）大队建制且建队 10 年及以上，考核前 3 年内无救援违规造成自身死亡事故。

b）大队由不少于 3 个中队组成，所属中队由不少于 3 个小队组成。小队由不少于 9 名矿山应急救援人员组成。

c）大队、大队所属中队、小队和个人的装备与设施得分分别不低于相应项目标准分的 90%。

d）具有模拟高温浓烟环境的演习巷道、面积不少于 500 m^2 的室内训练场馆、面积不少于 2000 m^2 的室外训练场地。

e）大队、大队所属中队矿山救援指挥员及其小队实行 24 h 值班。

② 二级，总分 80 分及以上，且具备以下条件：

a）建队 5 年及以上，考核前 2 年内无救援违规造成自身死亡事故。

b）大队由不少于 2 个中队组成，所属中队由不少于 3 个小队组成；独立中队由不少于 4 个小队组成。大队和独立中队所属小队由不少于 9 名应急救援人员组成。

c）大队、独立中队、大队所属中队、小队和个人的装备与设施得分分别不低于相应项目标准分的 80%。

d）具有模拟高温浓烟环境的演习巷道、面积不少于 300 m^2 的室内训练场馆、面积不少于 1200 m^2 的室外训练场地。

e）大队、独立中队、大队所属中队指挥员及其小队实行 24 h 值班。

③ 三级，总分 60 分及以上，且具备以下条件：

a）建队 1 年及以上。

b）大队由不少于 2 个中队组成，所属中队由不少于 3 个小队组成；独立中队由不少于 3 个小队组成。大队和独立中队所属小队由不少于 9 名应急救援人员组成。

c）大队、独立中队、大队所属中队、小队和个人的装备与设施得分分别不低于相应项目标准分的60%。

d）具有演习巷道、室内训练场馆、面积不少于800 m^2 的室外训练场地。

e）大队、独立中队、大队所属中队指挥员及其小队实行24 h值班。

（6）应当按规定定期组织开展矿山救援队标准化考核。

（7）矿山救援队标准化考核等级实行动态管理。标准化考核等级按规定对社会公布。

（8）矿山救援队依托单位需将矿山救援队标准化工作与矿井标准化工作同规划、同考核、同总结、同奖惩，并纳入本单位标准化建设中。

第八节　矿山救援技术竞赛

一、国内外矿山救援技术竞赛的历史及发展方向

矿山救援技术竞赛是由矿山救援队员参加、按照竞赛规则进行的，是考核矿山事故应急救援和医疗急救技术、测试个人综合素质和基本装备操作能力的模拟比赛。矿山救援技术竞赛具有较强的技术实战性，是对矿山救援队整体救援水平和队员个人业务素质的直观检验和综合演练，对提高矿山救援队技术水平和实战能力具有重要作用。我国和世界许多采煤国家，如：美国、波兰和澳大利亚等，都非常重视矿山救援技术竞赛。美国矿山局于1911年开始组织全国性的矿山救援竞赛。我国的全国矿山救援技术竞赛开始于1987年，至今已举办了12届。自1999年首届国际矿山救援技术竞赛以来，各国积极参加国际竞赛，促进了矿山救援技术的交流、提高和发展。

（一）国内历届矿山救援技术竞赛

1. 全国煤矿首届救援技术比武大会

1987年9月5—10日，由煤炭工业部主办、平顶山矿务局承办的全国煤矿首届救援技术比武大会在平顶山市体育场举行。来自24个省、自治区、直辖市的34支矿山救援队、61名个人全能选手及34名指挥员，共计367人参加了这次比武大会。大会设置仪器设备操作、一般技术操作、指挥员体质、技术业务知识4个集体项目和业务知识，佩戴呼吸器1000米跑、4小时呼吸器拆装、佩戴呼吸器拉检力器、长跑5000米4个个人项目。平顶山矿务局救援大队、河北省峰峰矿务局救援大队和山东省新汶矿务局救援大队分别获得集体总分前3名。

2. 全国煤矿第二届救援技术比武大会

1990年10月15—20日，由中国统配煤矿总公司、东北内蒙古煤炭工业联合公司和地方煤炭总公司联合组织的全国煤矿第二届救援技术比武大会在平顶山市体育场举行。来自24个省、自治区、直辖市的57支矿山救援队和53名个人选手，共计741人参加了这次比武大会。来自苏联、波兰、蒙古等国家的贵宾观摩了这次大会。大会设置连续实战、队容队列、灵敏度测验、体质检测、理论知识5个集体项目和理论知识、体质测验、灵敏度测定、呼吸器故障判断4个指挥员项目。东煤抚顺矿务局代表队、平顶山矿务局代表队和河南鹤壁矿务局代表队分别获得集体总分前3名。

3. 全国煤炭系统青年岗位能手矿山救援技能运动会

1997 年 10 月 9—12 日，由共青团中央、劳动部、煤炭工业部联合举办的全国煤炭系统青年岗位能手矿山救援技能运动会在平煤集团公司安培中心举行。来自全国的 33 支代表队的 241 名能手，参加了理论知识、技术操作和体质比赛 3 个项目的竞赛。山西省潞安矿务局的黄严伟、平煤集团公司的张彬和平煤集团公司的贾平叶获个人总分前 3 名。

4. 全国煤矿矿山救援队技术比武大会

2001 年 11 月 7—9 日，由国家煤矿安全监察局主办的全国煤矿矿山救援队技术比武大会在平顶山煤业集团公司举行。来自 24 个省、自治区、直辖市的煤炭企业和中煤集团公司、神华集团公司的 30 支矿山救援队参加了理论考试、军事化队列、仪器操作、模拟实战和体能测试 5 个项目的竞赛。平煤集团公司救援大队、郑州煤业集团公司救援大队和内蒙古平庄煤业集团公司救援大队分别获得集体总分前 3 名。

5. 第五届全国矿山救援技术比武大会

2003 年 11 月 15—17 日，由国家安全生产监督管理局（国家煤矿安全监察局）、共青团中央、全国总工会联合举办的第五届全国矿山救援技术比武大会在山东省邹城市兖州矿务局举行。来自全国的 31 支矿山救援队共 217 名应急救援人员参加了军事化队列、体能测试、业务理论、连续实战、呼吸器操作、指挥员战术考试和伤员急救 7 个项目的竞赛。山东兖矿集团公司救援大队、宁夏宁煤集团救援大队和河北开滦集团救援大队分别获得集体总分前 3 名，并颁发全国青年安全生产示范岗 3 名、全国青年岗位能手 4 名。

6. 第六届全国矿山救援技术竞赛

2006 年 5 月 23—25 日，由国家安全生产监督管理总局、国家煤矿安全监察局、全国总工会、共青团中央主办，河南省人民政府、平顶山市人民政府协办，平顶山煤业集团公司承办的第六届全国矿山救援技术竞赛在河南省平顶山市举行。来自 24 个省、自治区、直辖市的 30 支代表队的 300 余名队员参加了模拟救灾、现场急救、呼吸器操作、综合素质等 4 个项目的角逐。河南平煤集团代表队以 623 分的总成绩夺得本届竞赛团体第一名，同时获得 3 个单项竞赛项目第一名。山东兖矿集团代表队、河北开滦集团代表队分别获得团体第二名、第三名。国家安全生产监督管理总局、国家煤矿安全监察局、全国总工会、共青团中央对优胜代表队和获胜队员给予了表彰和奖励。这次竞赛既是一次国内竞赛，又是我国第一次主办的第五届国际矿山救援技术竞赛的选拔赛和热身赛，选拔出了优秀代表队参加国际竞赛，同时也锻炼了裁判员队伍，检验了竞赛设施和组织工作，为我国举办的第五届国际矿山救援技术竞赛打下了良好的基础，对提高我国矿山救援技术水平和救援能力具有重要意义。

7. 第七届全国矿山救援技术竞赛

第七届全国矿山救援技术竞赛于 2008 年 9 月 20—22 日在山西省介休市成功举行。来自 25 个省、自治区、直辖市的 32 支矿山救援队伍和 288 名矿山应急救援人员参加了竞赛活动。国家安全生产监督管理总局、国家煤矿安全监察局、中华全国总工会、中国共产主义青年团中央委员会研究决定，对竞赛中获得团体一等奖的山西焦煤汾西矿业集团公司救援大队奖励奖金 1 万元，并颁发奖杯、奖牌和荣誉证书；奖励获得团体二等奖的山东省淄博矿业集团公司救援大队、河北省开滦集团公司救援大队每队奖金 1 万元，并颁发奖杯、奖牌和荣誉证书；奖励获得团体三等奖的黑龙江省龙煤集团公司鸡西分公司救援大队、宁夏神华宁煤集团公司救援总队和内蒙古平庄煤业公司救援大队每队奖金1万元，并颁发奖杯、奖牌和荣誉证书。

8. 第八届全国矿山救援技术竞赛

第八届全国矿山救援技术竞赛于2010年9月7—10日在安徽省淮南市成功举办。来自26个省（自治区、直辖市）、新疆生产建设兵团的32支矿山救援队伍、288名矿山应急救援人员参加了竞赛活动，各代表队赛出了风格，赛出了水平，展现了我国矿山救援队伍的精神风貌，涌现出一批思想过硬、纪律严明、作风顽强、技术精湛的优胜代表队和优秀队员。国家安全生产监督管理总局、国家煤矿安全监察局、全国总工会、共青团中央研究决定，对竞赛中获得团体一等奖的国投新集能源股份有限公司救援中心奖励奖金1万元，并颁发奖杯、奖牌和荣誉证书；奖励获得团体二等奖的河南省中平能化集团救援大队、宁夏回族自治区神华宁煤集团矿山救援总队每队奖金1万元，并颁发奖杯、奖牌和荣誉证书；奖励获得团体三等奖的山西焦煤汾西矿业集团矿山救援大队、山东省枣矿集团矿山救援大队、江苏省徐州矿务集团有限公司救援大队每队奖金1万元，并颁发奖杯、奖牌和荣誉证书。

9. 第九届全国矿山救援技术竞赛

第九届全国矿山救援技术竞赛于2012年8月27—29日在宁夏回族自治区石嘴山市成功举办。来自25个省（自治区、直辖市）和新疆生产建设兵团的30支矿山救援队伍、270名矿山应急救援人员参加了竞赛。神华宁夏煤业集团矿山救援总队获得团体第一名，颁发了团体一等奖奖杯、奖牌和荣誉证书；山西焦煤汾西矿业集团矿山救援大队、山东能源新汶矿业集团矿山救援大队分别获得团体第二名、第三名，颁发了团体二等奖奖杯、奖牌和荣誉证书；贵州省永贵能源公司矿山救援大队、神华神东救援消防大队、国家矿山应急救援开滦队分别获得第四名、第五名、第六名，颁发了团体三等奖奖杯、奖牌和荣誉证书。

10. 第十届全国矿山救援技术竞赛

第十届全国矿山救援技术竞赛于2014年10月15—17日在陕西省铜川市举行。竞赛由国家安全生产监督管理总局、国家煤矿安全监察局、全国总工会、共青团中央、陕西省铜川市共同举办，24个省（自治区、直辖市）和新疆生产建设兵团的31支矿山救援队伍、279名矿山应急救援人员参加了竞赛。贵州省永贵能源救援大队获得团体第一名，颁发了团体一等奖奖杯、奖牌和荣誉证书；中国平煤神马集团救援大队、陕西煤业化工集团有限责任公司代表队并列获得团体第二名，颁发了团体二等奖奖杯、奖牌和荣誉证书；国家矿山应急救援开滦队、国家矿山应急救援大同队、山西陕煤铜川矿业有限公司代表队分别获得第四名、第五名、第六名，颁发了团体三等奖奖杯、奖牌和荣誉证书。

11. 第十一届全国矿山救援技术竞赛

第十一届全国矿山救援技术竞赛于2017年9月26—29日在河北省唐山市成功举办。来自24个省（自治区、直辖市）和新疆生产建设兵团的32支矿山救援队伍、224名矿山应急救援人员参加了竞赛，竞赛充分展示了我国矿山救援队伍和应急救援人员勤学苦练、拼搏进取、奋勇争先、开拓创新的优良作风和敬业精神，涌现出一批思想过硬、纪律严明、作风顽强、技术精湛的优胜代表队和优秀队员。通过激烈角逐，国家矿山应急救援开滦队、阳泉煤业（集团）有限责任公司矿山救援大队、山西汾西矿业（集团）有限责任公司矿山救援大队、平顶山天安煤业股份公司救援大队、神华集团代表队、陕西陕煤彬长矿业有限公司矿山救援中心依次获得团体全能奖前6名。

12. 第十二届全国矿山救援技术竞赛

第十二届全国矿山救援技术竞赛于2023年10月17—20日在安徽省淮南市举办。此次竞赛由应急管理部、全国总工会、共青团中央、国家矿山安全监察局、安徽省人民政府主办，国家安全生产应急救援中心、应急管理部矿山救援中心组织，淮河能源控股集团承办。主题为“提高救援技能、展现时代风采”。竞赛设置了理论考试、指挥员战术、模拟救灾、技术员技能、医疗急救、综合技能、呼吸器操作7个项目和综合技能、医疗急救、小导硐救援通道作业3个项目，同时开设了绳索救援和VR演练2个自愿参加项目。来自26个省（自治区、直辖市）及新疆生产建设兵团和相关中央企业的36支代表队、400多名应急救援人员，同场竞赛、奋力拼搏，角逐出11个团体、12名个人一等奖。其中，国家矿山应急救援淮南队获得矿山组团体全能、团体理论考试、团体综合技能和团体模拟救灾一等奖，中煤能源集团代表队国家矿山应急救援中煤新集队获得矿山组团体医疗急救和团体呼吸器操作一等奖；国家隧道应急救援中国交建重庆队获得隧道组团体全能和团体医疗急救一等奖，国家隧道应急救援中铁二局昆明队获得隧道组团体小导硐救援通道作业一等奖；宁夏回族自治区代表队国家矿山应急救援国能宁煤队获得自愿项目团体绳索救援一等奖，国家矿山应急救援淮南队获得自愿项目团体VR演练一等奖。

竞赛期间，还举行了先进技术装备展示活动，展示了“五小”科技创新和应急救援急需技术装备“揭榜攻关”等科研成果，以搭建互学互鉴、成果共享的交流平台。

（二）国际矿山救援技术竞赛及我国参加竞赛的基本情况

国际矿山救援技术竞赛是展示各国矿山救援技术水平和促进国际交流的高水平赛事，自1999年美国举办首届竞赛以来，至今已举办了12届，促进了矿山救援国际交流与合作和救援技术水平的提高。

1. 第一届国际矿山救援竞赛

1999年9月，第一届国际矿山救援竞赛在美国肯塔基州首次举办，来自美国、加拿大、俄罗斯、乌克兰、波兰5个国家，美国国内50个队、9个国际队参赛。竞赛项目设有模拟救灾、呼吸器操作、现场急救。

2. 第二届国际矿山救援竞赛

2000年7月，第二届国际矿山救援竞赛在美国拉斯维加斯举办，来自美国、加拿大、墨西哥、秘鲁、波兰、乌克兰6个国家，美国国内31个队、7个国际队参赛。竞赛项目设有模拟救灾、呼吸器操作、现场急救。

3. 第三届国际矿山救援竞赛

2002年8月19—22日，第三届国际矿山救援竞赛在美国内华达州里诺举行，来自中国、加拿大、波兰、秘鲁和美国5个国家，美国国内28个队、5个国际队参赛。竞赛项目设有模拟救灾、呼吸器操作、现场急救及多种气体检测。

这是我国代表队首次参赛，并取得了呼吸器操作项目第1名、现场急救项目第3名的优异成绩。

4. 第四届国际矿山救援竞赛

2004年6月3—5日，第四届国际矿山救援竞赛在波兰格沃古夫举行，来自美国、俄罗斯、乌克兰、澳大利亚、秘鲁、捷克、斯洛伐克、阿尔巴尼亚、波兰和中国10个国家、12个队参赛。竞赛项目设有模拟救灾、呼吸器操作、现场急救。

中国队取得了矿山救援集体项目亚军，呼吸器操作竞赛个人项目第二名、第三名的好成绩，充分展现了我国矿山救援队良好的精神风貌和精湛的救援技艺，得到了各国代表团充分的肯定和由衷的赞扬，并成功获得了2006年第五届国际矿山救援技术大比武的承办权。

5. 第五届国际矿山救援竞赛

2006年9月14—16日，第五届国际矿山救援竞赛在中国河南省平顶山市举行，来自澳大利亚、印度、秘鲁、波兰、俄罗斯、乌克兰、美国和中国等13个国家、15个队参赛。竞赛项目设有模拟救灾、呼吸器操作、现场急救。

竞赛以“合作、交流、提高、发展”为主题，突出“以人为本、重在参与，面向世界、和谐共赢”的理念。

我国选手获得BIOPAK240呼吸器操作项目第1名和第2名，平顶山煤业集团公司和兖矿集团公司代表队获得模拟救灾项目第1名和第3名。

6. 第六届国际矿山救援竞赛

2008年7月15—17日，第六届国际矿山救援竞赛在美国内华达州里诺举行。竞赛项目设有模拟救灾、呼吸器操作、现场急救、多种气体检测。我国未参加此次竞赛。

7. 第七届国际矿山救援竞赛

2010年11月9—12日，第七届国际矿山救援竞赛在澳大利亚乌诺纳举行，来自中国、美国、俄罗斯、乌克兰、波兰、印度、哈萨克斯坦、英国、越南和澳大利亚等10个国家的16支矿山救援队参加了竞赛。

山东淄博矿业集团救援大队和山西焦煤集团汾西矿山救援大队（汾西队）代表中国参加了此次竞赛。竞赛项目设有井工矿井救援竞赛、模拟矿井救援竞赛、理论考试和虚拟现实竞赛4个部分。

经过4天的激烈角逐，山东淄博矿业集团救援大队获得团体总分第一名，山西焦煤集团汾西矿山救援大队获得理论竞赛团体第一名。

8. 第八届国际矿山救援技术竞赛

2012年9月12—14日，第八届国际矿山救援技术竞赛在乌克兰顿涅茨克举行。来自中国、澳大利亚、加拿大、波兰、斯洛伐克、印度、蒙古、越南、乌克兰等14个国家的26支矿山救援队参加了竞赛。

我国派出了中国平煤神马集团救援队、国投新集能源集团救援队两支代表队参加了此次竞赛。

经过几天的激烈角逐，国投新集能源集团救援代表队获得呼吸器操作竞赛第一名，中国平煤神马集团救援代表队获得团体最佳专业奖。

9. 第九届国际矿山救援技术竞赛

2014 年 9 月 5—14 日，第九届国际矿山救援技术竞赛在波兰比托姆举行。来自中国、澳大利亚、俄罗斯、波兰、印度、乌克兰、哈萨克斯坦、蒙古、捷克、斯洛伐克、加拿大、土耳其和越南等 14 个国家的 26 支救援队参加了竞赛。

10. 第十届国际矿山救援技术竞赛

2016 年 8 月 23—25 日，第十届国际矿山救援技术竞赛在加拿大安大略省举行。来自中国、美国等国家的 27 支矿山救援队参加了竞赛。

此次竞赛采取理论考试与实际操作相结合的方式进行，其中实际操作分为席位操作、大倾角绳索救援、团队消防、模拟救灾和团队急救 5 个项目。

中国派出了陕煤化集团代表队、永贵代表队和平煤代表队 3 支队伍参赛，陕煤化集团代表队在竞赛中取得了团体单项（席位操作）第二名（银奖）的好成绩。

11. 第十一届国际矿山救援技术竞赛

2018 年 9 月 28 日，第十一届国际矿山救援技术竞赛在俄罗斯叶卡捷琳堡落下帷幕，来自 12 个国家的 25 支代表队参加了此次竞赛。最终，国家矿山应急救援开滦代表队取得呼吸器席位操作竞赛第一名、阳泉煤业（集团）公司矿山救援代表队取得呼吸器席位操作竞赛第二名的优异成绩，同时，阳泉煤业（集团）公司矿山救援代表队荣获了此次竞赛团体“最佳拼搏奖”。

12. 第十二届国际矿山救援技术竞赛

2022 年 9 月 11—16 日，第十二届国际矿山救援技术竞赛在美国西弗吉尼亚举行，来自 8 个国家的 22 支矿山救援队参加了竞赛，中国因疫情影响未参加此次竞赛。

二、矿山救援技术竞赛的发展趋势

矿山救援技术竞赛是国内、国外公认的非常有效的矿山救援技术训练方式，受到各采矿国家的普遍重视，使得这项活动广泛开展。今后，在安全生产形势好转和矿山事故减少的情况下，仍然需要通过矿山救援技术竞赛来提高救援技术水平、保证队伍战斗力和引起社会对矿山救援工作的关注。

国内矿山救援技术竞赛和国际矿山救援技术竞赛各具特色。国内矿山救援技术竞赛注重救灾技术运用、实战性；国际矿山救援技术竞赛更强调程序、动作的规范性及小队独立作战能力和整体配合。根据我国的实际情况，今后的国内矿山救援技术竞赛仍然会在保留必要传统项目的同时逐渐与国际接轨，并且将完善竞赛规则和建立竞赛题库，逐渐使国内矿山救援技术竞赛举办制度化、规则标准化。

国际矿山救援技术竞赛的影响也在日益扩大，将来会有专门的国际组织来规划和管理国际竞赛，组织制定国际通用的竞赛规则，国际矿山救援技术竞赛将越来越规范，通过国际矿山救援技术竞赛活动，各国矿山救援界的交流与合作会更加紧密。

三、矿山救援技术竞赛对提高国内矿山救援技术水平的作用

无论国际矿山救援技术竞赛，还是国内矿山救援技术竞赛，竞赛项目的设置和竞赛规则的制定都来源于矿井救灾实践，来源于矿井救灾现场经验，来源于矿井救灾认识积累。

矿井救灾理论是一致的，矿山救援技术竞赛项目设置和规则也大同小异。

由于国内和国际矿山救援技术竞赛诞生的社会文化和语言背景不同，救援技术竞赛理念和对局部操作细节的认识稍有不同。国内矿山救援技术竞赛项目设置较多，项目设置分散，对队员体能和队伍组织形象的要求较高。国际矿山救援技术竞赛项目设置集中，把许多小项目集成在一个大项目中，重点突出以人为本的救灾理念。救灾时，在要求队员具备较好体能的同时，严格按照救灾规则进行，培养队员的组织和协调一致的能力。国内矿山救援技术竞赛注重救灾技术运用，实战性较强；国际矿山救援技术竞赛重点突出救灾和程序，操作动作必须规范，强调小队独立作战和整体配合能力。

总之，国内矿山救援技术竞赛应保留特色和传统项目，并积极与国际矿山救援技术竞赛接轨，通过参与国际矿山救援技术竞赛，学习和借鉴国际矿山救援领域的先进经验和技术，促进矿山应急救援体系建设，加强与各国在矿山救援领域的交流与合作，提高矿山救援技术水平，推动我国矿山企业可持续发展。

第四章　矿山救援行动计划及安全措施

矿山发生灾害事故后，应全力组织开展救援工作，成立应急救援指挥部，制定救援方案。救援队作为主要执行者，在行动前必须制定队伍自身的行动计划及安全措施，从而提高救援效率，最大限度地降低救援人员的风险。指挥员制定行动计划及安全措施时，必须在把握瓦斯、火、煤尘、水和顶板等灾害事故规律的基础上，严格遵守《煤矿安全规程》《矿山救援规程》等相关规定，减少行动盲目性，提高救援过程的安全性，确保灾变事故能得到正常有效处理。

第一节　先期处置、闻警出动、到达现场和返回驻地

一、先期处置

《矿山救援规程》第三十九条　矿山发生生产安全事故后，涉险区域人员应当视现场情况，在安全条件下积极抢救人员和控制灾情，并立即上报；不具备条件的，应当立即撤离至安全地点。井下涉险人员在撤离时应当根据需要使用自救器，在撤离受阻的情况下紧急避险待救。矿山企业带班领导和涉险区域的区、队、班组长等应当组织人员抢救、撤离和避险。

第四十条　矿山值班调度员接到事故报告后，应当立即采取应急措施，通知涉险区域人员撤离险区，报告矿山企业负责人，通知矿山救援队、医疗急救机构和本企业有关人员等到现场救援。矿山企业负责人应当迅速采取有效措施组织抢救，并按照国家有关规定立即如实报告事故情况。

二、闻警出动

（一）闻警出动程序

矿井发生事故后，首先要召请驻矿救援队，驻矿救援队调度值班员接到事故通知后，应记录发生事故单位名称和事故地点、时间、类别、遇险人数，以及通知人姓名、单位、联系电话后，立即发出警报，并向值班指挥员报告。警报发出后值班小队在 1 min 内出动。出动后救援队调度员必须立即通知中队所有指挥员（通知顺序为中队长、技术员、副中队长、支部书记）并向大队调度室汇报。指挥员到队后，应根据事故情况立即组织待机队，准备后续救援物资，使支援小队做好出动准备。

当事故范围较大、遇险人数较多时，抢救指挥部要通知救援大队调动其他救援中队协助抢救，大队调度员接到事故通知后，立即发出警报，通知大队值班指挥员和中队值班指挥员，然后大队调度员按顺序通知总工程师、中队长、副大队长、技术科长、战训科长、

后勤科长及有关人员到队待命。值班的大队、中队指挥员带领值班小队出动，并将出动人员和主要技术装备情况向大队调度室汇报。大队调度员将出动情况及时向大队长汇报。大队指挥员要根据事故性质和事故处理进展情况合理安排队伍。在值班小队出动后，待机小队在 2 min 内转为值班小队。接到矿井火灾、瓦斯和煤尘爆炸、煤（岩）与瓦斯（二氧化碳）突出等事故通知，应当至少派 2 个救援小队同时赶赴事故地点。

（二）闻警出动注意事项

快速出动是矿山救援队迅速开展救援工作的保障。矿山应急救援人员在战备值班期间，要保持高度的警惕性，无论从事体育锻炼还是业务学习，都要在能听到报警信号的区域内，一旦听到警报（铃），必须在 1 min 内出动。不需要乘车出动的，不得超过 2 min。小队人员要养成站队报数上车的良好习惯，以便小队长掌握人员的到位情况，上车后，领队指挥员和小队长详细了解事故地点、性质、遇险及遇难人员的数量，若事故矿井距离较近，小队长应命令全体人员更换战斗服，就绪后，人员保持临战状态。

若遇特殊情况，不能及时到达事故矿井（车坏、路坏、桥塌等），领队指挥员必须采取措施，以最快的速度将救援小队带到事故矿井，短时间不能到达时，应用电话通知驻地和事故矿井，便于指挥部了解发生的情况并及时采取其他措施。

值班、待机（备班）司机，除具有熟练的驾驶技术外，还要保证车辆的油足、电足、水足，接到出动警报（铃）后，立即出车，把小队人员安全、迅速地送到事故矿井，为抢险救灾赢得时间。

小队出动后，在队指挥员根据事故性质做好提供物资保障准备工作和召集在队的其他小队处于临战状态。人员不足时，召集休息人员归队。

三、到达现场

（一）下井准备

矿山救援队到达事故矿井后，小队长命令全小队人员检查各自的仪器和保管的装备，并按事故性质携带必要的装备，做好下井准备。小队长和领队指挥员到抢险救灾指挥部向指挥部成员简要汇报出动的人员数量和仪器装备情况，便于指挥部根据具体情况调集救援力量和仪器装备，以满足井下救灾工作的需要。领队指挥员和小队长要详细了解事故的性质、地点、有害气体含量、通风、巷道破坏情况、波及范围、遇险遇难人员的数量和大致位置，并根据指挥部的要求，制定出自己的行动路线、探察范围和灾区工作时的安全技术措施。领取任务后，小队长应向小队人员说明完成任务的要点、技术措施和安全注意事项，并检查每名队员是否按规定着装并携带好了装备；每名队员的装备已进行了充分的准备并检测合格；小队按照事故抢救的要求带齐了所有的工具、设备和物品（包括队长本人的笔记本、笔、粉笔等）。入井前带队指挥员应询问参战队员对救援行动计划的掌握情况，必要时进行补充、更正，然后带领全小队下井。

（二）战前检查

小队在进入灾区前，要进行战前检查，这是防止进入灾区后出现仪器故障而采取的积极措施。因此，每名应急救援人员要本着为自己安全和大家安全负责的宗旨，正确进行氧气呼吸器战前检查（包括自检和互检），并做好入井准备，2 min 内完成。战前检查时小队呈一字形站开，小队长带头一项一项操作，并逐个汇报确认。小队指定专人记录应急救援人员氧气呼吸器的氧气压力。

四、返回基地

(一) 地面基地

发生重特大灾害事故后，必须立即成立现场救援指挥部并设立地面基地。为及时供应救灾设备和器材，协助指挥部收集信息和合理调动救援力量，必须设立地面基地，以保证救灾工作的需要。

(1) 地面基地应当设置在便于救援行动的安全地点。

(2) 地面基地的救援装备、器材的数量，由矿山救援队指挥员根据事故性质、范围及参战救援队的人数确定;地面基地至少要存放能使用3 昼夜的氧气、氢氧化钙和其他消耗物资。

(3) 地面基地应安排有通讯员以确保指挥部及井下工作小队信息的收集；安排有气体分析化验设备和化验员以确保按照指挥部的安排掌握灾区气体的成分和变化情况；安排有仪器维修人员以确保救援装备、仪器的修理和维护；还要安排一定数量的汽车司机和相关人员值班。

(4) 为保证地面基地正常有效工作，矿山救援队要指定地面基地负责人，确保装备、器材、物资的补充和完好，建立装备、器材使用情况和物资消耗情况记录，为指挥部合理安排救援力量提供必要的信息。

(二) 井下基地

为保证矿井事故抢救工作顺利进行，应在靠近灾区的安全地点设立井下基地。一般情况下，井下基地建立后再进行救援工作。但如果井下系统破坏严重，也有可能将初始的基地建立在地面。

1. 井下基地选择

井下基地是前线指挥所，是救灾人员与物资的集中地，是救援队进入灾区的出发点，也是遇险人员的临时救援站。因此，必须正确地选择基地。选择基地的原则是:

(1) 不受灾变威胁或不因灾变进一步扩大而受到波及，距灾区尽可能近。

(2) 在处理事故过程中，基地新鲜风流稳定。对冒顶、水灾等事故，基地选在贯穿风流地点即可。

(3) 有一定的空间和面积，保证储备救灾物资和救灾活动能正常进行。

(4) 方便运输，保证通风和照明。基地位置不是一成不变的，根据救灾进展情况，基地也可向灾区不断前移。

2. 井下基地要求

(1) 有矿山救援队指挥员值班。

(2) 有必要的矿山救援队待机小队及医护人员。

(3) 有直通指挥部及灾区的通信设备。

(4) 有必要的救援装备及器材。

3. 井下基地值班人员要求

(1) 应专人看守电话并做好记录，必要时应在矿图上标注出灾区内通风设施、救灾相关材料、遇险人员的位置和状态，以及探察区域、小队所处的位置。

（2）与指挥部和灾区工作的救援小队经常保持联系。

（3）专人检测风流和有害气体浓度。

（4）灾情突然发生变化时，井下指挥员应采取紧急措施，并及时向指挥部报告。

4. 新鲜风流基地前移

一旦基地前方的区域勘探后并重新通风，基地就要向灾区方向前移。这样可以缩短基地与灾区工作小队之间的距离，尽可能近距离地指挥救灾行动和为灾区工作的救援小队提供安全保障。井下基地前移，必须经指挥部同意，且符合基地选择的条件。

（三）返回基地要求

在完成救援任务后或者根据基地命令救援队返回井下基地时，必须至少保留 5 MPa 气压的氧气余量。在某种特定因素下，如在高温作业巷道内空气升温梯度达到 0.5 ~ 1 ℃/min 时，小队应返回基地；灾区应急救援人员的氧气呼吸器或身体状况发生异常现象时，小队也应立即撤出灾区返回基地。总之带队指挥员要在保证小队安全的情况下开展救援，否则小队应立即返回安全地点或井下基地。

五、返回驻地

在处理事故过程中或处理事故结束后，领队指挥员只有取得现场指挥部同意后，才能整理装备带队返回驻地。否则，不能随意离开事故矿井。

返回驻地后，不论昼夜和疲劳程度如何，应急救援人员都应立即对所有救援装备、器材进行认真检查和维护，恢复到值班战备状态，这时指挥员才能酌情安排小队休息。

第二节　矿山救援队在灾区行动中应遵守的原则

为确保救援队灾区行动安全，必须遵守在灾区工作的基本原则，指挥员不得违章指挥，不得为了完成任务而存在冒险作业的想法。

一、进入灾区人数、携带装备的规定

进入灾区探察和作业的救援小队人员不得少于 6 人。进入灾区前必须检查氧气呼吸器是否完好，氧气压力不得低于 18 MPa，并按规定佩戴和使用；小队必须携带全面罩氧气呼吸器 1 台和压力不低于 18 MPa 的备用氧气瓶 2 个，以及氧气呼吸器工具和备件袋。在进入灾区抢救遇险人员时，要携带隔离式自救器。

二、佩戴氧气呼吸器的规定

如果不能确认井筒和井底车场有无有害气体，应在地面佩戴好氧气呼吸器。在任何情况下，禁止不佩戴氧气呼吸器的救援小队下井。

小队在井下基地及基地以外新鲜空气环境中工作时，只有经小队长同意才能将呼吸器从肩上脱下。脱下的呼吸器应放在附近的安全地点，离小队工作或休息的地点不应超过 5 m，而且要有队员看守。在事故波及区域，即使是新鲜风流，也不得将呼吸器从肩上卸下。

小队出发到窒息区时，佩戴氧气呼吸器的地点由指挥员确定，并应在该地点设明显标志。

三、灾区内的行动原则

（1）小队在窒息区内工作，小队长应使队员保持在彼此能看得见或听得到音响信号的范围以内。如果窒息区工作地点离新鲜风流处很近，并且在这一地点不能以全小队进行工作时，小队长可派不少于 2 名队员进入窒息区工作，并与他们利用显示信号或音响信号保持联系。

（2）在窒息区工作时，任何情况下都严禁应急救援人员单独行动，佩戴正压呼吸器时，严禁摘掉面罩。小队长应至少间隔 20 min 检查一次队员的氧气压力、身体状况，并根据氧气压力最低的一名队员确定整个小队的返回时间。如果小队乘电机车出发到窒息区时，其返回所需时间应按步行所需时间计算。指挥员还应考虑队员的氧气消耗并不是一成不变的，从事不同工作时队员的体力消耗及氧气呼吸器的耗氧程度不同，从而会影响在灾区内的停留时间。

（3）小队重返灾区的规定。佩戴氧气呼吸器工作的小队经过 1 个呼吸器班（指佩戴 4 h 呼吸器在有效时间内工作 1 个呼吸器班，3 ~ 4 h）后，应至少休息 8 h。但在抢救人员和后继小队未到达的紧急情况下需要连续作战时，指挥员经清点人数、了解队员的身体状况，在补充氧气、更换药品和降温器并校验呼吸器合格后，可派小队重新进入灾区。在应急救援人员没有充足休息的状态下开展工作时，指挥员要随时观察队员的身体状况，布置工作时也要考虑此因素。

（4）抢救遇险人员的规定。抢救遇险人员是矿山救援队的首要任务，要创造条件以最快的速度、最短的路线，先将受伤、窒息人员运送到新鲜空气地点进行急救。抢救人员时的要求如下：

① 在引导及搬运遇险人员通过窒息区时，要给遇险人员佩戴全面罩氧气呼吸器和隔离式自救器。

② 对有外伤、骨折的遇险人员要作包扎、止血、固定等简单的处置，要按要求对人员实施搬运，防止对遇险人员造成更严重的伤害。

③ 搬运伤员时要尽量避免震动；注意防止伤员精神失常时打掉队员的面罩，而造成队员中毒。

④ 抢救长时间被困在井下的遇险人员时，应有医生配合。

⑤ 遇险人员不能一次全部抬出时，应给遇险者佩戴全面罩氧气呼吸器或隔离式自救器；多名遇险人员待救时，矿山救援队应根据“先活后死、先重后轻、先易后难”的原则进行抢救。

（5）氧气呼吸器氧气消耗量的规定。进入灾区探察和从事救援工作时，在任何情况下必须保留 5 MPa 气压氧气供返回途中发生故障时使用。在倾角小于 15°的巷道行进时，将 1/2 允许消耗的氧气量用于前进途中，1/2 允许消耗的氧气量用于返回途中；在倾角大于或等于 15°的巷道中行进时，将 2/3 允许消耗的氧气量用于上行途中，1/3 允许消耗的氧气量用于下行途中。

(6) 撤出时携带技术装备的规定。在灾区发现有队员身体不适或氧气呼吸器发生故障难以排除时，全小队必须立即撤出。矿山救援队撤出灾区时，若无特殊情况，要将应携带的技术装备带出灾区。

第三节 灾 区 探 察

一、探察工作的一般要求

为了查明事故发生地点、性质、原因和范围，寻找遇险遇难人员，并查清其位置、数量和分布，探明有害气体、通风、巷道支架及救灾材料的储备情况，需要对灾区进行探察。探察工作应由中队或中队以上指挥员亲自组织和参加。探察小队人员要整理好自己的仪器装备，小队长应根据平时掌握的情况，选择有一定实战经验、体格健壮、熟悉井下情况的队员负责探察工作。在安排有毒有害气体检测、风量检测、查找火点等影响救援方案和应急救援人员安全的重要工作时，要选用业务精湛、经验丰富的人员担任。进入灾区前，指挥员要向探察小队讲明事故情况、行动路线、行动计划和安全措施，并约定小队返回井下基地的大致时间。探察小队不得少于6人，并携带1台全面罩氧气呼吸器、瓦斯检定器、一氧化碳检定器、担架、温度计、红外线热成像仪、2个备用氧气瓶（正压呼吸器最好配备氧气补给器）、呼吸器工具、备件袋、记录本、圆珠笔、粉笔、探险绳、灾区通信设备等，必要时，带上风障及其他设备。

矿山救援队指挥员在布置探察任务时，必须说明已了解到的各种情况，并保证探察小队所需的器材；说明探察的具体任务和注意事项，并给予探察小队足够的准备时间。

二、开展探察工作时的注意事项

（一）带队指挥员注意事项

(1) 明确探察任务，任务不清或感到人力、物力、时间不足时，应提出自己的意见。

(2) 认真研究行进路线及特征，在图纸上标明小队行进的方向、标志、时间，并向队员讲清楚。

(3) 组织战前检查，了解应急救援人员的氧气呼吸器的氧气压力，做到仪器100%完好。

(4) 贯彻事故救援的行动计划和安全措施，带领小队完成探察工作。

（二）灾区探察原则

每一次矿井事故探察都是不同的，都会面对未知的状态，都会遇到特有的问题，在探察过程中既要灵活，又要遵循一定的规律。

(1) 要定时进行休息和检查。探察工作是救援队第一次进入事故区域，探察中指挥员应视队员体力消耗，酌情安排小队进行短暂的休息，以稳定队员的情绪，保持队员的体力。检查呼吸器的氧气压力和完好状态，确定所处的位置，明确下一步的方向。

(2) 要做好通信工作。用灾区电话时刻与待机小队或基地保持联系，汇报所处位置、灾区巷道情况和气体浓度；如果没有按时返回或通信中断，待机小队应立即进入进行救援。

（3）要保持小队的行进顺序。进入灾区探察的小队要小队长在前、副小队长在后，退出时，要副小队长在前、小队长在后。小队长要比其他队员先进入未勘查区域，检查顶板和气体情况。在队尾的小队指挥员要观察行进中所有队员的情况，发现异常马上命令队伍停下。

（4）要控制探察小队的行进速度及队员之间的间隔距离，小队长要根据探察巷道的障碍物情况、巷道的倾角和巷道的视线，合理调整行进速度，以保持队员的体力，确保安全返回和应对突发情况。

（5）进入烟雾区或视线不清时，要用探险棍探测前进，队员之间要用联络绳联结。在烟雾中行进可以将安全帽上的矿灯拿在手中，降低灯光的位置，提高视线范围。另外一种方法是将矿灯接近地面，直接照着队伍沿着的钢轨、巷帮或底板。

（6）进入灾区前应考虑退路被堵后应采取的措施。探察小队应按原路返回，如果不按原路返回，应经布置探察任务的指挥员同意。

（7）如使用无线通信设备，探察小队在经过巷道岔口时，要挂灾区指路器、放置冷光管或设置其他明显的标记，也可以用粉笔画出前进方向的箭头，防止返回时走错巷道发生意外，确保探察小队原路返回和保证待机小队在进入时有路标。

（8）探察人员要有明确的分工，小队长要指定专人，记录好气体的浓度、温度、烟雾及巷道的支护情况（应根据不同的灾害性质有侧重点地探察）。对发现的遇难人员要进行检查，确定死亡后，要记清遇难者的具体位置、倒向及表面特征，以便为以后分析事故时提供依据，并在遇难者遇难地点用粉笔或其他物品做好标记。

（9）探察人员对到过的地点，要用粉笔在支架上留下此处的气体含量、温度、探察时间和小队的名称，以免浪费救援力量进行重复探察，特别是寻找遇险人员时，要在划定区域内，做到有巷必到，详细查找有生存条件的地方。

（10）在远距离和复杂巷道中探察，可以组织几个小队分区段进行探察。在探察中发现遇险人员要积极抢救，并将他们护送到进风巷道或井下基地，然后根据他们的身体状况和呼吸器的氧气压力，继续完成探察任务。

（11）若遇有高温、浓烟、塌落、爆炸、水淹等危险，威胁到探察小队人员安全时，要立即停止探察，采取措施，改善作业环境后，再实施探察。

（12）探察结束后，带队指挥员和小队长要立即向布置探察任务的指挥员汇报探察结果。

（13）在基地待机的人员，要精力集中，氧气呼吸器要佩戴整齐，做好一切抢救工作的准备，随时增援探察小队。

探察工作涉及面宽，探察内容主要与事故的性质和抢险救灾指挥部的命令有关，因此，小队长要熟练掌握、灵活运用。在布置任务时要充分考虑可能遇到的突发问题，预先制定应对措施，一旦发生，带队指挥员和小队长要沉着冷静，根据现场实际按照措施进行处置。特别是对于随着时间的推移容易扩大的事故，探察小队要携带必要的装备，通过建立临时通风设施、改变灾区系统等手段，控制事故扩大，有效抢救人员或创造有利于遇险人员生存的条件。

第四节　救援工作的行动原则

一、瓦斯燃烧与爆炸事故

（一）处理瓦斯燃烧事故救援队的行动原则

（1）在处理瓦斯燃烧事故时，不得使用震动性灭火手段，不得随意改变通风系统，必须严密监视瓦斯浓度的变化，尤其不能向燃烧的瓦斯源供风，防止高浓度的瓦斯降到爆炸上限以下，引起爆炸。

（2）瓦斯燃烧火势较大无法直接扑灭，进行封闭容易引起瓦斯爆炸时，可以先向燃烧区域注入惰性气体，降低氧含量，而后再实施局部封闭。对瓦斯涌出量大的采掘工作面发生瓦斯燃烧事故，采用直接灭火或局部封闭措施不安全时，可以在工作面的外边实施风流短路，减少向燃烧区域供氧，将救援人员撤到安全地点，待工作面瓦斯浓度超过爆炸上限后，再进入进行处理。

（二）瓦斯爆炸的类型和处理瓦斯爆炸事故救援队的行动原则

瓦斯爆炸是煤矿生产中最严重的事故之一，它不但会造成大量的人员伤亡，还会破坏通风系统而引起火灾、巷道坍塌和连续爆炸，增加救灾难度，造成事故扩大。因此，在处理瓦斯爆炸时，如何采取正确措施，积极抢救人员，防止连续爆炸，并要保护救援人员的安全，就显得十分重要。

1. 瓦斯爆炸的类型

瓦斯爆炸根据其爆炸的特点及波及范围，一般可分为三类：局部爆炸、大型爆炸和连续爆炸。瓦斯爆炸的分类及特点见表4－1。

表4－1　瓦斯爆炸的分类及特点

序号	影响	局部爆炸	大型爆炸	连续爆炸
1	通风系统破坏	未破坏或不严重	破坏严重，恢复较难	破坏极严重，影响大，恢复难
2	支架破坏	破坏支架少，个别地点冒顶堵塞	损坏支架多，有大冒顶与较多堵塞区	受多次冲击波影响，破坏严重，并在扩大
3	瓦斯聚积	无大量瓦斯聚积与瓦斯来源	有瓦斯来源，但可以控制	有大量瓦斯来源且难以控制
4	引起火灾范围	未引起火灾或已扑灭	未引起火灾或火灾较易扑灭	火源火多、面广，火势大，难扑灭
5	冲击波影响	仅在总风压区内有点影响，但影响不大	冲击波引起风流逆转，影响范围较大	不断出现爆炸的冲击波
6	引起煤尘爆炸	可能引起煤尘爆炸	易引起煤尘爆炸	极易引起煤尘爆炸
7	人员伤害	人员无伤亡或伤亡少	人员伤亡较大	伤亡极大，并在抢救中威胁大

2. 处理瓦斯爆炸事故救援队的行动原则

处理瓦斯爆炸事故时，矿山救援队的主要任务是抢救遇险人员、恢复通风、清理堵塞物和扑灭因爆炸引起的火灾。

（1）迅速抢救遇险人员，原则是：先救出活人，特别是重伤人员，同时千方百计地帮助轻伤员，最后再将死亡人员运出。抢救中要做到有巷必查，有条件的应在查过的巷道做好标记，防止遗漏。遇特殊情况时应先易后难，应在保证救援人员安全的前提下迅速将遇险人员救出灾区。

（2）密切监视灾区瓦斯浓度及其变化，同时应认真检查有无残留火源，防止瓦斯再次聚积到爆炸浓度而引起二次爆炸，发现火源应彻底处理，防止在救灾中发生再次爆炸而扩大伤亡。

（3）在无火源、无爆炸危险的情况下，尽可能恢复通风，排除瓦斯，使灾区转变为安全区，以便保证不佩戴呼吸器的人员参加抢救工作。清除堵塞物，找寻堵塞区内人员。

（4）在探察中，应尽力查清现场情况，如爆炸后遇险人员的倒向、伤害部位与伤害程度，巷道、支架、设备的损坏与移动情况等，以确定爆炸源与爆炸波的传播方向及影响区。

（5）爆炸后巷道破坏严重，有害气体浓度高，探察距离长的事故矿井，在经过分析确认被困人员已无生还希望的情况下，可以逐步恢复通风。在恢复通风的过程中可以在通往灾区的主要风流路线上用临时风门实施风流短路，减少向灾区的供氧量，确保灾区的氧气浓度处于失爆浓度以下。而后组织救援队构筑临时通风设施，在通风设施构筑完毕后，关闭风门，人员迅速撤到安全地点，恢复灾区通风。救援队可以选择灾区气体流经路线的某个点进行连续的气体检查，通过观测 CO 气体的变化、烟雾的变化和温度的变化来确定灾区有无火源。如 CO 气体浓度逐步下降、烟雾逐步减少、温度逐步降低，就说明灾区内没有火源，可以派救援队直接进入实施探察和寻找遇难人员。否则必须采取控制火势和灭火措施。

（6）对复杂与极度复杂的爆炸事故要认真分析，将探察详情报告指挥部，再按指挥部下达的任务行动。

二、煤与瓦斯突出事故

处理煤与瓦斯突出事故救援队的行动原则如下：

（1）处理煤与瓦斯突出事故时，矿山救援队的主要任务是抢救人员和对充满瓦斯的巷道进行通风。

（2）救援队进入灾区探察时，应查清遇险遇难人员数量及分布情况、通风系统和通风设施的破坏情况、突出位置、突出堆积物状态、巷道堵塞情况、瓦斯浓度，以及波及范围，发现火源立即扑灭。

（3）采掘工作面发生煤与瓦斯突出事故时，一个小队应从回风侧、另一个小队应从进风侧进入事故地点救人。只有一个小队时，如突出事故发生在采煤工作面，应从回风侧进入救人。

（4）探察中发现遇险人员应及时抢救，为其佩戴隔绝式自救器或全面罩呼吸器，引导出灾区。对于被突出物堵在里面的人员，应立即用压风管路、打钻等输送新鲜空气救人，并组织力量清除阻塞物。如不易清除，可开掘绕道，救出人员。

（5）发生突出事故，不得停风和反风，防止风流紊乱扩大灾情。如果通风系统和通风设施被破坏，应设置临时风障、风门及安装局部通风机恢复通风。

（6）因突出造成风流逆转时，要在进风侧设置风障，并及时清理回风侧的堵塞物，使风流尽快恢复正常。

（7）发生突出事故，要慎重考虑灾区是否停电。如果灾区不会因停电造成被水淹的危险时，应远距离切断电源。如果灾区因停电有被水淹的危险时，应加强通风，特别要加强电气设备处的通风，做到送电的设备不停电，停电的设备不送电，防止产生火花引起爆炸。

（8）瓦斯突出引起火灾时，要采用综合灭火或惰气灭火。如果瓦斯突出引起回风井口瓦斯燃烧，应采取隔绝风量的措施。

（9）小队在处理突出事故时，必须做到：

① 进入灾区前，检查矿灯，并提醒队员在灾区不要扭动矿灯开关或灯盖。

② 在突出区要设专人定时定点用100%瓦斯检定器检查瓦斯浓度，并及时向指挥部报告。

③ 设立安全岗哨，禁止不佩戴氧气呼吸器的人员进入灾区，非救援队人员只能在新鲜风流中工作。

④ 当发现突出点有异常情况，可能发生二次突出时，要立即撤出人员。

（10）恢复突出地区通风时，要设法经最短路线将瓦斯引入回风巷。排风井口50 m范围内不得有火源，并设专人监视。

（11）处理岩石与二氧化碳突出事故时，除严格执行煤与瓦斯突出的各项规定外，还必须对灾区加大风量，迅速抢救遇险人员。

三、煤尘爆炸事故

处理煤尘爆炸事故救援队的行动原则如下：

（1）处理爆炸事故时，矿山救援队的主要任务是抢救遇险人员、对充满爆炸烟气的巷道恢复通风、清理堵塞物和扑灭因爆炸产生的火焰。

（2）抢救遇险遇难人员是矿山救援队的首要任务，应千方百计地创造条件，以最快的速度最短的路线，先将受伤的人员运到新鲜风流中进行急救，同时派人将受伤或轻伤的人员撤离灾区，然后派人陆续抬出已遇难人员。救援小队根据遇险人员的分布和数量携带足够的隔离式自救器，供遇险人员脱险之用。如确知人员已遇难，必须先恢复灾区通风，再进行处理。

（3）爆炸产生火灾时，应同时进行灭火和救人，并应采取防止再次发生爆炸的措施。

（4）井筒、井底车场或石门发生爆炸时，为了排除爆炸产生的有毒有害气体，应在查清确无火源的基础上，尽快恢复通风。如果有害气体严重威胁回风流方向的人员，为了紧急救人，在进风方向的人员已安全撤退的情况下，可采取区域反风。之后，矿山救援队应进入原回风侧引导人员撤离灾区。爆炸事故发生在采掘工作面时，派一个小队沿进风侧、另一个小队沿回风侧进入事故地点救人。

（5）首先到达事故矿井的小队应对灾区进行全面探察，查清遇险遇难人员数量及分布地点，发现幸存者应立即给其佩戴自救器救出灾区，发现火源立即扑灭。

（6）矿山救援队在探察中遇到冒顶无法通过时，探察小队要迅速退出，寻找其他通道进入灾区。在独头巷道较长、有害气体浓度大、支架损坏严重的情况下，确知无火源、人员已经遇难时，严禁冒险进入，要在恢复通风、保证通风、修复支架后方可进入。

（7）发生爆炸事故进行救援工作时，灾变通风管理正确与否，起着决定性的作用。处理事故时应把通风工作放在重要位置，正确选择通风方法，为抢救人员、消灭灾害、保证救援人员安全、防止事故扩大创造条件。对充满爆炸烟气的巷道要及时设置临时通风，尽快恢复通风，排除烟雾。

（8）小队在进入灾区前必须遵守下列规定：

① 进入前切断电源。在切断电源时，应远距离操作，不能在灾区直接断电，以免产生火花，引起爆炸。

② 注意检查灾区内各种有害气体的浓度，检查温度及通风设施的破坏情况。

③ 穿过支护破坏的冒落区，要采用长把工具敲帮问顶，要架好临时支架，要保证退路。

④ 通过支架不稳固的地点时，队员要保持一定的距离按顺序通过，不要推拉支架。

⑤ 进入灾区后，行动要谨慎，防止碰撞产生电火花，引起爆炸。

四、矿井火灾事故

（一）处理矿井火灾事故风流控制原则

1. 处理矿井火灾常用的通风方法

处理矿井火灾常用的通风方法有正常通风、反风（包括全矿井反风和区域性反风）、火区零点通风。不论采用何种方法，都应满足以下要求：

（1）不使瓦斯聚积、煤尘飞扬，造成爆炸。

（2）不危及井下人员的安全。

（3）不使火源蔓延到瓦斯聚积的地方，也不使超限的瓦斯通过火源。

（4）有阻止火灾扩大、压制火势、创造接近火源的条件。

（5）防止再生火源的发生和火烟的逆退。

（6）防止火风压的形成，造成风流逆转。

2. 保持正常通风

抢险救灾时，必须首先稳定矿井通风。在总回风流中发生火灾时，只有保证正常的风流方向，才能将烟气排出井外。当火势较大、瓦斯涌出量较小时，为了减弱火势，可以采取减少风量的措施。在采区内发生火灾时，首先要注意保持正常风流，防止风流逆转。

3. 上行风流中发生火灾的风流控制

首先在向火源供风的风路中建立密闭墙，或关闭此风路中已有的防火门，并要选择一条畅通的风路让火烟自由排出矿井。密闭墙应建在与火源之间再没有可能逆转的旁侧风流的地方，当不能满足此条件时，则应先在旁侧风流建密闭墙，然后再建上述密闭墙，以防止密闭区内火灾气体发生爆炸。

4. 下行风流中发生火灾的风流控制

（1）改变某些风流方向，变下行风流火灾为上行风流火灾。

（2）必须在下行风流条件下进行灭火时，为保证主干风流不逆转，应在密闭某些旁侧风流之后，再在主干风流中设置密闭墙。建造密闭墙后，应考虑在漏风处很有可能逆着风流方向向外渗出火烟。为避免火灾气体扩大毒化井下区域，可把靠近火源的一条旁侧风流不密闭，并使其通过较大的风量，将漏出的烟气冲淡排出。

5. 分支风流中发生火灾的风流控制

应保持通风机原来的工作状况，特别在抢救人员、灭火阶段，不能减少通风机风量，更不能停风。在下行风流中发生火灾时，为保持主干风流不逆转，应增大通风机的风压。为了防止因风量过大而烧毁电动机，可在保持风流正常流向的情况下，适当增加有关风路的风阻值。

（二）火区封闭原则

火区封闭过程中，火区内的温度、风量、风压，氧气、瓦斯、二氧化碳含量等不断变化，情况复杂，瞬息万变且变化莫测，危险甚大。在多风路的火区建造密闭时，应根据火区范围、火势大小、瓦斯涌出量等情况来决定封闭顺序。根据实际情况，一般采用如下封闭方案。

1. 先封进风后封回风（先进后回）

先进后回的封闭顺序，最应注意的是封闭到最后砌口时刻，由于火区压力急剧降低，引起瓦斯积聚和瓦斯爆炸。在密闭封口之前火区仍在通风，有风流通过瓦斯可随风排出，瓦斯浓度还达不到爆炸界限。当密闭口封严后，火区压力急剧降为火区巷道出口处的回风负压，瓦斯浓度可能较快地达到爆炸界限，在氧气还没有降低到12%以下的过程中就可能引起瓦斯爆炸。在高瓦斯矿井，特别是有瓦斯积聚的情况下发生瓦斯爆炸的可能性更大。

2. 先封回风后封进风（先回后进）

燃烧的生成物二氧化碳等惰性气体可反转流向火区，使火区中的瓦斯不致积聚到危险浓度，且有助于火灾熄灭。火区压力相对升高，瓦斯涌出量相对减少，火区巷道与采空区和裂缝相通时也不致使积存的瓦斯涌向火区，可以减少瓦斯爆炸危险；工作人员处在高温的回风流中工作，非常艰苦、困难、危险；在瓦斯涌出量较大的巷道中发生火灾时，在封闭截断风流之前，瓦斯浓度可以迅速上升，而氧气含量却缓慢下降，积聚的高浓度瓦斯可能比燃烧产生的惰性产物更早地流向火源而引起爆炸，一般不宜采用，只有在火势不大、温度不高、无瓦斯存在时，为了截断火源蔓延可采用先回后进。

3. 进回同时封闭（同时封闭）

进回同时封闭的特点：封闭时间短、能迅速封闭火区切断供氧条件；密闭墙完全封闭前还可保持风流通过火源，减少火区内瓦斯积聚，不易达到爆炸界限；兼有前两种方法的优点，为常用方法；井巷条件复杂时，不易做到确切的同时封闭。进风巷、回风巷的密闭墙同时封闭，必须在建造密闭墙时预留门孔，封堵门孔时，必须统一指挥，密切配合，以最快的速度做到同时封堵。

在非瓦斯矿井中或瓦斯涌出量较小达不到爆炸界限时，首先应考虑只封闭进风一侧密闭墙即可达到控制火势的目的，这与进回风同时封闭的意义相同。

应当指出，同时封闭的方法不是完全可靠的，采用这种方法也会发生爆炸。如果在同时封闭的过程中，边封闭边向密闭墙中注入二氧化碳等惰性气体，将会阻止爆炸或减弱爆炸威力。

4. 封闭火区应遵守的规定及注意事项

（1）对于有可能发生爆炸的火区，封闭前指挥员应视爆炸气体浓度及绝对瓦斯涌出量，计算出达到爆炸下限的时间，应在达到爆炸下限的时间内完成封闭工作并将人员撤到安全地点。

（2）在保证安全的情况下，尽量缩小封闭范围。

（3）首先建筑临时密闭墙，然后建造永久密闭墙。

（4）有爆炸危险时，应先用砂土袋、石膏设置防爆墙，在防爆墙的掩护下建立永久密闭墙。

（5）在建筑密闭墙的过程中，必须设专人检查瓦斯、一氧化碳、煤尘和风流变化等。如瓦斯浓度上升到2%或有爆炸危险的瓦斯向火区移动时，应将人员撤到安全地点。

（6）应遵循封闭范围尽可能小、密闭墙数量尽可能少、入风侧密闭墙距离火源近和有利于快速施工的原则。

（7）密闭墙与火源之间严禁有旁侧风路，以免火区封闭后风流逆转，造成火区气体爆炸。

（三）建筑密闭墙的原则

（1）密闭墙的位置应选择在围岩稳定、无断层、无破碎带、巷道断面小的地点，距离巷道交叉口不小于10 m。

（2）拆掉压缩空气管路、电缆，使之不通过密闭墙。

（3）在密闭墙中装设注惰性气体、采气样、测量温度用的管子，并装上有阀门的放水管子。

（4）保证密闭墙的建筑质量，要保证进风密闭墙的质量。砌墙时，应先留好封闭门孔，将密闭墙用水泥或黄泥抹严，方可堵上封闭门孔。

（5）经常检查瓦斯，在火区瓦斯迅速增加时，为保证施工人员安全，可进行远距离、大面积封闭。当火区稳定后，再缩小火区。

（四）处理矿井火灾的行动原则

（1）采取通风措施限制火风压，通常采取控制风速、调节风量、减少回风巷风阻或设水幕洒水措施。要注意防止因风速过大造成煤尘飞扬，而引起的爆炸。

（2）在处理火灾事故的过程中，要注意顶板的变化情况，以防止因燃烧造成支架损坏，形成顶板垮落伤人，或者顶板垮落后造成风流方向、风量变化，而引起一系列不利于安全抢救的连锁反应。

（3）在矿井火灾的初起阶段，应根据现场的实际情况，积极组织人力、物力控制火势，用水、砂子、黄土、干粉、手雷、泡沫等直接灭火。

（4）在采用挖除火源的灭火措施时，应先将火源附近的巷道加强支护，以免燃烧的煤和矸石下落，截断应急救援人员的回路。

（5）扑灭瓦斯燃烧火灾时，可采用岩粉、砂子和泡沫、干粉、惰性气体灭火，并不得采用震动性的灭火手段。灭火时，多台灭火机要沿瓦斯的整个燃烧线一起喷射。

（6）火灾范围较大、火势发展较快和人员难以接近火源时，应采用高倍数泡沫灭火机和惰性气体发生装置等大型灭火设置直接灭火。

（7）在人力、物力不足或直接灭火无效时，为防止火势发展，应采取隔绝灭火和综合灭火措施。

（8）在倾斜巷道上行风流中发生的火灾，应保持正常风流方向，在不引起瓦斯积聚的前提下应减少供风量，不应停止通风机运转，以防发生局部或全矿井的风流逆转或烟气蔓延；应利用中间巷道、小顺槽、联络巷和行人巷接近火源，不能接近火源时可用发射高倍数泡沫、惰气进行远距离灭火。在倾斜巷道中需要从下方向上方灭火时，应采取措施防止冒落岩石和燃烧物掉落伤人。

（9）在倾斜巷道下行风流中发生的火灾，根据火灾发生的位置和地点不同，采取的措施也不相同。必须采取措施，防止风流逆转，增加出入风量，减少回风风阻，决不允许停止通风机运转。同时要注意角联风路的有害或有利作用。入风斜井的中、下部发生火灾时，救援人员不允许从井口沿新鲜风流入井，防止因火风压作用而使风流突然逆转方向。为防止由于火风压作用使风流突然逆转方向，不允许从进风斜井接近火源，为防止火灾气体侵入井下巷道和工作区，必须采取反风或停止通风机运行，也可以采取局部反风和缩短风流等措施。

（10）当矿井总进风的井底车场和硐室发生火灾时，可采用反风或缩短风流的措施，防止火灾烟气侵入井下工作地点；硐室位于一翼或采用总进风时，可采用短路风流或局部反风的措施。发生火灾时应关闭硐室防火门，无防火门时要用挂风障或打临时板闭的措施控制入风，进行直接灭火。当火灾危及火药库、变电所、水泵房时，应以主要人力、物力和技术措施保护这些关键地点。

（11）掘进巷道发生火灾的地点不同，处理方法各异，其基本行动原则如下：

① 在维持局部通风机正常通风的情况下，进行积极灭火，但到达火灾现场后，一定要注意保持原来的通风状态，即通风机停运的不要随便开启，运转中的通风机不要盲目停止，探察后再确定措施。

② 有爆炸危险的已着火巷道，在不需要救人时，不要冒险进入。在处理过程中，如果巷道中的瓦斯浓度达到2%以上，并继续增加有爆炸危险时，矿山救援队必须立即将全部人员撤到安全地点，然后采取措施，排除爆炸危险。

③ 在瓦斯浓度不超过2%时，要在通风的情况下直接灭火。

（12）处理采煤工作面火灾的行动原则是必须先妥善撤出人员，再采取措施进行灭火，并在灭火中注意以下事项：

① 一般要在正常通风的情况下进行灭火，当火源上风侧有瓦斯涌出源时，为避免瓦斯积聚引起瓦斯爆炸，应尽量保持正常通风状态。

② 工作面发生瓦斯燃烧时要增大工作面的风量，但应注意风量增大，负压降低，要防止采空区瓦斯涌出。

③ 处理瓦斯燃烧过程中，不要随意开闭回风侧的风门，以防止压力波动引起爆炸。

④ 为控制或减弱火势发展，接近火源灭火而必须采用短路风流或封闭火区等方法时，应尽量把瓦斯引向旁侧风路或隔绝在火区通道之外。

五、矿井水灾事故

处理矿井水灾事故救援队的行动原则如下：

（1）首先到达现场的救援小队应立即了解灾区情况，包括水源、突水点、事故前人员分布、井下人员生存条件及进入该地点的通道。依据井巷布置及出水标高，计算被堵人员地点的高程、空间容积、氧含量、瓦斯含量，推算救出人员所需的最长时间，供指挥部制定方案。

（2）矿山救援队应通过组织探察，判定遇险人员的位置、用水地点、水的流量、水的流动路线、巷道和水泵被水淹的程度、巷道的冲坏和堵塞情况，以及有害气体（CH_4、CO_2、H_2S）的含量、通风情况。根据水的特性，判断透水源，根据水位与用水量的情况，寻找通道迅速救出灾区遇险人员。进入灾区进行探察、抢救人员时，要时刻注意观察巷道围岩、支架情况，防止冒顶和掉底。救援小队沿逆水流方向前往上部没有出口的巷道时，应与在基地监视水情的待机队保持联系，当巷道有很快被淹的危险时，严禁冒险继续前进，应立即返回安全地点，并向基地报告。

（3）当发生透水事故后，无法立即接近被困人员时，矿山救援队在组织人员强力排水期间要设专人观测水位的下降情况和有害气体的含量。要利用一切条件，向被困地点输送氧气，当井下水位降到人员可以通过时，救援队要采取措施，防止二次透水，组织人员并携带必要的装备，对灾区进行探察，检查巷道内的有害气体情况。如果条件许可，尽快接近遇险人员，将其搬到安全地点。

（4）组织排水时，应特别注意通风工作，防止有害气体积聚和涌出，特别是水位下降时，积存在被淹井巷内的大量有害气体会涌出。要经常检查瓦斯，当瓦斯浓度达到1%时，应停止向井下供电排水。特别要检查 CO_2 和 H_2S 气体，防止发生窒息事故。

（5）采掘工作面透水时，一个小队应逆水进入下部水平救人，另一个小队应进入上部水平救人。抢救被水困住的遇险人员时，在增大排水能力或采用泄水措施都不能在短期生效时，可利用打钻孔、开小巷的方法，向遇险人员供给新鲜空气、饮料、食物，如所在地点低于透水后的水位时，禁止打钻孔、泄压，防止井下水串通扩大灾情。

（6）救援队员需要通过积水巷道时，应慎重，选择熟悉水性、了解巷道情况的队员通过，并做好标志，以便安全返回。禁止由下往上进入突水地点或被水、泥沙堵塞的小眼和上山，防止发生二次突水和淤泥冲击。从平巷通过这些小眼或上山口时，要加强支护或封闭上山小眼，防止泥沙下滑，并设专人监视。在清理巷道淤泥、碎煤时，要打防护墙，防止积水或泥沙突然冲下。

六、矿井冒顶事故

处理矿井冒顶事故救援队的行动原则如下：

（1）井下发生冒顶事故后，救援队应配合有现场经验的人员救助遇险人员。如通风系统遭到破坏，应迅速恢复通风。当瓦斯和其他有害气体威胁抢救人员安全时，救援队应担负起抢救人员和恢复通风的工作。

（2）救援队到达现场后首先应向现场人员了解发生事故的原因、冒落顶板特性、事故前人员分布、瓦斯浓度等情况，并实地查看支护和顶板，以及处理冒顶的材料数量、品种、堆放位置。必要时应加固附近支架，以保证退路安全。

（3）处理冒顶事故时，应指定专人检查瓦斯和观察顶板情况，发现异常，应立即撤出人员。

第五章　应急救援决策指挥技术

矿井发生事故后，如何安全、迅速、有效地组织抢救人员，保护设备，进行灾害评估，控制和缩小事故影响范围及危害程度，防止事故扩大，将事故造成的人员伤亡和财产损失降到最低程度，是科学救灾决策和应急救援的关键。因此无论事故应急预案的编制与执行，还是在救灾决策指挥和救援行动的整个过程中，都必须体现以人为本、安全救灾的救援理念，用科学的方法和技术组织救灾。

第一节　救援决策的影响因素分析

决策是针对矿井灾害事故制定具体的处理方案和计划，指挥是通过命令调度救援力量按照处理方案和计划展开抢救。决策是基础，指挥是手段，决策正确就能保证抢险救灾的方法正确，措施得力；指挥得当就能保证救灾行动的迅速有效，达到减少人员伤亡、控制灾情发展和社会影响的目的。

矿井发生重大灾害事故后，根据“救援行动计划”中的处理方案和措施要求，在抢救指挥部的统一指挥下，按照一定的指挥程序迅速展开事故处理，是实施有效救援的重要保证。正确的指挥程序是：必须立即撤出灾区人员和停止灾区供电（掘进巷道发生火灾或爆炸不能停止局部通风机）→按“救援行动计划”中规定的顺序通知矿长、总工程师等有关人员→立即向上级公司调度室汇报→召请救援队（本矿救援队先下井救灾）→成立抢救指挥部→派救援队灾区救人、探察灾情→指挥部根据灾情制定救灾方案→救援队进行救灾工作，直至灾情消除，恢复正常生产。大量的案例证明，重大事故发生后，及时停电撤人，向上级公司汇报，尽快召请救援队和成立抢救指挥部至关重要。

应当注意的是：我国煤矿多次出现在重大灾害事故发生初期，因灾害的性质不明作出了错误决策，延误了救灾时间，扩大了灾害损失。因此，重大事故发生后，千方百计地查清事故真实性质，对减少灾害损失非常重要，为此矿井重大灾害事故的决策指挥必须坚持以下原则。

一、坚持统一指挥、分级负责、有序进行的原则

处理矿井事故，必须坚持统一指挥、分级负责、有序进行的原则。矿井事故发生后，必须迅速成立抢救指挥部和相应的指挥组织机构并确定正确的抢救指挥程序，使救灾指挥系统适时地有机运转起来，保证救灾总指挥能有条不紊、沉着冷静指挥，集中精力决策重大问题。

（1）矿长是救灾总指挥，在决策指挥与整个救灾过程中，总工程师只能对事故处理提出建议，由矿长考虑决定。不能形成无人领导或多头领导，乱指挥，也不能谁的官大谁

说了算，从而出现指挥上的失误，导致灾情扩大。

（2）在抢险救灾过程中，救灾方案和安全技术措施一经指挥部研究决定，正常情况下各指挥组织机构和救援队伍就要坚决执行，任何人不得改变。如因灾情变化需要改变时，必须如实汇报有关情况，经指挥部研究同意后，方可改变。

（3）抢救指挥部根据救灾需要，为便于指挥使整个救灾工作有计划、有组织进行，应成立相应的指挥组织机构，使救灾工作涉及的方方面面都有专门的机构具体负责。明确各机构负责人和组成人员，确定职责范围，同时宣布工作纪律和请示汇报制度，在最短时间内使救灾指挥系统正常运转起来，从而实现在抢救指挥部统一领导下各机构分工负责的工作机制。尤其是具体负责救援队行动的救援指挥机构，应重点考虑，保证灾区救援工作持续、快速、有序进行。

（4）矿井的抢险救灾工作必须正常有序进行，指挥要统一，步骤要明确，环环相扣。否则任何疏忽大意都有可能造成严重后果。

矿井抢险救灾的决策与指挥，必须在抢救指挥部的统一指挥下，按一定的程序和步骤进行，不能在重大事故面前乱了阵脚，在灾情不明、信息不准的情况下而作出错误的判断和决策。正确的决策与指挥步骤是：

① 立即成立以矿长为总指挥，有关矿级领导，生产、通风、机电、运输、供应等部门负责人，救援队队长，安全监察负责人为指挥部成员的抢救指挥部，指挥部成立后首先听取值班领导的灾情汇报、已下达的命令和执行情况的汇报；继续组织撤人、停电，保持主要通风机、副井提升机及压风机的正常运转（派有关领导和科室负责人去风机房、副井绞车房、压风机房组织与督促工作）。

② 由矿井调度室负责通知有关区队、矿灯房、自救器发放室准确统计各班井下人数及姓名，统计已上井的人数及姓名，以便分析灾区人员数量及分布。尤其是井下流动岗位、临时工作地点、事故初期下井抢救人数要详细统计。通知有关单位准备救灾材料通知医院准备急救伤员。

③ 指定一名副职领导负责签发下井许可证，通知矿灯房、自救器发放室和副井口，没有下井许可证不准发放矿灯、自救器，不准下井。救援队下井应由带队指挥员统一签名并统计人数。

④ 选定井下救援基地，组成井下基地救援指挥组，指定具有救援知识的领导担任井下救援基地指挥，听取救援队指挥员的意见确定组成人员，明确救援队带队指挥员是井下基地指挥组的主要负责人之一，必要时可担任指挥职务。同时还要明确基地指挥只起“上传下达”作用，不得自行发布命令，以免形成多头指挥。但遇到紧急情况，必须及时处理并立即汇报地面抢救指挥部。当抢救指挥部下达的命令明显不符合灾区实际情况或危及救援人员安全时，救援队指挥员要及时向救援指挥部讲清实情，以便采取相应措施。落实井下救援基地所需的通信设备、器材等，井下基地指挥组选定安全岗哨位置及其人员，明确其任务。

⑤ 救援基地指挥命令救援队进入灾区引导遇险人员撤退，将伤员救援到井下救援基地或其他安全地点进行现场急救后，独自或协助将伤员送到地面医院。救援基地指挥得知人员受困在灾区时，一方面设法与受阻人员联系，稳定其情绪；另一方面立即报告抢救指

挥部采取果断措施组织特别抢救。

⑥ 抢救指挥部根据井下灾情报告，责成助手成员或机构将抢险人员（主要是救援队）组成待机、准备力量，当专业抢险人员不足时应及时报告上级领导或机关，请求兄弟单位支援，及时满足井下需要，千方百计地完成撤人抢险任务。如果救灾过程中出现反复或灾情扩大时，应下决心投入待机力量，同时采取安全措施保护救援人员，尽力避免扩大伤亡。

⑦ 事故发生初期，即第一阶段井下撤人和抢救人员完成后，应立即转入第二阶段即灾区探察阶段，在尽可能的情况下对井下灾区进行全面探察，掌握灾情性质、影响范围、灾区通风与瓦斯情况、巷道设施损坏情况等，同时撤出先期投入抢救的人员。

⑧ 总指挥组织指挥部成员听取探察情况汇报后，应命令矿总工程师组织人员依据“矿井灾害预防和处理计划”并结合灾情实际，尽快提出事故处理方案，将成员明确分工，限定时间完成救灾准备工作，派人员检查核实。对总工程师提出的事故处理方案应经过慎重研究讨论，在安全系数上应留有余地，应考虑处理灾变过程中可能出现的异常情况及补救措施。总指挥批准处理方案后，应及时报告上级公司领导，争取得到支持。

⑨ 根据掌握的灾情及处理方案的要求，应对救援队员做好战前思想动员，勉励队员树立信心，发扬不畏艰险、敢打敢拼的特别能战斗精神。总指挥不断协调平衡力量，确保方案顺利进行，当遇到灾情变化时及时修改救灾方案，调整救灾力量。事故处理结束稳定一定时间后，恢复事故破坏的各个生产系统，特别是通风系统。当各生产系统恢复正常后，即可恢复正常生产秩序，抢救指挥部结束工作。

⑩ 事故处理结束后，总指挥指定有关部门和人员收集整理事故调查报告，并进行全面分析，对事故发生原因、抢救处理过程、重要的经验教训和今后应采取的预防措施等，形成文件后上报和存档。

二、坚持科学分析、慎重对待、果断决策的原则

矿山抢险救灾决策指挥是一项比较复杂的系统工程，面临许多无法解决的难题和困难，如法规制度的缺失、救灾技术与依据的缺陷、救灾装备的局限性等，使得救灾决策指挥在很多时候需要依靠指挥者个人的经验和能力。在危急情况下，无论抢救指挥部还是指挥者个人都很难在短时间内作出正确决断，使得决策方案和措施很难有针对性，无法准确预测执行后果，盲目性较大。一旦出现决策和指挥失误，就会扩大事故灾害，造成新的人员伤害。所以在救灾决策时必须科学分析、慎重对待、最大限度地控制决策风险。

（1）矿山重大灾害事故的决策必须依据现有的法律、法规和最先进的救灾技术理论，经过科学分析论证比较，在最大限度降低风险概率的基础上制定最优的处理方案。总指挥要善于听取意见，不能独断专行，充分发挥指挥部成员的积极性，使所有指挥部成员的救灾理论和经验达到最佳组合。避免单纯的救灾理论和单凭救灾经验的盲目决策，避免出现在重大事故面前因指挥者个人不冷静、不理智而作出错误决策。

（2）要客观全面地分析已掌握的灾情信息，纵观全局，综合考虑。指挥部在了解灾害发生原因、过程和现状的同时还要预计其发展，可能诱发的次生事故和出现的意外情况。要综合考虑各方面因素，准确分析，慎重对待，充分考虑不利因素和灾情发展趋势。

在制定救灾方案时，要多作几项设想，拟定几套方案，使救灾方案和技术措施更有针对性，更有全面性。如处理火灾时，不能只考虑如何灭火，而要估计到火势控制不住有可能产生火风压引起风流逆转；在安排救援队探察时，思维不能停留在事故发生前的巷道状况，必须考虑到事故发生后因巷道冒顶或烟雾大、温度高无法达到探察目的时的补救措施。

（3）在科学分析论证的基础上，抓住战机，果断决策。指挥员要善于抓住战机，巧妙地组织力量并运用一切可以运用的救灾手段，力争最快地消灭事故。从时间上看扑灭任何灾害都是早比晚好，灾变初期总是易于控制的，要抓住战机，及时、果断地采取有效对策与措施，决不允许犹豫、拖拉，更不能议而不决，争论不休。指挥者要善于在诸多设想及不利因素中权衡利弊，及时作出最终决策。另外，每次灾变的发生都是由多种因素汇集而成的，如果能抓住其中一项关键性的因素，即可获得控制全局的效果。如处理爆炸事故，关键是及时恢复通风系统和消灭火源，避免出现连续爆炸；条件不允许时，则隔断风流，停止供氧，消除产生再次爆炸的因素。而明火火灾的处理，关键是正确调度风流，避免火风压造成风流逆转或产生瓦斯爆炸。掘进巷道内发生火灾或爆炸，应严格控制局部通风机的启动或停止，原则是“保持原状”，即救援队到达局部通风机处，正在运转的风机不能停转，已停转的风机不能盲目启动，待探察巷道情况后，视瓦斯浓度的高低，再决定是否启动或停止。当瓦斯浓度低于2%时，可启动风机排烟降温，创造良好的救灾环境；当瓦斯浓度高于16%时，则严禁启动风机，否则会产生瓦斯爆炸。在可能控制灾变的条件下，尽量少动用救援力量，井下救灾切忌采用人海战术和打疲劳战，非救援人员决不允许进入灾区。救灾需要勇敢与科学性相结合，任何侥幸、蛮干不仅于事无补，还会带来不必要的损失或死亡。随着科学的进步，出现了许多新的救援技术和装备，救援指挥员应该熟悉其性能，以便在救灾中应用。沉着、冷静、果断地解决问题，抓住战机处理事故是所有救灾指挥员必备的素质。

三、坚持以人为本、安全抢救的原则

矿井重大灾害事故抢险救灾的目的：一是抢救遇险人员，尽量减少人员伤亡；二是控制灾情发展，尽快消除事故灾害。由于我国煤矿灾变处理技术尚处于经验型阶段，缺乏完全成熟的灾变处理技术，抢险救灾的决策指挥在一定程度上取决于指挥者个人的素质，取决于灾区信息的多少及信息的准确程度和指挥者对灾情分析判断的准确性，以及取决于指挥者对井下情况的熟悉程度。因此，目前的救灾决策指挥更应该贯彻“以人为本，安全抢救”的原则，确保救援人员的安全，需要做到以下几个方面：

（1）正确处理救灾与人员安全的关系。在救灾决策与指挥时，面对错综复杂的灾区环境和救灾技术条件，必须尊重灾变规律。在灾情控制与保护救援人员安全、抢救遇险人员发生冲突时，必须首先保证救援人员及遇险人员的安全，必须贯彻“以人为本”的理念，坚持科学救灾、安全抢救，减少灾害对人员生命的威胁和保障救灾工作的安全是救灾决策的基本原则，绝不能出现用活人换死人的现象。

（2）坚决执行应急救援的法律法规，在任何情况下都不能忽视救援人员安全而片面追求救灾进度，冒险决策，盲目指挥。更不能明知故犯，漠视法规，漠视救援人员的生命安全。

(3) 对于直接从事抢险救灾的人员，特别是矿山救援队，既要爱护关心，又要使其树立奔赴灾区建功立业的信心，解决他们提出的问题。因为事故现场时刻存在着危险，指挥部很难制定出确保安全、准确无误的方案和具体措施，有时救援队也不可能短时间排除危险，救灾存在一定难度和危险。因此救灾指挥人员要充分理解救援队所面临的危险及提出的要求。一些矿井在处理事故过程中，对救援队在生活上、安全保障上提出的一些合理要求，不是认真地解决，不在生活上关心、精神上鼓励，而是横加指责。在紧急情况下，如果不考虑救援人员的吃饭、休息等问题，只是一味地要求下井，疲劳作战，既挫伤了救援人员的积极性，又动摇了救援人员克服困难、战胜困难的信心，不利于安全抢救。

(4) 救援指挥员要严格执行《煤矿安全规程》和《矿山救援规程》的规定。敢于坚持原则，要以保护救援人员安全为己任，不能唯命是从。对错误的决策和命令要敢于拒绝，大胆地说明理由，决不能盲目服从，丧失了安全救援的基本原则。指挥部成员要先听取救援队指挥员的意见，再作决定，发挥他们救灾经验丰富，熟悉煤矿救灾法律、法规的特长，不能以“官职太小”拒绝救援队队长参加抢救指挥部工作。不能盲目指挥，强迫救援队进入危险区工作。在确需救人的情况下，应采取有效措施，保证救援队在灾区的安全。在讨论救灾方案时，救援队队长应积极提出意见，使救灾方案符合救援法规的规定，避免决策和指挥失误。当总指挥与救援队队长意见不一致时，可报告上级领导，根据有关安全法规进行处理，不能互相顶牛，贻误战机。

在目前的条件下，一方面应积极探索救灾决策的规章制度，分析灾情与救灾措施的对应规律，用于指导救灾决策或提供参考；另一方面应正视当前救灾决策所面临的现状，尽量控制救灾决策的漏洞，最大限度地降低救灾行动的风险性，确保救援人员安全，不扩大事故、快速查明灾情、救助被困矿工、创造条件消灭或控制灾情，真正达到安全而不违章、迅速而不冒进、有序而不忙乱、高效而不拖延的救灾效果。

第二节 灾情评估方法

灾情评估又称灾害评估、灾情评价，是对灾害情况进行的评判估计。它是在灾害预测或灾情调查的基础上，采用一定的方法对将要发生或已经发生的灾害情况进行综合性或专门性评价。灾情评估有多种类型，根据灾害过程不同可分为三种：①灾前评估。对将要发生或可能发生的灾害的强度及破坏方式、危害程度进行评估，为防灾提供依据。②灾中评估或灾期评估。在灾害发展过程中，对灾害强度、破坏损失情况和发展变化态势进行评估，为抗灾、救灾提供依据。③灾后评估。灾害事件结束后，对灾情进行综合评估或专项评估，为救灾和灾后重建提供依据。根据灾种不同，灾情评估可分为多灾种的综合评估和单灾种的专门评估。灾情评估的目的是更加全面系统地掌握灾情，为部署和实施减灾工作提供依据。

一、抢险救灾报告的要求

抢险救灾报告是对矿山救援队处理矿井灾害事故过程及灾区信息资料的归类整理和总结，是对救援队抢险救灾活动和灾区情况的真实反映和写实，是事故调查与处理重要的基础材料。因此，抢险救灾报告必须符合以下要求：

（1）真实性。抢险救灾报告的内容必须符合救灾过程及灾区的实际情况。报告要忠于实际，看到什么和检测到什么就应该实事求是记录什么，不能故意隐瞒，也不能随意夸大，更不能弄虚作假、人为变动灾区关键物证和检测的技术数据。如确因救灾需要搬动物品或改变灾区现状时，必须进行现场写实记录。

（2）准确性。抢险救灾报告的内容要准确，不能出现错误。一些技术数据、事故现场设施现状、巷道情况、遇难人员的尸体特征及位置等的记录和描述必须准确。尤其可能是事故发生的关键地点及特征更不能出现任何的差错。报告内容不能似是而非，模棱两可，也不能前后不一，出现矛盾。对需要标注或统一编号的巷道及设施、遇难人员、图例等，所有参战救援队应使用统一规定的标注形式和制作的条带或标牌。为保证检测数据的准确性，应定时定点测量。既要利用矿井图纸，又要根据实际情况进行补充。

（3）全面性。抢险救灾报告的内容要全面，结构要合理，不能出现内容上的疏漏和结构上的缺失。报告应该包括抢险救灾的全过程、主要的工作内容及结果，但全面性并不是无重点的材料堆积。

（4）概括性。对抢险救灾报告内容所涉及的原始资料进行分类归纳及整理。根据事故的性质找出侧重点，按照一般描述、重点描述整理编制报告。切忌流水账式的材料罗列，要详略得当，在全面描述的基础上突出重点。

二、抢险救灾报告的内容及构成要素

（一）抢险救灾报告的内容

（1）救援队出动情况。其主要包括救援队接警及到达时间、出动小队及人员数量、携带的主要技术装备、所了解的事故性质及遇险人员数量等。

（2）抢救过程。其主要包括抢救指挥部及相关救援指挥机构组织指挥救灾的主要过程，涉及的主要救灾方案和行动计划，实施每项救援任务的救援队入井及完成任务的时间、实施过程及结果，最终完成抢救任务的情况。

（3）巷道现状及设施、设备损坏情况。其主要包括巷道破坏情况、通风设施破坏情况及倒向、设备损坏及位移情况、其他残留物的分布情况、水位或火源位置等。

（4）遇难人员分布及特征。其主要包括遇难人员编号、距离、尸体外表特征、受伤情况、随身物品、倒向、遇难人员所在位置的巷道名称及附近的主要特征。遇难人员编号时，如多个救援小队同时工作，可按在同一巷道中发现的时间顺序统一编号；如一个救援小队工作，可按在整个灾区发现的时间顺序统一编号。

（5）气体浓度、温度及风流状况。其主要包括有参考价值的主要检测点的气体浓度、温度，主要巷道的风（烟）流方向及风量大小。必要时绘制气体浓度、温度或风量变化曲线图。

（6）灾区巷道示意图或写实图。图纸上应尽量标明巷道破坏现状、设施倒向、设备位移情况，遇难人员的分布及倒向，主要地点的气体浓度、温度，事故地点（爆源、火源、突水点、冒顶处等），事故抢救期间建造或恢复的设施及风流方向等。

（二）抢险救灾报告的构成要素

对于抢险救灾报告所涉及的上述内容，从结构上可以归类为三大部分，即文字部分、图表部分和图纸部分。

（1）文字部分。文字部分是指抢险救灾报告中需要用文字描述的内容，包括事故发生后自救情况，救援队出动情况，抢救过程，巷道、设施、设备损坏情况，遇难人员分布及特征，主要气体浓度、温度及风流状况等。

（2）图表部分。用文字描述不直观或难以看出变化规律的部分内容用曲线图或表格表示。如观测点的气体浓度变化、温度变化、风量变化等。

（3）图纸部分。图纸部分是根据灾区实际情况及矿井基础技术图纸绘制的示意图或者写实图。有条件时尽量按正规制图要求绘制，否则按示意图绘制。对因救灾需要挪动或者改变的巷道设施、设备及巷道原状事先绘制写实图，必要时可绘制局部放大图。

三、抢险救灾报告的编制

（一）资料收集

（1）救援资料收集。在处理事故时，救援指挥部或救援队应安排专人负责收集资料，统计各队出动人数、小队数、主要装备情况、出动及到矿时间。随时记录每班救援队的入井工作情况，及时填写井下气体检测表，将每个救援队描述的现场情况的重要内容详细记录，对同一地点描述有出入的要及时询问核实。

每个救援队要安排专人记录，每次完成任务后，将完成情况及现场实际情况进行整理，分阶段或事故处理结束后，统一汇总整理，形成每个救援队的救灾报告，领队指挥员签字后，交救援指挥部专门负责资料收集的人员。

（2）矿井资料收集。主要收集事故发生后初期的自救情况、矿井现有的技术资料及图纸。

（二）资料归纳整理

救援指挥部或者救援指挥员要安排专人负责抢险救灾报告的编写，报告编写人员首先把收集到的资料进行归纳，其次按时间顺序进行简单排列和整理。在此基础上，按巷道或者区域分别整理巷道、设施及设备的损坏情况，遇难人员的分布及特征；按测点整理气体浓度和风量。最后编写报告和填绘事故现场示意图。

（三）抢险救灾报告的格式

××矿××事故抢险救灾报告

1. 事故发生的经过

这部分内容可以简写。

2. 救援队出动及抢救经过

这部分内容以时间顺序为主线进行编写，对主要的组织指挥措施、任务内容及要求、实施结果，主要地点的气体浓度、温度，遇难人员数量，巷道及设施、设备状况，水位或者火源位置、范围等进行重点描述，其他一般情况可以简写。

3. 巷道现状及设施、设备损坏情况

按巷道情况分别描述。如某巷道：冒顶情况，通风设施破坏程度、倒向，设备损坏及位移情况，水位或火源位置等。

4. 遇难人员的分布及特征

按巷道情况分别描述。如某巷道：遇难人员数量（某日—某日）、遇难人员特征总体描述，其中，对重点部位遇难人员的伤情、姿态、倒向及随身物品或附近有价值的物品分别描述。

5. 附件

（1）气体浓度及风量等测量结果：用图表形式表示，见表5－1。

表5－1　气体浓度及其他检测数据

检测地点	检测时间	温度/℃	O_2/%	CH_4/%	CO/$\times10^{-6}$	CO_2/%	风量/($m^3\cdot min^{-1}$)	水位/m	涌水量/($m^3\cdot L^{-1}$)	队别	备注

（2）图纸：

① 某矿某事故现场示意图。

② 某矿某事故某巷道写实图。

救援总指挥：（姓名）
或救援队队长：（姓名）

某救援队（盖章）
某年某月某日

由于事故的性质不同，所以抢险救灾报告的内容可以根据实际情况进行相应调整，必要时可根据事故调查的需要增添相关内容。一份合格的抢险救灾报告不仅要内容全面、真实、准确，而且要详略得当、结构合理。

四、选择评价方法时应考虑的因素

选择评价方法时应根据对象的特点、具体条件和需要，以及评价方法的特点选用几种方法对同一对象进行评价，互相补充、相互验证，以提高评价结果的准确性，因此，选择评价方法时，应综合考虑以下几个因素。

（一）评价对象（系统）的特点

（1）根据系统的规模、复杂程度选择评价方法。随着规模、复杂程度的增大，有些评价方法的工作量、工作时间和费用相应增大，甚至超过允许的条件，在这种情况下应先用简捷的方法进行筛选，然后确定需要评价的详细程度，再选择适当的评价方法。

（2）根据评价对象的工艺类型和工艺特征选择评价方法。评价方法大多数具有一定的适用范围。如道化学公司法、蒙德法主要适用于化工类工艺过程的安全评价，而故障类型和影响分析法则适用于机械、电气系统的安全评价等。

（3）评价对象的危险性。据统计，对危险性较高的对象往往采用较严格的评价方法；反之，采用经验的、不太详尽的评价方法。

（二）评价目标

在具体评价时可根据需要对系统提出不同的评价目标，由此选择适用的评价方法。

（三）资料占有情况

如果评价对象资料、数据齐全，则可进行定性及定量评价，并选择相应的定性、定量评价方法。反之，则只能采用预先危险性分析等方法进行概略性评价。

（四）其他因素

其他因素包括评价人员的知识和经验，完成评价工作的时间，经费支撑状况，评价单位设施配备和评价人员及管理人员的习惯、爱好等。

第三节 避免外界因素干扰的方法

一、遵循指挥组织机构组成原则和设置依据

（一）组成原则

抢险救灾指挥组织机构是为了完成抢险救灾任务，实现事故处理目标而设置的。它是使各自职能得到落实，安全迅速地完成救援任务的工具。其组成应遵循以下原则：

（1）归口管理原则。由于矿井各部门和人员熟悉自己所负责的业务，具有相对的权威性。因此，抢险救灾应遵循归口管理的原则，按照救灾涉及的业务范围设置机构、配备人员。

（2）统一指挥原则。在抢险救灾期间，多人领导会让一线的救援人员无所适从，以致贻误战机，失去事故抢救的有利时机。因此，应执行统一指挥的原则。

（3）效率原则。指挥组织机构并非越多越好，在满足救灾指挥组织需要的情况下，尽可能减少层次。较少的指挥组织层次更有利于信息的快速传递，也可以减少信息的失真和扭曲，同时还可以避免互相依靠、工作推诿的现象，提高救灾效率。

（4）责权对等原则。应明确规定各指挥组织机构的指挥权限、职责和任务。每一项任务都有对应的机构和人员负责。设置的机构、配备的人员数量及能力与所承担的任务相适应。

（5）灵活机动原则。事故发生后，矿井领导首先应对灾情进行分析，确定需要完成的任务并进行分类，明确需要哪些部门或机构来完成，这样就形成了一个指挥组织机构框架。本着专业对口、便于领导、便于调动和开展救援的原则，建立指挥组织机构，落实人员和职责。随着救灾工作的开展，根据成员的能力和救灾需要及时调整机构和人员。

（二）设置依据

（1）国家安全生产法律、法规的要求。《煤矿安全规程》规定，矿井发生重大事故后，必须立即成立抢救指挥部并设立地面、井下救援基地等。

（2）预案和“救援行动计划”的要求。预案和“救援行动计划”是针对矿井生产过

程中可能发生的灾害事故而制定的针对性措施和计划，对抢险救灾的组织指挥机构及职责都有明确规定。因此，抢险救灾必须按照预案和“救援行动计划”的要求执行。

（3）煤矿事故抢险救灾的需要。煤矿重大事故抢险救灾的制约因素多，情况复杂多变，具备较强的技术性、专业性、时效性和更大的危险性。要求反应迅速，判断准确，应变及时，措施得力。因此，组织指挥机构必须严格应对事故抢险救灾。

（4）实现安全救灾、科学救灾目标的需要。抢险救灾的目的是抢救遇险遇难人员，消除事故后果。如果决策和指挥失误造成事故扩大是抢险救灾指挥工作的最大失败。因此，指挥组织机构要保证决策指挥的正确性。

（5）矿山救援队工作性质的需要。灾区救援是一项高风险的工作，有一套严密的工作与行动程序，需要各个方面的配合。因此，必须通过一个专门的指挥组织系统来指挥协调。

（6）救灾指挥人员的精力和能力需要的要求。重大事故的抢救，仅靠指挥员个人的精力和能力很难承担起全部指挥工作。因此，要依靠集体智慧来完成救灾指挥工作。

二、健全指挥组织机构，各司其职

（一）指挥组织机构的组成

煤矿重大事故的抢险救灾涉及技术、救援、后勤、保卫、医疗和事故调查等方面的内容。由于事故的性质、规模、处理方法不同，使得救灾指挥的组织形式、职责等有所不同，一般应具备以下组织机构：抢险救灾指挥部、救援指挥部、井下基地救援指挥组、地面救援基地指挥组、通信保障组、医疗救援组、后勤供应组、治安保卫组、善后处理组等。这些机构在抢险救灾指挥部的统一指挥和领导下，构成两个相对独立而又互相联系的指挥组织系统，即井下救灾指挥组织系统和后勤保障服务系统。

（二）主要救灾指挥组织机构的作用与职责

1. 抢险救灾指挥部

抢险救灾指挥部是处理矿井事故的领导和决策指挥机构。矿井发生重大事故后，必须立即成立抢险救灾指挥部，由指挥部按照事故应急预案及“救援行动计划”中的机构设置要求，根据抢险救灾工作的需要组成或启动相应的指挥组织机构，各司其职。

指挥部的功能设置、规模大小、组成人员由总指挥根据事故的性质、范围、处理的难易程度及救灾需要等确定，以保证抢救工作正确决策和指挥顺畅为前提。

指挥部一般设在矿调度室或附近，调度室承担抢险救灾指挥调度职责，是现场救援指挥调度中心。

救灾总指挥是处理事故的全权指挥者，发布处理事故的各项命令。总指挥要坚守岗位，需要离开指挥岗位时，应指定其代理人，如果处理事故在 24 小时以上，总指挥应与其代理人共同轮流值班，直到事故处理结束。总指挥的代理人一般应按副总指挥的排序安排。

在处理事故的整个过程中，总指挥要指定专人负责做好一切记录，以备下一步工作时参考和在事故处理结束之后进行总结。抢险救灾指挥部的主要职责是：

（1）对抢险救灾工作全面负责，具体指挥，并指定专人下达救灾命令。

（2）负责组建抢险救灾指挥其他组织机构，并任命各机构负责人，明确其职责，协调各机构之间的关系；制定抢险救灾工作制度和非常措施。

（3）根据灾害的性质、地点、波及范围，人员分布，救灾的人力和物力，迅速而慎重地制定救灾总体方案，确定营救遇险遇难人员和处理事故的作战计划；确定井下基地位置。

（4）贯彻落实上级领导和应急组织的指示精神，认真听取专家建议，分析判断灾害发展趋势，及时调整和补充救灾方案和措施，在确保救援人员安全的前提下加快救灾进度。

（5）统筹安排救援力量和救援物资，及时调集救援力量和救援物资，必要时请求上级给予支援。

（6）当灾情发展或救灾工作需要，依靠自己力量无力承担时，请求上级派出专家组指导救灾，必要时请求上级救援指挥机构指挥救灾工作。

（7）听取救援队灾情汇报，掌握灾情信息，并及时向上级组织汇报救灾工作。

2. 救援指挥部

《煤矿安全规程》规定，当矿井发生重特大事故时，如与其他矿山救援队联合作战时，应成立矿山救援联合作战部，由服务于发生事故的煤矿企业的矿山救援队队长担任总指挥，协调各救援队行动。由于在事故抢救中，救援队队长既要参加救灾方案制定，又要组织制定救援队行动计划和安全技术措施，合理安排救援力量。同时还要随时对灾区出现的意外情况作出判断和决策，仅仅依靠救援队队长个人的能力和精力是难以承担的。因此，无论一个还是多个救援队作战，都应该成立专门负责救援行动的指挥机构——救援指挥部。

救援指挥部服从抢险救灾指挥部的领导，并接受上级救援指挥机构的指导。由参加抢救指挥部工作的救援队队长担任指挥，救援指挥部设在抢救指挥部附近，建立井下救援基地、地面救援基地和抢险救灾指挥部的通信联络系统。救援指挥部由救援队大（中）队长、技术负责人、矿井有关专业技术人员、安监人员组成，当有外援救援队时，其队长为救援指挥部成员。救援指挥部的主要职责是：

（1）负责救援队的行动，指定井下救援基地指挥和地面救援基地指挥。

（2）全力以赴营救被困人员，采取措施控制灾情发展。

（3）了解矿井及灾区情况，参与救灾方案的制定，根据救灾命令负责制定救援行动计划和安全技术措施。

（4）根据各队人员、装备及战斗力情况，合理安排战斗任务，协调各救援队的行动；当救援力量不足时，请求召请外援力量。当技术力量不足时，请求技术支持。

（5）以书面形式下达救援行动命令，对任务内容、完成时间、要求及安全技术措施提出明确要求。

（6）及时了解井下救援工作进展情况，掌握灾情信息，当危险情况出现时，迅速安排接应救援力量。有权终止正在实施的危及井下工作小队安全的救援行动，有权命令工作小队撤离危险区，并及时向抢救指挥部汇报。

（7）根据灾情变化，有权对救灾方案提出更改意见，有权拒绝执行危及救援人员安全的命令，必要时可向上级救援机构反映情况。

（8）指挥部成员轮流在救援指挥部值班和下井担任井下基地救援指挥了解灾情，必要时亲自组织和带领小队完成危、重、险、难任务。

（9）编排救援工作图表，制定救援工作制度。

（10）负责协调解决救援所需的人力、物力，调集必要的救援器材、设备等。

（11）负责协调解决和妥善安排所有救援人员的食宿、医疗救治。

（12）详细记录救援命令及实施效果，负责提交翔实的抢险救灾报告。

（13）未经抢救指挥部同意，任何人不得向外界通报泄露救灾信息及灾区情况。

3. 井下基地救援指挥组

井下基地救援指挥组是井下抢险救灾行动的前线指挥部，既是救灾方案的执行者，又是救援行动的指挥者。建立井下基地救援指挥组是为了便于实施靠前指挥，落实救灾方案，及时掌握灾情信息、了解救灾进度。当有意外情况出现时，能够迅速作出决策并采取应对措施，便于抢险救灾指挥部随时掌握灾情变化，及时调整救灾方案，统筹安排救灾任务和救援力量。井下基地救援指挥组对于保证整个救灾指挥系统顺畅、救灾决策与指挥迅速有效具有非常重要的意义。井下基地救援指挥组设在井下救援基地。

由于井下救灾工作实行轮班制，组成人员不可能固定，由救灾总指挥和救援总指挥根据每班任务的需要决定，指挥人选必须具备相应的救援知识和救灾经验，矿山救援队指挥员是井下基地指挥组主要负责人之一，具体负责救援队一切行动。井下基地救援指挥组的主要职责是：

（1）对当班灾区抢救工作负全部指挥责任。

（2）负责合理安排井下救援力量，具体落实救援队行动计划和安全技术措施；确定完成任务的时间及要求；明确出现意外情况时的应急措施。

（3）应经常和地面指挥部保持联系，据实汇报灾情信息、工作进度，为救灾决策提供可靠依据。当灾情发生变化需要调整行动计划时，应及时汇报抢救指挥部，救援队指挥员必须汇报救援指挥部，取得同意后，方可改变行动计划。

（4）负责直接指挥灾区救援小队的行动，并保持联系，随时掌握工作进度、队员身体状况和灾区情况。根据实际情况作出正确分析判断和决策，果断下达继续工作或迅速撤出的命令，必要时请示抢险救灾指挥部和救援指挥部。

（5）井下矿山救援队指挥员接受救援指挥部的直接领导，同时服从井下基地救援指挥组的领导，但有权拒绝违章指挥。

（6）当有危险出现并危及救援队自身安全时，井下基地救援指挥员有权果断终止正在实施的救援行动，撤离危险区域，并及时汇报救援指挥部，必要时请求援助。

（7）负责划定井下救灾现场的警戒区域，设置安全岗哨，确定非救援人员的工作区域，安排跟班监护的救援人员。

（8）安排专人随时检查井下基地救援指挥组所在位置的通风情况及有毒有害气体浓度，井下基地救援指挥员不得随意改变指挥组位置，需要改变位置时，必须取得抢救指挥部和救援指挥部同意，井下基地救援指挥员要及时通知灾区工作小队。

（9）随时掌握抢救需要，及时调集所需物力、人力及食物饮料。

（10）负责安排好待机小队，并保证在任何情况下，使待机小队始终处于战斗准备状态。只有在紧急救人的情况才可不设待机小队。

4. 地面救援基地指挥组

处理重大事故时，地面基地应设救援指挥组。指挥组是组织地面待机队进入战斗准备状态，落实人员、装备到位情况，组织安排救援力量，进行战斗动员和安全技术措施贯彻的组织指挥机构；是救援指挥系统中不可缺少的一个重要环节。地面救援基地指挥组的有效工作是二线救援力量准备到位，确保井下一线救灾需要的关键；是保证救援行动有序进行，实现安全救援的重要保证。

地面救援基地指挥组一般设在地面救援基地，指挥员由救援指挥部成员轮流担任，当班指挥员一般由地面待机队队长担任。地面救援基地指挥组的主要职责是：

（1）对地面救援队休息、待命、战斗准备与救援行动有关的所有准备工作全面负责。

（2）按救援指挥部编排的救援工作图表，落实待机救援队，并及时派待机救援队下井，保证救援工作的连续性和时效性。

（3）负责组织贯彻救援行动计划和安全技术措施，检查战斗准备情况，做到人员、装备、战斗准备和救灾物资落实到位。

（4）具体负责落实救援仪器的检修、维护和充氧，确保仪器装备得到及时恢复，迅速进入完好的战斗准备状态。

（5）负责气体分析化验设备的正常运转，达到气样随到随分析，及时提供准确的气体分析数据，为救灾决策提供依据。

（6）及时反映救援力量的准备情况及存在问题，提供所需救援力量的信息。

第四节　救援决策案例分析

一、潘二矿火灾及爆炸事故的处理

1. 矿井概况及事故情况

潘二矿为高突矿井，煤层自然发火期为 3 ~ 6 个月，煤尘有爆炸危险。2002 年 2 月 6 日 3 时，采煤 101 队工作面综采 1 队 SI 采区 11228 工作面降压风巷爆破引起笆片及煤燃烧。在处理过程中，又相继发生 3 次瓦斯爆炸，给矿井安全生产和救援工作造成严重威胁。淮南矿业集团救护大队闻警出动，历时 12 天共出动 36 队次，顺利完成了事故处理。

2. 事故处理主要经过

火灾发生后，由于现场人员未能及时采取有效措施扑灭火源，导致火势越来越大，无法控制。火灾发生后，迅速成立了现场指挥部，统一指挥事故处理，根据事故情况拟定了三个处理方案：

方案一：在条件允许的情况下，保持局部通风机正常通风，直接灭火。

方案二：如无法直接灭火，则尽可能在降压风巷口快速建立临时密闭，封闭着火巷道。

方案三：如火势发展很快，近距离作业有危险，则退至 11228 工作面运输巷适当位置临时封闭，对着火巷道实施远距离封闭。

由于救护队在探察时发现火势较大，用水灭火毫无效果，瓦斯涌出量较大，第一种和第二种方案已不具备安全实施的条件，危险性较大。指挥部决定实施第三种方案，建立临时密闭，隔绝风流，控制灾情发展。当日 7 时完成木板闭墙，并用快速密闭材料对墙面和周边进行了喷涂，救护队人员迅速撤离。矿方留 3 人在距事故地点约 600 m 处的机电硐室警戒观察。

9 时 42 分灾区发生瓦斯爆炸，临时密闭墙遭到破坏，在机电硐室警戒的人员受到不同程度的伤害。由于灾情发生了变化，情况更加复杂，指挥部决定将事故定性为采煤工作面瓦斯爆炸事故来处理。先观察 48 h，待灾区情况稳定后再行处理。23 时 40 分，灾区发生第二次爆炸，通过 48 h 观察，灾区情况已比较稳定，指挥部决定对灾区进行封闭。为保证救灾人员安全，密闭墙的位置选在距事故点较远不易受爆炸波冲击的地方。同时由于通风系统复杂，回风侧巷道较多，决定先封闭进风侧巷道，隔断风流，减少供氧量，待灾区情况进一步稳定后再封闭回风侧。

方案确定后，2 月 8 日早班由救护队监护，由矿方在运输石门打一道防爆墙，并做好永久密闭的准备工作。中班由救护队实施永久密闭，救护队统一安排了救护力量，认真做好战斗准备，下井前统一进行战前检查、布置任务，讲解安全注意事项，下达作战任务。实施过程中，在对防爆墙预留口缩封时灾区发生第三次爆炸，没有造成人员伤亡。19 时 20 分左右完成了密闭，人员迅速撤离并升井。矿方采取了减风调压措施，以减少火区漏风。进风侧封闭后，灾区情况进一步稳定，回风侧 CO 和烟雾逐渐减少，温度下降。2 月 16 日上午 3 个小队同时施工回风侧三道临时密闭，完成了对灾区的完全封闭。此后，回风侧 CO 进一步减少，情况稳定，至 18 日回风侧已测不出 CO。2 月 28 日 6 个小队在统一指挥下完成了回风侧三道永久密闭，顺利完成了事故处理。

3. 分析

（1）救灾决策、方案制定科学合理，指挥慎重，始终把救灾人员的安全放在首位考虑。这充分体现了以人为本的救援理念，从处理的时间、拟定的三套方案、密闭的顺序及位置的选定等足以说明这一点。如果所有救灾指挥人员都能这样，对确保实现安全救援有着非常重要的作用。

（2）这是高瓦斯矿井掘进工作面火灾，处理难度大，如果处理不当随时都有可能发生爆炸。指挥部能够根据火势发展情况，及时放弃直接灭火的方案是非常正确的。在近距离临时封闭后迅速撤出人员更是及时果断的正确决策，避免了救护队自身伤亡。

（3）第一次爆炸后即把事故性质定性为采煤工作面瓦斯爆炸事故是科学的正确决断，为保证救援人员的安全和事故的顺利处理奠定了基础。

（4）密闭顺序和密闭位置确定合理。采取的先封进风侧，隔断风流，减少对火区的供氧量，对控制和稳定灾情是有效的，待灾区稳定后再封闭回风侧是安全的。密闭墙位置的选择在保证安全的前提下尽量不扩大封闭范围，使救灾人员的安全得到保证。

（5）任务明确，靠前指挥。各级救援指挥员以身作则，亲临一线指挥，鼓舞了士气。下井准备、战前检查、任务布置安排落实到位，使应急救援人员心中有数，目的明确。

（6）新技术装备发挥了良好作用。灾区电话、便携式检测仪器、快速密闭等发挥了良好作用，特别是快速密闭堵漏作用显著，值得进一步推广。

二、某矿独头巷道瓦斯连续爆炸事故的处理

1. 事故矿井及事故基本情况

事故矿井为高突矿井，发生事故的1125风巷为全煤巷道，有独立的通风系统。6月9日中班13时55分爆破后发生火灾，事故发生后，矿井调度室迅速通知了矿井救护队下井，同时通知了矿领导和有关部门。

2. 事故处理主要经过

矿井救护队接到命令后，8人佩戴呼吸器，携带灭火装备下井。

第一次探察：①回风巷烟雾大，CO浓度高，根据矿井调度室命令设置警戒，矿井调度室命令全井停电撤人，局部通风机停止了运转；②煤巷20 m处，CH_4浓度为7.5%、CO浓度为0.065%，并退出，汇报18时17分发生第一次瓦斯爆炸。

第二次探察：19时25分矿井调度室命令救护队再次进入探察，结果是：煤巷20 m处，CH_4浓度为6.5%、CO浓度为1%，烟雾大，救护队分析危险并退出。

正副总工程师、救护大队、通风处等领导到矿后，得知矿井救护队2次冒险进入探察，总工程师果断下令严禁再派救护队进入煤巷探察和灭火，并由矿长立即传达。

由于火灾引起了瓦斯爆炸，井下已停电停风，火区系独头突出煤层巷道，使灾情更加复杂，救灾指挥部分析认为：①巷道受爆炸冲击波冲击必然发生冒顶；②燃烧范围及高温区可能扩大；③有可能发生连续爆炸；④火区短时间内不可能熄灭。在此情况下，已不可能进行直接灭火。为此决定：

（1）立即封闭火区，采取建防爆墙封闭火区的措施。

（2）救护队在安全的+836 m中巷电话处设井下救援基地，远距离观察火区变化，不得冒险进入风门以里。

（3）召请邻矿救护队支援。在选定密闭位置时首先考虑了施工人员的安全和施工的难度，最后采纳了救护队的意见。决定在A点建一道防爆墙，然后在防爆墙的掩护下再分别建B、C两点的永久密闭，并立即制定火区封闭的行动计划。22时45分，火区发生第二次爆炸，证明指挥部发生连续爆炸的判断是正确的，但增加了安全封闭火区的难度。指挥部研究决定，继续观察火区变化，定时在回风巷口取样化验，最后再确定封堵方案实施的时间。

爆炸共发生了7次，间隙时间最短34 min，最长4 h 28 min，根据爆炸声响判断爆炸威力明显减弱，到11日上午距最后一次爆炸已超过30 h，再未发生爆炸。为保证火区封闭的安全进行，指挥部决定对火区进行探察，要求救护队快进快出，尽量缩短在火区停留时间。救护队探察至煤巷20 m处，CH_4浓度为8.5%、CO浓度为0.26%，O_2浓度为14%，温度为200 ℃，巷道顶部有烟，能见度7~8 m，无冒顶，支架完好，15 min后退出。

此时，距最后一次爆炸已近40 h，未再发生爆炸，指挥部对灾情进行了一次全面分析，认为灾区再次发生爆炸的可能性已减小或者基本消除。根据检测数据分析，火区附近的CH_4浓度已上升超过16%，O_2浓度在12%以下，已供氧不足，火区处于阴燃状态；火

区温度高，处于热膨胀状态，空气保持相对稳定甚至只出不进。加之多次爆炸，可能已使里部巷道发生冒顶，自然形成隔爆层，既阻止空气流动，同时又能有效降低再次发生爆炸的威力。因此，在 A 点建造防爆墙是相对安全的。

根据以上分析，指挥部果断下令按原计划方案实施，在 A 点建一道 5 m 的砂袋防爆墙。救护队认真准备，协同作战，全力以赴，仅用时 45 min 就完成防爆墙施工。随后在防爆墙的掩护下，连续作战，建立了 B 点和 C 点两道永久密闭，火区封闭结束。

3. 分析

（1）能够正确处理救灾和保证救援人员安全的关系。在灭火方法选择、封闭方案制定和实施时间确定上都体现了首先保护救援人员安全的基本原则。一切决定都建立在科学分析的基础上，这是本次救灾成功的一个最重要特点，值得学习和借鉴。具体表现在：

一是局领导等得知救护队已两次冒险进入探察，果断下令禁止再派人进入煤巷探险或者灭火，及时、有力地制止了这一严重的冒险指挥与行动，有效地防止了救护队的自身伤亡。这说明局领导等在灾情面前能够沉着冷静，科学分析，慎重决策，这是本次事故成功处理的关键。

二是根据灾情分析明确了有发生连续爆炸的可能，放弃了直接灭火，选择了隔绝灭火方法，事实证明这一分析结果及灭火方法的选择是正确的。

三是封堵方案正确有效。为了保证施工人员的安全和达到封闭火区的目的，指挥部采取了先建防爆墙的措施，选定封闭位置时提出了三种方案，从施工需要的时间、难度、安全性等方面综合考虑，并采纳了救护队的意见，确定了最佳位置，最后得以安全实施，实现了隔绝灭火。

四是封堵时间确定慎之又慎。指挥部充分分析了火区连续爆炸后的灾区状况及最后停止爆炸时间间隔的情况，集思广益，进行了详细认真的分析研究，在基本排除再次爆炸的危险和救援人员安全能够得到保证的前提下，果断决策，确定封堵时间，实践证明是正确的。

五是井下救援基地位置选择正确，火区连续发生 7 次爆炸，基地未受到冲击，既达到火区观察的目的，又保证救援人员的安全。

（2）在最后的封闭施工中，救护队全力以赴，顽强拼搏，连续作战，仅用了不足 50 min 就建好了厚达 5 m 的砂袋防爆墙，一鼓作气又建了 2 道永久密闭墙，说明应急救援人员的救援技术及身体素质过硬，也证明了过硬的救援技术和身体素质是满足救灾需要的根本保证。

（3）本次事故处理总体上看是成功的，达到安全有效的目的，但要看到，在救灾过程中仍然存在不足之处。

一是明知是高瓦斯矿井的掘井头火灾，却停止局部通风机运转，造成瓦斯积聚，进而发生第 1 次爆炸，失去直接灭火的条件。

二是矿井救护队已知局部通风机停止运转近 2 h，且灾区并无遇险人员，救护队竟然盲目服从矿井调度室的命令，先后两次进入煤巷 20 m 处探察，这在指挥和行动上都是极其危险的。第 1 次探察返回后仅 20 min 就发生了第 1 次爆炸，如果爆炸提前或行动上缓慢一点，后果不堪设想。尤其是距第 1 次爆炸后 1 h 8 min 的第 2 次探察就更加盲目和冒险。

高突矿井独头煤巷发生了因火灾引起的瓦斯爆炸，极有可能发生连续爆炸。因此，前后两次的探察工作都极其盲目和冒险，所幸没有造成人员伤亡。

这次事故的成功处理，得益于有关领导及时制止了冒险作业，得益于指挥部科学分析，慎重决策，正确处理救灾和保护人员安全的关系，始终把保护人员安全放在首位考虑。但作为一名救援指挥员，必须认识到在没有遇险人员的情况下，仍然冒险进入已有明火且已经发生爆炸的灾区而没有发生自身伤亡，多少带有侥幸的成分，决不能把这种侥幸当成经验，在处理同类事故时一定要慎之又慎。

第六章　应急预案编制与管理

编制应急预案是应急救援工作的核心内容之一，是开展应急救援工作的重要保障。编制应急预案必须以科学的态度，在全面调查的基础上，实行领导与专家相结合的方式，开展科学分析和论证，使应急预案真正具有科学性，并按规定进行演练和实施。同时，应加强应急预案的管理工作，及时修订完善应急预案，使其更加符合本单位的客观情况，更具有实用性和可操作性，更有利于高效、有序地组织开展抢险救援，准确、迅速地控制事故。

第一节　应急救援的基本任务及特点

一、应急救援的基本任务

应急救援的总目标是通过有效的应急救援行动，尽可能地降低灾害事故的后果，包括人员伤亡、财产损失和环境破坏等。因此，应急救援的基本任务主要包含以下几个方面：

（1）立即组织营救受害人员，组织撤离或者采取其他措施保护危害区域内的其他人员。抢救受害人员是应急救援的首要任务，在应急救援行动中，快速、有序、有效地实施现场急救与安全转送伤员，是降低伤亡率、减少事故损失的关键。由于重大灾害事故发生突然，扩散迅速、涉及范围广、危害大，应及时指导和组织群众采取各种措施进行自身防护，必要时迅速撤离危险区或可能受到危害的区域，在撤离过程中，应积极组织群众开展自救和互救工作。

（2）迅速控制事态，并对灾害事故造成的危害进行检测、监测，测定灾害事故的危害区域、危害性质及危害程度。及时控制危险源是应急救援工作的重要任务，只有及时控制住危险源，防止事故继续扩展，才能及时有效地进行救援。特别是对发生在城市或人口稠密地区的化学事故，应尽快组织工程抢险队与事故单位技术人员一起及时控制事故继续扩展。

（3）消除危害后果，做好现场恢复。针对灾害事故对人体、动植物、土壤、空气等造成的现实危害和可能危害，迅速采取封闭、隔离、洗消、监测等措施，防止对人的继续危害和对环境的污染，及时清理废墟和恢复基本设施，将灾害事故现场恢复至相对稳定的状态。

（4）分析事故原因，评估危害程度。灾害事故发生后应及时调查灾害事故的发生原因和灾害事故性质，评估灾害事故的危害范围和危险程度，查明人员伤亡情况，做好灾害事故原因调查，并总结救援工作中的经验和教训。

二、应急救援的特点

应急救援具有不确定性、突发性、复杂性和后果、影响易猝变、激化、放大等特点。

（一）不确定性和突发性

不确定性和突发性是各类灾害事故的共同特征。大部分灾害事故都是突然爆发的，爆发前基本没有明显征兆，而且一旦发生，发展蔓延迅速，甚至失控。因此，要求应急行动必须在极短的时间内、在灾害事故的第一现场作出有效反应，在灾害事故产生重大灾难后果之前采取各种有效的防护、救助、疏散和控制事态等措施。

为保证迅速对灾害事故作出有效的初始响应，并及时控制住事态，应急救援工作应坚持属地为主的原则，强调地方的应急准备工作，包括建立全天候的24小时值班制度，确保报警、指挥通信系统始终保持完好状态，明确各部门的职责，确保各种应急救援的装备、技术器材、有关物资随时处于完好可用状态，制定科学有效的突发事件应急预案等措施。

（二）复杂性

应急救援工作的复杂性主要表现在：灾害事故影响因素与演变规律的不确定性和不可预见的多变性；众多来自不同部门参与应急救援活动的单位，在信息沟通、行动协调与指挥、授权与职责、通信等方面的有效组织和管理，以及应急响应过程中公众的反应、恐慌心理等突发行为的复杂性等。这些复杂因素的影响，给现场应急救援工作带来严峻的挑战，应对应急救援工作中各种复杂的情况作出足够的估计，制定随时应对各种复杂变化的相应方案。

（三）后果、影响易猝变、激化和放大

重大灾害事故的后果一般比较严重，可能造成广泛的社会影响，应急处理稍有不慎，就可能改变灾害事故的性质，使平稳、有序、和平的状态向动态、混乱和冲突的方面发展，引起灾害事故波及范围扩展，卷入的人群数量增加和人员伤亡与财产损失加大。猝变、激化与放大造成的失控状态，不但迫使应急响应升级，甚至可导致社会性危机出现，使公众陷入巨大的恐慌之中。因此，重大灾害事故的处置必须坚决果断，而且越早越好，防止事态扩大。

因此，为尽可能降低重大灾害事故的后果及影响，减少重大灾害事故所造成的损失，要求应急救援行动必须迅速、准确和有效。迅速，就是要求建立快速的应急响应机制，能迅速准确地传递灾害事故信息，迅速地调集所需的大规模应急力量和设备、物资等资源，迅速地建立起统一指挥与协调系统，开展救援活动。准确，要求有相应的应急决策机制，能基于灾害事故的规模、性质、特点、现场环境等信息，正确地预测灾害事故的发展趋势，准确地对应急救援行动和战术进行决策。有效，主要指应急救援行动的有效性很大程度上取决于应急准备的充分性，包括应急队伍的建设与训练、应急设备（施）、物资的配备与维护、预案的制定与落实，以及有效的外部增援机制等。

第二节　应急预案概述

一、应急预案的概念

应急预案是针对可能发生的灾害事故，为最大限度地减少灾害事故损害而预先制定的应急准备工作方案。应急预案是在辨识和评估潜在重大危险、灾害事故类型、发生的可能性及发生的过程、灾害事故后果及影响严重程度的基础上，对应急机构职责、人员、技术、装备、设施、物资、救援行动及其指挥与协调方面预先作出的具体安排。

应急预案明确了在灾害事故发生前、灾害事故过程中和灾害事故发生后的各个进程中，谁负责、做什么，怎样做、何时做以及相应的资源和策略等的行动指南。

应急预案实际上是标准化的反应程序，使应急救援活动能快速、有序地根据方案和最有效的步骤来进行。

二、应急预案的目的和作用

（一）应急预案的目的

应急预案的目的主要有以下两个方面：

（1）采取预防措施使灾害事故控制在局部，消除蔓延条件，防止突发性重大或连锁灾害事故发生。

（2）能在灾害事故发生后迅速控制和处理灾害事故，尽可能减轻灾害事故对人员和财产的影响，保障人员生命和财产安全。

（二）应急预案的作用

编制应急预案是应急救援准备工作的核心内容，是及时、有序、有效地开展应急救援工作的重要保障。编制各项应急预案对于帮助指导突发事件的应急救援行动，提高人员应急能力，帮助灾后重建、恢复生产等具有重要的作用。应急预案的作用主要体现在以下几个方面：

（1）制定应急预案有利于应急人员及时作出应急响应，降低突发事件后果。应急行动必须快速高效，不允许有任何拖延。应急预案预先明确了应急各方的职责和响应程序，在应急力量和应急资源等方面做了大量的准备，可以指导应急救援迅速、高效、有序地开展，将人员伤亡、财产损失和环境破坏降到最低限度。此外，预先制定了应急预案，有利于解决突发事件发生后必须快速解决的一些应急恢复问题。

（2）应急预案是应对各种突发事件的响应基础。通过编制综合应急预案，可以对事先无法预料的突发事件，起到基本的应急指导作用，成为保证应急救援的“底线”。在此基础上，可以针对特定危害，编制专项应急预案和现场处置方案，并定期组织演练。

（3）应急预案是应急管理工作的依据之一，使应急准备和应急管理工作不再是无据可依、无章可循。尤其是培训和演练，它们依赖于应急预案：培训可以促使应急响应人员熟悉自己的责任，具备完成指定任务所需的相应技能；演练可以检验预案和行动程序，并评估应急人员的技能和整体协调性。

（4）制定应急预案有利于提高企业员工的风险防范意识。应急预案的编制，实际上是辨识企业重大风险和防御决策的过程，强调各方面的共同参与。因此，预案的编制、评审、发布和宣传，有利于企业员工了解可能面临的重大风险及相应的应急措施，有利于提高员工的风险防范意识和能力。

针对不同的突发事件制定不同的、有针对性的应急预案，不仅可以指导应急人员的日常培训和应急演练，保证各种应急资源处于良好的备战状态，而且可以指导应急行动按计划有序地进行，防止因行动组织不力或现场救援工作混乱而延误事故应急，从而最大限度地减少人员伤亡和财产损失。

三、应急预案的基本要求

编制应急预案是应急准备工作的重要内容之一，编制应急预案不但要遵循一定的原则，而且应符合有关规定的基本要求。

《生产安全事故应急预案管理办法》相关规定如下：

第七条　应急预案的编制应当遵循以人为本、依法依规、符合实际、注重实效的原则，以应急处置为核心，明确应急职责、规范应急程序、细化保障措施。

第八条　应急预案的编制应当符合下列基本要求：

（1）有关法律、法规、规章和标准的规定。

（2）本地区、本部门、本单位的安全生产实际情况。

（3）本地区、本部门、本单位的危险性分析情况。

（4）应急组织和人员的职责分工明确，并有具体的落实措施。

（5）有明确、具体的应急程序和处置措施，并与其应急能力相适应。

（6）有明确的应急保障措施，满足本地区、本部门、本单位的应急工作需要。

（7）应急预案基本要素齐全、完整，应急预案附件提供的信息准确。

（8）应急预案内容与相关应急预案相互衔接。

第三节　矿山事故应急预案编制与管理

一、矿山事故应急预案编制

（一）概述

矿山事故应急预案编制程序包括成立应急预案编制工作组、资料收集、风险评估、应急资源调查、应急预案编制、桌面推演、应急预案评审和批准实施8个步骤。

1. 成立应急预案编制工作组

结合本矿部门职能和分工，成立以单位有关负责人为组长，单位相关部门人员（如生产、技术、设备、安全、行政、人事、财务人员）参加的应急预案编制工作组，明确工作职责和任务分工，制定工作计划，组织开展应急预案编制工作，应邀请相关救援队伍以及周边相关企业、单位或社区代表参加。

2. 资料收集

应急预案编制工作组应收集下列相关资料：

（1）适用的法律法规、部门规章、地方性法规和政府规章、技术标准、规范性文件。

（2）企业周边地质、地形、环境情况及气象、水文、交通资料。

（3）企业现场功能区划分、建（构）筑物平面布置及安全距离资料。

（4）企业工艺流程、工艺参数、作业条件、设备装置及风险评估资料。

（5）本企业历史事故与隐患、国内外同行业事故资料。

（6）属地政府及周边企业、单位应急预案。

3. 风险评估

开展生产安全事故风险评估，撰写评估报告，编制大纲参见本节（七）资料性附录，其内容包括但不限于：

（1）辨识矿山企业存在的危险有害因素，确定可能发生的生产安全事故类别。

（2）分析各种事故发生的可能性、危害后果和影响范围。

（3）评估确定相应事故类别的风险等级。

4. 应急资源调查

全面调查和客观分析本单位及周边单位和政府部门可请求援助的应急资源状况，撰写应急资源调查报告，编制大纲参见本节（七）资料性附录，其内容包括但不限于：

（1）本矿可调用的应急队伍、装备、物资、场所。

（2）对生产过程及存在的风险可采取的监测、监控、报警手段。

（3）上级单位、当地政府及周边企业可提供的应急资源。

（4）可协调使用的医疗、消防、专业抢险救援机构及其他社会化应急救援力量。

5. 应急预案编制

应急预案编制应当遵循以人为本、依法依规、符合实际、注重实效的原则，以应急处置为核心，体现自救互救和先期处置的特点，做到职责明确、程序规范、措施科学，尽可能简明化、图表化、流程化。应急预案编制格式和要求参见本节（七）资料性附录。

应急预案编制工作包括但不限于下列内容：

（1）依据事故风险评估及应急资源调查结果，结合本单位组织管理体系、生产规模及处置特点，合理确立本单位应急预案体系。

（2）结合组织管理体系及部门业务职能划分，科学设定本单位应急组织机构及职责分工。

（3）依据事故可能的危害程度和区域范围，结合应急处置权限及能力，清晰界定本单位的响应分级标准，制定相应层级的应急处置措施。

（4）按照有关规定和要求，确定事故信息报告、响应分级与启动、指挥权移交、警戒疏散方面的内容，落实与相关部门和单位应急预案的衔接。

6. 桌面推演

按照应急预案明确的职责分工和应急响应程序，结合有关经验教训，相关部门及其人员可采取桌面演练的形式，模拟生产安全事故应对过程，逐步分析讨论并形成记录，检验应急预案的可行性，并进一步完善应急预案。桌面演练的相关要求参见《生产安全事故应急演练基本规范》（AQ/T 9007—2019）。

7. 应急预案评审

1）评审形式

应急预案编制完成后，矿山企业应按法律法规有关规定组织评审或论证。参加应急预案评审的人员可包括有关安全生产及应急管理方面的、有现场处置经验的专家。应急预案论证可通过推演的方式开展。

2）评审内容

应急预案评审内容主要包括：风险评估和应急资源调查的全面性、应急预案体系设计的针对性、应急组织体系的合理性、应急响应程序和措施的科学性、应急保障措施的可行性和应急预案的衔接性。

3）评审程序

应急预案评审程序包括以下步骤：

（1）评审准备。成立应急预案评审工作组，落实参加评审的专家，将应急预案、编制说明、风险评估、应急资源调查报告及其他有关资料在评审前送达参加评审的单位或人员。

（2）组织评审。评审采取会议审查形式，矿山企业主要负责人参加会议，会议由参加评审的专家共同推选出的组长主持，按照议程组织评审；表决时，应有不少于出席会议专家人数的2/3同意方为通过；评审会议应形成评审意见（经评审组组长签字），附参加评审会议的专家签字表。表决的投票情况应当以书面材料记录在案，并作为评审意见的附件。

（3）修改完善。矿山企业应认真分析研究，按照评审意见对应急预案进行修订和完善。评审表决不通过的，矿山企业应修改完善后按评审程序重新组织专家评审，矿山企业应写出根据专家评审意见的修改情况说明，并经专家组组长签字确认。

8. 批准实施

通过评审的应急预案，由矿山企业主要负责人签发实施。

（二）应急预案体系

1. 概述

矿山企业应急预案分为综合应急预案、专项应急预案和现场处置方案。矿山企业应当根据有关法律、法规和相关标准，结合本单位组织管理体系、生产规模和可能发生的事故特点，科学合理地确立本单位的应急预案体系，并注意与其他类别的应急预案相衔接。

2. 综合应急预案

综合应急预案是指矿山企业为应对各种生产安全事故而制定的综合性工作方案，是本单位应对生产安全事故的总体工作程序、措施和应急预案体系的总纲。

3. 专项应急预案

专项应急预案是指矿山企业为应对某一种或者多种类型的生产安全事故，或者针对重要生产设施、重大危险源、重大活动，防止发生生产安全事故而制定的专项工作方案。

专项应急预案与综合应急预案中的应急组织机构、应急响应程序相近时，可不编写专项应急预案，相应的应急处置措施并入综合应急预案。

4. 现场处置方案

现场处置方案是指矿山企业根据不同生产安全事故类型，针对具体场所、装置或者设施所制定的应急处置措施。现场处置方案重点规范事故风险描述、应急工作职责、应急处置措施和注意事项，应体现自救互救、信息报告和先期处置的特点。

事故风险单一、危险性小的矿山企业，可只编制现场处置方案。

（三）综合应急预案主要内容

1. 总则

1）适用范围

说明应急预案适用范围。

2）响应分级

依据事故危害程度、影响范围和矿山企业控制事态的能力，对事故应急响应进行分级，明确分级响应的基本原则。响应分级不必照搬事故分级。

2. 应急组织机构及职责

明确应急组织形式（可用图示）及构成单位（部门）的应急处置职责。应急组织机构可设置相应的工作小组，各小组具体构成、职责分工及行动任务以工作方案的形式作为附件。

3. 应急响应

1）信息报告

（1）信息接报。明确应急值守电话、事故信息接收、内部通报的程序、方式和责任人，明确向上级主管部门、上级单位报告事故信息的流程、内容、时限和责任人，以及向本单位以外的有关部门或单位通报事故信息的方法、程序和责任人。

（2）信息处置与研判。

① 明确响应启动的程序和方式。根据事故性质、严重程度、影响范围和可控性，结合响应分级明确的条件，可由应急领导小组作出响应启动的决策并宣布，或者依据事故信息是否达到响应启动的条件自动启动。

② 若未达到响应启动条件，应急领导小组可作出预警启动的决策，做好响应准备，实时跟踪事态发展。

③ 响应启动后，应注意跟踪事态发展，科学分析处置需求，及时调整响应级别，避免响应不足或过度响应。

2）预警

（1）预警启动。明确预警信息发布渠道、方式和内容。

（2）响应准备。明确作出预警启动后应开展的响应准备工作，包括队伍、物资、装备、后勤及通信。

（3）预警解除。明确预警解除的基本条件、要求及责任人。

3）响应启动

确定响应级别，明确响应启动后的程序性工作，包括应急会议召开、信息上报、资源协调、信息公开、后勤及财力保障工作。

4）应急处置

明确事故现场的警戒疏散、人员搜救、医疗救治、现场监测、技术支持、工程抢险和环境保护方面的应急处置措施，并明确人员防护的要求。

5）应急支援

明确当事态无法控制的情况下，向外部（救援）力量请求支援的程序及要求、联动程序及要求，以及外部（救援）力量到达后的指挥关系。

6）响应终止

明确响应终止的基本条件、要求和责任人。

4. 后期处置

明确污染物处理、生产秩序恢复、人员安置方面的内容。

5. 应急保障

1）通信与信息保障

明确应急保障的相关单位及人员通信联系方式和方法，以及备用方案和保障责任人。

2）应急队伍保障

明确相关的应急人力资源，包括专家、专兼职应急救援队伍及协议应急救援队伍。

3）物资装备保障

明确本单位的应急物资和装备的类型、数量、性能、存放位置、运输及使用条件、更新及补充时限、管理责任人及其联系方式，并建立台账。

4）其他保障

根据应急工作需求而确定的其他相关保障措施（如：能源保障、经费保障、交通运输保障、治安保障、技术保障、医疗保障及后勤保障）。

注：应急保障的相关内容，尽可能在应急预案的附件中体现。

（四）专项应急预案主要内容

1. 适用范围

说明专项应急预案适用范围，以及与综合应急预案的关系。

2. 应急组织机构及职责

明确应急组织形式（可用图示）及构成单位（部门）的应急处置职责，明确应急组织机构及各成员单位或人员的具体职责。应急组织机构可以设置相应的应急工作小组，各小组具体构成、职责分工及行动任务建议以工作方案的形式作为附件。

3. 响应启动

明确响应启动后的程序性工作，包括应急会议召开、信息上报、资源协调、信息公开、后勤及财力保障工作。

4. 处置措施

针对可能发生的事故风险、危害程度和影响范围，明确应急处置指导原则，制定相应的应急处置措施。

5. 应急保障

根据应急工作需求明确保障的内容。

注：专项应急预案包括但不限于上述1～4项内容。

（五）现场处置方案主要内容

1. 事故风险描述

简述事故风险评估的结果（可用列表的形式附在附件中）。

2. 应急工作职责

明确应急组织分工和职责。

3. 应急处置

应急处置主要包括以下内容：

（1）应急处置程序。根据可能发生的事故及现场情况，明确事故报警、各项应急措施启动、应急救援人员引导、事故扩大及同矿山企业应急预案的衔接程序。

（2）现场应急处置措施。针对可能发生的事故从人员救援、工艺操作、事故控制、消防、现场恢复等方面制定明确的应急处置措施。

（3）明确报警负责人、报警电话、上级管理部门、相关应急救援单位联络方式和联系人员，以及事故报告基本要求和内容。

4. 注意事项

注意人员防护和自救互救、装备使用、现场安全方面的内容。

（六）附件

1. 矿山企业概况

简述本单位地址、从业人数、隶属关系、主要原材料、主要产品、产量，以及重点岗位、重点区域、周边重大危险源、重要设施、目标、场所和周边布局情况。

2. 风险评估的结果

简述本单位风险评估的结果。

3. 预案体系与衔接

简述本单位应急预案体系构成和分级情况，明确与地方政府及其有关部门、其他相关单位应急预案的衔接关系（可用图示）。

4. 应急物资装备的名录或清单

列出应急预案涉及的主要物资和装备名称、型号、性能、数量、存放地点、运输和使用条件、管理责任人和联系电话等。

5. 有关应急部门、机构或人员的联系方式

列出应急工作中需要联系的部门、机构或人员及其多种联系方式。

6. 格式化文本

列出信息接报、预案启动、信息发布等格式化文本。

7. 关键的路线、标识和图纸

关键的路线、标识和图纸包括但不限于：

（1）警报系统分布及覆盖范围。

（2）重要防护目标、风险清单及分布图。

（3）应急指挥部（现场指挥部）位置及救援队伍行动路线。

（4）疏散路线、集结点、警戒范围、重要地点的标识。

（5）相关平面布置，应急资源分布的图纸。

（6）矿山企业的地理位置图、周边关系图、附近交通图。

（7）事故风险可能导致的影响范围图。

（8）附近医院地理位置图及路线图。

8. 有关协议或者备忘录

列出与相关应急救援部门签订的应急救援协议或者备忘录。

（七）资料性附录

1. 生产安全事故风险评估报告编制大纲

1）危险有害因素辨识

描述矿山企业危险有害因素辨识的情况（可用列表形式表述）。

2）事故风险分析

描述矿山企业事故风险的类型、事故发生的可能性、危害后果和影响范围（可用列表形式表述）。

3）事故风险评价

描述矿山企业事故风险的类别及风险等级（可用列表形式表述）。

4）结论建议

得出矿山企业应急预案体系建设的计划建议。

2. 生产安全事故应急资源调查报告编制大纲

1）单位内部应急资源

按照应急资源的分类，分别描述相关应急资源的基本现状、功能完善程度、受可能发生的事故的影响程度（可用列表形式表述）。

2）单位外部应急资源

描述本单位能够调查或者掌握可用于参与事故处置的外部应急资源情况（可用列表形式表述）。

3）应急资源差距分析

依据风险评估结果得出本单位的应急资源需求，与本单位现有内外部应急资源对比，提出本单位内外部应急资源补充建议。

3. 应急预案编制格式和要求

1）封面

应急预案封面主要包括应急预案编号、应急预案版本号、矿山企业单位名称、应急预案名称和颁布日期。

2）批准页

应急预案应经矿山企业主要负责人批准方可发布。

3）目次

应急预案应设置目次，目次中所列的内容及次序如下：

（1）批准页。

（2）应急预案执行部门签署页。

（3）章的编号、标题。

（4）带有标题的条的编号、标题（需要时列出）。

（5）附件，用序号表明其顺序。

二、应急预案管理

应急预案管理工作是安全生产应急管理工作的重要组成部分，是迅速有效处置生产安全事故的一项基础性工作。做好应急预案管理工作是降低事故风险，及时有效地开展应急救援工作的重要保障，是促进安全生产形势稳定好转的重要措施。

《生产安全事故应急预案管理办法》相关规定如下：

第三条　应急预案的管理实行属地为主、分级负责、分类指导、综合协调、动态管理的原则。

第四条　应急管理部负责全国应急预案的综合协调管理工作。国务院其他负有安全生产监督管理职责的部门在各自职责范围内，负责相关行业、领域应急预案的管理工作。

县级以上地方各级人民政府应急管理部门负责本行政区域内应急预案的综合协调管理工作。县级以上地方各级人民政府其他负有安全生产监督管理职责的部门按照各自的职责负责有关行业、领域应急预案的管理工作。

第四十一条　各级人民政府应急管理部门和煤矿安全监察机构应当将生产经营单位应急预案工作纳入年度监督检查计划，明确检查的重点内容和标准，并严格按照计划开展执法检查。

第四十二条　地方各级人民政府应急管理部门应当每年对应急预案的监督管理工作情况进行总结，并报上一级人民政府应急管理部门。

第四十三条　对于在应急预案管理工作中做出显著成绩的单位和人员，各级人民政府应急管理部门、生产经营单位可以给予表彰和奖励。

第四节　矿山救援队应急预案与企业应急预案的衔接

矿山企业在正常生产过程中难免会发生各种突发事件和生产安全事故，面对这些突发事件和生产安全事故需要采取相应的措施来保护人民的生命、财产和环境的安全，因此，制定完善的应急预案和响应计划显得尤为重要。

矿山企业应急预案主要是指企业面对突发事件时的应急管理、指挥、救援预案等。一般以综合防灾预案为基础，重在谋划、提前防范。矿山救援队应急预案是指在遇到突发事件时矿山救援队采取的应急措施。一般在发生紧急情况时制定的应急措施，重点放在处理措施和处理方法上。

矿山事故的处理措施和处理方法包含在矿山企业应急预案中，是矿山企业应急预案的一部分。矿山企业应急预案主要包括矿山概况、矿山隐患、灾害预防、自救互救、灾害处理、人员分工等内容。矿山救援队应急预案则包括组织机构、出动程序、救援指挥、灾区探察、救灾行动计划等内容。因此，矿山救援队应急预案是矿山企业应急预案的延伸、细化和具体实施，是灾害处置的关键环节，必须予以全力保障。

当企业启动应急预案时，立即召请矿山救援队，救援队立即响应启动救援队应急预案，根据事故性质实施救援行动。当应急处置结束后，救援指挥部根据事故处置情况结束救援行动，救援队终止响应预案。

在企业应急预案的编制、宣传、贯彻、演练过程中救援队必须全程参与，并提出合理化建议，特别是在制定救援队应急预案和实施过程中必须以企业应急预案为基础，遵守企业应急预案的既定原则，快速抢救遇险遇难人员，有效控制并消灭事故，最大限度地减少人员伤亡、财产损失、环境污染和社会负面影响。

第五节　矿山事故应急预案演练与实施

一、应急预案演练

应急预案演练是应急准备的一个重要环节。通过演练，可以检验应急预案的可行性和应急反应情况；通过演练，可以发现应急预案存在的问题，完善应急工作机制，提高应急反应能力；通过演练，可以锻炼队伍，提高应急队伍的作战力，熟练操作技能；通过演练，可以教育广大干部和群众，增强危机意识，提高安全生产工作的自觉性。

（一）落实应急预案演练责任、建立应急预案演练制度

《生产安全事故应急预案管理办法》第三十二条、第三十三条规定如下：

（1）各级人民政府应急管理部门应当至少每两年组织一次应急预案演练，提高本部门、本地区生产安全事故应急处置能力。

（2）生产经营单位应当制定本单位的应急预案演练计划，根据本单位的事故风险特点，每年至少组织一次综合应急预案演练或者专项应急预案演练，每半年至少组织一次现场处置方案演练。

易燃易爆物品、危险化学品等危险物品的生产、经营、储存、运输单位，矿山、金属冶炼、城市轨道交通运营、建筑施工单位，以及宾馆、商场、娱乐场所、旅游景区等人员密集场所经营单位，应当至少每半年组织一次生产安全事故应急预案演练，并将演练情况报送所在地县级以上地方人民政府负有安全生产监督管理职责的部门。

县级以上地方人民政府负有安全生产监督管理职责的部门应当对本行政区域内前款规定的重点生产经营单位的生产安全事故应急救援预案演练进行抽查；发现演练不符合要求的，应当责令限期改正。

《矿山救援规程》第三十五条至第三十七条规定如下：

（1）矿山企业应当至少每半年组织 1 次生产安全事故应急救援预案演练，服务矿山企业的矿山救援队应当参加演练。演练计划、方案、记录和总结评估报告等资料保存期限不少于 2 年。

（2）矿山救援队应当按计划组织开展日常训练。训练应当包括综合体能、队列操练、心理素质、灾区环境适应性、救援专业技能、救援装备和仪器操作、现场急救、应急救援演练等主要内容。

（3）矿山救援大队、独立中队应当每年至少开展 1 次综合性应急救援演练，内容包括应急响应、救援指挥、灾区探察、救援方案制定与实施、协同联动和突发情况应对等；中队应当每季度至少开展 1 次应急救援演练和高温浓烟训练，内容包括闻警出动、救援准备、灾区探察、事故处置、抢救遇险人员和高温浓烟环境作业等；小队应当每月至少开展 1 次佩用氧气呼吸器的单项训练，每次训练时间不少于 3 小时；兼职矿山救援队应当每半年至少进行 1 次矿山生产安全事故先期处置和遇险人员救助演练，每季度至少进行 1 次佩用氧气呼吸器的训练，时间不少于 3 小时。

（二）应急预案演练实施

1. 总则

1）目的

（1）检验预案：发现应急预案中存在的问题，提高应急预案的针对性、实用性和可操作性。

（2）完善准备：完善应急管理标准制度，改进应急处置技术，补充应急装备和物资，提高应急能力。

（3）磨合机制：完善应急管理部门、相关单位和人员的工作职责，提高协调配合能力。

（4）宣传教育：普及应急管理知识，提高参演和观摩人员的风险防范意识和自救互救能力。

（5）锻炼队伍：熟悉应急预案，提高应急人员在紧急情况下妥善处置事故的能力。

2）分类

应急演练按照演练内容分为综合演练和单项演练，按照演练形式分为实战演练和桌面演练，按照演练目的与作用分为检验性演练、示范性演练和研究性演练，不同类型的演练可相互组合。

3）工作原则

应急演练应遵循以下原则：

（1）符合相关规定：按照国家相关法律法规、标准及有关规定组织开展演练。

（2）依据预案演练：结合生产面临的风险及事故特点，依据应急预案组织开展演练。

（3）注重能力提高：突出以提高指挥协调能力、应急处置能力和应急准备能力组织开展演练。

（4）确保安全有序：在保证参演人员、设备设施及演练场所安全的条件下组织开展演练。

4）基本流程

应急演练实施基本流程包括计划、准备、实施、评估总结、持续改进5个阶段。

2. 计划

（1）需求分析。全面分析和评估应急预案、应急职责、应急处置工作流程和指挥调度程序，以及应急技能、应急装备、物资的实际情况，提出需通过应急演练解决的内容，有针对性地确定应急演练目标，提出应急演练的初步内容和主要科目。

（2）明确任务。确定应急演练的事故情景类型、等级、发生地域、演练方式、参演单位、应急演练各阶段主要任务和应急演练实施的拟定日期。

（3）制订计划。根据需求分析及任务安排，组织人员编制演练计划文本。

3. 准备

1）成立演练组织机构

综合演练通常应成立演练领导小组，负责演练活动筹备和实施过程中的组织领导工作，审定演练工作方案、演练工作经费、演练评估总结以及其他需要决定的重要事项。演练领导小组下设策划与导调组、宣传组、保障组、评估组。根据演练规模大小，其组织机构可以调整。

（1）策划与导调组：负责编制演练工作方案、演练脚本、演练安全保障方案，负责演练活动筹备、事故场景布置、演练进程控制和参演人员调度，以及与相关单位、工作组的联络和协调。

（2）宣传组：负责编制演练宣传方案，整理演练信息，组织新闻媒体和开展新闻发布。

（3）保障组：负责演练的物资装备、场地、经费、安全保卫及后勤保障。

（4）评估组：负责对演练准备、组织与实施进行全过程、全方位的跟踪评估；演练结束后，及时向演练单位或演练领导小组及其他相关专业组提出评估意见、建议，并撰写演练评估报告。

2）编制文件

（1）工作方案。演练工作方案包括：①目的及要求；②事故情景；③参与人员及范围；④时间与地点；⑤主要任务及职责；⑥筹备工作内容；⑦主要工作步骤；⑧技术支撑及保障条件；⑨评估与总结。

（2）脚本。按照应急预案进行演练时，根据工作方案中设定的事故情景和应急预案中规定的程序开展演练工作。演练单位根据需要确定是否编制脚本，如编制脚本，一般采用表格形式。脚本主要内容包括：①模拟事故情景；②处置行动与执行人员；③指令与对白、步骤及时间安排；④视频背景与字幕；⑤演练解说词；⑥其他。

（3）评估方案。演练评估方案包括：①演练信息：目的和目标、情景描述、应急行动与应对措施简介；②评估内容：各种准备、组织与实施、效果；③评估标准：各环节应达到的目标评判标准；④评估程序：主要步骤及任务分工；⑤附件：需要用到的相关表格。

（4）保障方案。演练保障方案应包括应急演练可能发生的意外情况、应急处置措施及责任部门、应急演练意外情况中止条件与程序。

（5）观摩手册。根据演练规模和观摩需要，可编制演练观摩手册。演练观摩手册通常包括应急演练时间、地点、情景描述、主要环节及演练内容、安全注意事项。

（6）宣传方案。编制演练宣传方案，明确宣传目标、宣传方式、传播途径、主要任务及分工、技术支持。

3）工作保障

根据演练工作需要，做好演练的组织与实施需要相关保障条件。保障条件主要内容：

（1）人员保障：按照演练方案和有关要求，确定演练总指挥、策划导调、宣传、保障、评估、参演人员参加演练活动，必要时设置替补人员。

（2）经费保障：明确演练工作经费及承担单位。

（3）物资和器材保障：明确各参演单位所准备的演练物资和器材。

（4）场地保障：根据演练方式和内容，选择合适的演练场地；演练场地应满足演练活动需要，应尽量避免影响企业和公众正常生产、生活。

（5）安全保障：采取必要安全防护措施，确保参演、观摩人员以及生产运行系统安全。

（6）通信保障：采用多种公用或专用通信系统，保证演练通信信息通畅。

（7）其他保障：提供其他保障措施。

4. 实施

1）现场检查

确认演练所需的工具、设备、设施、技术资料以及参演人员到位。对应急演练安全设备、设施进行检查确认，确保安全保障方案可行，所有设备、设施完好，电力、通信系统正常。

2）演练简介

应急演练正式开始前，应对参演人员进行情况说明，使其了解应急演练规则、场景及主要内容，岗位职责和注意事项。

3）启动

应急演练总指挥宣布开始应急演练，参演单位及人员按照设定的事故情景，参与应急响应行动，直至完成全部演练工作。演练总指挥可根据演练现场情况，决定是否继续或中止演练活动。

4）执行

（1）桌面演练执行。在桌面演练过程中，演练执行人员按照应急预案或应急演练方案发出信息指令后，参演单位和人员依据接收到的信息，回答问题或模拟推演的形式，完成应急处置活动。通常按照四个环节循环往复进行。

① 注入信息：执行人员通过多媒体文件、沙盘、消息单等多种形式向参演单位和人员展示应急演练场景，展现生产安全事故发生发展情况。

② 提出问题：在每个演练场景中，由执行人员在场景展现完毕后根据应急演练方案提出一个或多个问题，或者在场景展现过程中自动呈现应急处置任务，供应急演练参与人员根据各自角色和职责分工展开讨论。

③ 分析决策：根据执行人员提出的问题或所展现的应急决策处置任务及场景信息，参演单位和人员分组开展思考讨论，形成处置决策意见。

④ 表达结果：在组内讨论结束后，各组代表按要求提交或口头阐述本组的分析决策结果，或者通过模拟操作与动作展示应急处置活动。

各组决策结果表达结束后，导调人员可对演练情况进行简要讲解，接着注入新的信息。

（2）实战演练执行。按照应急演练工作方案，开始应急演练，有序推进各个场景，开展现场点评，完成各项应急演练活动，妥善处理各类突发情况，宣布结束与意外终止应急演练。实战演练执行主要按照以下步骤进行：

① 演练策划与导调组对应急演练实施全过程的指挥控制。

② 演练策划与导调组按照应急演练工作方案（脚本）向参演单位和人员发出信息指令，传递相关信息，控制演练进程；信息指令可由人工传递，也可以用对讲机、电话、手机、传真机、网络方式传送或者通过特定声音，标志与视频呈现。

③ 演练策划与导调组按照应急演练工作方案规定程序，熟练发布控制信息，调度参演单位和人员完成各项应急演练任务；应急演练过程中，执行人员应随时掌握应急演练进展情况，并向领导小组组长报告应急演练中出现的各种问题。

④ 各参演单位和人员，根据导调信息和指令，依据应急演练工作方案规定流程，按照发生真实事件时的应急处置程序，采取相应的应急处置行动。

⑤ 参演人员按照应急演练方案要求，作出信息反馈。

⑥ 演练评估组跟踪参演单位和人员的响应情况，进行成绩评定并做好记录。

5）演练记录

演练实施过程中，安排专门人员采用文字、照片和音像手段记录演练过程。

6）中断

在应急演练实施过程中，出现特殊或意外情况，短时间内不能妥善处理或解决时，应急演练总指挥按照事先规定的程序和指令中断应急演练。

7）结束

完成各项演练内容后，参演人员进行人数清点和讲评，演练总指挥宣布演练结束。

5. 评估总结

1）评估

按照《生产安全事故应急演练评估规范》（AQ/T 9009—2015）中 7.1、7.2、7.3、7.4 要求执行。

2）总结

（1）撰写演练总结报告。应急演练结束后，演练组织单位应根据演练记录、演练评估报告、应急预案、现场总结材料，对演练进行全面总结，并形成演练书面总结报告。报告可对应急演练准备、策划工作进行简要总结分析。参与单位也可对本单位的演练情况进行总结。演练总结报告的主要内容：①演练基本概要；②演练发现的问题，取得的经验和教训；③应急管理工作建议。

（2）演练资料归档。应急演练活动结束后，演练组织单位应将应急演练工作方案、应急演练书面评估报告、应急演练总结报告文字资料，以及记录演练实施过程的相关图片、视频、音频资料归档保存。

6. 持续改进

1）应急预案修订完善

根据演练评估报告中对应急预案的改进建议，按程序对预案进行修订完善。

2）应急管理工作改进

（1）应急演练结束后，演练组织单位应根据应急演练评估报告、总结报告提出的问题和建议，对应急管理工作（包括应急演练工作）进行持续改进。

（2）演练组织单位应督促相关部门和人员，制订整改计划，明确整改目标，制定整改措施，落实整改资金，并跟踪督查整改情况。

（三）加强应急预案的评估与修订工作

《生产安全事故应急预案管理办法》相关规定如下：

第三十四条　应急预案演练结束后，应急预案演练组织单位应当对应急预案演练效果进行评估，撰写应急预案演练评估报告，分析存在的问题，并对应急预案提出修订意见。

第三十五条　应急预案编制单位应当建立应急预案定期评估制度，对预案内容的针对性和实用性进行分析，并对应急预案是否需要修订作出结论。

矿山、金属冶炼、建筑施工企业和易燃易爆物品、危险化学品等危险物品的生产、经营、储存、运输企业、使用危险化学品达到国家规定数量的化工企业、烟花爆竹生产、批发经营企业和中型规模以上的其他生产经营单位，应当每三年进行一次应急预案评估。

应急预案评估可以邀请相关专业机构或者有关专家、有实际应急救援工作经验的人员参加，必要时可以委托安全生产技术服务机构实施。

第三十六条　有下列情形之一的，应急预案应当及时修订并归档：

（1）依据的法律、法规、规章、标准及上位预案中的有关规定发生重大变化的。

（2）应急指挥机构及其职责发生调整的。

（3）安全生产面临的风险发生重大变化的。

（4）重要应急资源发生重大变化的。

（5）在应急演练和事故应急救援中发现需要修订预案的重大问题的。

（6）编制单位认为应当修订的其他情况。

第三十七条　应急预案修订涉及组织指挥体系与职责、应急处置程序、主要处置措施、应急响应分级等内容变更的，修订工作应当参照本办法规定的应急预案编制程序进行，并按照有关应急预案报备程序重新备案。

第四十条　生产安全事故应急处置和应急救援结束后，事故发生单位应当对应急预案实施情况进行总结评估。

二、应急预案实施

《生产安全事故应急预案管理办法》相关规定如下：

第五条　生产经营单位主要负责人负责组织编制和实施本单位的应急预案，并对应急预案的真实性和实用性负责；各分管负责人应当按照职责分工落实应急预案规定的职责。

第三十八条　生产经营单位应当按照应急预案的规定，落实应急指挥体系、应急救援队伍、应急物资及装备，建立应急物资、装备配备及其使用档案，并对应急物资、装备进行定期检测和维护，使其处于适用状态。

第三十九条　生产经营单位发生事故时，应当第一时间启动应急响应，组织有关力量进行救援，并按照规定将事故信息及应急响应启动情况报告事故发生地县级以上人民政府应急管理部门和其他负有安全生产监督管理职责的部门。

第七章　矿井通风理论与灾变通风技术

矿井通风安全技术是保障矿井安全生产的重要技术手段之一，特别是在矿井发生火灾、瓦斯爆炸等灾害时，矿井通风系统合理与否至关重要。灾变时期，容易引起局部风流状态紊乱，甚至造成整个通风系统风流状态混乱。因此，矿山救援队员掌握矿井通风理论与灾变通风技术，对做好矿山事故应急救援工作十分重要。

第一节　矿井通风基础知识

一、矿井通风的基本任务

矿井通风是指以机械或者自然压差为通风动力，使地面新鲜空气定量进入井下，并在井巷中沿既定的通风线路流动，最后将污浊空气排出矿井的全过程。矿井通风的基本任务是：

（1）连续不断地供给井下各用风地点适量的新鲜风量，保证井下人员呼吸所需的氧气。

（2）稀释并排出井下各种有害气体和矿尘。

（3）调节井下气候条件，创造安全、适宜的工作环境，保障井下工作人员身体健康和生命安全，保证井下生产正常进行。

（4）发生灾变时，能够根据灾情变化，调节和控制风流的流动路线，提高矿井防灾、抗灾和救灾的能力。

二、矿井空气

1. 矿井空气的主要成分

地面空气进入矿井以后即称为矿井空气。地面空气进入井下后受井下各种自然因素和生产过程的影响，矿井空气与地面空气在成分和质量上均有区别。

一般情况下，地面空气的成分是固定的，主要由氧气、氮气、二氧化碳 3 种气体组成，其中氧气占 20.96%、氮气占 78%、二氧化碳占 0.04%。此外，还有少量水蒸气和灰尘等。

地面空气进入井下后，由于受到污染，氧气浓度降低，二氧化碳浓度增加，混入各种有毒有害气体和矿尘，空气的温度、湿度、压力等状态发生改变。一般将井巷中经过用风地点以前受污染程度较轻的（如进风侧的井底车场、进风石门等）进风巷道内的风流，称为新鲜风流；而经过采掘工作面等用风地点后受污染程度较重的回风巷道内的风流，称为污浊风流。尽管矿井空气受到不同程度的污染，但风流的主要成分仍然是氧气、氮气和二氧化碳。

2. 矿井空气中的有害气体

矿井空气中含有的对人体健康及生命安全有威胁的一切气体，均称为有害气体。除了有瓦斯（CH_4）外，有害气体主要还有一氧化碳（CO）、硫化氢（H_2S）、二氧化氮（NO_2）、二氧化硫（SO_2）、氨气（NH_3）等。这些有害气体对煤矿井下作业人员的人身安全和健康有极大危害。

3.《煤矿安全规程》对井下空气质量及有害气体浓度的要求

《煤矿安全规程》第一百三十五条规定，井下空气成分必须符合下列要求：

（1）采掘工作面的进风流中，氧气浓度不低于20%，二氧化碳浓度不超过0.5%。

（2）有害气体的浓度不超过表7-1规定。

表7-1　矿井有害气体最高允许浓度

名　称	最高允许浓度/%	名　称	最高允许浓度/%
一氧化碳 CO	0.0024	硫化氢 H_2S	0.00066
氧化氮（换算成 NO_2）	0.00025	氨 NH_3	0.004
二氧化硫 SO_2	0.0005		

4.《煤矿安全规程》对井下不同地点甲烷和二氧化碳浓度的规定

甲烷和二氧化碳是对矿井安全生产威胁最大的气体，因此，《煤矿安全规程》第一百七十一条至第一百七十六条对井下不同地点甲烷和二氧化碳浓度进行了严格规定：

（1）矿井总回风巷或者一翼回风巷中甲烷或者二氧化碳浓度超过0.75%时，必须立即查明原因，进行处理。

（2）采区回风巷、采掘工作面回风巷风流中甲烷浓度超过1.0%或者二氧化碳浓度超过1.5%时，必须停止工作，撤出人员，采取措施，进行处理。

（3）采掘工作面及其他作业地点风流中甲烷浓度达到1.0%时，必须停止用电钻打眼；爆破地点附近20 m以内风流中甲烷浓度达到1.0%时，严禁爆破。

采掘工作面及其他作业地点风流中、电动机或者其开关安设地点附近20 m以内风流中的甲烷浓度达到1.5%时，必须停止工作，切断电源，撤出人员，进行处理。

采掘工作面及其他巷道内，体积大于0.5 m^3 的空间内积聚的甲烷浓度达到2.0%时，附近20 m内必须停止工作，撤出人员，切断电源，进行处理。

对因甲烷浓度超过规定被切断电源的电气设备，必须在甲烷浓度降到1.0%以下时，方可通电开动。

（4）采掘工作面风流中二氧化碳浓度达到1.5%时，必须停止工作，撤出人员，查明原因，制定措施，进行处理。

（5）矿井必须从设计和采掘生产管理上采取措施，防止瓦斯积聚；当发生瓦斯积聚时，必须及时处理。当瓦斯超限达到断电浓度时，班组长、瓦斯检查工、矿调度员有权责令现场作业人员停止作业，停电撤人。

矿井必须有因停电和检修主要通风机停止运转或者通风系统遭到破坏以后恢复通风、排除瓦斯和送电的安全措施。恢复正常通风后，所有受到停风影响的地点，都必须经过通风、瓦斯检查人员检查，证实无危险后，方可恢复工作。所有安装电动机及其开关的地点附近 20 m 的巷道内，都必须检查瓦斯，只有甲烷浓度符合本规程规定时，方可开启。

临时停工的地点，不得停风；否则必须切断电源，设置栅栏、警标，禁止人员进入，并向矿调度室报告。停工区内甲烷或者二氧化碳浓度达到 3.0% 或者其他有害气体浓度超过本规程第一百三十五条的规定不能立即处理时，必须在 24 h 内封闭完毕。

恢复已封闭的停工区或者采掘工作接近这些地点时，必须事先排除其中积聚的瓦斯。排除瓦斯工作必须制定安全技术措施。

严禁在停风或者瓦斯超限的区域内作业。

（6）局部通风机因故停止运转，在恢复通风前，必须首先检查瓦斯，只有停风区中最高甲烷浓度不超过 1.0% 和最高二氧化碳浓度不超过 1.5%，且局部通风机及其开关附近 10 m 以内风流中的甲烷浓度都不超过 0.5% 时，方可人工开启局部通风机，恢复正常通风。

停风区中甲烷浓度超过 1.0% 或者二氧化碳浓度超过 1.5%，最高甲烷浓度和二氧化碳浓度不超过 3.0% 时，必须采取安全措施，控制风流排放瓦斯。

停风区中甲烷浓度或者二氧化碳浓度超过 3.0% 时，必须制定安全排放瓦斯措施，报矿总工程师批准。

在排放瓦斯过程中，排出的瓦斯与全风压风流混合处的甲烷和二氧化碳浓度均不得超过 1.5%，且混合风流经过的所有巷道内必须停电撤人，其他地点的停电撤人范围应当在措施中明确规定。只有恢复通风的巷道风流中甲烷浓度不超过 1.0% 和二氧化碳浓度不超过 1.5% 时，方可人工恢复局部通风机供风巷道内电气设备的供电和采区回风系统内的供电。

三、矿井气候条件

矿井气候条件是指矿井空气的温度、湿度和风速的综合作用状态。这 3 个参数的不同组合，构成了不同的矿井气候条件。

1. 矿井空气的温度

温度是构成井下气候条件的主要因素之一，最适宜于人们劳动的温度是 15～20 ℃。《煤矿安全规程》对矿井空气的温度有如下规定：

第一百三十七条　进风井口以下的空气温度（干球温度，下同）必须在 2 ℃以上。

第六百五十五条　当采掘工作面空气温度超过 26 ℃、机电设备硐室超过 30 ℃时，必须缩短超温地点工作人员的工作时间，并给予高温保健待遇。

当采掘工作面的空气温度超过 30 ℃、机电设备硐室超过 34 ℃时，必须停止作业。

新建、改扩建矿井设计时，必须进行矿井风温预测计算，超温地点必须有降温设施。

2. 矿井空气的湿度

空气湿度是指空气中水蒸气的含量，分为绝对湿度和相对湿度。绝对湿度是指每立方米空气中所含水蒸气的量（g/m^3）；相对湿度是指空气中所含水蒸气的量与同温度下饱和水蒸气的量之间的百分比。矿井空气的湿度一般指相对湿度。相对湿度的大小直接影响水分蒸发的快慢，因此，能影响人体的出汗蒸发和对流散热。人体最适宜的相对湿度一般为50% ~60%，但目前大多数矿井空气的相对湿度较大，高达 80% ~90%。要控制适宜的湿度是比较困难的，通常可从空气的温度和风速两个方面进行调节。

3. 矿井风速

风速除对人体散热有着明显影响外，还对矿井有毒有害气体积聚、粉尘飞扬有影响。风速过高或过低都会引起人的不良生理反应。《煤矿安全规程》对矿井风速的相关规定如下：

第一百三十六条　井巷中的风流速度应当符合表 7 –2 要求。

表 7 –2　井巷中的允许风流速度

井巷名称	允许风速/($m\cdot s^{-1}$)	
	最低	最高
无提升设备的风井和风硐		15
专为升降物料的井筒		12
风桥		10
升降人员和物料的井筒		8
主要进、回风巷		8
架线电机车巷道	1.0	8
输送机巷，采区进、回风巷	0.25	6
采煤工作面、掘进中的煤巷和半煤岩巷	0.25	4
掘进中的岩巷	0.15	4
其他通风人行巷道	0.15	

设有梯子间的井筒或者修理中的井筒，风速不得超过 8 m/s；梯子间四周经封闭后，井筒中的最高允许风速可以按表 7 –2 规定执行。

无瓦斯涌出的架线电机车巷道中的最低风速可低于表 7 –2 的规定值，但不得低于 0.5 m/s。

综合机械化采煤工作面，在采取煤层注水和采煤机喷雾降尘等措施后，其最大风速可高于表 7 –2 的规定值，但不得超过 5 m/s。

第二节　矿井通风系统

一、矿井通风系统概述

矿井通风系统是指矿井主要通风机的工作方式、通风方式和通风网络的总称。矿井通风系统是否合理，对整个矿井的通风状况的好坏和能否保障矿井安全生产具有重要意义；同时，通风系统是否合理也直接影响矿井的经济效益。因此，稳定可靠的矿井通风系统是实现矿井安全生产的基本保证。

对矿井通风系统的基本要求是安全可靠、技术可行和经济合理，其主要表现为系统简单、网络结构合理；能保证保质保量稳定可靠地向用风地点供风；主要通风机与网络特性相匹配；风机能高效、经济地运行，具有较高的防灾抗灾能力；有利于矿井实现机械化和自动化；通风费用少；符合有关规定。

《煤矿安全规程》第一百四十二条规定：矿井必须有完整的独立通风系统。改变全矿井通风系统时，必须编制通风设计及安全措施，由企业技术负责人审批。

二、矿井主要通风机的工作方式

矿井主要通风机对井下供风的工作方式可分为抽出式（负压通风）、压入式（正压通风）和抽压混合式3种。

1. 抽出式通风

将风机安装在出风井口附近，风机工作时将污浊风流抽出，新鲜风流则由进风井流入并流经各用风地点，矿井井巷大气处在低于当地大气压力的负压状态。这种通风方法称为抽出式通风。

抽出式通风的特点是：

（1）在矿井主要通风机的作用下，矿井内空气处于低于当地大气压力的负压状态，当矿井与地面间存在漏风通道时，漏风从地面漏入井内。

（2）抽出式通风矿井在主要进风巷无须安设风门，便于运输、行人和通风管理。

（3）在瓦斯矿井采用抽出式通风，若主要通风机因故停止运转，井下风流压力提高，在短时间内可以防止瓦斯从采空区涌出，相对比较安全。

因此，我国大部分矿井一般采用抽出式通风。

2. 压入式通风

将风机安装在进风井口附近，在风机的作用下，风流由进风井压入，经各用风地点后由出风井排出，矿井井巷大气处在高于当地大气压力的正压状态。这种通风方法称为压入式通风。

压入式通风的特点是：

（1）在矿井主要通风机的作用下，矿井内空气处于高于当地大气压力的正压状态，当矿井与地面间存在漏风通道时，漏风从井内漏向地面。

（2）压入式通风矿井中，由于要在矿井的主要进风巷中安装风门，使运输、行人不便，漏风较大，通风管理工作较困难。

（3）当矿井主要通风机因故停止运转时，井下风流压力降低，有可能使采空区瓦斯涌出量增加，造成瓦斯积聚，对安全不利。

因此，在瓦斯矿井中一般很少采用压入式通风。

3. 抽压混合式通风

在进风井和回风井一侧都安设矿井主要通风机，新鲜风流经压入式主要通风机送入井下，污风经抽出式主要通风机排出井外。这种通风方法称为抽压混合式通风。

抽压混合式通风的特点是：

（1）进风井口地面附近安设压入式通风机，出风井口地面附近安设抽出式通风机。

（2）井下空气压力与地面空气压力相比，进风系统一侧为正压，回风系统一侧为负压。一般适应较大的通风阻力，矿井内部漏风小。

（3）通风设备多，动力消耗大，管理复杂。

因此，我国矿井一般很少采用混合式通风。

三、矿井通风方式

按矿井进风井与回风井之间相互位置关系的不同，矿井通风方式分为中央式通风、对角式通风、混合式通风和区域式通风4种。

（1）中央式通风。中央式通风是指进风井和回风井大致位于井田走向中央的通风方式。中央式通风分为中央并列式和中央边界式（又称中央分列式）2种形式。

（2）对角式通风。对角式通风是指进风井位于井田中央，回风井分别位于井田浅部走向两翼边界采区中央的通风方式。对角式通风分为两翼对角式和分区对角式2种形式。

（3）混合式通风。混合式通风是指由中央式、分区式和对角式中的2种或2种以上混合布置的通风方式。混合式通风是大型矿井和老矿井进行深部开采时常用的一种通风方式。一般进风井和回风井由3个或3个以上井筒或斜井按（1）和（2）中的2种方式组合而成，分为中央分列与对角混合式、中央并列与对角混合式、中央并列与中央分列混合式3种形式。

（4）区域式通风。区域式通风是指在井田的每一个生产区域开凿进、回风井，分别构成独立的通风系统的通风方式。该通风方式风流路线短，通风阻力小、能力大、漏风小，且互不影响；可用风井准备采区，缩短建井工期，还可以用进风井下料、排矸及升降人员；风路简单，风流易于控制，通风机选型方便。所以，井田面积大、储量丰富或高瓦斯的大型矿井多采用区域式通风。

四、矿井通风网络

矿井风流按照生产要求在井巷中流动时，风流分岔、汇合线路的连接形式叫作通风网络（风网）。矿井通风系统中风路的连接形式，通常用不按比例的单线条示意图来表示，叫作通风网络图，它是分析研究矿井通风系统合理性、解算网络、改善通风管理等的基础资料。

矿井通风网络的基本连接形式有串联、并联和角联3种。

(1) 串联通风网络。串联通风是指风流经过用风地点或区域后，不直接排入回风系统而进入另一个用风地点的通风方法。2条或2条以上的风路依次首尾相连的通风网络称为串联通风网络。串联通风网络的特点是串联的通风井巷越多，风阻越大。

《煤矿安全规程》第一百五十条规定：采、掘工作面应当实行独立通风，严禁2个采煤工作面之间串联通风。

同一采区内1个采煤工作面与其相连接的1个掘进工作面、相邻的2个掘进工作面，布置独立通风有困难时，在制定措施后，可采用串联通风，但串联通风的次数不得超过1次。

采区内为构成新区段通风系统的掘进巷道或者采煤工作面遇地质构造而重新掘进的巷道，布置独立通风有困难时，其回风可以串入采煤工作面，但必须制定安全措施，且串联通风的次数不得超过1次；构成独立通风系统后，必须立即改为独立通风。

对于本条规定的串联通风，必须在进入被串联工作面的巷道中装设甲烷传感器，且甲烷和二氧化碳浓度都不得超过0.5%，其他有害气体浓度都应当符合《煤矿安全规程》第一百三十五条的要求。

开采有瓦斯喷出、有突出危险的煤层或者在距离突出煤层垂距小于10 m的区域掘进施工时，严禁任何2个工作面之间串联通风。

(2) 并联通风网络。并联通风是指井下各用风地点的回风直接进入采区回风巷或总回风巷的通风方法。2条或2条以上的风路从某一点分开，到达另一点汇合的网络称为并联通风网络。并联通风网络的特点是风阻小，各井巷互不干扰，安全性好。但并联的通风井巷越多，各井巷分得的风量越少。

(3) 角联通风网络。角联通风是指并联的2条风路之间，还有1条或者数条风路连通并联风路的通风方法。由1条或多条风路把2条并联风路连通的网络称为角联通风网络。角联通风网络的特点是对角风路中的风流方向不稳定。因此，在矿井设计中应尽量避免出现角联通风网络。

五、矿井通风设施

矿井通风设施是指引导、隔断和控制风流，保证风流按照需要定向、定量地流动的设施。根据矿井通风设施用途的不同，可分为引导通风风流的设施、隔断通风风流的设施和调节通风风流的设施。引导通风风流的设施主要有风硐、风桥等；隔断通风风流的设施主要有防爆门、风门、挡风墙等；调节通风风流的设施主要有调节风窗等。

第三节　矿井通风流动理论基础

一、矿井风流流动特征

1. 矿井风流流动形式

(1) 稳定流动。稳定流动是指矿井风流质点通过井巷任意位置时，其运动参数（风量、风压、密度等）不随时间变化，只随巷道及其不同位置变化的流动形式。矿井正常通风时期，矿井井巷特征风流相关参数变化不大，井巷风流可视为稳定流动。风流稳定流动时，意味着矿井处于正常通风状态，风流流动受自然风压影响，但不受变化的火风压影响。

（2）不可压缩流动。不可压缩流动是指矿井风流质点通过井巷任意位置，其密度既不随时间变化，也不随巷道及其不同位置变化的流动形式。矿井正常通风时期，不考虑自然风压（密度变化）的影响，井巷风流可视为不可压缩流动。不可压缩流动是稳态流动的一种特殊形式，表现为风流在矿井各巷道流动时，空气密度都不变化。风流不可压缩流动意味着矿井通风不受正常通风的影响。

（3）非稳定流动。非稳定流动是指矿井风流质点通过井巷任意位置，其运动参数（风量、风压、密度等）既随时间变化又随巷道及其不同位置变化的流动形式。在矿井火灾、煤与瓦斯突出、煤尘与瓦斯爆炸等灾变时期，风流质点运动参数随时间和巷道及不同位置可能发生很大变化，此时的井巷风流属于非稳定流动。风流非稳定流动意味着矿井风流受自然风压及火风压综合影响。

2. 矿井风流流动状态

（1）层流状态。风流呈层流状态时，各层质点互不混合，质点流动为直线或规则的平滑曲线，且与井巷轴线基本平行。采空区、封闭火区、通风不良区域或微风区等局部区域内风流可能处于层流状态。风流呈层流流态时，容易形成瓦斯层，在缓慢流动过程中瓦斯不易被稀释。

（2）紊流状态。风流呈紊流状态时，风流质点的运动轨迹相互交错，非常紊乱。其速度、压力等参数在时间和空间上发生不规则脉动。矿井井巷风流一般处于紊流状态。火区救灾时，注入惰气流态也是紊流流态。紊流流态惰气进入火区，不可能很快与层流流态流动的瓦斯层混合，不断注入的惰气在与瓦斯层部分混合的同时，像活塞一样推动火区大气及瓦斯层运移，可能改变瓦斯层流向，而逆向进入火源，引起瓦斯爆炸。所以，注入惰气初期需要注意瓦斯爆炸危险，人员需立即撤离。

（3）过渡状态。风流处于层流与紊流之间的不稳定状态。

二、矿井风流呈现压力及测定仪表

1. 静压

静压是指单位体积空气具有的对外做功的机械能所呈现的压力，是风流质点热运动撞压器壁面而呈现的压力。静压包括绝对静压和相对静压。

绝对静压是指单位体积空气的压能以真空零压力为计量基准的静压值，常用空盒气压计、水银气压计、精密气压计测定，或用矿井通风综合参数检测仪等仪器测定。

相对静压是指井巷某点风流的绝对静压与该点（同标高）大气压力之差，常用皮托管和压差计配合测定，或用矿井通风综合参数检测仪测定。

2. 位压

位压是指单位体积空气在地球引力作用下，相对于某一基准而产生的重力位能所呈现的压力。水平巷道的风流流动无位压差；在非水平巷道，风流的位压差就是该区段垂直空气柱的重力压强。

3. 动压

动压是指单位体积空气风流定向流动动能所呈现的压力，又称速压。风流动压通常用皮托管配合压差计测定。

4. 全压

全压是指单位体积风流具有的（静）压能与动能所呈现的压力之和，分为绝对全压和相对全压。

风流中某测点的绝对全压为该测点的绝对静压和速压之和，可分别测定绝对静压和速压，求得绝对全压，或用皮托管和压差计直接测定。

风流中某测点的相对全压为该测点的全压与同标高大气压之差的绝对值，通常用皮托管配合压差计测定。

5. 总机械能（总压力）

矿井风流在井巷某断面具有的总机械能等于其具有的（静）压能、位能和动能的总和。

6. 风流总能量

矿井风流在井巷某断面具有的流动总能量为其总机械能及内能之和。内能是风流中以热的形式存在的一种能量，是风流温度的函数。

矿井风流在井巷中流动时，克服井巷阻力所损失的能量就是风流在始、末两断面上总能量之差。风流从总能量大的断面流向总能量小的断面。

《煤矿安全规程》第一百四十条规定：矿井必须建立测风制度，每 10 天至少进行 1 次全面测风。对采掘工作面和其他用风地点，应当根据实际需要随时测风，每次测风结果应当记录并写在测风地点的记录牌上。

应当根据测风结果采取措施，进行风量调节。

《煤矿安全规程》第一百四十一条规定：矿井必须有足够数量的通风安全检测仪表。仪表必须由具备相应资质的检验单位进行检验。

第四节　矿井通风阻力

空气在井巷中流动时，由于空气的黏滞性和惯性以及井巷壁对风流的阻滞、扰动作用，产生的风流能量损失，称为矿井通风阻力。矿井通风阻力包括摩擦阻力（沿程阻力）和局部阻力两大类，其中摩擦阻力是矿井通风总阻力的主要部分。

一、摩擦阻力（沿程阻力）

空气沿井巷流动时，造成空气与井巷壁之间、空气分子与分子之间的内外摩擦而产生的能量损失，称为摩擦阻力或沿程阻力。它与巷道断面大小、巷道壁粗糙程度、巷道长度、巷道支护形式及风量有关，其值可按下式计算：

$$h_f = R_f Q^2 \tag{7-1}$$

式中 h_f——巷道摩擦阻力，Pa；

R_f——巷道摩擦风阻，$R_f = \frac{\alpha LP}{S^3}$，$(N \cdot s^2)/m^8$；

α——空气阻力系数；

L——巷道长度，m；

P——巷道壁周边长度，m；

S——巷道断面面积，m^2；

Q——巷道通过风量，m^3/s。

二、局部阻力

由于井巷周壁条件变化，风流的均匀流动在局部地区因阻碍物（巷道断面突变、巷道弯曲、风流分合、断面阻塞等）的影响而被破坏，风流流速大小、方向或分布发生变化，产生涡流而造成的能量损失，称为局部阻力。

三、通风阻力定律

通风阻力定律表示井巷通风阻力与风阻、风量之间的关系。其中，井巷通风阻力与风量的平方成正比，见式（7-2）。

$$h = RQ^2 \tag{7-2}$$

式中 h——井巷通风阻力，Pa；

R——井巷风阻，系摩擦风阻与局部风阻之和，$(N \cdot s^2)/m^8$；

Q——井巷通过风量，m^3/s。

四、降低通风阻力的措施

降低通风阻力的措施主要包括：扩大巷道断面、开掘关联风路、减少风路长度、使矿井总进风早分开和总回风晚汇合、选用摩擦阻力系数小的支护方式、尽量避免巷道急拐弯和风道断面突然变化，以及主要风道内禁止堆放支架、木料等障碍物等。

第五节　矿井通风动力

一、自然通风

利用自然风压对矿井或井巷进行通风的方法称为自然通风。

由于完全依靠自然风压进行通风的矿井安全性、稳定性和可靠性很差，因此《煤矿安全规程》规定，矿井必须采用机械通风。主要通风机停止运转期间，必须打开井口防爆门和有关风门，利用自然风压通风。

1. 自然风压的产生

自然风压是由于进、回风两侧空气柱质量不同而产生的压差。空气柱质量的大小又取决于空气柱的温度和高度。所以，只要存在标高差和气温差的井下连通巷道之间必然存在自然风压。进、回风井温差越大，矿井越深，自然风压越大。冬季进风井风流温度低，回风井风流温度四季基本不变，自然风压方向往往与机械风压方向相同；夏季进风井风流温度高，自然风压作用方向往往与机械风压方向相反。

2. 自然风压的利用和控制

（1）新设计矿井在选择开拓方案、拟定通风系统时，应充分考虑利用地形和当地气候特点，使在全年大部分时间内自然风压作用的方向与机械通风风压的方向一致，以便利用自然风压。例如，在山区要尽量增大进、回风井井口的高差；进风井井口布置在背阳处等。

（2）根据自然风压随季节变化的规律，适时调整主要通风机的工况点，使其在满足矿井通风需要的同时，达到节约电能的目的。例如，在冬季自然风压帮助机械通风时，可采用减小风机叶片安装角度或调低转速降低机械风压。

（3）为了控制和利用自然风压，可人工调整进、回风井内空气的温差。有些矿井在进风井巷设置水幕或者淋水，以冷却空气，同时起到净化风流的作用。

（4）在多井口通风的山区，要掌握自然风压的变化规律，防止因自然风压作用，造成某些巷道无风或者反向而发生事故。

（5）当自然风压作用方向与机械风压相反时，个别边远区域自然风压大于机械风压，为了防止风流反向、停滞和瓦斯积聚，必须做好调查研究和现场实测工作，掌握矿井通风系统和各回路的自然风压及风阻，以便及时采取应对措施。

（6）利用自然风压做好非常时期的通风。主要通风机遭受破坏时，便可利用自然风压进行通风。这在矿井制定事故预防和处理计划时应予以考虑。

二、机械通风

利用通风机运转产生通风动力，使空气在井下巷道流动的通风方法称为机械通风。

（一）矿井通风机的类型

1. 按服务范围分类

（1）主要通风机。其服务于全矿或矿井的某一翼（或采区）。

（2）局部通风机。其服务于掘进工作面或局部通风地点，是矿井掘进通风的主要设备。

2. 按构造和工作原理分类

（1）离心式通风机。其主要由螺旋形外壳、进风道和扩散器等部件组成。其优点是结构简单、维护方便、噪声小、工作稳定性好；缺点是体积大，风机的风量调节不方便，必须有反风道才能反风。

（2）轴流式通风机。其主要由进风口、叶轮、整流器、风筒、扩散器和传动部件等部分组成。其优点是结构紧凑、体积小、质量轻、转速高，可直接与电动机相连，风量调节较为方便，反风措施较多等；缺点是噪声大、构造复杂。

（二）主要通风机的附属装置

1. 风硐

风硐是指连接主要通风机和井筒的一段巷道，用于引导风流。对于压入式通风矿井，风硐将主要通风机排出的风流引入进风井筒；对于抽出式通风矿井，风硐将回风井管中的风流导入主要通风机。风硐内通过的风量与主要通风机的工作风量几乎相同。由于风硐通过风量大，因此风硐是矿井中通风阻力较大而风速最大的一段巷道。

2. 扩散器

扩散器是指内接于主要通风机出口、外端与地表相通、具有一定长度、断面逐渐扩大的构筑物，用于降低主要通风机的出口动压，提高主要通风机的有效静压。扩散器的设计、构筑原则是阻力小，出口风速低。

3. 防爆门（防爆井盖）

防爆门是指安装于装有主要通风机的回风井口，保护主要通风机在井下发生瓦斯煤尘爆炸时免受爆炸高压气浪破坏的设施。防爆井盖安装于回风立井井口，防爆门安装于回风斜井井口。当井下发生瓦斯煤尘爆炸时，防爆门（防爆井盖）即被爆炸高压气浪掀开，爆炸高压气浪直接冲入大气而不冲击主要通风机，从而保护主要通风机。

4. 反风装置

反风装置是使煤矿井下风流反向的设施，用以防止矿井进风系统发生火灾时产生的有害气体进入作业地点，缩小灾害范围和配合井下灾变时期救灾反风需要。反风装置类型随主要通风机的类型和结构不同而异。

（1）专用反风道反风。反风道与风硐内侧相连，由反风导向门控制风流流向实现反风。

（2）通风机反转反风。通过调换轴流式通风机电动机电源的任意两相接线，使电动机改变转向，从而改变通风机叶（动）轮的旋转方向，实现井下风流反向（注意：离心式通风机反转，而风向不变）。此种方法基建费用少，反风方便，但反风量较小。

（3）利用备用主要通风机的风道反风。当两台轴流式主要通风机并排布置时，保持工作的主要通风机正常运转，利用另一台备用主要通风机的风道作为“反风道”实现井下反风。

（4）调整动叶安装角进行反风。对于设置动叶整体偏转装置的轴流式主要通风机，通过将所有叶片同时偏转一定角度（大约120°）而不必改变动叶转向实现井下反风。

第六节　局　部　通　风

一、局部通风的目的和意义

局部通风是利用局部通风机或主要通风机产生的风压对局部地点进行通风的方法。

局部通风的目的是将有害物质从产生处排出。工作面通风的好坏直接影响工作面的生产与人身安全，甚至威胁矿井安全。矿井通风系统中，常用局部通风机吹散掘进工作面的瓦斯等有害气体。

二、局部通风方法

（一）局部通风机通风

利用局部通风机作动力，通过风筒导风的通风方法称为局部通风机通风，它是目前局部通风最主要的方法。

根据风机和风筒在巷道内安放的位置和方式，局部通风方法分为压入式、抽出式和混合式 3 种，如图 7－1 所示。

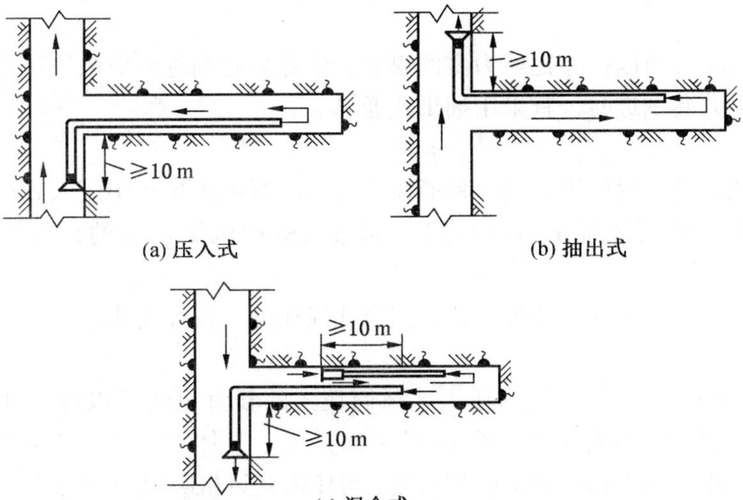

图 7－1　局部通风机通风示意图

1. 压入式

压入式通风的局部通风机和启动装置必须安装在距掘进巷道回风口 10 m 以外的进风巷道中，局部通风机将新鲜空气经风筒压送到掘进工作面，而污风则由巷道排出，其布置如图 7－1a 所示。

2. 抽出式

抽出式通风的局部通风机安装在距掘进巷道口 10 m 以外的回风流中，新鲜空气由巷道进入工作面，污风经风筒由局部通风机抽出，其布置如图 7－1b 所示。

压入式和抽出式局部通风的特点对比如下：

（1）压入式通风时，局部通风机及其附属电气设备均布置在新鲜风流中，污风不通过局部通风机，安全性好；而抽出式通风时，含瓦斯的污风通过局部通风机，一旦局部通风机电气设备失爆，则是非常危险的。

（2）压入式通风风筒出口风速和有效射程均较大，可防止瓦斯层状积聚，且因风速较大而提高散热效果；而抽出式通风有效吸程小，掘进施工中难以保证风筒吸入口到工作面的距离在有效吸程之内。与压入式通风相比，抽出式通风风量小，工作面排出污风所需时间长、速度慢。

（3）压入式通风时，掘进巷道涌出的瓦斯向远离工作面方向排走；而抽出式通风时，巷道壁面涌出的瓦斯随风流向工作面，安全性较差。

（4）抽出式通风时，新鲜风流沿巷道流向工作面，整个井巷空气清新，劳动环境好；而压入式通风时，污风沿巷道缓慢排出，掘进巷道越长，排出污风速度越慢，受污染时间越久。

（5）压入式通风可用柔性风筒，成本低、质量小、便于运输；而抽出式通风的风筒承受负压作用，必须使用刚性或带刚性骨架的可伸缩风筒，成本高、质量大、运输不便。

基于上述分析，当以排除瓦斯为主的煤巷、半煤岩巷掘进时应采用压入式通风；当以排除粉尘为主的井巷掘进时，宜采用抽出式通风。

3. 混合式

混合式通风就是同时使用上述2种通风方法。新鲜风流是利用压入式局部通风机和风筒压入工作面的，而污风则是由抽出式局部通风机和风筒排出的，其布置如图7-1c所示。

按照局部通风机和风筒的布设位置，混合式通风分为长抽短压、长压短抽和长抽长压3种方式。

（1）长抽短压。工作面污风由压入式风筒压入的新鲜风流予以冲淡和稀释，由抽出式风筒排出。长抽短压通风方式示意如图7-2a所示。具体要求是：抽出式风筒吸风口与工作面的距离应小于污染物分布集中带长度，与压入式风机吸风口的距离应大于10 m；抽出式风机的风量应大于压入式风机的风量；压入式风筒的出口与工作面间的距离应在有效射程之内。若采用长抽短压通风时，抽出式风筒须用刚性风筒或带刚性骨架的可伸缩风筒。若采用柔性风筒，可将抽出式局部通风机移至风筒入口，改作压入式，其示意如图7-2b所示。

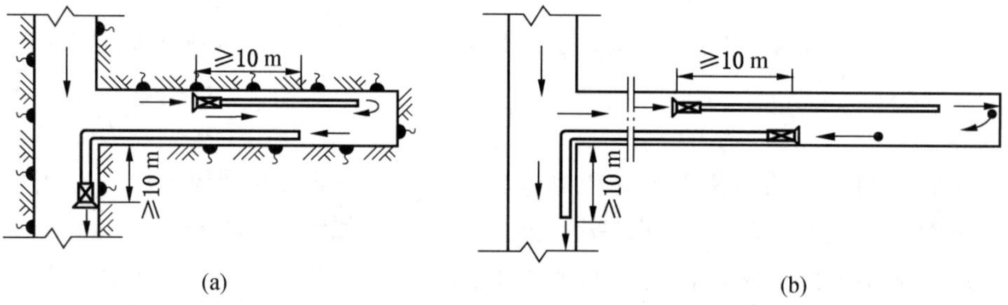

图7-2　长抽短压通风方式示意图

（2）长压短抽。新鲜风流经压入式风筒送入工作面，工作面污风经抽出式通风除尘系统净化，被净化的风流沿巷道排出。抽出式风筒吸风口与工作面的距离应小于有效吸程，对于综合机械化掘进，应尽可能靠近最大产尘点。压入式风筒出风口应超前抽出式风筒出风口10 m以上，它与工作面的距离应不超过有效射程。压入式通风机的风量应大于抽出式通风机的风量。长压短抽通风方式示意如图7－3所示。

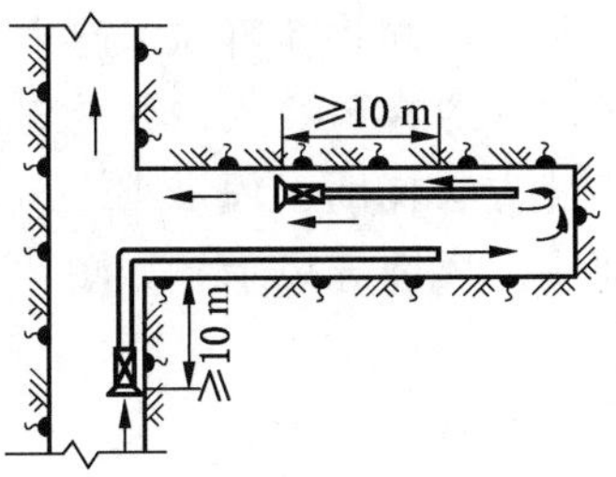

图7－3　长压短抽通风方式示意图

混合式通风优缺点如下：

优点：兼有抽出式和压入式的优点，通风效果好。

缺点：增加了一套通风设备，电能消耗大，管理比较复杂，降低了压入式与抽出式两列风筒重叠段巷道内的风量。

混合式通风适用于大断面、长距离岩巷掘进巷道中。煤巷综掘工作面多采用与除尘风机配套的长压短抽混合式。

（二）矿井全风压通风

全风压通风是直接利用矿井主要通风机造成的风压对掘进工作面进行的通风。全风压通风借助于风障和风筒等导风设施将新鲜风流引入工作面，并将污风排出掘进巷道。

全风压通风的特点：在主要通风机正常运转，并有足够的全风压克服导风设施的阻力时，全风压通风能连续供给掘进工作面所需风量，而无须附加通风动力，管理方便，但工程量大，使用风障妨碍运输。

全风压通风适用于瓦斯涌出量大、使用通风设备不安全或技术不可行的局部地点。全风压通风方式有以下几种。

1. 风障导风

在掘进巷道中安设纵向风障，将巷道分割成两部分，一侧进风，一侧回风。风障导风示意如图7－4所示。短巷掘进，可用木板、竹、帆布构筑风障；长巷掘进，可用砖、石、混凝土等材料构筑风墙。

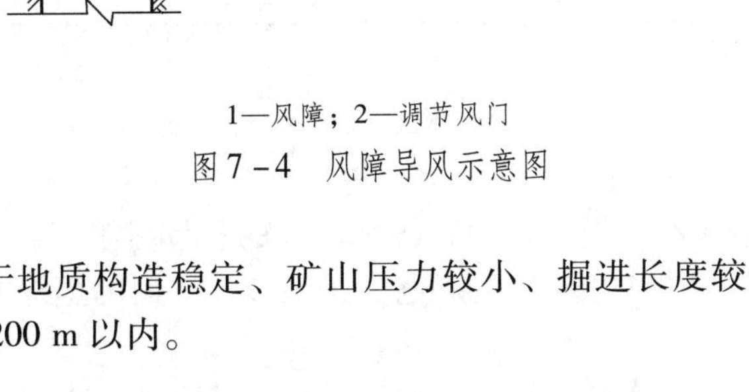

1—风障；2—调节风门

图7－4　风障导风示意图

风障导风只能用于地质构造稳定、矿山压力较小、掘进长度较短、断面较大的巷道中，送风距离一般在200 m以内。

2. 风筒导风

利用风筒将新鲜风流导入工作面，工作面污风由掘进巷道排出。为了使新鲜风流进入导风筒，应在风筒入口处的贯穿风流巷道中设置挡风墙和调节风门。

此方法辅助工程量小，风筒安装、拆卸比较方便，通常用于需要风量不大的短巷掘进通风中。风筒导风示意如图 7－5 所示。

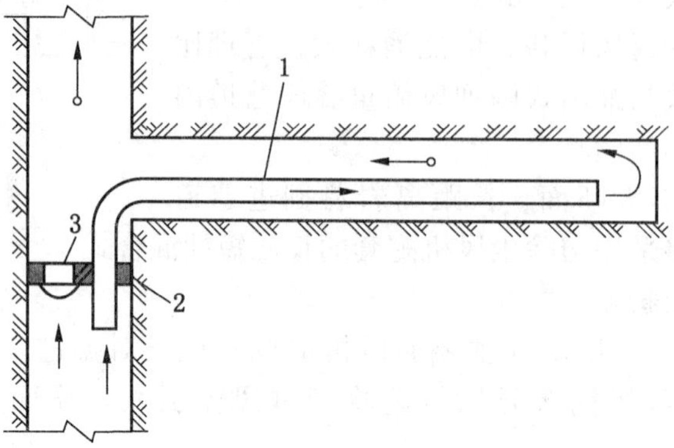

1—风筒；2—挡风墙；3—风窗

图 7－5　风筒导风示意图

3. 平行巷道导风

当掘进巷道较长，利用纵向风障和风筒导风有困难时，可采用两条平行巷道通风。采用双巷掘进，在掘进主巷的同时，距主巷 10～20 m 平行掘一条副巷（或配风巷），主副巷之间每隔一定距离开掘联络眼，前一个联络眼掘通后，后一个联络眼便密封。主巷进风，配巷回风。两条平行的独头巷道可用风障或风筒导风。利用平行巷道导风，可以缩短独头巷道的长度，不用局部通风机就可以保证较长巷道的风量。平行巷道导风连续可靠，安全性好。平行巷道导风示意如图 7－6 所示。

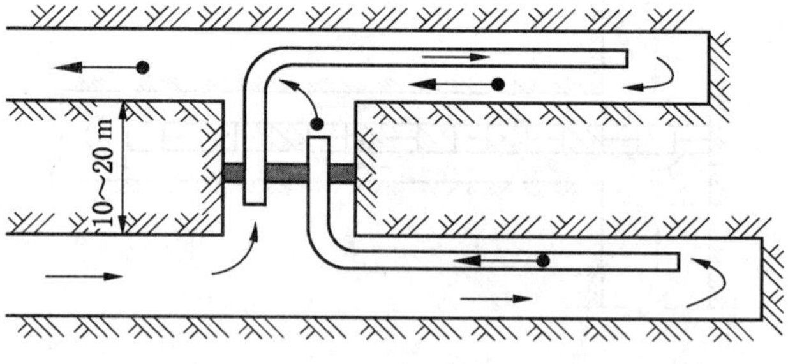

图 7－6　平行巷道导风示意图

平行巷道导风适合于有瓦斯、冒顶和透水危险的长巷掘进，特别适合于为满足运输、通风和行人需要而必须掘进 2 条并列的斜巷、平巷或上下山的掘进中。

（三）引射器通风

利用引射器产生的通风负压，通过风筒导风的通风方法称为引射器通风。引射器通风一般采用压入式。引射器通风示意如图 7－7 所示。

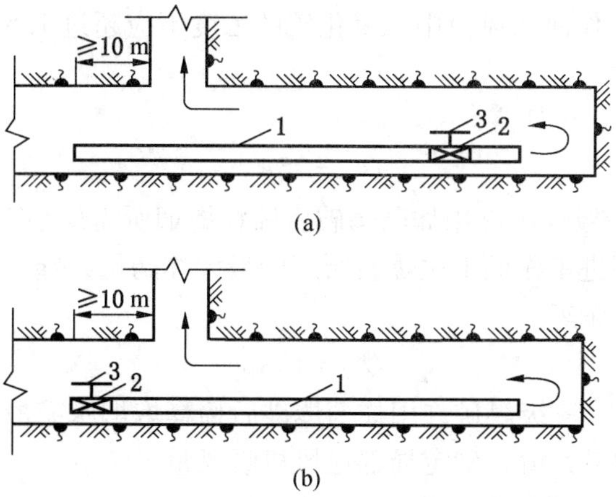

1—风筒；2—引射器；3—水管（或风管）

图 7－7　引射器通风示意图

引射器通风具有设备简单、安全、有利于除尘和水温低时能降温的优点。但产生的风压低，送风量小（20～200 m^3/min），效率低，费用高。

引射器通风适用于需风量不大的短巷道掘进通风，在含尘量大、气温高的采掘机械附近采取水力引射器与其他通风方法联合使用的方式，形成混合式通风。

三、局部风量调节（掘进工作面需风量计算）

每个掘进工作面实际需要风量，应按瓦斯涌出量、二氧化碳涌出量、工作人员人数、爆破后有害气体产生量以及局部通风机的实际吸风量等因素分别计算，然后取其中最大值，最后按风速进行验算。

1. 按照瓦斯涌出量计算

$$Q_{hfi}=100\times q_{hgi}\times k_{hgi}$$

式中　Q_{hfi}——掘进工作面需风量，m^3/min；

q_{hgi}——第 i 个掘进工作面回风流中平均绝对瓦斯涌出量，m^3/min（抽采矿井的瓦斯涌出量，应扣除瓦斯抽采量进行计算）；

k_{hgi}——第 i 个掘进工作面瓦斯涌出不均匀的备用风量系数（正常生产条件下，连续观测 1 个月，最大绝对瓦斯涌出量与月平均绝对瓦斯涌出量的比值）；

100——按掘进工作面回风流中瓦斯的浓度不应超过 1% 的换算系数。

2. 按照二氧化碳涌出量计算

$$Q_{hfi}=67\times q_{hci}\times k_{hci}$$

式中　q_{hci}——第 i 个掘进工作面回风流中平均绝对二氧化碳涌出量，m^3/min；

k_{hci}——第 i 个掘进工作面二氧化碳涌出不均匀的备用风量系数（正常生产条件下，

连续观测1个月，最大绝对二氧化碳涌出量与月平均绝对二氧化碳涌出量的比值）；

67——按掘进工作面回风流中二氧化碳的浓度不应超过1.5%的换算系数。

3. 按炸药量计算

一级煤矿许用炸药：

$$Q_{hfi}=25A_{hfi}$$

式中 25——每千克一级煤矿许用炸药爆破后稀释炮烟所需最小新鲜风量，m^3/min；

A_{hfi}——第 i 个掘进工作面1次爆破所用的最大炸药量，kg。

二、三级煤矿许用炸药：

$$Q_{hfi}=10A_{hfi}$$

式中 10——每千克二、三级煤矿许用炸药爆破后稀释炮烟所需最小新鲜风量，m^3/min。

按上述条件计算的最大值，确定局部通风机吸风量。

4. 按局部通风机实际吸风量计算

无瓦斯涌出的岩巷：

$$Q_{hfi}=\sum Q_{afi}+60\times0.15S_{hdi}$$

式中 $\sum Q_{afi}$——第 i 个掘进工作面同时运转的局部通风机实际吸风量的总和，m^3/min；

0.15——无瓦斯涌出岩巷的允许最低风速，m/s；

S_{hdi}——局部通风机安装地点到回风口间的巷道最大断面积，m^2。

有瓦斯涌出的岩巷、半煤岩巷和煤巷：

$$Q_{hfi}=\sum Q_{afi}+60\times0.25S_{hdi}$$

式中 0.25——有瓦斯涌出的岩巷、半煤岩巷和煤巷允许的最低风速，m/s。

5. 按工作人员数量计算

$$\sum Q_{afi}\geqslant 4N_{hfi}$$

式中 4——每人每分钟应供给的新鲜风量，m^3；

N_{hfi}——第 i 个掘进工作面同时工作的最多人数，人。

6. 按风速验算

（1）验算最小风量。

无瓦斯涌出的岩巷：

$$\sum Q_{afi}\geqslant 60\times0.15S_{hfi}$$

式中 S_{hfi}——第 i 个掘进工作面巷道的净断面积。m^2。

有瓦斯涌出的岩巷、半煤岩巷和煤巷：

$$\sum Q_{afi}\geqslant 60\times0.25S_{hfi}$$

（2）验算最大风量。

$$\sum Q_{afi}\leqslant 60\times4S_{hfi}$$

掘进工作面通风参数见表7－3。

表7-3　掘进工作面通风参数

煤矿名称：

工作面编号	局部通风机参数	功率/kW	风筒直径/mm	局部通风机供风距离/m	局部通风机实际总吸风量/($m^3\cdot min^{-1}$)	CO_2/($m^3\cdot min^{-1}$)	CH_4/($m^3\cdot min^{-1}$)	一次炸药最大用量/kg	炸药类别	人数	断面积/m^2	温度/℃	风速/($m\cdot s^{-1}$)

四、局部通风装备

局部通风装备由风筒、局部通风机及附属装置组成。

（一）风筒

风筒是最常见的导风装置，是引导风流沿一定方向流动的管状通道。其作用在于引导局部通风的风流，使新鲜风流与污风隔开。对风筒的基本要求是漏风小、风阻小、质量轻、拆装简便。

1. 风筒种类

风筒按其材料力学性质可分为刚性风筒和柔性风筒2种。

刚性风筒是用金属板或玻璃钢制成的。金属风筒质量大，搬运困难，煤矿使用较少；玻璃钢风筒比金属风筒轻便、抗酸碱、耐腐蚀性强、摩擦阻力系数小，但成本较高。随着大断面巷道机械化掘进的增多，混合式通风技术得到了广泛应用，为了满足其中抽出式通风的要求，采用整体螺旋弹簧钢圈为骨架的可伸缩金属风筒。

柔性风筒是应用更广泛的一种风筒，通常用橡胶、塑料制成。煤矿使用的风筒主要是胶布风筒，其最大优点是轻便、可伸缩、拆装搬运方便、便于储放。

2. 风筒布置要求

风筒出风口到工作面的距离要符合作业规程的有关规定。一般在压入式通风的工作面，作业规程中规定的距离为5 m。风筒要吊挂平直，贴壁贴帮，逢环必挂，环环吃力。

3. 风筒接头

刚性风筒一般采用法兰盘连接方式。

柔性风筒的接头方式有插接、单反边接头、双反边接头、活三环多反边接头、螺圈接头等多种形式，如图7-8所示。插接方式最简单，但漏风大；反边接头漏风小，不易胀开，但局部风阻较大；后两种接头风阻小、漏风小，但拆装比较麻烦。

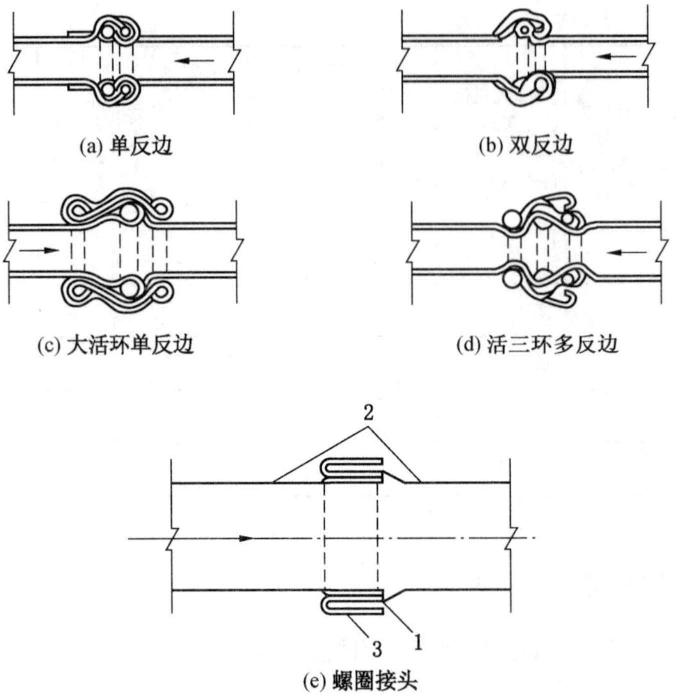

1—螺圈；2—风筒；3—铁丝箍

图 7-8　风筒接头连接方式示意图

4. 风筒管理

（1）采用抗静电、阻燃风筒，风筒口到掘进工作面的距离，以及正常工作的局部通风机和备用局部通风机自动切换的交叉风筒接头的规格和安设标准，应当在作业规程中明确规定。

（2）风筒口到工作面的距离符合作业规程规定；自动切换的交叉风筒与使用的风筒筒径一致，交叉风筒不安设在巷道拐弯处且与 2 台局部通风机方位相一致，不漏风。

（3）风筒实行编号管理；风筒接头严密，无破口（末端 20 m 除外），无反接头；软质风筒接头反压边，无丝绳或者卡箍捆扎，硬质风筒接头加垫、螺钉紧固。

（4）风筒吊挂要平、直、稳，软质风筒逢环必挂，硬质风筒每节至少吊挂 2 处；风筒不被摩擦、挤压。

（5）风筒拐弯处用弯头或者骨架风筒缓慢拐弯，不拐死弯；异径风筒接头采用过渡节，无花接。

5. 风筒风阻

风筒风阻是由摩擦、局部风阻组成的，其大小取决于风筒的直径、接头方式、长度、风压、布设等。

6. 风筒漏风

漏风使局部通风机风量与风筒出口风量不等，它与风筒种类，接头的数目、方法和质量，以及风筒直径、风压等有关，但主要与风筒的维护和管理密切相关。

刚性风筒主要是接头漏风；柔性风筒除接头处漏风外，漏风还产生于缝合针眼、吊环等处。

局部通风机风筒漏风将使局部通风机的有效风量降低，给掘进工作面安全生产带来严重隐患，必须采取以下措施减少风筒漏风：

（1）减少风筒的人为损坏。防止矿车刮破和顶板掉矸砸破风筒，在掘进工作面迎头防止爆破炸破风筒，防止锐器刺破风筒。一旦风筒出现破口，必须立即进行粘补。

（2）采用增加风筒每节长度的方法减少风筒接头数量。例如，减少 1 个套环接头可以减少 0.86 m^3/min 的漏风量。

（3）尽量采用漏风量小的接头方法连接风筒。例如，采用罗圈接头比采用套环接头平均每个接头漏风量要降低 90% 左右。

（4）当风筒内风压很大时，风筒针眼里的漏风不能忽视。针眼虽小，但数量多，漏风总面积加起来很大，所以应用胶布贴严或涂胶贴以堵住漏风针眼。

（二）局部通风机

1. 局部通风机类型

井下局部地点所用的通风机称为局部通风机。掘进工作面要求局部通风机体积小、风压高、效率高、噪声小、性能可靠、坚固防爆。国内开发和研制的一些新产品，满足安全、经济、技术合理的要求。如 BKJ66－11 系列局部通风机主要型号有 No3.6、No4.0、No4.5、No5.0、No5.6、No6.3 等规格；FDC－1 型对旋局部通风机、DSF－5 型低噪声对旋轴流式局部通风机、HF－5 型混流抽出式通风机、SBF66－1 型水力局部通风机。

KBJ66－1 型通风机（BDK、FDBY、FBD 等），德国生产的 dGAL、dIE、G 系列，波兰生产的 WLE－A 和 WLE－B 系列，日本生产的 MFA 系列等，这些对旋风机大都采用三元流动叶轮、高转速和加装消声器等措施，在提高风机效率的同时，压力也可提高。所以在同等条件下，叶轮外径可减少 10% ～30%，达到缩小体积、减小质量和降低本体噪声的目的。

2. 局部通风机噪声控制

局部通风机运转时噪声很大，噪声声级常达到 100～110 dB(A)，超过了《煤矿安全规程》规定的噪声声级限值。

高噪声严重影响井下人员的健康和劳动效率，甚至可能成为导致人身事故的环境因素。降低噪声的措施主要有 2 种：一是研制、选用低噪声、高效率的局部通风机；二是在现有局部通风机上安设消音器。

局部通风机消音器是为风机专门设计配套的消音装置，采用复式和消音墙组合机构，在实践中降噪效果显著，解决了风机进口噪声高的难题，从而创造了良好的工作环境。

五、法律法规相关要求

（一）《煤矿安全规程》对矿井开拓或者准备采区时局部通风的规定

《煤矿安全规程》第一百六十二条规定：矿井开拓或者准备采区时，在设计中必须根据该处全风压供风量和瓦斯涌出量编制通风设计。掘进巷道的通风方式、局部通风机和风筒的安装和使用等应当在作业规程中明确规定。

（二）《煤矿安全规程》对掘进巷道局部通风的规定

《煤矿安全规程》第一百六十三条规定：掘进巷道必须采用矿井全风压通风或者局部通风机通风。

煤巷、半煤岩巷和有瓦斯涌出的岩巷掘进采用局部通风机通风时，应当采用压入式，不得采用抽出式（压气、水力引射器不受此限）；如果采用混合式，必须制定安全措施。

瓦斯喷出区域和突出煤层采用局部通风机通风时，必须采用压入式。

（三）《煤矿安全规程》对安装、使用局部通风机和风筒的规定

安装、使用局部通风机和风筒时，必须遵守《煤矿安全规程》第一百六十四条的规定。

（1）局部通风机由指定人员负责管理。

（2）压入式局部通风机和启动装置安装在进风巷道中，距掘进巷道回风口不得小于10 m；全风压供给该处的风量必须大于局部通风机的吸入风量，局部通风机安装地点到回风口间的巷道中的最低风速必须符合本规程第一百三十六条的要求。

（3）高瓦斯、突出矿井的煤巷、半煤岩巷和有瓦斯涌出的岩巷掘进工作面正常工作的局部通风机必须配备安装同等能力的备用局部通风机，并能自动切换。正常工作的局部通风机必须采用三专（专用开关、专用电缆、专用变压器）供电，专用变压器最多可向4个不同掘进工作面的局部通风机供电；备用局部通风机电源必须取自同时带电的另一电源，当正常工作的局部通风机故障时，备用局部通风机能自动启动，保持掘进工作面正常通风。

（4）其他掘进工作面和通风地点正常工作的局部通风机可不配备备用局部通风机，但正常工作的局部通风机必须采用三专供电；或者正常工作的局部通风机配备安装一台同等能力的备用局部通风机，并能自动切换。正常工作的局部通风机和备用局部通风机的电源必须取自同时带电的不同母线段的相互独立的电源，保证正常工作的局部通风机故障时，备用局部通风机能投入正常工作。

（5）采用抗静电、阻燃风筒。风筒口到掘进工作面的距离、正常工作的局部通风机和备用局部通风机自动切换的交叉风筒接头的规格和安设标准，应当在作业规程中明确规定。

（6）正常工作和备用局部通风机均失电停止运转后，当电源恢复时，正常工作的局部通风机和备用局部通风机均不得自行启动，必须人工开启局部通风机。

（7）使用局部通风机供风的地点必须实行风电闭锁和甲烷电闭锁，保证当正常工作的局部通风机停止运转或者停风后能切断停风区内全部非本质安全型电气设备的电源。正常工作的局部通风机故障，切换到备用局部通风机工作时，该局部通风机通风范围内应当停止工作，排除故障；待故障被排除，恢复到正常工作的局部通风后方可恢复工作。使用2台局部通风机同时供风的，2台局部通风机都必须同时实现风电闭锁和甲烷电闭锁。

（8）每15天至少进行一次风电闭锁和甲烷电闭锁试验，每天应当进行一次正常工作的局部通风机与备用局部通风机自动切换试验，试验期间不得影响局部通风，试验记录要存档备查。

（9）严禁使用3台及以上局部通风机同时向1个掘进工作面供风。不得使用1台局部通风机同时向2个及以上作业的掘进工作面供风。

（四）《煤矿安全规程》对使用局部通风机通风的掘进工作面的规定

《煤矿安全规程》第一百六十五条规定：使用局部通风机通风的掘进工作面，不得停风；因检修、停电、故障等原因停风时，必须将人员全部撤至全风压进风流处，切断电源，设置栅栏、警示标志，禁止人员入内。

第七节　反风演习技术

一、反风演习的目的和意义

为防止灾害扩大和抢救人员的需要而采取的迅速倒转风流方向的措施，称为矿井反风。反风演习的目的和意义如下：

（1）反风演习可以使矿井发生灾变时，尤其是发生火灾事故时能够按需要有效地控制风流方向，缩小灾害波及范围，使可能受影响地区的人员能够有充分的时间按避灾路线撤至地面，从而减少因火灾等事故带来的人员伤亡，并为灭火和处理火灾事故提供有利条件。

（2）通过反风演习，掌握矿井各主要通风机反风性能，测定矿井主要巷道、风井反风量，验证矿井各主要通风机反风量能否达到《煤矿安全规程》要求的反风量不应小于正常供风量的40%。

（3）通过反风演习，测定矿井 CH_4 和 CO_2 涌出量，分析反风前后矿井有害气体的变化。

（4）通过反风演习，提高主要通风机司机对主要通风机操作技术的熟练程度。

（5）反风演习可以使井下人员熟悉避灾路线和避灾方法，一旦发生灾变能安全顺利脱险。

（6）全矿井反风以后，观测井下主要巷道的风流方向、风量的变化情况，为年度灾害预防处理计划的制定提供理论依据。

（7）通过反风演习，查找问题，提高矿井抗灾能力，并为领导决策提供各种理论数据及经验。

二、矿井反风方式和反风方法

（一）矿井反风方式

矿井反风就其风流反转的范围，可分为全矿井反风、区域性反风及局部反风3种方式。

1. 全矿井反风

实现全矿井总进风、回风井巷及采区主要进、回风巷风流等全面反向的反风方式称为全矿井反风。当进风井口附近、井筒或井底车场及其附近的进风巷道发生火灾时，为了防止灾害范围扩大，有利于灾害事故的处理和救援工作，需要采用全矿井反风。

全矿井反风时总进和总回风流反向，各回采工作面可能同时反风，也可能处于风流停滞状态。

1）全矿井反风的条件和原则

（1）多井口、多水平同时生产矿井的反风。主要通风机的反风措施只有当火灾发生在矿井的总进风区段（包括进风井口、进风井筒及井底车场）时才能采用。只有在这种情况下实施反风，火灾气体才能迅速排出地面，缩小影响范围，确保井下人员安全。对于多井口入风、多水平同时生产的复杂通风系统，如果火灾发生在深部水平的入风暗井或深部井底车场，采用主要通风机反风时必须十分慎重。在这种情况下反风，火灾烟流的蔓延区域一般较大，尤其是当火源点接近多个入风井口风流的汇合点时，若反风控制不严，反风后的火灾气体将会蔓延到多个入风井的进风系统，使灾害范围扩大。

（2）多风机联合运转通风系统的反风方式。

① 多风机联合运转的矿井，在总进风区域发生火灾时，应力求采用多台风机同时反风，这样才能确保矿井总进风巷的风流反向。如果只对某一台风机实施反风，其余正常运行，则总进风巷风流未必能反向。

② 在实施多风机同时反风时，如果两台风机能力相差较大，则操作顺序必须是在2台风机都停运后，先启动能力较小的风机反风，然后再启动能力较大的风机反风；如果相反，小风机可能开不起来。

因此，矿井进风井口、井筒、井底车场及其内部的硐室、中央石门、主进风大巷发生火灾时，一定要采取全矿性反风措施，以免全矿或一翼直接受到烟侵而造成重大恶性伤亡事故。

2）全矿井反风时的操作及安全注意事项

应在矿长或总工程师的现场指挥下进行反风。

（1）用反风道反风时要保持通风机正常运转，用地锁将防爆门或防爆盖固定牢固；根据现场指挥的指令操作各风门改变风流方向，使抽出式通风机风流由通风机压入井下，使压入式通风机风流由通风机抽入大气。

（2）用反转电动机反风时，要做到：

① 立即依次拉开正在运转的风机的油开关、隔离开关和正转隔离开关，使电机断电，并锁住正转隔离开关，用刹车装置将风机停稳。

② 用地锁将防爆门固定牢固。

③ 依次合上反转隔离开关（注意正反转隔离开关，严禁同时合上）、下隔离开关和油开关，使通风机反转启动。

④ 各风门保持原状不变。

⑤ 对于导翼固定的通风机，直接反转启动通风机；对于导翼可调角度的通风机，则先调整导翼调整器，改变导翼角度，然后反转启动电机。

反风启动完毕要向反风指挥部汇报。如运转风机因故不能反转启动时，要迅速反转启动备用风机，并相应改变风门状态。反风期间，每隔8 min记录一次运转情况，并随时向反风负责人汇报设备反风运转情况。接到矿长或总工程师的停止反风命令后，依次拉开油开关、下隔离开关和反转隔离开关，并锁住反转隔离开关，用刹车装置使风机停稳。反风期间要做好恢复正常通风和正转启动风机的各项准备工作。

2. 区域性反风

在多进风、多回风井的矿井一翼（或某一独立通风系统）进风大巷中发生火灾时，调节一个或几个主要通风机的反风设施，可实行矿井部分地区内的风流反向的反风方式，叫作区域性反风。

区域性反风是在采区内部配置一条平时不用而发生灾变时才使用的反风回路，使采区的主要巷道或工作面处于潜在的角联支路中，利用角联支路风流方向可变的原理，根据需要随时启闭有关的风门，以改变风流方向，实现灾变时期采区主要巷道和工作面风流反向的应急措施。区域性反风的目的是从采区原先的回风侧灭火救人。

区域性反风可以是某一系统反风，或某一采区反风，或若干个回采工作面反风，其余巷道系统则维持原来风流状态或者停风。

区域性反风注意事项：进行区域性反风时，风机的反风风压比正常通风时的风压要小得多，此时，某区段的自然风压占优势时就达不到反风的目的。因此，分析时要考虑自然风压的影响。

3. 局部反风

局部反风是指某一采区工作面或巷道的反风。当采区内发生火灾时，主要通风机保持正常运转，通过调整采区内预设风门的开关状态实现采区内部部分风流反向，把火灾烟流直接引向回风巷道，防止产生的有害气体流入采区伤人。

救灾指挥人员应根据火灾发生的部位、灾情、蔓延情况和实施反风的可能条件，确定采取正确的反风方式。

采区局部反风系统应符合下列要求：

（1）采区局部反风系统，包括局部反风联络巷道和反风风门，通过调整这些预设的反风风门的开关状态，在主要通风机保持正常运行条件下，实现采区内部巷道和采煤工作面风流方向反向，使火灾烟流直接流入采区回风巷或主要回风巷中，防止侵入采煤工作面。

（2）采区内设置的反向风门，包括常开风门和常闭风门，均应采用不燃性材料制作。每组风门均应安设两道，以防止漏风。

（3）采区局部反风系统的反风联络巷和反风风门的布置方式，应根据采区巷道布置形式进行合理布置。

（4）常开风门在正常生产条件下处于开启状态，一旦需要局部反风时，应将其关闭。常闭风门在正常生产条件下处于关闭状态，一旦需要局部反风时，应将其开启。

4. 反风要求

（1）主要通风机司机和矿井反风领导小组成员掌握并熟悉反风的操作和指挥工作。反风演习时，所有主要通风机司机必须到场。

（2）矿井反风命令下达后，必须在 10 min 内改变巷道风流方向。

（3）主要通风机反风时供给的风量不应小于正常风量的 40% 。

（4）矿井反风演习持续时间不得少于 2 h，以充分检验矿井反风设备的抗灾能力，并能保证人员从矿井最远地点安全撤到地面。

（5）检验并记录瓦斯涌出量较大的采掘工作面风流中 CH_4、CO_2 浓度达到 2% 的时间和大于 2% 的持续时间。

（6）反风结束后，对井下进行全面检查，确认安全后，方可恢复生产。

反风时根据矿井实际情况假设灾变地点，可充分考虑进风流发生灾变和采区内发生灾变的情况，对全矿井反风和区域性反风分别进行有针对性的演练。

5. 反风过程中的注意事项

（1）反风是一种技术性很强的决定，应慎重考虑反风的结果。如果决定反风，应首先撤出原进风系统人员，并通知全体救灾人员。同时设法通知井下人员，并控制入井人员。

（2）进风井口、井筒、井底车场、主要进风巷和硐室发生火灾时，为抢救井下工作人员，应进行全矿井反风。指挥部下达反风命令前，必须将火源进风侧的人员撤出，并采取阻止火灾蔓延的措施。

（3）采取风流短路措施时，必须将受影响区域内的人员全部撤出。

（4）多台主要通风机联合通风的矿井反风时，要保证非事故区域的主要通风机先反风，事故区域的主要通风机后反风。

（5）由于矿井通风网络的复杂性、火势发展的不均衡性，采用什么方式反风，应视具体情况而定。最好平时做好反风演习工作，通过演习观测瓦斯涌出、煤尘飞扬情况，以判断反风后是否有发生爆炸的危险。通过演习摸清在什么地点发火时应采用何种反风方式。

（6）防止粉尘飞扬。反风时，平时贴在巷帮背向风流缝隙中的粉尘被反风风流吹出，会增加风流中的粉尘浓度，污染井下环境，影响测风人员的安全和身体健康。因此，反风前有必要全部打开全风压风流中的净化水幕，避免这一现象的发生。

（7）井下停电方法。原则上采用逐个地区由里而外的停电方法，但该方法太浪费人力和时间，不符合实际反风的需要，灾变发生时可采用在井上集中停电的方法。

（二）矿井反风方法

1. 反风道反风

利用主要通风机装置，设置专用反风道和控制风门，使主要通风机的排风口与反风道相连，风流由风硐压入回风巷，从而使风流反向的方法，称为反风道反风。

轴流式主要通风机和离心式主要通风机都可以采用这种反风方法。

反风道反风的特点：这种反风方法建设费用较高，不仅需要做反风绕道，而且为了启动几个闸门还需要购置绞车等设备，同时，对反风设备须经常维修，因为反风门和反风绕道有时会引起大量漏风。但这种反风方法反风后的风量较大，可靠性较好，故被广泛采用。

2. 无反风道反风

利用备用主要通风机机体及其风道作为反风道，实现反风的方法，称为无反风道反风。

无反风道反风的特点：在安装有备用通风机的矿井可以采用无反风道反风，但必须保证反风后备用通风机能迅速恢复正常状态。

3. 主要通风机反转反风

利用主要通风机反转，使风流反向的方法，称为反转反风。

轴流式主要通风机采用这种反风方法。反风前，先停转主要通风机，由于主要通风机和转子的惯性较大，为防止主要通风机停转的延续时间太长，应使用刹车装置紧急停车。反风时，合上制动轮倒转的电闸，改变电动机及主要通风机叶轮的转动方向，风流方向便反转过来。这种方法不需要做反风绕道，比较经济，同时漏风也少。《煤矿安全规程》规定反风量不应小于正常供风量的40%，因此采用反转反风，比较易于达到规定要求。

4. 调整动叶安装角进行反风

对于动叶可同时转动的轴流式主要通风机，只要把所有叶片同时偏转一定角度（大约120°）不必改变叶（动）轮转向就可以实现矿井风流反向。

三、反风演习方案

以某矿主斜井带式输送机机尾着火为例，制定以下反风演习方案。

（一）假设灾害及发生地点

主斜井带式输送机机尾着火。

（二）灾害起因、波及范围及应急响应等级

输送带摩擦浮煤起火导致引燃电缆（外因火灾），人员无法现场扑灭。有害气体波及整个+1700 m水平，需要进行全矿反风。应急响应等级为Ⅳ级。

（三）反风演习时间

拟定于某年某月某日早班风机反转时间8时起至12时止（4 h）。

（四）反风方式

全矿井反风。

（五）反风方法

通过主要通风机反转进行反风。

（六）反风演习观察项目

（1）通过反风演习，检验矿井主要通风机反风性能，观察、记录主要通风机反风前后风量、电流、电压、功率、风压、轴承温度、水柱计读数等各项参数，测定矿井主要巷道和风井反风量，验证矿井主要通风机反风量能否达到正常风量的40%以上。

（2）通过反风演习，检验主要通风机司机反风操作熟练程度，观察反风设备及主要通风机各机械、电器部分的灵活性和操作情况。

（3）通过反风演习，检验矿井反风设施及反风系统是否可靠，观测井下主要巷道的风流方向、风量的变化情况，能否在10 min内改变巷道中的风流方向，记录井下各观测点开始反风的时间。测定反风演习期间全风压通风地点的风量与气体含量及有害气体的涌出情况。测定矿井自然通风相关参数。

（4）通过反风演习，测定矿井CH_4和CO_2涌出量，分析反风前后矿井有害气体的变化情况。

（5）通过反风演习，掌握矿井自然风量及自然风压等情况。

（6）观察反风后的通风系统情况及主要通风设施情况。

（七）预计反风后的通风系统、风量情况

1. 反风主要地点风流路线

（1）某采煤工作面反风路线：地面主要通风机→回风斜井→某水平回风联络巷→某水平回风石门→某回风巷→某工作面开切眼→某运输巷→某水平运输石门→副斜井→地面。

（2）某掘进工作面反风路线：地面主要通风机→回风斜井→某水平回风联络巷→某水平回风石门→某回风巷→某工作面开切眼→某运输巷→某水平运输石门→某掘进工作面→某水平运输石门→副斜井→地面。

（3）水仓掘进工作面反风路线：地面主要通风机→回风斜井→水仓回风巷→水泵房→+1700 m水平运输石门→水仓掘进工作面→+1700 m水平运输石门→副斜井（主斜井）→地面。

2. 风量情况

预计本次反风量为1500 m^3/min左右。

以上是以某矿主斜井带式输送机机尾着火为例制定的反风演习方案。由于各矿具体情况不同，因此，反风演习方案也不尽相同。

四、安全技术措施

以某矿主斜井带式输送机机尾着火为例，制定如下反风演习安全技术措施。

（一）反风演习前的准备工作

（1）所有参加反风演习的人员在反风演习前一天必须学习贯彻反风演习方案，使所有人员都明确反风演习时各自的职责及分工，了解反风的目的、程序及各自的操作要求等。

（2）反风演习前，由矿总工程师组织，机电副矿长安排机电科人员对地面反风设施（主要通风机、防爆门、安全出口、检修通道等设施）进行一次全面检查；由通防科对井下反风设施（各处正反向风门）、密闭等设施进行一次全面检查；确保相关设施、设备完好、正常，并做好记录。

（3）反风演习前通防科负责对井下各类传感器及反风时井下人员携带的仪器仪表进行调试，并对安全监控系统进行测试，保证灵敏、可靠。对备用电池进行检查，确保备用时间满足要求。

（4）反风演习前通防科负责对矿井避灾路线进行全面检查，发现问题及时处理，确保避灾路线畅通无阻。

（5）机电科组织人员对井下电气设备及电话进行专项检查，杜绝失爆现象，并保证反风时各地点通信畅通。

（6）反风演习前，机电科安排专人将井下各水仓水位排至最低水位。

（7）机电科安排专人对防爆门进行检查，保证开关灵活可靠。

（8）反风前井口检身工负责清点出井人数，反风前报矿调度室，在确定所有无关人员全部出井后方可进行反风演习。

（9）各队组在反风前一天，对各责任区进行冲洗或者清扫，尤其将所有的带式输送机运输巷及采掘工作面进行冲洗，杜绝反风时煤尘飞扬，防止发生意外。

（10）反风演习前由机电科安排切断井下所有电源。

（二）反风期间的安全措施

（1）反风期间除参加反风演习的工作人员以外，未经反风演习指挥部批准，其余人员不得在井下滞留，必须在反风演习前 30 min 全部撤出，并进行确认。

（2）反风演习期间，回风斜井井口附近 20 m 范围内和反风后回风斜井井口相连通的建筑物内都必须切断电源并禁止一切火源存在。

（3）在反风演习前 10 min 必须向调度室汇报到位情况；每组人员必须密切配合，不得分开；反风期间测量小组人员负责对沿途的通风设施进行观察记录，如遇到问题，应采取相应的措施。

（三）恢复正常通风安全措施

成立瓦斯排放小组：

组长：（姓名）

成员：（姓名）

（1）主要通风机恢复正常通风。

① 主要通风机排放瓦斯的过程中，由瓦斯检查工不间断地检查风机排放的瓦斯和二氧化碳浓度，由通防科安排人员逐渐关闭防爆门，利用短路风流法，逐步排放；主要通风机排出的瓦斯浓度在 1% 以下时逐步关闭风门，当主要通风机排出的瓦斯浓度低于 0.75% 时，方可由外向里逐段检查入井。

② 主要通风机连续运转 30 min 无异常，且回风流中瓦斯浓度低于 0.5% 时，主要通风机全风压排放瓦斯工作结束。

③ 主要通风机全风压排放瓦斯工作结束后，由瓦斯排放小组按照地面→井下配电点的顺序，巡查各配电点气体情况，逐段恢复供电。

（2）局部通风机恢复正常通风。

① 局部通风机排放瓦斯顺序：各掘进作业地点由外往里进行瓦斯排放。

② 掘进工作面排放瓦斯方法：局部通风机采用单级电机运行，排放瓦斯采用逐段错接风筒法控制风量进行排放。

（3）由瓦斯检查工检查局部通风机及其开关附近 10 m 以内风流中的瓦斯浓度不超过 0.5% 后，方可通知配电点为局部通风机开关送电。当局部通风机开关送电后，由瓦斯排放小组进行掘进工作面的瓦斯排放工作。

（4）井下瓦斯排放时，必须逐面进行排放，禁止 2 个工作面同时排放。

（5）排放瓦斯时必须加强局部通风机附近瓦斯浓度、风流方向的检查，严禁发生循环风、禁止出现“一风吹”，严格控制排出的瓦斯与二氧化碳浓度，必须在全风压混合处不得超过 0.5% 。

（6）现场参加瓦斯排放工作的人员，必须保证自身安全，不得进入受瓦斯排放影响的风流中。

以上是以某矿主斜井带式输送机机尾着火为例制定的反风演习安全措施。由于各矿具体情况不同，因此，反风演习安全措施要根据煤矿实际情况制定。

五、法律法规相关要求

《煤矿安全规程》第一百五十九条规定，生产矿井主要通风机必须装有反风设施，并能在 10 min 内改变巷道中的风流方向；当风流方向改变后，主要通风机的供给风量不应小于正常供风量的 40% 。

每季度应当至少检查 1 次反风设施，每年应当进行 1 次反风演习；矿井通风系统有较大变化时，应当进行 1 次反风演习。

《矿山救援规程》第一百六十五条规定，矿山救援队参加反风演习工作应当遵守下列规定：

（1）反风前，应急救援人员佩戴氧气呼吸器、携带必要的技术装备在井下指定地点值班，同时测定矿井风量和瓦斯等有毒有害气体浓度。

（2）反风 10 min 后，经测定风量达到正常风量的 40% ，瓦斯浓度不超过规定时，及时报告现场指挥机构。

（3）恢复正常通风后，将测定的风量和瓦斯等有毒有害气体浓度报告现场指挥机构，待通风正常后方可离开工作地点。

第八节　矿井风量调节技术

一、风量调节的目的和意义

在矿井通风网络中，风量按照网络中各分支风阻的大小自然分配，往往不能满足作业地点的风量需求，需要采取控制和调节风量的措施。另外，随着生产过程的发展和变化，工作面的推进和更替，巷道风阻、网络结构及所需的风量均在不断变化，相应地要求及时进行风量调节。所以风量调节是矿井通风技术管理中的一项经常性的工作，它对矿井安全生产和节约通风费用都有重大的影响。

二、风量调节方法

矿井风量调节方法多种多样，按其调节的范围可分为矿井局部风量调节与矿井总风量调节。

（一）矿井局部风量调节

局部风量调节是指在采区内部各工作面之间、采区之间或生产水平之间的风量调节。调节方法有增阻调节法和降阻调节法。

1. 增阻调节法

增阻调节法的实质就是以并联风网中阻力较大的分支阻力值为依据，在阻力较小的分支中增加一项局部阻力，使并联各分支的阻力达到平衡，以保证风量按需供应。

通过在巷道中安设调节风窗等设施，增大巷道的局部阻力，从而降低与该巷道处于同一通路中的风量，或增大与其关联的通路上的风量。具体措施主要有设置调节风窗、临时风帘、空气幕调节装置等。

由于增阻调节会增加全矿总风阻和关联风网的风阻，故增阻调节减少了全矿总风量和并联风网风量，增阻分支风量减少量大于增阻分支风量增加量，这是增阻调节的缺点。但增阻调节法应用简便，是目前使用最普遍的局部调节风量的方法。

2. 降阻调节法

随着矿井开采深度的不断增加，通风流程的不断延长，降低矿井通风阻力，特别是降低井巷的摩擦阻力，对减少风压损失、降低通风电耗、减少通风费用和保证矿井安全生产，都具有特别重要的意义。

降阻调节法是通过在巷道中采取降阻措施，降低巷道的通风阻力，从而增大与该巷道处于同一通路中的风量，或减少与其关联的通路上的风量。降阻具体措施主要有扩大巷道断面、降低摩擦阻力系数、清除巷道中的局部阻力物、采用并联风路、缩短风流路线的总长度等。

（1）降低摩擦风阻措施如下：①扩大井巷断面；②在同等断面积条件下，采用周长较小的断面形状；③缩短风流路程；④由于摩擦风阻与摩擦阻力系数成正比，所以要尽量采用摩擦阻力系数小的支护形式。

（2）降低局部风阻措施如下：①连接处过渡要平缓，如图 7－9a 所示。②增大巷道拐弯处的曲率半径，如图 7－9b 所示。③设置引风导风板，如图 7－9c 所示，导风板要做成圆弧形与巷道光滑连接；导风板的长度应超过交叉口一定距离，一般为 0.5～1 m。④设置汇流导风板，如图 7－9d 所示。

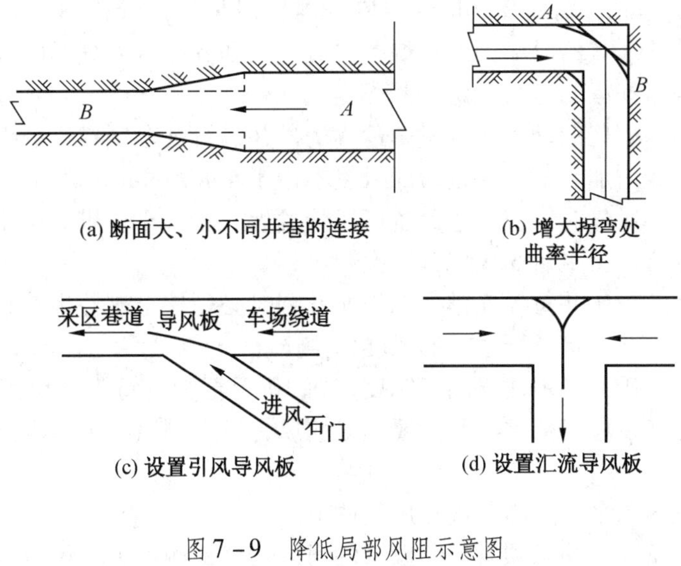

图 7－9　降低局部风阻示意图

（3）降低风阻其他注意事项：①避免在巷道中堆积过多杂物，不用的矿车和生产物资及时回收；②及时清除巷道片帮冒顶落下的煤和矸石；③煤矿设备小型化，减少对巷道空间的占用；④加强巷道支护，巷道变形应及时维修，确保巷道断面符合要求。

（二）矿井总风量调节

当矿井（或一翼）总风量不足或过剩时，需要调节总风量，也就是调整主要通风机的工况点。采取的措施是改变主要通风机的工作特性，或改变矿井风网的总风阻。

1. 改变主要通风机的工作特性

矿井主要通风机是矿井通风的主要动力源。通过改变主要通风机的叶轮转速、轴流式风机叶片安装角度和离心式风机前导器叶片角度等，改变通风机的风压特性，从而达到调节通风机所在系统总风量的目的。

2. 改变矿井风网的总风阻

（1）风硐闸门调节法。如果在通风机风硐内安设调节闸门，通过改变闸门的开口大小改变通风机的总工作风阻，从而调节通风机的工作风量。

对于离心式通风机，当风量过剩时，用风硐中的闸门增加风阻以降低风量，可减少电耗。这是因为离心式通风机的功率特性曲线随风量减小而降低。

对于轴流式通风机，由于其功率特性曲线随风量减小而上升，因此一般不用增加风阻的方法降低风量。

（2）降低矿井总风阻。当矿井总风量不足时，如果降低矿井总风阻，不仅可以增大矿井总风量，而且可以降低矿井总阻力。

三、《煤矿安全规程》相关要求

第一百三十八条　矿井需要的风量应当按下列要求分别计算，并选取其中的最大值：

（1）按井下同时工作的最多人数计算，每人每分钟供给风量不得少于 4 m^3。

（2）按采掘工作面、硐室及其他地点实际需要风量的总和进行计算。各地点的实际需要风量，必须使该地点的风流中的甲烷、二氧化碳和其他有害气体的浓度，风速、温度及每人供风量符合本规程的有关规定。

使用煤矿用防爆型柴油动力装置机车运输的矿井，行驶车辆巷道的供风量还应当按同时运行的最多车辆数增加巷道配风量，配风量不小于 4 $m^3/(min \cdot kW)$。

按实际需要计算风量时，应当避免备用风量过大或者过小。煤矿企业应当根据具体条件制定风量计算方法，至少每 5 年修订 1 次。

第一百三十九条　矿井每年安排采掘作业计划时必须核定矿井生产和通风能力，必须按实际供风量核定矿井产量，严禁超通风能力生产。

第一百四十条　矿井必须建立测风制度，每 10 天至少进行 1 次全面测风。对采掘工作面和其他用风地点，应当根据实际需要随时测风，每次测风结果应当记录并写在测风地点的记录牌上。

应当根据测风结果采取措施，进行风量调节。

第一百四十一条　矿井必须有足够数量的通风安全检测仪表。仪表必须由具备相应资质的检验单位进行检验。

第九节 常见通风事故及处置技术

一、主要通风机停止运转的预防措施和处置技术

因电气故障或停电等原因造成主要通风机停止运转，矿井主要通风机一旦停止运转，井下无风可造成人员窒息、瓦斯积聚等事故，对矿井安全造成重大威胁。

1. 主要通风机停止运转的预防措施

（1）加强对运行主要通风机的检查检修。定期由经验丰富的维修工对主要通风机进行详细检查。维修工会同司机对运行主要通风机的声音、震动、温度、电压、电流、负压、流量等参数情况进行详细观察，发现问题及时汇报和处理。仔细检查风机和电机的震动情况，风机轴承温度不超过 75 ℃，电机轴承温度不超过 95 ℃，电机定子温度不超过 150 ℃，各温度数值与正常运行温度有较大变化时及时汇报和处理。

（2）加强对备用主要通风机的日常检查检修。每天安排经验丰富的维修工进行详细检查。检查风叶和导叶的锈蚀情况和各风叶与通风机外壳内壁的间隙是否符合 3 ~ 3. 5 mm 的标准；检查电机油位是否正常；检查风门的锈蚀情况，风门钢丝绳的断丝和锈蚀情况，钩头卡固情况；检查钢丝绳导向各滑轮的固定情况，转动是否灵活，无卡阻现象；检查风门和风门绞车的完好情况和钢丝绳的固定是否牢固；检查各高压柜和控制柜的完好情况，对备用主要通风机的风叶、导叶叶片部位和风道内杂物每月清理一次。

（3）无特殊原因，司机严禁私自倒换主要通风机。需要倒换主要通风机时必须向值班人员汇报。倒换主要通风机时值班人员必须安排经验丰富的维修工或管理人员到现场进行指导。

（4）每季度要对主要通风机的电控系统全面清扫、检查和紧固，对存在的隐患及时整改。

（5）每半年对主要通风机的轴承全部更换新润滑油，每季对主要通风机电机轴承加注润滑油（在开机状态加注）。

（6）夏季来临前要做好通风机房的降温措施，车房排气扇要完好。

（7）每季度对主要通风机的反风设施进行详细彻底检查，发现问题及时检查处理。

（8）冬季要做好主要通风机的防寒措施。无特殊原因，倒换主要通风机只允许在中午气温较高的时间进行。环境温度低于零摄氏度时，司机每小时对备用通风机盘车 2 ~ 3 圈。维修人员每天检查通风机内是否结冰，发现结冰现场要及时处理。

（9）主要通风机司机要坚守岗位，按照规定时间进行详细检查，并如实记录通风机运行参数。倒换和开启主要通风机要严格按操作规程进行操作，操作时必须穿绝缘靴或站在绝缘台上和戴绝缘手套，对发现的问题和隐患要及时汇报。

（10）管理人员要加强对主要通风机的管理，每周至少 1 人查看主要通风机运行情况。

（11）主要通风机每次大型检修后必须试运行，确保备用主要通风机处于完好备用状态。

（12）对主要通风机的关键零部件要有备件（如主要通风机的风叶、导叶、轴承、联轴器及膜片等），出现故障尽快对备用主要通风机进行抢修，使备用主要通风机处于完好备用状态。

（13）如遇到恶劣天气，造成矿井停电，管理人员和维修人员提前或尽快到达现场，在第一时间内恢复主要通风机正常运行。

2. 主要通风机停止运转的处置技术

（1）当主要通风机停止运转时，必须在 10 min 内启动备用风机。

（2）当同一风井的两台主要通风机均无法启动时，打开对应风井的防爆井盖，利用自然风压的作用向井下供风。

（3）调度室接到主要通风机停止运转的通知后，立即向灾害预防和处理领导小组汇报，并在 3 min 内通知井下所有单位和人员停止作业，撤离升井。

（4）接到撤离升井命令后，井下人员应沿采区进风巷、矿井主要进风大巷撤退至副井或混合井井底，然后乘罐笼升至地面。如因停电造成提升系统停止运转，井下所有撤离人员从副井或中央回风井梯子间升井。

（5）各采煤工作面人员全部撤离后，在移动电站上切断工作面输送机、转载机、采煤机的电源。

（6）各掘进工作面（包括其他局部通风机通风地点），在接到停风撤人的命令后，应立即停止工作，撤出人员，在全负压通风口处打上临时栅栏，挂“禁止入内”警示牌，防止人员误入。

（7）井下各变电站、水泵房人员接到命令撤退时，严禁切断下一级向局部通风机供电的电源。

（8）当所有人员全部升井后，切断井下所有电气设备的电源。

（9）当矿井发生主要通风机停风事故时，要利用井下压风自救系统对井下来不及撤退的受困人员进行救援，保证井下压风自救系统工作正常，确保受困人员的生命安全。

（10）如果停风时间超过 10 min，在查明原因恢复通风前，要检查主要通风机及风硐内的瓦斯浓度，如瓦斯浓度较大，应采取措施进行处理。

（11）停风期间所有瓦斯超限的工作面、硐室必须按规定排放瓦斯后，方可恢复生产。

二、矿井局部通风机停止运转的预防措施和处置技术

一旦矿井局部通风机停止运转，井下采掘工作面可能因停风而造成瓦斯积聚、瓦斯超限，甚至可能引发瓦斯、煤尘爆炸等恶性事故。

1. 矿井局部通风机停止运转的预防措施

（1）局部通风机必须采用三专（专用开关、专用电缆、专用变压器）供电，并实现“双风机双电源自动切换”，井下所有掘进工作面必须实现风电闭锁和甲烷电闭锁。

（2）局部通风机由施工单位负责日常管理工作，每班必须指定专人巡视检查，无人工作地点的局部通风机由施工单位负责管理及维护。

（3）使用局部通风机供风的地点必须实行风电闭锁，保证当正常工作的局部通风机

停止运转或停风后能切断停风区内全部非本质安全型电气设备的电源。

（4）严禁使用3台及以上局部通风机同时向1个掘进工作面供风。不得使用1台局部通风机同时向2个及以上作业的掘进工作面供风。

（5）使用局部通风机通风的掘进工作面，不得停风；因检修、停电、故障等原因停风时，必须将人员全部撤至全风压进风流处，切断电源，设置栅栏、警示标志，禁止人员入内。

恢复通风前，必须首先检查瓦斯，只有停风区中最高甲烷浓度不超过1.0%和最高二氧化碳浓度不超过1.5%，且局部通风机及其开关附近10 m以内风流中的甲烷浓度都不超过0.5%时，方可人工开启局部通风机，恢复正常通风。

（6）局部通风机必须装备消音器（低噪声风机除外），并实行挂牌管理。

（7）局部通风机的安设由施工使用单位和通风部门负责，风筒吊挂由通风部门负责，风筒吊挂必须做到平直、逢环必挂、编号管理、拐弯处设弯头、不准拐死弯、风筒要一致、不准花接，风筒与风筒接口必须采用反压边、不得倒接，风筒吊挂必须按“作业规程”要求吊挂到位。

（8）局部通风机的日常巡视检查由当班所在工作面安检员、瓦斯检查工、值班电工负责，如有异常，立即汇报调度室，以便及时组织处理。

（9）局部通风机的日常防爆检查及定期维护检修由专职电工负责，设立专项记录本，要求每班对防爆检查情况记录存档，煤矿组织相关人员、科室对执行情况进行不定期抽查。

（10）检查检修严格按照“停送电管理规定”和“设备完好标准”执行。

2. 矿井局部通风机停止运转的处置技术

（1）严格执行工作面供电管理，对有计划的停电、停风、停运要严格执行审批手续，并提前编制瓦斯防治安全技术措施。

（2）停电、停风、停运前必须由瓦斯检查工、安检员、带班领导负责组织撤出人员，由通风部门负责在回风口以里设置栅栏并由专人看管，禁止人员入内。以上工作全部确认无误后，方可由施工单位通知机电调度进行停送电操作。

（3）正常工作和备用局部通风机均失电停止运转后，当电源恢复时，正常工作的局部通风机和备用局部通风机均不得自行启动，必须人工开启局部通风机。

（4）杜绝局部通风机无计划停电、停风、停运，如出现无计划停电、停风、停运必须立即向矿调度室及通风部门汇报，由瓦斯检查工、安监员、值班领导组织撤出人员并将工作面供电开关打到零位，在回风口以里设置栅栏并由专人看管，禁止人员入内，查明原因，当班进行处理。

（5）造成无计划停电、停风、停运工作面，要作为事故进行追查处理。

（6）临时停工地点不得停风，否则必须切断电源，设置栅栏，悬挂警示标志，禁止人员入内，并向矿调度室汇报。

（7）严禁在停风或瓦斯超限的区域内作业。

（8）局部通风机因故停止运转，在恢复通风前，必须首先检查瓦斯，只有停风区中最高瓦斯浓度不超过1%和最高二氧化碳浓度不超过1.5%，且局部通风机及其开关附近

10 m 以内风流中的瓦斯浓度不超过 0.5% 时，方可人工开启通风机，恢复正常通风。

（9）若出现瓦斯积聚或瓦斯和二氧化碳浓度超出管理规定的地点，必须另行编制专门的排放瓦斯措施进行排放。瓦斯排放必须严格执行“瓦斯排放管理规定”，一个盘区内不允许同时进行两个或两个以上地点的瓦斯排放工作，瓦斯排放完毕后确认无问题时方可恢复生产。

（10）局部通风机正常运转一定时间后，由瓦斯检查工、安监员、值（带）班领导首先进行全面安全检查，确认无问题时方可恢复生产。

第十节　通风安全监控技术

一、矿井通风安全监控系统概述

矿井通风系统是关系矿井安全生产的重要内容，它具有为作业人员提供新鲜空气、排放有害气体和帮助灾害救援等作用。鉴于矿井通风系统的重要性，需要对它进行有效的安全监控，从而保证通风系统的安全运行，保障矿井安全生产。

在信息技术不断发展的情况下，矿井通风安全监控与矿井安全监控系统实现了有效的融合。矿井通风安全监控系统的检测内容主要包括：对煤矿井下各种有害气体如甲烷、一氧化碳和二氧化碳浓度进行监测，对氧气浓度进行实时监测。同时，还要对风速、风量、风压、湿度等进行实时监测，能及时判断风门状况，对通风机的工况进行及时调控，并实现声光报警、断电、闭锁及通风事故预判等。由此可见，矿井通风安全监控综合了传感器技术、计算机技术、报警器技术等多种技术，能够为矿井的安全通风及安全生产保驾护航。

二、《煤矿安全规程》对矿井通风安全监控传感器安设的相关规定

矿井通风安全监控传感器的安设必须符合《煤矿安全规程》第四百九十九条至第五百零三条的规定。

第四百九十九条　井下下列地点必须设置甲烷传感器：

（1）采煤工作面及其回风巷和回风隅角，高瓦斯和突出矿井采煤工作面回风巷长度大于 1000 m 时回风巷中部。

（2）煤巷、半煤岩巷和有瓦斯涌出的岩巷掘进工作面及其回风流中，高瓦斯和突出矿井的掘进巷道长度大于 1000 m 时掘进巷道中部。

（3）突出矿井采煤工作面进风巷。

（4）采用串联通风时，被串采煤工作面的进风巷；被串掘进工作面的局部通风机前。

（5）采区回风巷、一翼回风巷、总回风巷。

（6）使用架线电机车的主要运输巷道内装煤点处。

（7）煤仓上方、封闭的带式输送机地面走廊。

（8）地面瓦斯抽采泵房内。

（9）井下临时瓦斯抽采泵站下风侧栅栏外。

（10）瓦斯抽采泵输入、输出管路中。

第五百条　突出矿井在下列地点设置的传感器必须是全量程或者高低浓度甲烷传感器：

（1）采煤工作面进、回风巷。

（2）煤巷、半煤岩巷和有瓦斯涌出的岩巷掘进工作面回风流中。

（3）采区回风巷。

（4）总回风巷。

第五百零一条　井下下列设备必须设置甲烷断电仪或者便携式甲烷检测报警仪：

（1）采煤机、掘进机、掘锚一体机、连续采煤机。

（2）梭车、锚杆钻车。

（3）采用防爆蓄电池或者防爆柴油机为动力装置的运输设备。

（4）其他需要安装的移动设备。

第五百零二条　突出煤层采煤工作面进风巷、掘进工作面进风的分风口必须设置风向传感器。当发生风流逆转时，发出声光报警信号。

突出煤层采煤工作面回风巷和掘进巷道回风流中必须设置风速传感器。当风速低于或者超过本规程的规定值时，应当发出声光报警信号。

第五百零三条　每一个采区、一翼回风巷及总回风巷的测风站应当设置风速传感器，主要通风机的风硐应当设置压力传感器；瓦斯抽采泵站的抽采泵吸入管路中应当设置流量传感器、温度传感器和压力传感器，利用瓦斯时，还应当在输出管路中设置流量传感器、温度传感器和压力传感器。

使用防爆柴油动力装置的矿井及开采容易自燃、自燃煤层的矿井，应当设置一氧化碳传感器和温度传感器。

主要通风机、局部通风机应当设置设备开停传感器。

主要风门应当设置风门开关传感器，当两道风门同时打开时，发出声光报警信号。甲烷电闭锁和风电闭锁的被控开关的负荷侧必须设置馈电状态传感器。

三、矿井通风安全监控系统的使用与维护

（1）为保证安全监控系统及监控设备灵敏可靠，安全监控设备必须定期调校、测试，每月至少一次。采用载体催化元件的甲烷传感器必须使用标准气样和空气气样进行调校，每 15 天至少一次；为保证甲烷超限断电和停风断电功能准确可靠，甲烷电闭锁和风电闭锁功能每 15 天至少测试一次。可能造成局部通风机停风的，每半年测试一次。

（2）为保证对甲烷传感器浓度进行连续不间断的监控，矿井安全监控系统必须连续运行。电网停电后，备用电源应当能保证系统连续工作时间不小于 2 h。

（3）与监测装置关联的电气设备、电源线及控制线，均由管辖范围内的机电人员负责维护。在拆除或改线时，必须与通风和机电部门联系，并共同处理。检修与监测装置关联的电气设备，需要监测装置停止运行时，须经矿调度室同意并制定安全措施后，方可进行。

（4）瓦斯检测工每班应对管辖范围内传感器的数据进行校对和记录，对监测装置及

电缆的外观进行检查，并将记录和检查结果汇报调度室和通风部门。

（5）对需要经常移动的传感器、电缆，由采掘班长负责按规定移动，严禁擅自停用。

（6）监控分站、传感器、电缆等由所在采区的区队长负责保管和使用，如有损坏应及时向调度室汇报。对故意破坏、盗窃者要严肃处理。

（7）安全监控设备的供电电源必须取自被控开关的电源侧或者专用电源，严禁接在被控开关的负荷侧。

（8）瓦斯浓度超过规定而切断电气设备的电源后，严禁自动复电，只有当瓦斯浓度降到《煤矿安全规程》规定以下时，方可人工复电。

（9）安全监控系统值班人员，应做到 24 h 全天候监控，还应配备检修、调试和配气标定等专业人员，确保安全监控系统及传感器灵敏可靠，发挥监测预警作用。

（10）煤矿安全监控系统管理及维护人员必须经煤矿安全监察机构培训，并通过考试合格后，持证上岗。

四、通风安全监控系统在矿井安全生产和事故应急救援中的作用

通风安全监控系统是建设安全、智能、高效型矿山企业的必要装备，是保障安全生产的实时的监控系统。它能够实现快速、便捷、准确地获取数据，增强科学性，减少失误，在矿井安全生产和事故应急救援中发挥着重要作用。

通风安全监控系统主要分为井下设备和地面设备。矿用分站是通风安全监控系统在井下的主要设备，能够对监控信息进行收集处理。矿用分站对各种监控探头如一氧化碳传感器、机电设备传感器、负压传感器、温度传感器、风速传感器等采区数据进行采集，这样就可进一步进行安全监测和控制。信息采集的处理中心由监控管理软件、备用机、打印机、监控主机、传输接口等组成。处理中心可以让煤矿的各个生产部门能够及时了解井下上传的监控控制信息，再将井下的环境进行综合分析，以便采取进一步措施，确保矿井安全生产。

通风安全监控系统主要检测作业环境中的风速、风压、温度、粉尘浓度、甲烷浓度、一氧化碳浓度、风门状态、风筒状态、主要通风机以及局部通风机工作情况等。当瓦斯浓度超限或者局部通风机停止运转时，通风安全监控系统就会自动将相关区域的电源切断并闭锁，进一步减少了由于违章作业、电气设备故障和失爆以及危险温度造成的瓦斯爆炸。通过通风安全监控系统也可以对瓦斯抽放系统的工作状态、瓦斯突出等情况等进行实时监控。当某项指标出现超限报警和其他异常情况时，系统便会通过信号传输装置将超限信号和相关数据传输至报警装置和控制画面。在发出声光报警的同时，由中控和调度人员及时通知领导和救援人员，紧急进行超限相关事故和灾害的处置，指挥人员第一时间将危险地带人员及时撤到安全地点，并尽快将事故消除在隐患和萌芽状态，将事故灾害损失降至最低。

矿山企业应在完善煤矿通风安全监控系统的基础上，围绕该系统建立一整套关于安全生产的事故灾害预防、应急处置和安全监控管理措施，实现矿井安全生产管理的提档升级。

在应急救援和事故调查中，通风安全监控系统发挥着相当重要的作用。当井下发生瓦

斯爆炸等事故之后，监控系统将事故发生的时间、爆源等进行综合记录。火灾检测系统主要用来监测一氧化碳浓度、氧气浓度、二氧化碳浓度、压强差、烟雾等，再经过风门、风窗的控制，实现对注氮和均压灭火的控制等。煤与瓦斯监测系统主要监测瓦斯涌出量，实现对煤与瓦斯突出的预报。应急救援指挥人员可根据这些信息及时作出正确决策。

第十一节　矿井灾变时期风流控制技术

一、矿井火灾风流状态模拟技术

矿井火灾时期的风流紊乱对人员撤退和救灾人员的安全造成严重威胁，为保障矿井灾变时期人员撤退和救灾人员的安全，往往要进行矿井火灾风流状态控制。首先，要了解矿井火灾时期灾变风流的动态变化，矿井火灾风流状态模拟则可提供技术支持；其次，要改变对人员撤退和救灾人员的安全造成严重威胁的灾变状态，矿井火灾风流状态控制则可提供技术支持。

1. 风流状态模拟技术

矿井火灾时期风流状态模拟技术，就是应用计算机数值分析方法，解算矿井通风网络各分支风量、风温、风压、有害气体浓度、节点压力和通风机工况等参数在火灾影响下的动态变化及风流逆转的位置、时间及影响的一种技术。

矿井火灾时期，通风机与风温变化引起的热风压提供风流流动的动力，从而破坏了正常状态下原有通风动力（机械风压和正常通风的自然风压）与风流状态的平衡，导致矿井各巷道风量剧烈变化甚至部分巷道风流方向逆转。逆转风流携带大量火灾生成的高温、有毒有害气体，污染进风区的新鲜风流，致使火灾影响范围扩大，井下人员遇难危险增加和抢险救灾难度增大。

救灾实践证实，高温烟流侵入矿工避灾路线或者救援人员入井抢险灭火路线的巷道时，存在一段延缓期。而风流在一些巷道出现逆转也要在着火一段时间后才可能发生。如何充分利用这一“时间差”，以保证井下矿工避灾和救援人员抢险救灾的安全是矿井防灭火研究工作的重要课题之一，也是应用风流状态模拟技术的原因之一。矿井火灾发生后，及时、准确地掌握火源位置和特性、通风系统风流状态变化、烟流及其温度分布、有害气体浓度、风流逆转的位置和时间等情况是迅速正确地确定救灾决策的前提。

由于火灾对上述参数的动态影响，造成上述参数随时间复杂变化，其影响范围波及全矿。用实验模拟火灾对全矿井风流状态的影响几乎不可能。由于火灾时期风流状态变化的数学模型可以较准确地建立，这给应用计算机模拟技术全面、准确地计算上述参数提供了基础。而风流状态模拟技术的应用，为救灾决策提供了迫切需要的风流状态变化数据。

2. 矿井火灾的三个阶段及对应的风流状态模拟技术

矿井火灾一般经历发生期、发展期、维持燃烧动态平衡期三个阶段，如图 7－10 所示。矿井火灾最终可能因燃料耗尽或直接、间接灭火工作的干预而熄灭。

在矿井火灾的初期阶段，燃烧尚处于初始状态，火势较小，烟流温度、浓度不高，烟流也未侵入火源下风侧广大区域。因此，对于整个矿井通风系统的干扰不大，各巷道风流

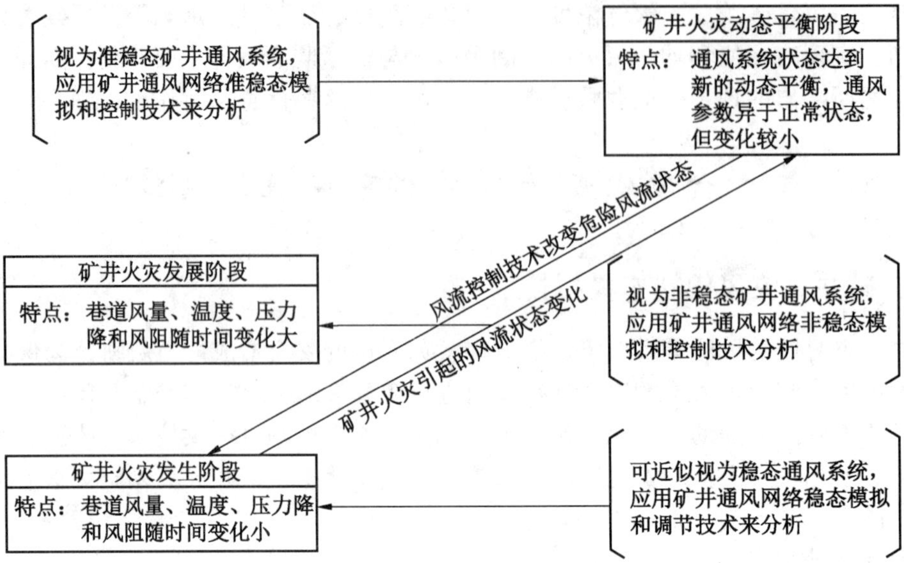

图 7－10　矿井通风系统在火灾期间的状态变化

状态变化较小，逆转尚未发生，这个阶段是矿工自救、进行风流控制及掩护井下人员安全撤退的最佳时机。这个阶段的分析手段采用矿井通风网络稳态模拟和调节技术。

在矿井火灾的发展阶段，火势转旺，烟流温度和有毒有害气体浓度逐渐增加，热风压对矿井风压分布干扰加大，风流温度、风量和风向随时间发生较大变化，烟流入侵区域增加，并因逆转风流携带有毒有害火灾烟流进入进风区域而扩大受灾范围，给人员撤退、救灾灭火工作造成更大的困难和威胁，这个阶段也称为非稳态变化阶段。这个阶段的分析手段采用矿井通风网络非稳态模拟和控制技术。

在矿井火灾准稳态平衡阶段，整个矿井通风系统的通风动力（机械风压与热风压）与风流在相异于正常通风状态的新的状态下达到动态平衡。火源燃烧状态变化一般不大，岩壁温度的增加速率趋缓。因为热风压与节流效应共同作用，致使风流状态变化趋缓。如果燃料耗尽或采用直接、间接灭火等措施，火源则迅速熄灭，矿井通风系统逐渐恢复至正常状态。这个阶段的分析手段采用矿井通风网络准稳态模拟和控制技术。

3. 矿井火灾风流状态模拟技术对救灾决策的作用

（1）有助于指挥人员实时决策。根据已知火情，提供矿井火灾时期各巷道风流流量、温度、烟流浓度等参数的变化，以及风流逆转发生的地点、时间和影响，帮助矿井火灾救援指挥人员实时决策。

（2）有助于预先了解各类火情下的风流状态变化。发生火灾前，对各种假设火灾状况下通风系统的状态变化进行预模拟，帮助通风安全人员预先了解火灾情况下井下风流状况变化及其危险性，以便有针对性地制定切实可行的矿井火灾预处理计划，进行安全教育。

（3）校验控风措施的有效性。发生火灾前，预模拟各种假设火灾状态下依据经验或定性分析方法所制定的各种控风措施，比较各种控风措施的效果，选择控风效果最好的方案作为控风方案，存入计算机救灾方案数据库。在矿井发生火灾时，从数据库中选用与实际火灾状况相近的预模拟火灾所对应的控风措施，作为火灾控风决策的参考。

（4）帮助确定火源位置。根据环境监测系统各探头报警时间差，帮助反推火源位置，了解火情，以帮助救灾指挥人员判断火灾状况。

（5）有助于火灾事故分析。火灾事故分析时，再现火灾发生后的状态变化，帮助了解事故原因、火灾发生发展过程及控风措施的有效性等，有利于总结经验、吸取教训。

综上所述，矿井火灾风流状态模拟技术的主要作用是帮助人们了解火灾时期井下风流发生的具体变化，应用模拟结果帮助人们选择适当的避灾路线和救灾方案。

二、矿井火灾风流状态模拟技术在风流控制中的应用

风流状态模拟技术与定性和经验分析相结合的方法是较为符合当前技术水平的可行救灾控风决策手段，既具有科学性又具有实践应用的可行性。

（1）此法基于巷道增减阻等控风措施对动态通风系统的影响，形象地反映出风流各状态参数随时间的变化过程，便于确定安全避灾或救灾路线，以及校核控风措施的实施效果，具备较高的可靠性和实践可行性。

（2）此法的大量工作安排在火灾发生前的风流状态预模拟中，有足够的时间对比各控风方案的优劣，以适应矿井火灾发生时决策的紧迫性。

（3）此法有助于现场技术人员编制具体且行之有效的矿井火灾预防处理计划。

三、矿井火灾救灾时期的风流控制技术

矿井发生火灾时，为了保证井下作业人员安全撤出，防止火灾烟气到处蔓延和瓦斯爆炸，防范火灾继续扩大，并为灭火创造有利条件，采取正确的控制风流措施非常重要。

（一）矿井发生火灾时对通风的基本要求

（1）保护灾区和受威胁区域的人员迅速撤至安全区域或地面。

（2）有利于限制烟流在井巷中发生非控制性蔓延，防止火灾范围扩大。

（3）不得使火源附近瓦斯聚积到爆炸浓度，不许通过火源的风流中瓦斯浓度达到爆炸界限，或使火源蔓延到有瓦斯爆炸危险的区域。

（4）为救援工作创造有利条件。

（二）矿井火灾时期风流控制的一般原则

（1）在火情不明或一时难以确定较好风流控制措施时，应首先维持矿井的正常通风，稳定风流方向，切忌随意调控风流。

（2）发生火灾的分支，在确有把握保证可燃气体、瓦斯和煤尘不发生爆炸的前提下，应尽可能减少供风，以减弱火势和有利于灭火和封闭火区。

（3）处于火源下风侧，并连接工作地点或进风系统的角联分支，应保证其风向与烟流流向相反，以防止烟流蔓延范围扩大。

（4）处于烟流路线上，直接与总回风相连的风量调节分支，应打开其调节风门使风

流短路，直接将烟流导入总回风中。

（5）在矿井主进风系统中发生火灾时，应进行全矿性反风。这时通风网络中的调节设施应根据反风后的实际系统状况而定。

（6）在高瓦斯矿井和具有煤尘爆炸危险的矿井，应保证烟流流经的路线上具有足够的风量，避免造成爆炸条件。

（7）在选择风流控制措施时，主要应考虑打开和设置风门、风窗和密闭墙等，并且一般不宜设在高温烟流流经的井巷内；必要时可以停开或调节矿井主要通风机，但必须十分慎重。

（8）对采取各种风流控制措施后可能出现的各种后果要全面考虑，如果可能应对各种措施的实施效果事先用计算机进行数值模拟。

（三）矿井火灾救灾时期的风流控制方法

矿井火灾救灾时期的风流控制可以是全矿范围内的，也可以是区域性的。控制风流的方法可以借助于主要通风机、局部通风机和通风装置，也可以只使用通风设施，如风门、临时密闭和调节风窗等，或者几种方法结合起来使用。发生火灾时常采用的通风技术主要有以下几种。

1. 稳定风流

维持正常通风，稳定风流。这一措施的适用条件是：

（1）火源位于采区内部，烟流已弥漫较大的范围，井下人员分布范围大。

（2）通风网络复杂的高瓦斯矿井，采用其他通风措施有发生瓦斯、煤尘爆炸或使灾情扩大的危险。

（3）火源位于独头掘进巷道内，不能停止局部通风机运转。

（4）火源位于采区或矿井主要回风巷，维持原风向有利于火烟迅速排出。

（5）当火灾发生的具体位置、范围、受火灾威胁区域等情况没有完全了解清楚时。

（6）减少向火源供风，抑制火势发展。

2. 局部风流短路

对于中央并列式通风的矿井，火源位于矿井的主要进风系统，若不能及时进行反风或因条件限制不能进行反风时，可将进、回风井之间联络巷中的风门或密闭打开，使大部分烟流短路，直接流入总回风，减少流入采区的烟流，以利于人员避险和救援队进行救援。

3. 反风

当井下发生火灾时，利用反风设备和设施改变火灾烟流的方向，使原本处于火源下风侧的人员变为处于火源上风侧的新鲜风流中。反风方式按范围可分为全矿井反风、区域性反风和局部反风 3 种。

（1）全矿井反风。通过主要通风机及其附属设施实现全矿井反风。

（2）区域性反风。在多进、多回的矿井中某一通风系统的进风大巷中发生火灾时，调节一个或几个主要通风机的反风设施，实现矿井部分区域风流反向的反风方式，称为区域性反风。

（3）局部反风。当采区内发生火灾时，主要通风机保持正常运行，调整采区内预设的风门开闭状态，实现采区内部局部风流反向，这种反风方式称为局部反风。

4. 停止主要通风机工作

以下情况下可考虑停止主要通风机工作：

（1）火灾发生在进风井筒或进风井底，因条件限制不能进行反风，又不能让火灾气体短路进入回风时。

（2）独头掘进工作面发火已有较长时间，瓦斯浓度已超过爆炸上限，这时不能再送风。

（3）主要通风机已成为通风阻力时，停止主要通风机时应同时打开回风井的防爆门或防爆井盖，使风流在火风压作用下自动反风。采用这种通风措施时应慎重。另外，井下机电硐室发生火灾时，通常采用关闭防火门或修筑临时密闭墙等方法隔断风流。

采取控制风流措施时，必须特别注意瓦斯情况，如在瓦斯矿井实行反风或风流短路时，不允许将有危险浓度的瓦斯送入火区；停风措施易使瓦斯积聚到爆性危险浓度，应特别慎重。

四、直接灭火时的风流控制技术

采用水、砂子、岩粉、灭火器或挖出火源等方法把火直接扑灭，称为直接灭火法。无论井上还是井下发生的火灾，凡是能直接扑灭的，应尽量直接扑灭。

在扑灭井下火灾的同时，抢险救援指挥部应根据火源位置、火灾波及范围、遇险或受威胁人员分布情况，利用上述矿井火灾救灾时期的风流控制技术，迅速而慎重地决定风流调节与控制方法。

（一）直接灭火时要注意防止产生火风压造成风流逆转

巷道中风流是否发生逆转，主要取决于火风压的大小以及回风巷和支干风路风阻的大小。逆转规律是：风机和火风压的作用方向一致时，主干风流方向不变，旁侧风流可能逆转；风机和火风压的作用方向不一致时，旁侧风流有固定的方向，主干风流可能发生逆转。

当火灾发生在矿井总回风巷，或者发生在比较复杂的通风网络中，改变原有通风状况可能会造成风流紊乱、增加人员撤退难度，可能出现瓦斯积聚等后果时，应采用正常通风方法，稳定风流。

当采用正常通风稳定风流会使火势扩大，而隔断风流又会使火区瓦斯浓度上升时，应采取减少风量的办法。这样既有利于控制火势，又不使瓦斯浓度很快达到爆炸界限。在使用此方法进行救灾时，灾区范围内要停产撤人，并严密监视瓦斯情况，要注意在灾区人员尚未撤出的情况下，为了避免出现缺氧现象或瓦斯浓度上升到爆炸界限，不能减少灾区风量。在减少灾区风量的救灾过程中，若发现瓦斯浓度上升，特别是瓦斯浓度上升到2%左右时，应立即停止使用此方法，恢复正常通风，甚至增加灾区风量，以冲淡和排出瓦斯。

由上可知，风流逆转不仅能够扩大灾情，使事故复杂化，还给矿山救援队的灭火造成困难。所以，在火灾的初期阶段，就要采取有效措施，防止风流逆转。

风流逆转的预防措施如下：

（1）积极灭火，控制火势，必要时密闭火源进风侧或使风流短路，尽量减小火风压。

（2）保持主要通风机正常运转。

（3）采用局部反风，变下行风流火灾为上行风流火灾。

（4）加大火风压所在旁侧风路的风阻，尽量减小回风风路的风阻。

（二）直接灭火时救援人员的控风保障

1. 区域控风保护救援人员的安全

矿井发生火灾时，要正确控制风流，在保证人员安全撤出、防止瓦斯爆炸，以及阻止火灾和烟气蔓延扩大的同时，保护救援人员的安全。

（1）火灾发生在井口房、进风井筒、井底车场或总进风巷时，若自然风压和通风机风压风流方向一致，应进行全矿性反风；若自然风压和通风机风压风流方向相反，可停止通风机运转，利用反向的自然风压阻止烟气进入采掘工作面。中央并列式通风的矿井，有条件时可使进、回风井风流短路将烟气直接排出。

（2）火灾发生在总回风巷、回风井底、回风井内或井口时，应维持原风流方向，将烟气排出。若自然风压与通风机风压风流方向一致，且瓦斯涌出量不大，减风不会导致危险的瓦斯浓度时，为了减弱火势，有时也可以采取减风措施。

（3）火灾发生在采区内时，风流调度比较复杂，一般不宜轻易采用减风或停风措施。

2. 救援人员局部控风的自我安全保障

（1）直接灭火时，若作业地点的风速较低，救援人员应注意采取措施提高作业地点的风速，避免出现烟流逆退和滚退。

（2）直接灭火时，救援人员应注意观察或监测火区进回风风量、风向、气体浓度等参数的变化情况，及时用风障等通风设施进行控风或撤退。

（3）直接灭火时，救援人员应注意观察作业地点附近的通风设施受高温烟流影响可能出现的破坏情况，并分析对救灾安全的影响，以便及时采取应对措施。

（4）火灾发生在机电硐室时，可关闭防火门或修筑临时密闭来隔断风流。

（5）保证正常风流，以便火烟和水蒸气能顺利地排到回风流中。

（6）灭火人员应站在进风侧，不准站在回风侧，防止高温烟流伤人或中毒。

3. 救援人员撤退路线的控风保障

救援人员撤退路线的控风保障基本措施除与上述直接灭火控风保障措施有相似之处外，还应特别注意，煤矿井下发生火灾时，由于火灾灾变状态的动态变化特征，保证救援人员安全的风流方向可能逆转。因此，救援人员进入灾区后，需要注意分析是否存在救灾地点和撤退路线被高温烟流侵入的危险，并在整个救灾过程中注意这种危险出现的可能，以便做好准备及时采取应对措施或及时撤退。

第八章　矿山灾害事故应急救援技术

矿山作业环境复杂多变，在生产过程中往往受到瓦斯、矿尘、水、火、顶板等灾害的威胁。灾害事故发生后，如何安全、迅速、有效地抢救人员、保护设备、控制和缩小事故影响范围及其危害程度、防止事故扩大，将事故造成的人员伤亡和财产损失降低到最低限度，是救灾工作的关键，任何怠慢和失误，都可能造成难以弥补的重大损失。因此，矿山救援指挥员只有掌握矿山各类事故抢险与救灾技术，才能迅速地作出正确的判断和制定有效的救援方案。

第一节　矿井水灾事故应急救援技术

一、矿井水灾的类型及特点

在矿井生产建设过程中，地面水和地下水都可能通过各种通道涌入矿井中，当涌水量超过了矿井的正常排水能力时，就可能引起矿井水灾。

（一）矿井水灾的类型

造成矿井水害的水源有大气降水、地表水、地下水和老窑水，其中地下水按其储水空隙特征又分为孔隙水、裂隙水和岩溶水等。根据水源类型不同，把我国矿井水害分成若干类型（表8－1），作为防治矿井水害时的参考。

表8－1　矿井水害类型

类型	水　源	水源进入矿井的途径或方式
地表水水害	大气降水、地表水体（江、河、湖泊、水库、沟渠、坑塘、池沼、泉水和泥石流）	井口、采空冒裂带、岩溶地面塌陷坑或洞、断层带及煤层顶底板、封孔不良的旧钻孔充水或导水
老空水水害	古井、小窑、废巷及采空区积水	采掘工作面接近或沟通时，老空水进入巷道或工作面
孔隙水水害	第三系、第四系松散含水层的孔隙水、流砂水或泥砂等，有时为地表水补给	采空冒裂带、地面塌陷坑、断层带及煤层顶底板含水层裂隙、封孔不良的旧钻孔导水
裂隙水水害	砂岩、砾岩等裂隙含水层的水，常常受到地表水或其他含水层水补给	采后冒裂带、断层带、采掘巷道揭露顶板或底板砂岩水，或封孔不良的旧钻孔导水

表8－1（续）

类型		水　源	水源进入矿井的途径或方式
岩溶水水害	薄层灰岩水水害	主要为华北石炭二叠纪煤田的太原群薄层灰岩岩溶水（山东省一带为徐家庄灰岩水），并往往得到中奥陶系灰岩水补给	采后冒裂带、断层带及陷落柱、封孔不良的旧钻孔，或采掘工作面直接揭露薄层灰岩岩溶裂隙带突水
	厚层灰岩水水害	煤层间接顶板厚层灰岩含水层，并往往受地表水补给	采后冒裂带、采掘工作面直接揭露或地面岩溶塌陷坑
		煤系或煤层的底板厚层灰岩水［在我国煤矿区主要是华北的中奥陶系厚层（500～600 m）灰岩水和南方晚二叠统阳新灰岩水］，对煤矿开采的威胁最大，也最严重	采后底鼓裂隙、断层带、构造破碎带、陷落柱或封孔不良的旧钻孔和地面岩溶塌陷坑吸收地表水

在工作过程中，还应考虑以下3个方面的内容：

（1）表8－1中矿井水害类型是按某一种水源或某一种水源为主命名的。然而，多数矿井水害往往是由2～3种水源造成的，单一水源的矿井水害很少。

（2）顶板水或底板水，只反映含水层水与开采煤层所处的相对位置，与水源丰富与否、水害大小无关。同一含水层水，既可以是上覆煤层的底板水，又可以同时是下伏煤层的顶板水。例如，峰峰矿区的大青灰岩水，既是小青煤层的底板水，又是大青煤层的顶板水。

（3）断层、旧钻孔、陷落柱等都可能成为地表水或地下水进入矿井的通道（水路），它们可以含水或导水。由它们导水造成的矿井水灾有大有小，危害或威胁程度决定于通过它们的水的来源是否丰富。

（二）矿井水灾的特点

（1）矿井透水水源主要包括地表水、含水层水、断层水、老空水等。地表水的溃入来势猛，水量大，可能造成淹井，多发生在雨季和极端天气情况。含水层透水来势猛，当含水层范围较小时，持续时间短，易于疏干；当含水层范围较大时，破坏性强，持续时间长。断层水补给充分，来势猛，水量大，持续时间长，不易疏干。老空水是煤矿重要充水水源，以净贮量为主，突水来势猛，破坏性强，但一般持续时间短。老空水常为酸性水，透水后一般伴有有害气体涌出。

（2）井下采掘工作面发生透水之前，一般都有某些征兆。如巷道壁和煤壁“挂汗”、煤层变冷、出现雾气、淋水加大、出现压力水流、有水声、有特殊气味等。

（3）透水事故易发生在接近老空区、含水层、溶洞、断层破碎带、出水钻孔地点、有水灌浆区，以及与河床、湖泊、水库等相近的地点。掘进工作面是矿井水害的多发地点。

（4）透水会造成遇险人员被水冲走、淹溺等直接伤害，或造成窒息等间接伤害，也容易因巷道积水堵塞造成遇险人员被困灾区。大量突水还可能冲毁巷道支架，造成巷道破坏和冒顶，使灾区的有毒有害气体浓度升高。

（5）水灾事故发生后，遇险人员可能因避险离开工作地点撤离至较安全位置，在井下分布较广。由于水灾事故受困遇险人员往往具有较大生存空间，且无高温高压环境，有毒有害气体浓度不会迅速增大，相对爆炸、火灾、突出事故，遇险人员具备较大存活可能。

二、矿井水灾防治技术

1. 矿井水灾防治的现状

（1）疏干降压是我国矿井水灾防治的主要技术措施。

（2）堵水截流是我国矿井水灾防治的重要方法。

（3）采用主动防护法，即采用地面垂直钻孔，用潜水泵专门疏干含水层。

煤矿水灾防治的现状

2. 矿井水灾防治的原则和综合措施

《煤矿防治水细则》第三条规定，煤矿防治水工作应当坚持预测预报、有疑必探、先探后掘、先治后采的原则，根据不同水文地质条件，采取探、防、堵、疏、排、截、监等综合防治措施。

（1）探水。“探”主要指采用超前勘探方法，查明采掘工作面周围水体的具体位置和贮存状态等情况。这是为有效防治矿井水害做好必要的准备，其在水害防治措施中居核心地位和起先导作用。

（2）防水。“防”主要指合理留设各类防隔水煤（岩）柱和修建各类防水闸门或防水闸墙等，防隔水煤（岩）柱一旦确定后，不得随意开采破坏。

（3）堵水。“堵”主要指注浆封堵具有突水威胁的含水层或导水断层、裂隙和陷落柱等导水通道。

（4）疏水。“疏”主要指探放老空水和对承压含水层进行疏水降压。

（5）排水。“排”主要指完善矿井排水系统，排水管路、水泵、水仓和供电系统等必须配套。

（6）截水。“截”主要指加强地表水（河流、水库、洪水等）的截流治理。

（7）监测。“监”主要指建立矿井地下水动态监测系统，必要时建立突水监测预警系统，及时掌握地下水的动态变化。

3. 矿井水灾防治的方法

我国在矿井水灾防治方面，已经有了比较成熟的技术和措施，如疏干降压、注浆堵水、突水预测和探放水等。矿井水灾防治方法见表8－2。

表8－2　矿井水灾防治方法简介

分类	主要防治内容
地表水防治	1. 在河流（含冲沟、小溪管道）的漏水、渗水段铺底，修人工河床、渡槽或河流部分地段改道等 2. 在矿区外围修筑防洪泄水管道，在采空区外围挖沟排（截）洪 3. 填堵管道（指对岩溶地面塌陷及采空区塌陷的处理） 4. 建闸设站，排除塌陷积水或防止河水倒灌
井下防水设施	1. 留设防水煤（岩）柱 2. 设置防水闸门及防水闸墙 3. 设排水泵房、水仓、排水管路及排水沟等排水系统

表8-2（续）

分类	主要防治内容
井下探放水	1. 探放老窑水 2. 探放断层水 3. 探放陷落柱水 4. 探放旧钻孔水 5. 探放含水层水
疏干	1. 地表疏干是从地面施工垂直钻孔，安装潜水泵，抽排含水层水 2. 地下疏干： （1）专门疏干矿井、巷道和放水孔 （2）疏干巷道（运输巷道疏干含水层，疏水石门、疏水平硐） （3）疏水钻孔（井下放水孔疏干、井下吸水孔疏干） 3. 联合疏干： （1）地表疏干与地下疏干同时进行 （2）多井同时疏干同一含水层
突水预测	1. 易于突水的构造部位或地段的预测 2. 采掘前突水预测 3. 采掘过程中突水预测 4. 突水量预测
地表水体下采煤安全措施	1. 地表水体下留设安全煤（岩）柱（含断层煤柱） 2. 选择控制采高的采煤方法，加强顶板控制 3. 保持足够的排水能力，即设计的最大排水能力 4. 建立井上下水文动态观测网、避灾路线、报警系统等 5. 必要时探水掘进
注浆堵水	1. 注浆堵水的一般施工 2. 封堵突水口（点）的注浆： （1）封堵突水巷道的注浆 （2）封堵突水断裂带的注浆 （3）封堵岩溶陷落柱的注浆 （4）巷道布设在厚层灰岩的突水口的注浆 3. 封堵天然隐伏垂向补给通道的注浆 4. 堵水截流帷幕的注浆
酸性水防治	1. 减少酸性水发生的根源： （1）检选、利用造酸矿物 （2）减少地表水渗入量 2. 减少排水量 3. 提高设备的耐酸性能 4. 中和酸性水

三、矿井水灾事故的现场应急救援

1. 现场应急措施

（1）现场人员应立即避开出水口和泄水流，按照透水事故避灾路线，迅速撤离灾区，通知井下其他可能受水害威胁区域的作业人员，并向调度室报告，如果是老空水涌出，巷道有毒有害气体浓度升高，撤离时应佩戴好自救器。

（2）在突水迅猛、水流急速，来不及转移躲避时，要立即抓牢棚梁、棚腿或其他固定物体，防止被涌水打倒或冲走。

（3）在无法撤至地面时应紧急避险，迅速撤往突水地点以上水平，进入避难硐室、拐弯巷道、高处的独头上山或其他地势较高的安全地点，等待救援人员营救，严禁盲目潜水等冒险行为。

（4）在避灾期间，遇险矿工要保持镇定、情绪稳定、意志坚强，要做好长时间避灾的准备。班组长和经验丰富的工人组织自救互救，安排人员轮流观察水情，监测气体浓度变化，尽量减少体力和空气消耗。要想办法与外界取得联系，可用敲击等方法有规律地发出呼救信号。

2. 事故矿井应急处置

（1）启动应急预案，及时撤出井下人员。调度室接到事故报告后，应立即通知撤出井下受威胁区域人员，通知相邻可能受水害波及的其他矿井。严格执行抢险救援期间相应入井、升井制度，安排专人清点升井人数，确认未升井人数。

（2）通知相关单位，报告事故情况。通知矿井主要负责人、技术负责人以及机电、排水等各有关部门人员，通知矿山救援队、医疗救援人员，按规定向上级有关领导和上级部门报告。

（3）采取有效措施，组织开展救援。矿井应保证主要通风机正常运转，保持压风系统正常。矿井负责人要迅速调集机电、开拓、掘进等作业队伍及企业救援力量，调集排水设备物资，采取一切可能的措施，在确保安全的情况下，迅速组织开展救援工作，积极抢救被困遇险人员，防止事故扩大。

3. 矿井透水事故救援

（1）矿山救援队参加矿井透水事故救援，应当了解灾区情况和水源、透水点、事故前人员分布、矿井有生存条件的地点及进入该地点的通道等情况，分析计算被困人员所在空间体积及空间内氧气、二氧化碳、瓦斯等气体浓度，估算被困人员维持生存时间。

（2）矿山救援队应当探察遇险人员位置，涌水通道、水量及水流动线路，巷道及水泵设施受水淹程度，巷道破坏及堵塞情况，瓦斯、二氧化碳、硫化氢等有毒有害气体情况和通风状况等。

（3）采掘工作面发生透水，矿山救援队应当首先进入下部水平抢救人员，再进入上部水平抢救人员。

（4）被困人员所在地点高于透水后水位的，可以利用打钻等方法供给新鲜空气、饮料和食物，建立通信联系；被困人员所在地点低于透水后水位的，不得打钻，防止钻孔泄压扩大灾情。

（5）矿井涌水量超过排水能力，全矿或者水平有被淹危险时，在下部水平人员救出后，可以向下部水平或者采空区放水；下部水平人员尚未撤出，主要排水设备受到被淹威胁时，可以构筑临时防水墙，封堵泵房口和通往下部水平的巷道。

（6）矿山救援队参加矿井透水事故救援应当遵守下列规定：

① 透水威胁水泵安全时，在人员撤至安全地点后，保护泵房不被水淹。

② 应急救援人员经过巷道有被淹危险时，立即返回井下基地。

③ 排水过程中保持通风，加强有毒有害气体检测，防止有毒有害气体涌出造成危害。

④ 排水后进行探察或者抢救人员时，注意观察巷道情况，防止冒顶和底板塌陷。

⑤ 通过局部积水巷道时，采用探险棍探测前进；水深过膝，无须抢救人员的，不得涉水进入灾区。

（7）矿山救援队处置上山巷道透水应当注意下列事项：

① 检查并加固巷道支护，防止二次透水、积水和淤泥冲击。

② 透水点下方不具备存储水和沉积物有效空间的，将人员撤至安全地点。

③ 保证人员通信联系和撤离路线安全畅通。

4. 淤泥、黏土、矿渣、流砂溃决事故救援

（1）矿井发生淤泥、黏土、矿渣或者流砂溃决事故，矿山企业应当将下部水平作业人员撤至安全地点。

（2）应急救援人员应当加强有毒有害气体检测，采用呼喊和敲击等方法与被困人员进行联系，采取措施向被困人员输送新鲜空气、饮料和食物，在清理溃决物的同时，采用打钻和掘小巷等方法营救被困人员。

（3）开采急倾斜煤层或者矿体的，在黏土、淤泥、矿渣或者流砂流入下部水平巷道时，应急救援人员应当从上部水平巷道开展救援工作，严禁从下部接近充满溃决物的巷道。

（4）因受条件限制，需从倾斜巷道下部清理淤泥、黏土、矿渣或者流砂时，应当制定专门措施，设置牢固的阻挡设施和有安全退路的躲避硐室，并设专人观察。出现险情时，应急救援人员立即撤离或者进入躲避硐室。溃决物下方没有安全阻挡设施的，严禁进行清理作业。

四、矿井水灾事故遇险人员生存条件分析及救援措施

（一）矿井水灾事故遇险人员生存条件分析

1. 遇险人员生存极限

发生透水事故后，在分析遇险人员生存条件时，要认真分析避难场所的空气质量，并以此估算遇险人员在该空间中能生存的最长时间。一般情况下，在下列空气质量条件下，避险人员有生存的可能：O_2 浓度≥10%，CO_2 浓度≤10%，CO 浓度≤0.04%，H_2S 浓度<0.02%，NO_2 浓度<0.01%，SO_2 浓度<0.02%。透水后，若避难地点中没有或含很少 CH_4 及其他有害气体，往往只按 O_2 浓度降到 10% 和 CO_2 浓度增到 10% 所需的时间（取两者中最小值）估计人员能生存的最长时间。估算时按避难地点中原有 O_2 浓度 = 20%，CO_2 浓度 = 1%，平卧不动时每人耗氧量为 0.237 L/min，呼出 CO_2 量为 0.197 L/min 计算。若避难人员年轻、性情急躁，不能安静平卧待救，则每人耗氧量按 0.3 ~ 0.4 L/min 计算。

在平卧情况下，避难人员能生存的最长时间可按以下公式估算。

（1）按 O_2 浓度降至 10% 时，人员能生存的最长时间 T_1 的计算公式为

$$T_1 = 7V/n \qquad (8-1)$$

式中　T_1——O_2 浓度降至10%时，人员能生存的最长时间，h；

V——避难地点（上山）突水前的体积，m^3；

n——同一地点的避难人数，人。

（2）按 CO_2 浓度增至10%时，人员能生存的最长时间 T_2 的计算公式为

$$T_2 = 7.6V/n \tag{8-2}$$

式中　T_2——CO_2 浓度增至10%时，人员能生存的最长时间，h。

救灾时选取 T_1、T_2 中最小者为允许的最长排水时间，否则需要采取其他补救措施（如潜水员送氧气、食品）。

人的生存除空气外，还需要食物。突水后遇险人员的食物缺乏，靠喝水，啃坑木、棉衣、煤块维持生命。事实上坑木、煤块、棉衣等毫无营养价值，不能被人体吸收，也根本消化不了，吃下去只能把胃撑起来，减少饥饿痛苦而已。这些东西吃多了，只会破坏消化系统，有害无益。在井下吃腐烂的动物肉（如老鼠肉），有可能造成食物中毒，切忌食用。

水是人体的重要组成部分，人体78%是由水组成的。水虽无营养价值，但人在断食情况下，喝水可以促进人体内新陈代谢的进行，消耗体内自身储存的糖、蛋白质，以维持人体能源的供给。一旦缺食物，又缺水，人体内的酸碱平衡就不能维持，体内废物就无法排出，从而导致人体中毒，甚至死亡。被困人员只要有空气、有水，就可以生存一段时间。不吃不喝，生命只能维持7～8天。医学界分析，一个体重65 kg的正常男子，体内储存的可供使用的热量为 2.9×10^5 kJ。人在空腹静卧情况下，每24 h消耗5858～7531 kJ，即该男子储存的能量（热量）理论上可供38天的消耗。即使在长期饥饿的情况下，体内储存的能量也不可能完全耗竭后人才死去，即被困人员依靠体内储存的能量维持生命的时间要比38天短。根据目前掌握的实际资料，曾有遇险人员在井下避难（绝食）分别达到16天、23天、32天和34天，经医治后康复。

2. 遇险人员生存可能性分析

当躲避地点比外部水位高时，遇险人员有生存的可能，应利用一切可能的方法（如快速钻进或掘进一段巷道等）向他们输送新鲜空气、饮料和食物。当积水不能排除，且不具备打钻条件时，为保障遇险人员的生命安全，可考虑进行潜水救援，即由潜水救援人员潜水进入灾区，将携带的氧气瓶、饮料、食物、药品等送给遇险人员，以维持基本的生存条件。

当避难地点比外部最高水位的标高低时，有两种情况发生：

（1）突水时水能直接涌入位于突水点下部的巷道（如平巷、下山等），并把它们淹没。一般情况下，这些地点不会有空气存在，也不具备人员生存条件，误入这些地点避灾的人员，将无生还可能。然而也有人员躲在水位下平巷或下山高冒处获救的案例。例如，1987年10月27日徐州市某矿发生突水，在下山掘进工作面的10人遇险，其中2人躲入距下山迎头2 m的独头平巷中高冒处，6 h后被救出，其他8人死亡；1991年6月11日江西省某矿，在平巷掘进时发生突水，1名瓦斯检查工躲入水位下平巷中的高冒处，11 h后被救出。

（2）当突水点下部巷道全断面被水淹没后，与该巷相通的独头上山等上部独头巷道，

如不漏气，即使低于外部最高洪水位，也不会全部被水淹没，仍有空气存在。在这些地点躲避的人员具备生存的首要条件，如果避灾方法正确（如心情平静、适量喝水、静卧待救等）是能生存的。

事实说明，突水事故发生后，有些地点具备人员生存条件，即使躲避较长时间也能生存。对于低于外部水位的避难地点，则严禁打钻，防止独头空气外泄、水位上升、淹没遇险人员。最好的办法是迅速排水，及早营救遇险人员。

实践证明，抢救长期被困在井下的人员时，如不采取相应措施，幸存的人员也会因为长时间生活在有限空间，呼吸的空气污浊，呼吸系统遭到损伤。他们长期饥饿，消化机能衰退、血压下降、脉搏慢、神志不清。他们长时间生活在黑暗中，瞳孔放大，靠人的意识去识别物体，视觉系统受损。因此，在抢救被长期围困的人员时，禁止用灯光直接照射他们的眼睛（使光束避开他们的眼睛；或用红布、衣片罩住灯头，使光线减弱；或用布蒙住他们的眼睛）；应保持体温、进行体检并给予必要的治疗（包扎、输液等）；不能立即抬送出井口，应分段搬运到安全地点，让其逐渐适应环境；不能吃硬食和过量食物，以免损坏消化系统；短期内不要让其亲友探视，以免过度兴奋造成血管破裂。

（二）矿井水灾事故救援措施

（1）矿井发生水灾事故后首先必须了解透水的地点、性质，估计透出水量、静止水位、补给水源以及与透水地点有联系的地面水体。

（2）掌握灾区范围、事故前井下人员分布情况、事故后人员可能躲避地点、躲避地点条件以及可能进入躲避地点的通道。

（3）按照“水灾预防处理计划”中规定的人员撤退路线组织灾区和受威胁区域的人员撤退。

（4）按照“水灾预防处理计划”的规定，确定关闭水闸门的顺序，并指派负责人。

（5）按照估计的透水量和现有排水设备的能力，实行强制排水，如排水设备能力不足时，积极增设水泵和管路；与此同时，应组织力量堵塞地面可向井下补给水源的裂隙，排出有影响的地面水体和积水，必要时可打钻眼灌注浆液堵水。

（6）如果下水平的人员确已撤出，透水水平的车场水泵硐室有被淹的危险时，可将涌水导入下水平的巷道内；如果车场水泵硐室有被淹的危险，但下水平的人员仍未完全撤出时则可采用关闭水闸门的措施或在巷道中的适当地点堆积沙袋组成临时水闸墙，保护水泵正常工作，然后再砌筑永久水闸墙。

（7）在排除涌水或抢救人员时，应加强通风，指派专人检查瓦斯，如果积水面下降到接近硐室或车场水平时，要防止瓦斯和其他有毒有害气体（CO、SO_2、H_2S 等）突然涌出。

（8）当遇险人员被泥、水、砂堵截在难以接近的地点时，应采取掘小巷或打钻孔的措施给遇险人员供给新鲜空气、饮料或食物；如果遇险人员所在地点低于外部水位，可打封闭钻孔利用压气管供入压气，以免避难地点气压降低使水位上升，危及遇险人员安全。

（9）在探察、抢救人员、清理巷道的过程中，禁止由下往上进入透水点，防止巷道冒顶、泥沙冲下或二次透水。

（10）在寻找遇险人员时，要细心观察，倾听遇险人员敲击岩壁或管道的声音。

（11）救援人员在处理水灾事故时，不能麻痹大意，必须按进入灾区的有关规定带齐所需的装备，尤其是进入遇险人员躲避的地点时，未经检查不能确认无危险时，不得卸下呼吸器口具。

（12）抢救和运送遇险人员时，必须注意下列问题：

① 救援人员到达遇险人员躲避地点后，经检查确认无火源时，才可打开氧气瓶释放氧气，提高空气中的氧气浓度；禁止未佩戴呼吸器的救援人员到遇险人员躲避的地点，防止救援人员消耗氧气而影响遇险人员的安全。

② 在井下发现遇险人员时，禁止使用矿灯光束直射遇险人员的眼睛，以免造成失明。

③ 找到遇险人员后，不可立即抬运出井要注意保持体温，先抬到安全地点由医生进行检查并给以必要的治疗，等适应环境和情绪稳定后，再逐渐分阶段地运出井外治疗。

④ 在运送遇险人员时，要稳抬轻放，保持平衡，以免震动；通过淤泥巷道时，要铺设木板，以免陷入淤泥中。

⑤ 在井上治疗初期，谢绝亲友探视，以免情绪过度兴奋影响健康或造成死亡。

⑥ 给遇险人员供给高营养、高蛋白的稀软食品，采用少量多食的方法，逐步恢复肠胃功能，然后才能恢复正常饮食。

五、矿井突水事故案例分析

崔家寨矿“7·29”透水事故

2017 年 7 月 29 日 15 时 50 分许，河北省开滦（集团）蔚州矿业有限责任公司崔家寨矿发生一起水害事故，造成 4 人被困。

（一）矿井概况

崔家寨矿位于张家口市蔚县白草村乡，隶属于开滦（集团）蔚州矿业有限责任公司，1996 年建井，2000 年投产，属于国有重点煤矿。矿井水文地质类型为中等型，正常涌水量为 73.6 m^3/h，最大涌水量为 123.6 m^3/h。矿井主要充水水源为老空水和含水层水，老空水主要包括本矿采空区积水和井田内小煤矿开采时形成的老空积水。

事故发生地点为东三 1 煤北部回风探巷掘进工作面。该巷道于 2017 年 7 月 20 日开始施工，自东三 1 煤北部回风探巷向北掘进，事故前已掘进 21 m。巷道断面为矩形，宽 4.6 m、高 3.2 m，煤厚 3.2 m，倾角 7°～10°。煤矿采用炮掘工艺、锚网索支护，沿顶板下山掘进，安装有刮板输送机。

（二）事故经过

2017 年 7 月 29 日 13 时 20 分，该矿巷修队召开中班班前会安排工作。15 时 20 分，中班人员下井，东三 1 煤北部回风探巷掘进工作面的工作为扩帮、清理迎头浮煤、补打锚杆。副班长到工作面迎头做准备工作，发现迎头有 15 m 左右的积水，没过了刮板输送机机尾，比平时打眼洒水形成的积水多，于是向班长汇报。2 人检查后发现不是水管漏水，且上升了 10 cm 左右。15 时 50 分左右，积水处开始冒泡，紧接着开始喷水，水柱瞬间喷到顶板。班长与副班长边喊边往外跑，其他人也一起沿东三 1 煤北部回风探巷跑往东三 1 煤北部集中带式输送机运输巷，途中遇见检修带式输送机的另一组工人，一起跑到东三 1

煤北部集中带式输送机运输巷局部通风机处，班长清点人数后发现少了4人，12人成功撤离灾区，马上打电话报告了调度室。崔家寨矿“7·29”透水事故示意如图8-1所示。

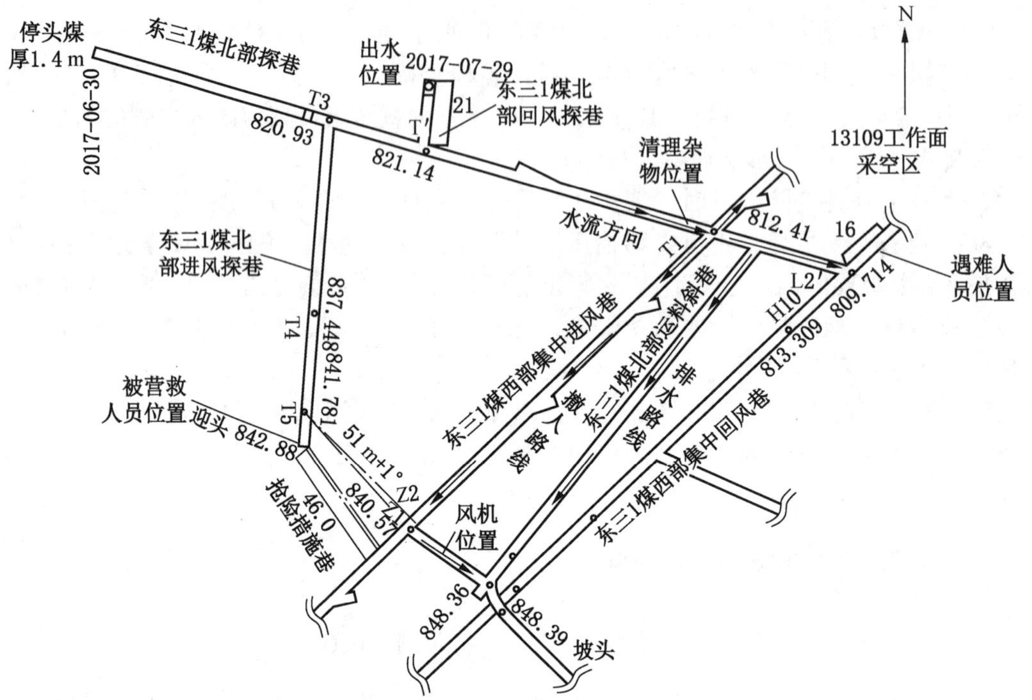

图8-1　崔家寨矿“7·29”透水事故示意图

（三）事故直接原因

崔家寨矿在掘进东三1煤北部回风探巷前，未查明巷道前方的小煤矿积水老空区；巷道接近积水老空区时，未采取探放水措施，在水压和采动的共同作用下，积水溃破残余煤柱造成透水事故。

（四）应急处置及抢险救援

1. 企业应急处置

7月29日15时57分，调度室接到事故报告电话，值班调度员立即向值班矿领导和矿长报告，并于16时38分向蔚州矿业公司调度室报告。随后，逐级向上级有关部门报告。矿长、总工程师等矿领导陆续到达调度室，成立了事故抢险救援指挥部，矿长任组长。同时命令井下带班的安全矿长为井下现场救援指挥部组长，矿长助理、安管部部长等下井赶往现场，各单位随时待命。

16时46分，蔚州矿业公司矿山救护队接到召请，即时出动2个小队15名应急救援人员，于17时3分到达崔家寨矿。按照指挥部安排，救护队立即下井对现场情况进行探察，建立了井下基地。

2. 初步探察

7月29日17时55分左右，救护队先由井下基地向出水及人员遇险位置方向进行探察。发现运料斜巷已断电，运料斜巷下坡约有30 m巷道积水，最深处1.1 m，气体情况正常。3人涉水前行探察，其余3人在坡底待机。继续探察发现运料斜巷风门已被水冲毁，气体含量正常。穿过风门沿北部探巷向西行进10 m，发现巷道被木料与铁支架堵满巷道下部的2/3，电缆杂乱，气体正常，有轻微酸臭味。继续沿巷道空隙向前探察至集中带式输送机运输巷交叉口，发现左帮堵满，涌水水流向北，沿集中带式输送机运输巷向13109工作面采空区方向流去，水深1.0 m，水面宽1.2 m，排水系统被淹，气体正常，敲击水管及呼喊无回音，因无法前进，原路返回。

再次探察由基地向东三1煤北部集中带式输送机运输巷方向，发现联络巷风机正常运转，行至距北部探巷交叉口15 m处，发现淤泥已涌至输送带高度，至带式输送机机尾处，巷道堆满木料，交叉口被堵死，矿方正在组织工人进行清理，气体正常。探察完后向指挥部汇报现场情况，并派人在清理地点随时检查有害气体变化。

3. 制定救援方案及进展

指挥部根据现场情况，制定抢险救援方案：

（1）打通生命通道。救援人员由东三1煤北部集中带式输送机运输巷向北部探巷巷口方向清理杂物，争取尽快打通通道，通风部门人员负责监测气体，救护队人员负责监护。

（2）加大排水能力。东三1煤北部运料斜巷恢复供电，除斜巷中1台潜水泵排水外，从地面调集2台潜水泵往排水点加大排水能力（排至大巷水沟，经水沟自流进入中央水仓）。

（3）钻孔通风供氧。考虑到被困人员所在巷道迎头比透水位置高出约26 m，比东三1煤北部回风探巷开口位置（老空区水由此溃泄）高出约31 m，被困人员生存的可能性比较大，故在东三1煤北部集中带式输送机运输巷3部带式输送机机头处向被困人员所在的东三1煤北部进风探巷施工钻孔，力争尽快供风供氧。

（4）掘进抢险措施巷。由东三1煤北部集中带式输送机运输巷向被困人员所在巷道迎头掘进抢险措施巷（2 m×2 m）、锚网支护（全长46 m），作为另一个生命通道。

按照救援方案，各项措施分头实施。7月29日22时47分井下排水系统建立，开始排水；29日晚开始向北部探巷巷口方向清理杂物，23时33分，井下仅清理了4 m，高度不够，巷道被木头塞满。至30日16时35分，清理26 m，巷道上面有0.6 m空间，巷道中都是大块煤矸；30日2时许开始打钻，11时许第1个钻孔施工完毕，未能打透。14时42分开始施工第2个钻孔，至16时打钻15 m；30日17时6分抢险措施巷开始掘进。

4. 现场情况研判与积极搜寻营救

（1）灾区探察。7月30日14时20分，救援指挥部安排救护队入井查看救援情况，要求如果灾区巷道具备进入条件，立即组织人员进入探察。15时15分救护队到达现场。15时55分，将巷道上方脱落的金属网剪除后，对巷道口进行了支护。15时57分，检测迎头CO浓度为0.0025%、CH_4浓度为0.1%、CO_2浓度为0.2%。直径400 mm风筒接至清理工作面，但前方巷道低矮，未进入探察。

（2）灾区情况研判。组织救援人员分析认为，从顶板情况分析，虽然断面小，但顶板锚网索完整不会再次冒顶；从水害情况分析，透水量逐渐减少，水源来自小煤矿采空区，没有补给水源不会再次溃水；从气体情况分析，虽然CO浓度达到0.0025%，但其他气体浓度均在《煤矿安全规程》规定范围内，CO 浓度不至于伤害人员。要求救护队员佩戴呼吸器，携带自救器、测氧仪、CO 便携仪、H_2S 便携仪进入，如果巷道低矮，无法佩戴呼吸器时，可以在携带自救器，不缺氧、H_2S 浓度不超限且 CO 浓度在 0.05% 以下的情况下，满足条件时继续搜救。考虑到矿工被困已经达到 24.5 h，为赢得宝贵生存时间，果断命令救护队长立即带领队员佩戴呼吸器进入北部探巷搜寻被困人员。

（3）积极搜寻营救。救护队队长和副队长随即按要求进入灾区搜救，每前进 5 m 测定一次 O_2、CO、H_2S 浓度。从巷口到东三 1 煤西部集中进风探巷，140 m 的巷道平均高度不足 1 m，最低处 0.4 m，木料、管道、轨道、矸石煤块等交叉堆积，现场搜救条件困难。检测 O_2 浓度为 18.4%、CH_4 浓度为 0.6%、CO 浓度为 0.003%、CO_2 浓度为 0.8%、H_2S 浓度为 0.0001%。继续前行 10 m 后巷道变低，佩戴呼吸器无法进入，队长根据现场气体情况果断决定摘掉呼吸器进入，又继续向前爬行 80 多米，到达被困人员所在的进风探巷巷口，从巷口往迎头方向行进约 50 m 发现 3 名被困人员，3 人精神状态良好可以自己行走。在救护队员鼓励和监护下，16 时 57 分 3 人被护送上井。之后，救护队再次进入灾区搜寻遇险人员，对进风探巷进行了全面搜寻，未发现遇险人员。

8 月 1 日 2 时 10 分，井下搜寻清理人员在移变水窝处发现 1 人失踪遇难人员。救护队立即组织一个小队共 8 人入井，于 5 时将遇难人员运送升井。

至此，此次抢险救灾任务结束，4 名被困人员除 1 人遇难外，其他 3 人成功获救。

第二节　矿井火灾事故应急救援技术

一、矿井火灾概述

（一）矿井火灾及其危害

矿井火灾是指发生在矿井或煤田范围内威胁安全生产、造成一定资源和经济损失或者人员伤亡的燃烧事故。

发生在矿井工业广场范围内地面上的火灾称为地面火灾。地面火灾可能发生在办公楼、职工宿舍楼、井口煤楼等地面建筑物，以及坑木场、贮煤场、矸石山等地点。地面火灾外部征兆明显，空气供给充分，燃烧完全，有毒气体易于扩散，较井下火灾易于救援。

发生在井下的以及发生在井口附近而威胁到井下人员安全和生产的火灾统称为井下火灾。井下火灾可以发生在井口房、井筒、井底车场、机电硐室、火药库、进回风大巷、采区变电硐室、掘进和回采工作面以及采空区、煤柱等地点。井下火灾处于煤层之中，巷道纵横相连，即使发生也很难及时被发现。井下空气供给有限，难以完全燃烧，有毒有害烟雾大量产生随风流到处扩散，毒化矿井空气、威胁工人的生命安全。在有瓦斯和煤尘爆炸危险的矿井中，还可能引起爆炸，酿成重大恶性事故。

矿井火灾不仅烧掉大量的资源、材料和生产设备，而且还会冻结煤炭的可采储量，严重破坏正常的生产秩序。另外，燃烧消耗了风流中的氧气，使风流中的氧气浓度下降，同时产生大量的热能、有毒有害气体和粉尘，威胁矿工的身心健康和生命安全。

（二）矿井火灾的分类

矿井火灾的分类方法较多，可根据可燃物的种类、引起火灾的原因、燃烧状态、火源下风侧氧气浓度大小、发火的性质和地点等进行分类。

1. 按可燃物的种类分类

按可燃物的种类不同可将火灾分为4类：

（1）A类火灾：由木材、纸张、锯木屑、煤炭和垃圾等普通可燃物燃烧发生的火灾属于A类火灾，用水和含水量大的稀释溶液使燃烧物骤冷或冷却，即可有效地扑灭这类火灾。A类火灾燃烧生成的气体产物主要有二氧化碳和一氧化碳，同时烟流中还含有少量的水蒸气、甲烷、乙炔、氢气等，燃烧不完全的烟流具有可爆性或可燃性。该类可燃物燃烧后留下的是灰或残渣。

（2）B类火灾：在易燃液体表面或可燃气体中发生的火灾属于B类火灾，如可燃液体（汽油、石油、溶剂等）与空气的接触面、可燃气体与空气的混合物的燃烧都属于B类火灾。B类火灾不宜用水扑灭，否则燃烧过程中容易发生爆炸或爆燃。在火灾初期，限制流向火区空气（氧气）量是扑火关键。烟流成分与A类火灾的烟流成分基本相同，燃烧不完全的烟流有可爆性或可燃性。该类可燃物燃烧后留下的残渣少。

（3）C类火灾：各类电气设备故障造成的火灾都属于C类火灾。扑灭C类火灾的关键是切断电源，在切断电源之前，必须使用非导电性的灭火剂，如化学干粉、干冰冷却剂、惰性气体、蒸发液体灭火剂等；切断电源后，可采用水或含水量大的稀释溶液灭火。

（4）D类火灾：在可燃金属（如镁、钛、铝、锂、钠等）中发生的火灾属于D类火灾。控制和消灭D类火灾，必须采用专门的技术和专用的灭火设备。

实际上，火灾过程中只有一种可燃物燃烧的情况是很少见的，大部分火灾是几种可燃物同时燃烧。在地下建筑物或构筑物等地下工程中的可燃物有木材、煤炭、纸张、胶带、电缆、棉纺织品等，有时还有动力电缆、照明电缆和各类用电设备，因此，矿井火灾一般为A类火灾和C类火灾。

2. 按引起火灾的原因分类

按引起火灾的原因不同可将火灾分为2类。

（1）外因火灾：由于外部高温热源（如爆破、机械摩擦或撞击、爆炸、电气火花、电弧或过流、机械设备运转不良、烧焊、明火等）引起可燃物质燃烧造成的火灾。据统计，国内外有记载的重大恶性火灾事故，90%以上属于外因火灾，这种火灾多发生在井口房、井筒、井底车场、石门及机电硐室和有机电设备的巷道等地点。

外因火灾具有火源明显、发生突然、发展迅猛、变化复杂、影响面广等特点，若发现不及时，则可能酿成恶性事故。

（2）内因火灾（或称自燃）：煤炭在一定的条件和环境下（如地面煤堆、矸石山、井下煤柱破裂，浮煤集中堆积又有一定的风流供给）本身发生物理化学变化（破碎、吸氧、氧化、发热、放热），聚积热量导致自燃而形成火灾。自燃火灾大多发生在采空区、遗留的煤柱、破裂的煤壁、煤巷的高冒以及浮煤堆积的地点。自燃火灾具有发生和发展缓慢、形成需经历一段时间和火源比较隐蔽等特点。煤矿井下内因火灾往往发生在人员难以进入的内部区域，因此火源位置难以准确定位。

由于火源比较隐蔽，人们不能及时扑灭火灾，致使有的自燃火灾可以持续数日、数年、数十年不灭，燃烧的范围逐渐蔓延扩大，烧毁大量煤炭资源，冻结大量可采煤量。

在我国国有与重点煤矿中，存在自然发火危险的矿井占总矿井数的46% ~49%，自然发火煤层占累计可采煤层数的60%。因此，应加倍重视内因火灾。

（三）矿井火灾的特点

井下火灾一般发生在有限的空间内，尤其是煤炭自燃往往发生在采空区和煤柱中，其燃烧过程比较缓慢，没有较大的火焰，外部征兆不明显，火灾初期人们难以察觉，灭火工作也比较困难。由于煤矿生产的特殊性，矿井火灾表现出以下特点：

（1）井下空间狭小，一旦发生火灾，人员躲避及灭火工作较为困难。

（2）井下火灾往往伴有大量的CO等有毒有害气体产生，并随风蔓延，受灾面积大，伤亡人员多。

（3）发火地点很难接近，灭火时间长，特别是自燃火灾，面积大，隐蔽性强，氧化过程又比较缓慢，发火后长时间不易扑灭，有的火区长达几十年。

（4）井下火灾不仅烧毁大量的煤炭资源和设备，同时为了灭火，往往还要留设大量的隔离煤柱封闭火区。如大同矿区各矿，因井下煤炭自燃而造成的冻结和呆滞煤量达到1000万t。

（5）在有瓦斯和煤尘爆炸危险的矿井中，火灾发生的高温和明火，容易引起爆炸事故。因此，需要研究和掌握矿井火灾发生的原因及规律，以便及时采取有效的防灭火措施，确保安全生产。

（四）矿井火灾发生的条件

矿井火灾发生的原因虽然多种多样，但是每一场火灾的发生都必须同时具备3个条件：引火热源、可燃物、空气，俗称火灾3要素。

二、火灾时期的风流调节与控制

1. 矿井通风调控应当遵守的原则

处置矿井火灾时，矿井通风调控应当遵守下列原则：

（1）控制火势和烟雾蔓延，防止火灾扩大。

（2）防止引起瓦斯或者矿尘爆炸，防止火风压引起风流逆转。

（3）保障应急救援人员安全，并有利于抢救遇险人员。

（4）创造有利的灭火条件。

2. 灭火时的风流调节与控制措施及注意事项

（1）灭火过程中，根据灾情可以采取局部反风、全矿井反风、风流短路、停止通风或者减少风量等措施。采取上述措施时，应当防止瓦斯等易燃易爆气体积聚到爆炸浓度引起爆炸，防止发生风流紊乱，保障应急救援人员安全。采取反风或者风流短路措施前，必须将原进风侧人员或者受影响区域内人员撤到安全地点。

（2）扑灭瓦斯燃烧引起的火灾时，可采用干粉、惰性气体、泡沫灭火，不得随意改变风量，防止事故扩大。

三、扑灭火灾的方法

通常采用的灭火方法有：直接灭火法、隔绝灭火法和综合灭火法。

《矿山救援规程》第七十八条规定：矿山救援队应当根据矿井火灾的实际情况选择灭火方法，条件具备的应当采用直接灭火方法。直接灭火时，应当设专人观测进风侧风向、风量和气体浓度变化，分析风流紊乱的可能性及撤退通道的安全性，必要时采取控风措施；应当监测回风侧瓦斯和一氧化碳等气体浓度变化，观察烟雾变化情况，分析灭火效果和爆炸危险性，发现危险迹象及时撤离。

（一）直接灭火法

直接灭火法是指对刚发生的火灾或火势不大时，可采用水、砂子、岩粉、化学灭火器等在火源附近直接扑灭火灾或者挖除火源。

1. 用水灭火

（1）用水灭火时，应当具备下列条件：

① 火源明确。

② 水源、人力和物力充足。

③ 回风道畅通。

④ 甲烷浓度不超过 2% 。

（2）用水灭火时的注意事项如下：

① 水源和水量要充足。矿井火灾会因水量或水压不够，或者供水管网布置不合理，导致直接灭火失败，而不得不封闭火区。水量或水压过小不仅无法压制火势，而且少量的水在高温下可以分解成具有爆炸性的氢气和助燃的氧气，适得其反。

② 用水灭火时，水流应从火源外围逐步移向火源中心。火势旺时不要直接把水喷在火源中心，防止大量蒸汽和炽热煤块抛出伤人，也避免高温火源使水分解成氢气和氧气，造成氢气爆炸。

③ 灭火人员应站在进风侧，并保证正常通风，防止高温烟流或水蒸气伤人。

④ 随时检查火区附近的瓦斯浓度和一氧化碳浓度。

⑤ 救援队扑灭电气火灾，应当首先切断电源。在切断电源前，必须使用不导电的灭火器材进行灭火。如用砂子、岩粉和四氯化碳灭火器等进行灭火。如果未切断电源，直接用水灭火，水能导电，不仅会造成人员触电，而且火势将会更大，危及救援人员的安全。

⑥ 不能用水直接扑灭油类火灾。因为油比水轻，而且不易与水混合，一旦用水扑灭油类火灾，油可浮在水的表面继续燃烧并随水流动，不仅达不到灭火目的，反而会扩大火灾面积。

2. 用砂子（或岩粉）灭火

用砂子（或岩粉）灭火，就是把砂子（或岩粉）直接撒在燃烧物体上覆盖火源，将燃烧物与空气隔绝熄灭。此外，干燥的砂子（或岩粉）不导电，并能吸收液体物质，因此可用来扑灭油类或电气火灾。

砂子成本低廉，灭火时操作简便，因此，在机电硐室、材料仓库、爆炸物品库等地方均应设置防火砂箱。

3. 用化学灭火器灭火

这种方法主要是用泡沫灭火器和干粉灭火器扑灭矿井各类型的初期着火，适用于人员可靠近的、火势较小的火源。

目前，煤矿常用的化学灭火器主要是干粉灭火器。矿用干粉灭火器是以磷酸铵盐粉末为主要药剂。磷酸铵盐粉末在高温作用下能进行一系列分解吸热反应，具有扑灭多种火灾的功能。

4. 挖除火源

挖除火源就是将着火区域已发热或正在燃烧的煤炭等可燃物挖出并运出井外。这是处理煤炭自燃火灾最简单、最彻底的灭火方法。但应注意火区条件，以保证灭火工作安全进行。

挖除可燃物的条件如下：

（1）火源位于人员可直接到达的地点。

（2）火源范围不大，火灾尚处于初始阶段。

（3）火区无瓦斯积聚，无瓦斯和煤尘爆炸危险。

（4）挖除火源工作要由矿山救援队担任。当短时间内完不成任务时，可改用其他消除燃烧3要素的灭火方法。

（二）隔绝灭火法

隔绝灭火法是在直接灭火法无效时采用的灭火方法，它是在通往火区的所有巷道中构筑密闭墙，阻止空气进入火区，从而使火逐渐熄灭。隔绝灭火法是处理大面积内外因火灾，特别是控制火势发展的有效方法。灭火的效果取决于密闭墙的气密性和密闭空间的大小。

密闭墙可分为临时密闭墙和永久密闭墙。

（1）临时密闭墙。其作用是暂时切断风流，阻止火势发展，操作简便、迅速。

（2）永久密闭墙。其作用是长期封闭火区切断风流。因此，永久密闭墙必须既坚固又密实不漏风，具有较强的耐压性。

1. 采用隔绝灭火法应当遵守的规定

（1）在保证安全的情况下，合理确定封闭火区范围。

（2）封闭火区时，首先建造临时密闭，经观测风向、风量、烟雾和气体分析，确认无爆炸危险后，再建造永久密闭或者防爆密闭。

2. 封闭火区应当遵守的规定

（1）多条巷道需要封闭的，先封闭支巷，后封闭主巷。

（2）火区主要进风巷和回风巷中的密闭留有通风孔，其他密闭可以不留通风孔。

（3）选择进风巷和回风巷同时封闭的，在两处密闭上预留通风孔。封堵通风孔时统一指挥、密切配合，以最快速度同时封堵，完成密闭工作后迅速撤至安全地点。

（4）封闭有爆炸危险火区时，先采取注入惰性气体等抑爆措施，后在安全位置构筑进、回风密闭。

（5）封闭火区过程中，设专人检测风流和气体变化，发现瓦斯等易燃易爆气体浓度迅速增加时，所有人员立即撤到安全地点，并向现场指挥部报告。

3. 建造火区密闭应当遵守的规定

（1）密闭墙的位置选择在围岩稳定、无破碎带、无裂隙和巷道断面较小的地点，距巷道交叉口不小于 10 m。

（2）拆除或者断开管路、金属网、电缆和轨道等金属导体。

（3）密闭墙留设观测孔、措施孔和放水孔。

4. 火区封闭后应当遵守的规定

（1）所有人员立即撤出危险区；进入检查或者加固密闭墙在 24 h 后进行，火区条件复杂的，酌情延长时间。

（2）火区密闭被爆炸破坏的，严禁派矿山救援队探察或者恢复密闭；只有在采取惰化火区等措施、经检测无爆炸危险后方可作业，否则，在距火区较远的安全地点建造密闭。

（3）条件允许的，可以采取均压灭火措施。

（4）定期检测和分析密闭内的气体成分及浓度、温度、内外空气压差和密闭漏风情况，发现火区有异常变化时，采取措施及时处置。

（三）综合灭火法

综合灭火法是以封闭火区为基础，再采取向火区内灌浆、调节风压和充入惰性气体等措施的灭火方法。

实践证明，单独使用密闭墙封闭火区，熄灭火灾所需时间较长，容易造成煤炭资源冻结，影响正常生产。如果密闭墙质量不高，漏风严重，将达不到灭火的目的。因此，通常在火区封闭后，借助向火区注入泥浆、惰性气体、凝胶或调节风压等方法，加速火区内火的熄灭。

《矿山救援规程》第八十条规定，用水或者注浆灭火应当遵守下列规定：

（1）从进风侧进行灭火，并采取防止溃水措施，同时将回风侧人员撤出。

（2）为控制火势，可以采取设置水幕、清除可燃物等措施。

（3）从火焰外围喷洒并逐步移向火源中心，不得将水流直接对准火焰中心。

（4）灭火过程中保持足够的风量和回风道畅通，使水蒸气直接排入回风道。

（5）向火源大量灌水或者从上部灌浆时，不得靠近火源地点作业；用水快速淹没火区时，火区密闭附近及其下方区域不得有人。

四、火区探察

为了制定符合实际情况的处理事故计划和采取正确的救灾措施，必须准确探明火灾的性质、原因、火源位置、烟流范围、遇险遇难人员的数量和所在地，以及通风、瓦斯等情况，为做到“知彼知己”，中队以上指挥员应亲自组织和参加探察工作。

探察工作行动原则如下：

（1）在探察前，要做好人力、物力和装备、仪器的准备。

（2）了解清楚主要探察任务，分工明确。

（3）仔细研究行进路线及特征，在图纸上标明行动的方向、路线。

（4）选择基地，设待机小队，确定联络方式。

（5）明确行动方式、联络方式、返回时间和探察行进方式，进入灾区探察的小队必须按规定的时间返回或保持与基地电话联络。如没有按时返回或通信中断，待机小队应立即进入援救。

（6）在灾区没有遇险遇难人员的情况下，主要探察判定火灾性质，火源的位置、范围，火势大小，温度高低，烟雾弥漫程度，火灾蔓延方向，通往火源的路线，火区巷道情况，通风量，通风设备、现场消防器材，电话通信设备等情况。采取灾区的气样并随时把CH_4、O_2、CO、CO_2和温度的变化情况报告基地指挥员。

（7）在探察中发现遇险人员要积极进行抢救或救助，并将他们护送到进风巷道或井下基地然后再返回继续探察。

（8）探察工作要仔细认真，绘出探察路线及情况示意图，探察结束后，立即向布置任务的指挥员汇报探察结果，以便“有的放矢”确切地制定抢险救灾措施。

（9）进入火区探察时应考虑到如果返回时退路被堵，应采取的措施。

（10）在探察过程中遇到遇险人员，要了解遇险人员情况，并立即向指挥部报告。

五、火区封闭、管理和启封

（一）火区封闭

1. 防火墙构筑前的准备工作

（1）防止爆炸的有关措施。条件允许时，应移除燃烧的可燃物，特别注意火区内设备中的电池、蓄电池，它们会对火区恢复工作造成不利影响。待封闭的区域若有大量煤尘存在，应多覆盖岩粉惰化。各种电路，包括信号线、架空线和金属管，都应切断。轨道、输送机应撤除一段，用以切断导电回路。

（2）封闭火区取样。在火区管理和启封时，对封闭状况的了解和决策依据来自封闭火区的取样，所以在进回风侧每一座防火墙处均应设置取样管。取样管应在防火墙内向火源位置延伸至尽可能近的距离，用以减少防火墙附近漏风的影响，减少火源生成气体在进入取样管前的移动过程中，因环境影响造成气体组分、浓度增减。每一气样至少应该在巷顶、中部和巷底三点提取，用以反映封闭区内的空气成分，在倾斜巷道尤应如此。为了使取样管尽量接近着火带，可以利用原有风水铁管，在着火带附近将其锯断作为取样管。管线上要装设隔离阀以防止爆炸经管内传至防火墙以外。

（3）气体监测。

① 火源下风侧直接监测。火源下风侧回风的直接监测容易失误。电子型瓦斯检定器在氧气浓度低于12%的情况下会产生很大的误差，热风压造成的风流紊乱和不稳定对下风侧的直接监测也有很大影响。所以，应仔细分析因火源下风侧条件复杂多变导致监测结果失真的可能性。

② 主要回风流监测。在火区主要风流流经的区域，CH_4和CO的监测可以提供比较可靠的信息。如果火灾风流流经几条分支，仅在其中一条回风巷监测就会造成误判，因为各回风流中烟流的稀释程度不一样。在回风区域监测时，警告发布不能仅根据某一时刻CH_4

和 CO 的浓度，而应结合它们的增加速度综合考虑，用以排除环境对浓度增减的影响。若它们以越来越快的速度连续增加，就应发出撤退命令。

2. 防火墙的建造

为减少防火墙漏风，应采取下列技术措施，提高防火墙构筑质量：

（1）砌筑混凝土防火墙时，在竖直的防火墙面用具有适当强度的塑料硬毛刷代替抹刀刷涂抹面砂浆，可以增加防火墙的严实性和耐久性。特别在防火墙周边与巷壁接触处，用毛刷填塞裂隙比抹刀更为方便，效果更好。

（2）在砂浆中掺入玻璃纤维，可以增强砂浆的胶结强度和黏性，并便于涂抹。

（3）防火墙与巷道接触周边最易出现漏风，为此，分别在巷底、巷帮和巷顶采取一些措施：

① 巷底处理。一种方法是掏槽，向地槽内倒入掺有玻璃纤维的砂浆，形成防火墙墙基，然后，在尚未固结的墙基上砌筑混凝土砖；另一种方法是在要求迅速构筑防火墙的情况下，可以不建墙基。第一层混凝土砖直接砌筑在人工产生裂隙的巷底，把水玻璃（硅酸钠）倒入混凝土砖的中空部分，使水玻璃渗入破裂底板。水玻璃固结后形成屏障，减小了防火墙底部漏风。

② 巷帮处理。与巷底处理相似，首先在两帮掏槽，然后嵌入混凝土砖并用砂浆使之与巷帮胶结，用砂浆塞入防火墙与巷帮的所有空隙，然后在墙面与巷壁的交角处用砂浆糊成弧形封闭带。

③ 巷顶处理。首先用木楔打入防火墙面 25 mm，用硬毛刷把砂浆塞入此 25 mm 的空隙中，在防火墙面与巷顶的交角内也用砂浆糊成弧形封闭带。若防火墙有几层混凝土砖的厚度，可分层处理。

④ 防火墙内侧周边处理。为进一步减小漏风，可在防火墙内侧留一名矿工从事抹墙面和处理防火墙周边作业，在墙与巷壁接触缝隙塞入砂浆，使墙内外侧表面和周边都经过抹面和砂浆填塞。

采取上述措施，可以提高防火墙的强度和密实程度。

3. 防火墙的封闭顺序

首先应封闭所有其他防火墙，留下进回风主要防火墙最后封闭。若需要构筑多个防火墙，进回风主要防火墙封闭顺序不仅影响有效控制火势，而且关系到救援人员的安全。用图 8－2 说明不同封闭顺序导致火区内巷道绝对气压的不同变化，图中纵坐标表示压力，横坐标表示火区由进风至回风的位置变化，D 线表示未封闭时的压力坡线。

不同封闭顺序的优缺点如下：

（1）先进后回。

优点：迅速减少火区流向回风侧的烟流量，使火势减弱，为建造回风侧防火墙创造安全条件。

缺点：进风侧构筑防火墙将导致火区内风流压力急剧降低。如图 8－2 中 A 线所示，A 线开始急剧下

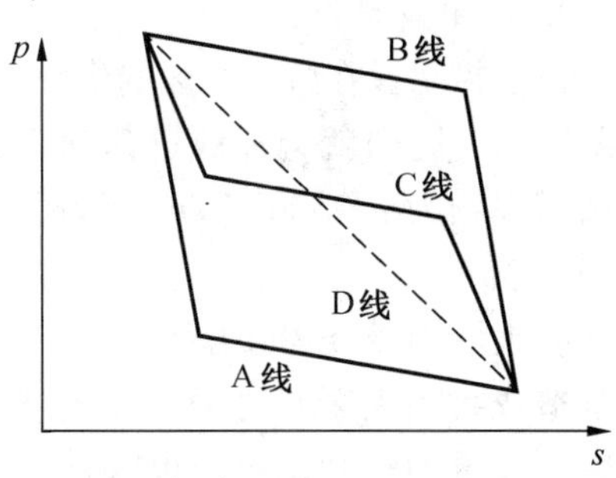

A 线—先进后回；B 线—先回后进；
C 线—同时封闭；D 线—未封闭时

图 8－2 不同封闭顺序的压力坡线

降系因进风防火墙风阻所致。火区大气压力降低，与回风端负压值相近，造成火区内瓦斯涌出量增大。特别是可能从通往采空区及高瓦斯积存区的旧巷或裂隙中“抽吸”大量瓦斯，并因进风侧封闭隔断机械风压的影响，使自然风压起主要作用，引起风流紊乱流动，致使涌入火区的瓦斯与风流充分混合并流入着火带，引起瓦斯爆炸或二次爆炸事故。

（2）先回后进。

优点：燃烧生成物 CO_2 等惰性气体可以反转流回火区，可能使火区大气惰化，且有助于灭火。如图 8－2 中 B 线所示，火区内大气气压升高，减少火区内瓦斯涌出量，同时对相连采空区或高瓦斯积存区内瓦斯涌入火区有一定阻隔作用。

缺点：回风侧构筑密闭艰苦、危险；在上述阻隔作用下，火区巷道中的瓦斯涌出量仍较大，致使截断风流前，瓦斯浓度上升速度快，氧气浓度下降速度慢，火区中易形成爆炸性气体，可能早于燃烧产生的惰性气体流入火源而引起爆炸。在我国，很少采用先回后进的火区封闭方式。

（3）同时封闭。如图 8－2 中 C 线所示，我国煤矿火区封闭较多采用进回风侧同时封闭的方式。

优点：火区封闭时间短，能迅速切断供氧条件；防火墙完全封闭前还可保持火区通风，使火区不易达到爆炸危险程度。

缺点：同时封闭的安全性与火区进、回风端能否同时封闭有密切联系。但由于井下移动通信困难和井下条件的复杂性，较难按预定时间完成同时封闭的工作。

主要进回风巷道防火墙同时封闭，必须在建造防火墙时预留门孔，以保证门孔封堵前的火区通风。封堵门孔时，必须统一指挥，保证按预定时间同时封闭。在同时封闭过程中注入 CO_2 或 N_2 等惰性气体有利于保证火区封闭的安全。

综上所述，在多风路的火区建造密闭时，应根据火区范围、火势大小、瓦斯涌出量及火区内是否有瓦斯积聚区和采空区等情况决定封闭顺序。“先回后进”给回风侧构筑防火墙带来很大困难，在瓦斯涌出量大的火区爆炸危险性大，一般不宜采用，仅在火势不大、温度不高、无瓦斯存在时为截断火源蔓延采用。“先进后回”对回风侧构筑防火墙减少火烟影响有利，在国内外均有采用，但瓦斯爆炸危险性仍然较大，不宜在火区与采空区或高瓦斯积聚区相连的情况下采用。“同时封闭”安全性较高，但应注意保证封闭的同时性。

4. 封闭效果评价

火区封闭旨在减少火区的供氧，但防火墙内外压差仍造成不同程度的漏风。2.8 m^3/min 的漏风，一周内就会造成近 30000 m^3 的气体交换量；在 248 Pa 的内外压差下，一般防火墙漏风率约为 4.25 m^3/min，有时会达到 28 m^3/min。所以，漏风对火区内大气状况有很大影响。

防火墙内外压差主要是由通风压差、火风压和大气压力的变化造成的，大气压力的变化是造成封闭火区“呼吸”的重要原因。事实上，在防火墙完成后，大气压力降低对防火墙管理更为有利，可使火区外气压减少从而抑制火区外空气漏入；由于火区内高温气体体积膨胀、密度下降、压力增加，使流入封闭火区的外部风流和火区供氧减少，并加速了火区内可燃气体如 CO 的流失。

判断封闭火区有效性的最好方法是监测火区内大气变化趋势。要监测大气变化趋势，就是在半对数坐标图上显示封闭火区内 CH_4、O_2 和空气压力随时间的变化，如图 8－3 所示。

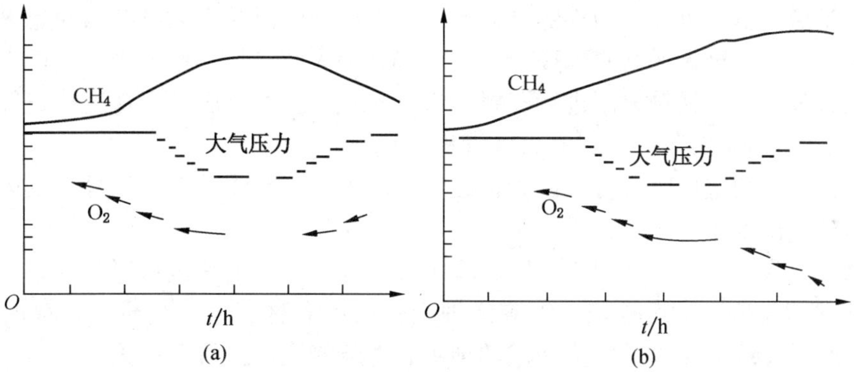

图 8－3　大气压力变化对火区内 CH_4 和 O_2 浓度的影响

（1）封闭效果不良。如图 8－3a 所示，大气压力增加时，CH_4 浓度降低、O_2 浓度升高，这意味着大气压力变化对火区气体浓度影响大，外部空气漏入封闭区。CH_4 和 O_2 浓度的变化趋势表示封闭效果不良。

（2）封闭效果良好。如图 8－3b 所示，大气压力增加时，CH_4 浓度持续增加、O_2 浓度持续下降，表明火区封闭严密，大气压力增加并未增加漏风。但是，当 CH_4 浓度足够高时，若大气压力增加，因少量空气流入火区，会导致 CH_4 被挤出，火区内 CH_4 浓度减小，并致使 O_2 浓度增加。这种情况在防火墙质量最优时也可能发生。

（3）确定漏风防火墙。确定防火墙质量差、较好、好、优秀的标准是大气压力变化引起封闭火区内气体浓度变化的时滞性大小。质量差的防火墙，大气压力变化几乎立即引起封闭火区内气体浓度变化。时滞性越大，防火墙质量越好，这一标准可以检查一组防火墙的质量。

（4）高质量防火墙对大气压力变化反应的时滞性。了解防火墙质量可以及时了解是否需要或在何时采取补救措施。值得警惕的是，最好的防火墙也可能产生新的危险。封闭质量好的防火墙内气体浓度受外界大气压力变化影响的时滞性大，在大气压力下降很长一段时间后 CH_4 才会流出。若灭火人员未能注意这一时滞性，忽视在防火墙外某些区域大气中可能意外地含有高浓度 CH_4，将有瓦斯窒息或爆炸的危险。

（二）火区管理

1. 火区封闭后应当遵守的规定

（1）所有人员立即撤出危险区。进入检查或者加固密闭墙在 24 h 后进行，火区条件复杂的，酌情延长时间。

（2）火区密闭被爆炸破坏的，严禁派救援队探测或者恢复密闭。只有在采取惰化火区措施，经检测无爆炸危险后方可作业，否则，在距火区较远的安全地点建造密闭。

（3）条件允许的，可以采取均压灭火措施。

（4）定期检测和分析密闭内的气体成分及浓度、温度、内外空气压差和密闭漏风情况，发现火区有异常变化时，采取措施及时处置。

2. 火区的日常管理

火区封闭后，虽然可以认为火势已得到了基本控制，但在火区没有彻底熄灭之前，仍应加强火区管理，直至火区彻底熄灭，为下一步开展火区启封工作提供翔实可靠的第一手资料。火区管理工作包括对火区进行资料分析、整理以及对火区进行观测检查等工作。

1）绘制火区位置关系图、建立火区管理卡片

火区位置关系图应标明所有火区和曾经发火的地点，并注明火区编号、发火时间、地点、气体组分、浓度等。

对于每一个火区，都必须建立火区管理卡片。火区管理卡片包括以下内容：

（1）火区登记表。火区登记表中应详细记录火区名称、火区编号、发火时间、发火原因、发火时的处理方法以及发火造成的损失，并绘制火区位置图。

（2）火区灌注灭火材料记录表。火区灌注灭火材料记录表中详细记录向火区灌注黄泥浆、河砂、粉煤灰、凝胶、惰泡、惰气以及其他灭火材料的数量和日期，并说明施工位置、设备和施工过程等情况。

（3）防火墙观测记录表。防火墙观测记录表中记录防火墙设置地点、材料、尺寸以及封闭日期等情况，并详细记录按规定日期观测到的防火墙内气体组分的浓度、防火墙内温度、防火墙出水温度以及防火墙内外压差等数据。

火区管理卡片是火区管理的重要技术资料，对做好矿井防灭火工作意义重大。火区管理卡片由煤矿通风管理部门负责填写，并永久保存。

2）火区检查观测与日常管理

在火区日常管理工作中，防火墙管理占有重要的地位，因此必须遵循以下原则：

（1）每个防火墙附近必须设有栅栏、提示警标，禁止人员入内，并悬挂说明牌。说明牌上应标明防火墙内外的气体组分、温度、气压差、测定日期和测定人员姓名等。

（2）定期测定和分析防火墙内的气体成分和空气温度；定期检查密闭墙外的空气温度、瓦斯浓度，密闭墙内外空气压差以及密闭墙墙体。发现封闭不严、有其他缺陷或者火区有异常变化时，必须采取措施及时处理。

（3）所有测定和检查结果都必须记入防火记录本中。矿井做大幅度风量调整时，应当测定密闭墙内的气体成分和空气温度。井下所有永久性密闭墙都应当编号，并在火区位置关系图中注明。

（三）火区启封

矿井火区封闭之后，在加强火区管理的同时，最重要的任务是了解何时及如何启封火区，尽快安全地恢复生产。尽管在火区启封方面已积累多年的经验，但在一些火区启封工作中也曾出现不少错误决策和行动，导致火区复燃和重新封闭，甚至造成爆炸和伤亡事故。启封火区是一项危险且需要十分谨慎的工作。《煤矿安全规程》第二百七十九条规定：封闭的火区，只有经取样化验证实火已熄灭后，方可启封或者注销。

火区同时具备下列条件时，方可认为火已熄灭：

（1）火区内的空气温度下降到 30 ℃以下，或者与火灾发生前该区的日常空气温度

相同。

（2）火区内空气中的氧气浓度降到5%以下。

（3）火区内空气中不含有乙烯、乙炔，一氧化碳浓度在封闭期间逐渐下降，并稳定在0.001%以下。

（4）火区的出水温度低于25 ℃，或者与火灾发生前该区的日常出水温度相同。

（5）上述4项指标持续稳定1个月以上。

值得注意的是，由于火区内外环境影响的复杂性，取样点与着火带状态的差异，按上述规定启封火区时，仍应谨慎行事，不能在有其他异常情况时盲目认定火区已熄灭而大意。

1. 火区状态分析

（1）火区封闭后，机械通风动力的中断并不能完全停止封闭火区内空气流动而经过着火带。这是因为火区内热风压起主导作用，致使火区内空气缓慢而紊乱流动。流动状态取决于与热风压有关的参数，如封闭区域范围、巷道连接形式、标高差、炽热燃烧物质体积、着火带及下风侧岩温等因素。如果风流流动向着火带供氧，并造成炽热烟流再次进入火源，很可能引起爆炸。

（2）封闭火区内氧气浓度低于5%时，火焰燃烧将开始逐渐减弱乃至熄灭；氧气浓度在1%以下时，火焰燃烧完全熄灭。即使在空气中氧气浓度为零的条件下，着火带可燃物的阴燃仍可持续相当长的一段时间，这是启封火区应该特别注意的。其原因是煤层特别是特厚煤层具有很强的吸附氧的能力，而有的煤层含有一定的氧气，足以支持阴燃。因此，火区内大气的含氧浓度并不能完全代表火源燃烧的供氧状况。

（3）在岩温或可燃物阴燃温度超过150 ℃左右时，若空气中氧气浓度大于5%可能导致复燃。在可燃物是木材，特别是承受压力的木柱、木垛、木隔墙的情况下，复燃的可能性更大。由于火区内空气温度与着火带阴燃可燃物温度的差异，无法估计着火带阴燃可燃物的温度。可燃物处于阴燃时，在有利的封闭条件下，即使用水淹法灭火，也可能复燃。火区巷道垮塌、断面减小为储热和复燃创造了有利条件。

（4）由于焦炭对CO的吸附作用，着火带燃烧生成的CO可能被焦炭所吸附。即使大气中CO浓度降为零，也不能由此认定火源已熄灭。

（5）在盲巷火区或因均压措施杜绝漏风的火区，CO不能散失，即使火源熄灭不再生成CO，CO也长期存在。CO可能因煤层及木材的缓慢氧化产生，而非因火源燃烧生成。因此，存在CO并不绝对地意味着火源尚未熄灭。

（6）在漏风较大的火区，即使CO、CH_4、H_2、C_mH_n和CO_2浓度下降，O_2浓度也可能增加。当火区位于地层裂缝较大，特别是煤层之间和浅部采空区附近（距离小于30倍采高）时，火区空气中O_2浓度不易下降。

（7）火区内煤层瓦斯涌出量大，可能将火区内火源生成的气体挤出，使这些气体浓度下降，但并不意味着火源已熄灭。

（8）正确分析封闭火区内大气中各种气体浓度的变化趋势，可以提高火区状态分析的可靠性。在启封火区时获取的气体浓度变化趋势信息，有助于了解启封时的状态变化，以便及时采取防止事故发生的措施。

综上所述，由于测得的火区内大气温度、CO浓度、O_2浓度不能准确地反映着火带的燃烧状况特别是阴燃状况，而着火带的阴燃状况在防火墙外是难以了解的。所以，无法确定可靠的、实践可行的准确指标来判定火源是否熄灭。《煤矿安全规程》规定的几项指标只能在实践可行的前提下提供火区启封作业的相对安全保障。在启封火区时，仍需制订安全措施，不能麻痹。

2. 启封火区必须遵守的规定

《煤矿安全规程》第二百八十条规定：启封已熄灭的火区前，必须制定安全措施。

启封火区时，应当逐段恢复通风，同时测定回风流中一氧化碳、甲烷浓度和风流温度。发现复燃征兆时，必须立即停止向火区送风，并重新封闭火区。

启封火区和恢复火区初期通风等工作，必须由矿山救护队负责进行，火区回风风流所经过巷道中的人员必须全部撤出。

在启封火区工作完毕后的 3 天内，每班必须由矿山救护队检查通风工作，并测定水温、空气温度和空气成分。只有在确认火区完全熄灭、通风等情况良好后，方可进行生产工作。

《矿山救援规程》第一百六十四条规定，封闭火区符合启封条件后方可启封。矿山救援队参加启封火区工作应当遵守下列规定：

（1）启封前，检查火区的温度、各种气体浓度和巷道支护等情况，切断回风流电源，撤出回风侧人员，在通往回风道交叉口处设栅栏和警示标志，并做好重新封闭的准备工作。

（2）启封时，采取锁风措施，逐段恢复通风，检查各种气体浓度和温度变化情况，发现复燃征兆，立即重新封闭火区。

（3）启封后 3 日内，每班由矿山救援队检查通风状况，测定水温、空气温度和空气成分，并取气样进行分析，确认火区完全熄灭后，方可结束启封工作。

3. 启封火区的方法

1）通风启封火区法

通风启封火区法若应用恰当，是一种最迅速、最方便、最安全、最经济的方法。通风启封火区法可以用于全矿井地面封闭的火区启封中，但是在井下局部范围的火区启封时，该方法只能用于火区范围小、着火带附近无顶板大量垮塌、火区内可燃气体浓度低于爆炸界限以下的情况下。通风启封火区法若应用不恰当，则会造成火区复燃、火势扩大甚至发生爆炸事故，而成为最缓慢、最困难、最危险、最不经济的方法。

通风启封密闭的步骤简单，启封前预先确定有害气体的排放路线，并撤出路线上的人员。首先打开一个出风侧防火墙（先打开 1 个小孔并逐渐扩大），过一段时间再打开一个进风侧防火墙，待有害气体排放一段时间无异常现象，相继打开其余防火墙。进风侧防火墙一般处于火区下部，容易有 CO_2 积存。启封前和启封时要注意检查，防止 CO_2 逆风流流动造成危害。打开进回风侧防火墙的短期内要采取强力通风，并要求工作人员撤离一段时间，待 1 ~2 h 后再进入火区进行火区恢复工作。

2）锁风启封火区法

锁风启封火区法适用于火区范围大、难以确认火源是否完全熄灭，以及高瓦斯涌出火区防止瓦斯爆炸等情况。锁风启封火区法就是沿着原封闭区内的巷道，由外向里向火源逐段移动密闭位置，逐渐缩小火区范围，最后在封闭状况下进入着火带，实现火区全部启封的方法。

（1）锁风密闭的位置。在主要进风巷侧原防火墙之外 5～6 m 处建立带风门的密闭。救援人员进入后，关闭风门，打开原火区防火墙。在形成的封闭空间中应便于贮存材料，作业人员应能与救灾指挥中心保持联系。

（2）锁风启封火区法可能存在的危险。由于在打开原防火墙时新鲜空气的进入不可避免地增加原封闭区内大气中的氧气浓度，因此，锁风操作必须在封闭区内氧气浓度减少到2%以下才能开始。这主要是考虑到可能形成爆炸性气体。在封闭区内若已形成爆炸性气体，人员就应撤退。另外，封闭区内有害气体涌出也可能威胁锁风作业人员的安全，在大气压力降低时更应注意这种危险。为了解火区内大气压力的变化，应监测火区内外压力的变化。封闭区内气压下降，预示新鲜空气可能流入；气压上升预示封闭区内有害气体可能流出。救灾指挥中心应有地面和封闭区内大气压力变化实时测定的数据，以便及时掌握封闭区内和地表大气变化趋势。

（3）锁风启封火区时的封闭区内大气监测。在进行锁风启封时，应连续监测封闭区内大气状态，用以预警下列情况出现的可能性：大量氧气流入封闭区，封闭区内大量有害气体流出，存在爆炸危险。如前所述，监测封闭区内空气组分和气压并作出变化趋势图，可以帮助人员分析前两种危险的可能性。但是，电子监测仪器特别是电子瓦斯检定器在缺氧条件下可能出现较大误差甚至失效。所以，救灾人员应根据下列现象来判断爆炸发生的可能性：

① 压力波动。注意密闭内气流是否稳定，若出现“呼吸”现象、风流方向变化频繁，均预警有爆炸的可能。

② CO 浓度或 H_2 浓度连续增加（考虑变化趋势而非仅考虑浓度值）表示火势发展。

③ 在冒顶处烟雾增加，预警有复燃的可能。

4. 火区缩封方法的评判

在火灾救灾过程中，为保证救灾的安全，常出现火区封闭范围较大的情况。救灾工作结束后，由于火区封闭范围大，把生产系统、采煤工作面圈入封闭火区中，影响以后的生产，因此应缩封火区。火区缩封与锁风启封火区的启封步骤相同，只是存在火区锁风将打开整个火区、火区缩封将缩小火区的差异。火区缩封也必须打开火区，应该遵守《煤矿安全规程》《矿山救援规程》等关于火区启封条件的相关规定。然而，这样做又出现了新的问题，既然符合火区启封的条件，就没有必要“缩封”，可以直接启封。若如此，缩封技术就不存在了。火区缩封常在煤矿处理火区时采用，火区缩封是否符合《煤矿安全规程》《矿山救援规程》等的规定，若火区缩封合规应采取哪些安全措施，是值得探讨的技术问题。

为提高火区密闭的安全性，有时救援队也愿意进行大范围火区临时封闭，控制火区火势后，再用火区缩封方法进入临时封闭的火区进行火区永久封闭。要注意这种救灾方式存在较大的危险：①打开临时密闭，进入临时封闭的火区难以保证执行《煤矿安全规程》《矿山救援规程》等关于火区启封的相关规定；②尽管进行了临时封闭，火区范围大，比较安全，但进入临时封闭火区进行火区永久密闭，危险性更大，除非采取有效的注惰，保证火区环境的惰化，才能保证火区不发生瓦斯爆炸，保护小范围火区永久密闭的安全。因此，在救灾期间采取火区缩封方法时必须十分谨慎，保证火区封闭的安全。

六、矿井火灾时期的反风

（一）反风目的

当井下发生火灾时，能够按需要有效地控制风流方向，确保人员安全撤离和抢救人员，防止灾区范围扩大，并为灭火和处理火灾事故提供条件。

（二）反风要求

矿井火灾时期，由于火灾烟流将进入采掘工作面而造成重大人员伤亡，采取全矿井反风、区域性反风或局部反风等风向控制措施是矿井火灾救灾的一个重要特点。

（1）当火灾发生在矿井井口附近、井筒、井底车场（包括井底车场硐室）和与井底车场直接相通的大巷（中央石门、运输大巷）时，由于产生的大量有害气体会威胁井下绝大多数人员的安全，此时为了防止灾害扩大，把有害气体以最短线路尽快排出地面，应进行全矿井反风。

（2）当矿井某一区域的进风巷（尤其是多风机联合运转的矿井）或某一独立的通风系统进风大巷发生火灾事故时，为防止灾害扩大，可以采取区域性反风措施。

（3）当采区内部或工作面进风巷着火，有条件时可进行局部反风。当进风侧不具备灭火条件，需要从回风巷接近火源或者需要在回风侧设水幕时，可进行局部反风。

（三）反风时的注意事项

（1）反风时必须撤出原进风侧全部人员。

（2）局部反风前在原进风侧采取防止火灾蔓延的措施。

（3）利用自然风压或火风压停机反风，但要防止瓦斯聚积。

（4）多风井通风反风时，所有风机要同时反风，至少是非事故风机先反风，排烟风机绝不能轻易单独反风或停机。

（5）高瓦斯矿井反风后要经常检查瓦斯浓度，当有爆炸危险时应停止反风。

（四）矿井反风的保障

矿井反风是一项对井下安全状况影响很大的救灾措施。反风后偏远及深部生产区域是否会获得一定的反风量；反风时工作面高瓦斯区域、采空区、火区内瓦斯流向是否会发生变化，是否增大了瓦斯进入火源的可能性和发生瓦斯爆炸的可能性；反风时是否影响受保护的采掘工作面人员撤退及受反风威胁的进风区域人员的撤退、组织等。对上述情况的了解和应对是决定矿井反风救灾措施能否实施的关键。

为保障矿井反风实施的安全性和有效性，需要做好以下几个方面的工作：

（1）遵守《煤矿安全规程》等关于矿井反风设施、主要通风机管理必须满足风流反向时间（10 min 内）、反风后主要通风机供风量（不应少于正常供风量的 40%）、反风设施检查（至少每季度检查 1 次）和反风演习（每年应当演习 1 次）的规定。

（2）反风演习应注意井下各区域的供风量变化、瓦斯浓度和其对火区和采空区气体的影响。矿井反风具体实施时常存在争议，主要原因是担心全矿或局部反风效果不好，可能造成矿井火区内风流流向逆转，导致可燃性气体进入火源；可能造成采空区瓦斯、工作面高瓦斯区域（如专用排瓦斯巷、上隅角瓦斯积聚区）瓦斯涌出进入火源引起爆炸。因此，为保证灾变时期反风决策的正确性，必须在平常的反风演习中，注意反风效果和反风可能造成的上述影响，以便提前采取补救措施。

（3）注意反风后影响区域内人员的通信联系和撤退。反风将对影响区域内人员的安全造成威胁，为减小反风带来的不利影响，提高反风作业的及时性、有效性，必须预先提供充分的反风决策、组织、通信和装备保证。

（4）加强对井下人员进行反风知识的教育。矿井或局部反风是否成功，很大程度上取决于影响区域内的人员对反风知识及应对措施的了解程度，必须预先对井下人员进行反风技术知识、程序和安全措施等方面的教育，使影响区域内的人员安全撤退。

（5）注意救灾措施执行顺序的重要性。矿井进风区发生灾害而采取全矿反风等措施时，须注意与灾害治理、受影响区域人员撤退和救援队下井探察等必要救灾步骤实施顺序的协调情况。若首先通知人员撤退或直接处理灾害，反风措施将对向原进风区撤退人员或在灾害源上风侧处理灾害人员造成威胁。因此，即使需要同时采取几种措施，也必须预先考虑几种措施在不同条件下的执行顺序，避免救灾时临时决策的失误。

七、矿井火灾事故救援

（1）矿山救援队参加矿井火灾事故救援应当了解下列情况：

① 火灾类型、发火时间、火源位置、火势及烟雾大小、波及范围、遇险人员分布和矿井安全避险系统位置。

② 灾区有毒有害气体、温度、通风系统状态、风流方向、风量大小和矿尘爆炸性。

③ 顶板、巷道围岩和支护状况。

④ 灾区供电状况。

⑤ 灾区供水管路和消防器材的实际状况及数量。

⑥ 矿井火灾事故专项应急预案及其实施状况。

（2）首先到达事故矿井的矿山救援队、救援力量的分派原则如下：

① 进风井井口建筑物发生火灾，派一个小队处置火灾，另一个小队到井下抢救人员和扑灭井底车场可能发生的火灾。

② 井筒或者井底车场发生火灾，派一个小队灭火，另一个小队到受火灾威胁区域抢救人员。

③ 矿井进风侧的硐室、石门、平巷、下山或者上山发生火灾，火烟可能威胁到其他地点时，派一个小队灭火，另一个小队进入灾区抢救人员。

④ 采区巷道、硐室或者工作面发生火灾，派一个小队从最短的路线进入回风侧抢救人员，另一个小队从进风侧抢救人员和灭火。

⑤ 回风井井口建筑物、回风井筒或者回风井底车场及其毗连的巷道发生火灾，派一个小队灭火，另一个小队抢救人员。

（3）矿山救援队在矿井火灾事故救援过程中，应当指定专人检测瓦斯等易燃易爆气体和矿尘，观测灾区气体和风流变化，当甲烷浓度超过2%并且继续上升，风量突然发生较大变化，或者风流出现逆转征兆时，应当立即撤到安全地点，采取措施排除危险，采用保障安全的灭火方法。

八、火灾事故处理要点

（一）抢险救援技术要点

（1）了解掌握火灾地点、火灾类型、火源位置、灾区范围、遇险人员数量及分布位置、通风、瓦斯等有害气体浓度、巷道破坏程度，以及现场救援队伍和救援装备等情况。根据需要，增调救援队伍、装备和专家等救援资源。

（2）应迅速派矿山救援队进入灾区探察，进一步分析判断火源点、燃烧强度、温度及气体浓度分布状况、破坏范围及程度，判断被困人员的生存状况，研究制定救援方案和安全技术措施。

（3）采取风流调控措施，控制火灾烟雾的蔓延，防止火灾扩大，防止引起瓦斯爆炸，防止因火风压引起风流逆转造成危害，创造有利的灭火条件，保证救灾人员的安全，并有利于抢救遇险人员。采取反风措施处理进风井筒、井底车场及主要进风巷火灾时，必须详细制定和严格实施反风方案和安全措施，反风前，撤出火源进风区人员。

（4）根据现场情况选择直接灭火方法、隔绝灭火方法或综合灭火方法。当火源明确、能够接近、火势不大、范围较小、瓦斯浓度在允许范围内时，应采取清除火源、用水浇灭等直接灭火方法，尽快扑灭火灾，防止事故扩大。对于大面积或隐蔽火灾，直接灭火无效或者危及救援人员安全时，应采取封闭火区的隔绝灭火方法或综合灭火方法。封闭具有爆炸危险的火区，应采取注入惰性气体、注浆等措施惰化火区，消除爆炸危险，再在安全位置建立密闭墙进行隔绝灭火。

（5）组织恢复通风设施时，遵循“先外后里，先主后次”的原则，由井底开始由外向里逐步恢复，先恢复主要的和容易恢复的通风设施。损坏严重、一时难以恢复的通风设施可用临时设施代替。

（二）安全注意事项

（1）加强对灾区气体的检测分析，防止发生瓦斯、煤尘爆炸造成伤害。必须指定专人检查瓦斯和煤尘，观测灾区气体和风流变化情况。当甲烷浓度达到 2.0% 并继续上升时，全部人员立即撤离至安全地点并向指挥部报告。

（2）救援队在行进和救援过程中，救援队指挥员及队员应当随时注意风量、风向的动态变化，用以判断是否出现风流逆转、逆退和滚退等风流紊乱，并采取相应防护措施；还应注意顶板和巷道支护情况，防止因高温燃烧造成巷道垮落伤人。

（3）处理掘进工作面火灾时，应保持原有的通风状态，进行探察后再采取措施。

（4）处理上下山火灾时，必须采取措施，防止因火风压造成风流逆转或巷道垮塌造成风流受阻威胁救援人员的安全。

（5）处理爆炸物品库火灾时，应先将雷管运出，再将其他爆炸物品运出。因高温或爆炸危险不能运出时，应关闭防火门，退至安全地点。

（6）处理绞车房火灾时，应将火源下方的矿车固定，防止烧断钢丝绳造成跑车伤人。处理蓄电池电机车库火灾时，应切断电源，采取措施，防止氢气爆炸。

（7）封闭火区时，为了保证安全和提高效率，可采取远距离自动封闭技术实施封闭。

采用传统封闭技术时，必须设置井下基地和待机小队，准备充足的封闭材料和工具，确保灾区爆炸性气体达到爆炸浓度之前完成封闭工作，撤出作业人员。

（8）采取火区缩封措施减小火区封闭范围时，应采取注惰、注浆等措施有效惰化火区后实施缩封作业。

（三）相关工作要求

（1）严禁盲目入井施救。救援过程中，如果发现有爆炸危险、风流逆转或其他灾情突变等危险征兆，救援人员应立即撤离火区。在已发生爆炸的火区无法排除发生二次爆炸的可能时，禁止任何人入井，根据灾情研究制定相应救援方案和安全技术措施。

（2）封闭具有爆炸危险的火区时，必须保证救援人员的安全。应采取注入惰性气体等抑爆措施，加强封闭施工的组织管理，选择远离火源点的安全位置构筑密闭墙，封闭完成后，所有人员必须立即撤出，24 h 内严禁派人检查或加固密闭墙。

（3）发现已封闭的火区发生爆炸造成密闭墙破坏时，严禁派救援队探察或者恢复密闭墙。应当采取安全措施，实施远距离封闭。

九、处理井下火灾战术应用与案例分析

（一）处理井下火灾战术应用

救援队到达事故矿井后，应首先了解火灾详细情况，并进行灾区探察。根据火情，采取进一步处置措施。

1. 采用直接灭火方法灭火

（1）用水灭火。

（2）用砂子、岩粉、泥土及其他不燃性材料直接压灭火焰。

（3）用灭火器灭火。

（4）破开和取出燃烧物，然后用水浇灭。

（5）用高、中倍数泡沫灭火。

（6）用惰性气体灭火。

（7）用水灌注火区。

2. 采用隔绝灭火方法灭火

（1）封闭所有与地面连通的巷道和裂缝。

（2）用密闭墙隔绝火源和发火区，然后采用均压技术或灌注泥浆、河砂、粉煤灰，加速火区熄灭。

《矿山救援规程》第八十条规定，用水或者注浆灭火应当遵守下列规定：

（1）从进风侧进行灭火，并采取防止溃水措施，同时将回风侧人员撤出。

（2）为控制火势，可以采取设置水幕、清除可燃物等措施。

（3）从火焰外围喷洒并逐步移向火源中心，不得将水流直接对准火焰中心。

（4）灭火过程中保持足够的风量和回风道畅通，使水蒸气直接排入回风道。

（5）向火源大量灌水或者从上部灌浆时，不得靠近火源地点作业；用水快速淹没火区时，火区密闭附近及其下方区域不得有人。

3. 采用综合灭火方法灭火

先用隔绝灭火方法灭火，待火已部分熄灭和温度降低后，采取措施控制火区，再打开密闭墙用直接灭火方法灭火。

在选择灭火方法时，指挥员应该考虑火灾的特点、发生地点、范围及灭火的人力、物力。

一般情况下，应尽可能采取直接灭火方法。下列情况下，应当采用隔绝灭火或者综合灭火方法：

（1）缺乏灭火器材。

（2）火源点不明确、火区范围大、难以接近火源。

（3）直接灭火无效或者对灭火人员危险性较大。

4. 处理井下火灾时通风方式的选择及注意事项

扑灭井下火灾时，抢险救援指挥部应根据火源位置、火灾波及范围、工作人员分布及瓦斯涌出情况，迅速而慎重地决定通风方式。

（1）进风井口、井筒、井底车场、主要进风道和硐室发生火灾时，为了抢救井下人员，应反风或风流短路。反风前，必须将原进风侧的人员撤出，并采取阻止火灾蔓延的措施，防止反风后火灾向进风侧蔓延。如果不能反风或停风后风流能逆转时，也可停止主要通风机运转，但要防止引起瓦斯积聚。

（2）进风的下山巷道着火时，必须采取防止火风压造成风流紊乱和风流逆转的措施。改变通风系统和通风方式时，必须有利于控制火风压。

（3）在瓦斯矿井灭火时应尽量采用正常通风方式。如必须反风或风流短路时，应加强瓦斯检查，防止引起瓦斯爆炸。灭火中只有在不致使瓦斯很快积聚到爆炸危险浓度，且能使人员迅速撤出危险区时，才能采用停止通风的方法。

救援队扑灭瓦斯燃烧引起的火灾时，可采用干粉、惰性气体、泡沫灭火，不得随意改变风量，防止事故扩大。

扑灭瓦斯燃烧引起的火灾时，不得使用震动性的灭火手段，防止事故扩大。

灭火时，如积聚的瓦斯可能涌入火区，应加强巷道通风。如果瓦斯浓度达到2%，并且仍在继续增加，矿山救援队指挥员必须立即将全体人员撤到安全地点，采取措施排放瓦斯。如果不能将瓦斯排除，应会同抢救指挥部，研究保证安全的新的灭火方法。

（二）高温、浓烟下的矿山救援战术应用

矿山救援队在高温、浓烟下开展救援工作应当遵守下列规定：

（1）在高温、浓烟、塌冒、爆炸和水淹等灾区，无须抢救人员的，矿山救援队不得进入；因抢救人员需要进入时，应当采取安全保障措施。

（2）应急救援人员出现身体不适或者氧气呼吸器发生故障难以排除时，救援小队全体人员应当立即撤到安全地点，并报告现场指挥部。

（3）应急救援人员在灾区工作1个氧气呼吸器班后，应当至少休息8 h；只有在后续矿山救援队未到达且急需抢救人员时，方可根据体质情况，在氧气呼吸器补充氧气、更换药品和降温冷却材料并校验合格后重新投入工作。

（4）矿山救援队在完成救援任务撤出灾区时，应当将携带的救援装备带出灾区。

（5）井下巷道内温度超过30 ℃的，控制佩用氧气呼吸器持续作业时间；温度超过

40 ℃的，不得佩用氧气呼吸器作业，抢救人员时严格限制持续作业时间。

（6）采取降温措施，改善工作环境，井下基地配备含0.75%食盐的温开水。

（7）高温巷道内空气升温梯度达到0.5～1 ℃/min时，小队返回井下基地，并及时报告基地指挥员。

（8）严禁进入烟雾弥漫至能见度小于1 m的巷道。

（9）发现应急救援人员身体异常的，小队返回井下基地并通知待机小队。

（三）致人窒息或者有毒有害气体积存下的战术应用

矿山救援队在致人窒息或者有毒有害气体积存的灾区抢救遇险人员应当做到：

（1）引导或者运送遇险人员时，为遇险人员佩用全面罩正压氧气呼吸器或者自救器。

（2）对受伤、窒息或者中毒人员进行必要的急救处理，并送至安全地点。

（3）处理和搬运伤员时，防止伤员拉扯氧气呼吸器软管或者面罩。

（4）抢救长时间被困遇险人员，请专业医护人员配合，运送时采取护目措施，避免灯光和井口外光线直射遇险人员眼睛。

（5）有多名遇险人员待救的，按照“先重后轻、先易后难”的顺序抢救；无法一次全部救出的，为待救遇险人员佩用全面罩正压氧气呼吸器或者自救器。

（四）处理不同地点火灾的战术应用

（1）处置进风井口建筑物火灾，应当采取防止火灾气体及火焰侵入井下的措施，可以立即反风或者关闭井口防火门；不能反风的，根据矿井实际情况决定是否停止主要通风机。同时，采取措施进行灭火。

（2）处置正在开凿井筒的井口建筑物火灾，通往遇险人员作业地点的通道被火切断时，可以利用原有的铁风筒及各类适合供风的管路设施向遇险人员送风，同时采取措施进行灭火。

（3）处置进风井筒火灾，为防止火灾气体侵入井下巷道，可以采取反风或者停止主要通风机运转的措施。

（4）处置回风井筒火灾，应当保持原有风流方向，为防止火势增大，可以适当减少风量。

（5）处置井底车场火灾应当采取下列措施：

① 进风井井底车场和毗连硐室发生火灾，进行反风或者风流短路，防止火灾气体侵入工作区。

② 回风井井底车场发生火灾，保持正常风流方向，可以适当减少风量。

③ 直接灭火和阻止火灾蔓延。

④ 为防止混凝土支架和砌碹巷道上面木垛燃烧，可在碹上打眼或者破碹，安设水幕或者灌注防灭火材料。

⑤ 保护可能受到火灾危及的井筒、爆炸物品库、变电所和水泵房等关键地点。

（6）处置井下硐室火灾应当采取下列措施：

① 着火硐室位于矿井总进风道的，进行反风或者风流短路。

② 着火硐室位于矿井一翼或者采区总进风流所经两巷道连接处的，在安全的前提下进行风流短路，条件具备时也可以局部反风。

③ 爆炸物品库着火的，在安全的前提下先将雷管和导爆索运出，后将其他爆炸材料运出；因危险不能运出时，关闭防火门，人员撤至安全地点。

④ 绞车房着火的，将连接的矿车固定，防止烧断钢丝绳，造成跑车伤人。

⑤ 蓄电池机车充电硐室着火的，切断电源，停止充电，加强通风并及时运出蓄电池。

⑥ 硐室无防火门的，挂风障控制入风，积极灭火。

（7）处置井下巷道火灾应当采取下列措施：

① 倾斜上行风流巷道发生火灾，保持正常风流方向，可以适当减少风量，防止与着火巷道并联的巷道发生风流逆转。

② 倾斜下行风流巷道发生火灾，防止发生风流逆转，不得在着火巷道由上向下接近火源灭火，可以利用平行下山和联络巷接近火源灭火。

③ 在倾斜巷道从下向上灭火时，防止冒落岩石和燃烧物掉落伤人。

④ 矿井或者一翼总进风道中的平巷、石门或者其他水平巷道发生火灾，根据具体情况采取反风、风流短路或者正常通风，采取风流短路时防止风流紊乱。

⑤ 架线式电机车巷道发生火灾，先切断电源，并将线路接地，接地点在可见范围内。

⑥ 带式输送机运输巷道发生火灾，先停止输送机，关闭电源，后进行灭火。

（8）处置独头巷道火灾应当采取下列措施：

① 矿山救援队到达现场后，保持局部通风机通风原状，即风机停止运转的不要开启，风机开启的不要停止，进行探察后再采取处置措施。

② 水平独头巷道迎头发生火灾，且甲烷浓度不超过 2% 的，在通风的前提下直接灭火，灭火后检查和处置阴燃火点，防止复燃。

③ 水平独头巷道中段发生火灾，灭火时注意火源以里巷道内瓦斯情况，防止积聚的瓦斯经过火点，情况不明的，在安全地点进行封闭。

④ 倾斜独头巷道迎头发生火灾，且甲烷浓度不超过 2% 时，在加强通风的情况下可以直接灭火；甲烷浓度超过 2% 时，应急救援人员立即撤离，并在安全地点进行封闭。

⑤ 倾斜独头巷道中段发生火灾，不得直接灭火，在安全地点进行封闭。

⑥ 局部通风机已经停止运转，且无须抢救人员的，无论火源位于何处，均在安全地点进行封闭，不得进入直接灭火。

（9）处置回采工作面火灾应当采取下列措施：

① 工作面着火，在进风侧进行灭火；在进风侧灭火难以奏效的，可以进行局部反风，从反风后的进风侧灭火，并在回风侧设置水幕。

② 工作面进风巷着火，为抢救人员和控制火势，可以进行局部反风或者减少风量，减少风量时防止灾区缺氧和瓦斯等有毒有害气体积聚。

③ 工作面回风巷着火，防止采空区瓦斯涌出和积聚造成瓦斯爆炸。

④ 急倾斜工作面着火，不得在火源上方或者火源下方直接灭火，防止水蒸气或者火区塌落物伤人；有条件的可以从侧面利用保护台板或者保护盖接近火源灭火。

⑤ 工作面有爆炸危险时，应急救援人员立即撤到安全地点，禁止直接灭火。

（10）采空区或者巷道冒落带发生火灾，应当保持通风系统稳定，检查与火区相连的通道，防止瓦斯涌入火区。

（五）井下火灾事故案例分析

兴通煤矿“4·27”火灾事故

2014 年 4 月 27 日 16 时 50 分，内蒙古兴安盟兴通煤业有限公司兴通煤矿 11B07 综采工作面发生瓦斯燃烧事故。

1. 矿井概况

该矿位于兴安盟科尔沁右翼中旗境内，井田内主要可采煤层为 11、14、21 号煤层，倾角为 10°~15°，局部倾角较大，现开采 11、14 号煤层。该矿属于低瓦斯矿井，煤层具有自燃倾向性。

矿井采用中央并列式、抽出式通风，由主、副斜井进风，回风立井回风。

2. 事故经过

2014 年 4 月 27 日 16 时 50 分，11B07 综采工作面一名工人在 78 号支架处清理浮煤时，突然发现有明火落下，随后，发现 100 号支架处又有明火落下。见此情况，他立即沿进风巷道撤离，并告知其他工人一起沿进风方向撤离。此时，班长在工作面上出口处也发现火情，他立即组织其他人员沿避灾路线撤离，同时向带班矿长做了汇报。带班矿长立即向矿调度室做了汇报。

兴通煤矿“4·27”火灾事故通风示意如图 8-4 所示。

3. 事故直接原因

11B07 综采工作面工人在移动支架时，支架与支架相互摩擦产生火花引燃支架后积存的瓦斯，引起火灾。

4. 应急处置及抢险救援

1）企业应急处置

调度员接到灾情报告后，立即通知矿领导及兴通煤业公司领导，兴通煤业公司领导命令：“立即启动事故应急救援预案，通知井下所有工作人员，按火灾避灾路线全部撤到井上，并对全矿井进行封闭”。

矿长接到公司命令后，立即组织井下所有工作地点的人员撤离，截止到 17 时 40 分，当班入井 58 人全部撤到地面。17 时 50 分，开始进行井口封堵。20 时 30 分，井口封堵完毕，并在各井口设置警戒线。

2）事故救援过程

4 月 30 日，平庄煤业公司救护大队接到事故召请。根据事故性质，副大队长立即带领相关人员，出动气体分析化验车、液态二氧化碳灭火装备，于 16 时到达事故矿井。经与兴通煤业公司和兴通煤矿领导共同研究决定，制定了对已封闭矿井进行惰化并逐步启封的救援方案：第一步，从副井井口向井下注入液态二氧化碳，并在距着火工作面回风巷内 100 m 左右位置通过打钻孔向工作面灌注液态二氧化碳；第二步，在符合启封条件时，锁风进入灾区，在井底打三道密闭，解放副井井筒；第三步，在条件允许的情况下，把着火工作面进、回风巷封堵上，把大系统解放，随之解放工作面，恢复生产。为确保救援过程安全，同时制定了安全技术措施。

（1）灌注液态二氧化碳惰化火区。5 月 1 日 18 时 30 分，开始向火区灌注液态二氧化

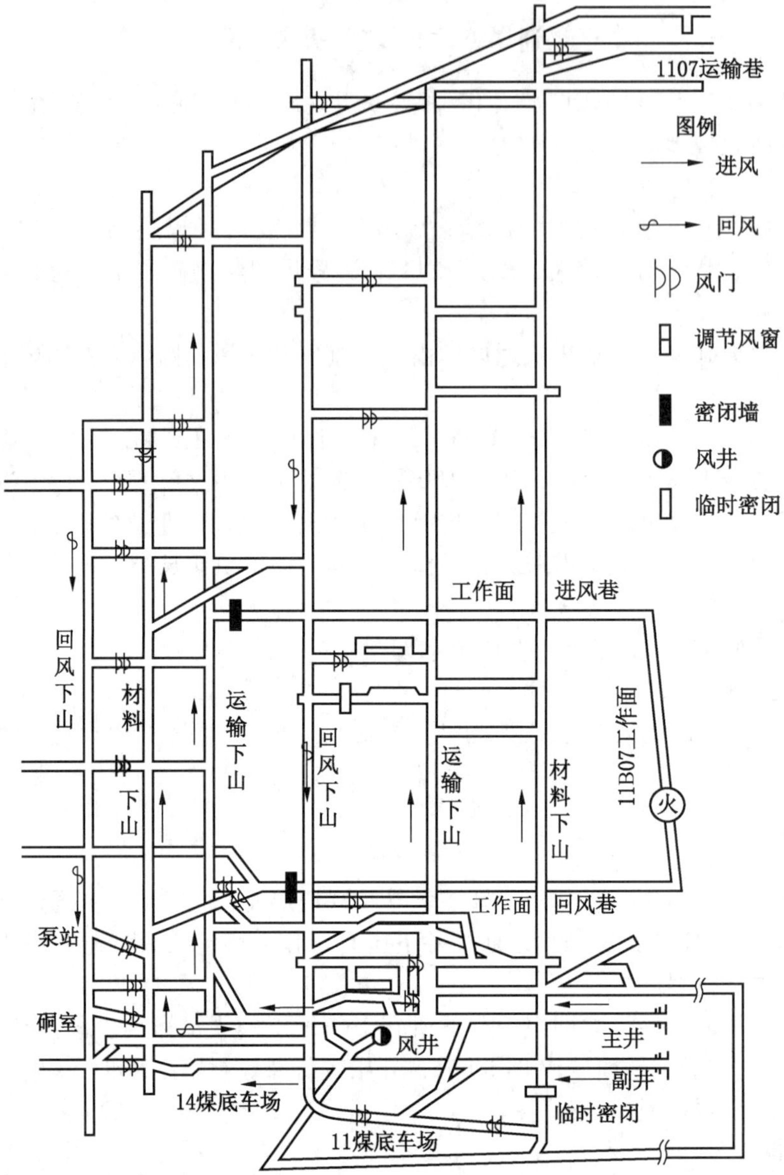

图 8-4　兴通煤矿“4·27”火灾事故通风示意图

碳，每天对气体进行检测，同时确定在距着火地点最近的地方打钻，灌注液态二氧化碳。2 日，确定打钻位置为距工作面约 100 m 的回风巷内。钻孔穿过 11 号煤层保安煤柱直到 14 号煤层回风巷。

3 日，由于灌注液态二氧化碳的 2 寸管径太细，二氧化碳汽化器灌注时间长，因此降温效果不明显。救援指挥部决定在地面打 1 个 4 寸管径的钻孔，钻深 11.32 m，钻透副井井口以下 14 m 的位置。20 时 30 分，采用直注式直接向灾区灌注。

截至5月5日，从副井共向灾区灌注液态二氧化碳12车，其中从2寸管路注入5车，从4寸管路灌注7车，汽化后灌注二氧化碳149480 m^3。

5月13日，根据化验结果分析，入风副井和回风井的二氧化碳浓度分别由1.08%和1.02%升高至46.1%和24.5%，氧气浓度分别由4.1%和3.6%降至1.8%和1.6%，一氧化碳浓度由0.27%分别降至0.19%和0.14%，乙烷浓度由0.18%分别降至0.12%和0.17%，乙烯浓度由0.02%分别降至0.007%和0.01%，乙炔浓度由0.002%降为0，说明灭火效果明显，但依然有燃烧性气体存在。为使火区快速熄灭，需继续灌注液态二氧化碳。至5月18日，再从副井灌注6车液态二氧化碳，汽化后灌注二氧化碳75210 m^3。

5月22日20时左右，打透距着火工作面回风巷内100 m左右位置的钻孔，全长199.81 m。经处理后，将钻孔封闭。由于钻孔打透之后，气体向里漏气，所以未进行气体采样分析。随后，开始从钻孔灌注4车二氧化碳共计101.3 t。截止到5月25日，共向灾区灌注液态二氧化碳550.68 t，合计275340 m^3。

5月28日16时30分左右，矿方通过钻孔测试巷道温度为36.6 ℃。指挥部分析认为井下温度偏高，决定继续通过钻孔向灾区灌注6车液态二氧化碳，合计注入151.5 t。

截止到5月31日，共向灾区灌注液态二氧化碳28车，合计702.18 t，折合气体体积351090 m^3，灾区空间150000 m^3，灌注的气体是空间的2.34倍。

（2）启封火区。根据对火区气体成分的持续检测，分析判断火区已无明火。指挥部研究决定，制定火区启封措施，对火区予以启封。

6月5日，平庄救护大队出动2个救护小队，赶到事故矿井，按照救灾指挥部的部署，实施火区启封，顺序步骤为：①副井井口；②探察副井井筒并在副井井筒建立密闭，利用局部通风机恢复副井井筒的通风；③在副井井底、11号煤层车场、11号煤层人车站3个地点建造密闭，恢复副井井底的通风；④对工作面进行探察并在工作面进、回风巷建造2道密闭；⑤对6条下山进行探察，恢复大系统的通风；⑥恢复工作面的通风。

5日16时，首先对副井井筒密闭进行启封。因启封密闭工作量大，工作场所空间较小，启封密闭工作进展缓慢。经过24 h的连续工作，于当天零点左右，在密闭墙上掘出一条高2 m、宽1 m的通道，随后，矿方救护队把锁风密闭建好。

6日12时50分，平庄救护大队一中队一小队在锁风的情况下，对11号煤层车场以上副井井筒进行探察；13时50分，完成探察工作。14时10分至16时20分，平庄救护大队二中队二小队在11号煤层车场以上副井井筒合适位置建造第一道密闭。当日夜班，矿方救护队对11号煤层车场以上副井井筒排放瓦斯，恢复通风。

7日12时30分至13时45分，平庄救护大队一中队一小队完成对11B07综采工作面回风巷的探察任务。14时15分至16时，平庄救护大队二中队二小队对11号煤层车场和11号煤层候车室分别建造1道密闭。19时至21时20分，平庄救护大队一中队一小队在14号煤层车场建造1道密闭，完成对副井井底的封闭工作。7日夜班至8日早班，矿方救护队排放副井井筒瓦斯，恢复整个副井通风。

8日12时40分至20时10分，平庄救护大队在锁风的情况下，对11B07综采工作面进、回风巷进行探察，分别在进、回风巷建造密闭墙封闭工作面，矿方救护队在基地待机。

9日，平庄救护大队和矿方救护队分5个小组分别对11号煤层、14号煤层材料下山、皮带下山、回风下山以及1106备采工作面进行探察并取样，经探察确认无高温火点，气体化验结果与5月27日化验结果相同。至此，矿井大系统探察基本结束。

10日12时45分，启动矿井主要通风机，恢复除11B07综采工作面以外地点的通风，完成了矿井启封工作，解放了矿井大系统。

11日，指挥部决定平庄救护大队返回，11B07综采工作面的启封工作待具备启封条件后再由矿方救护队负责启封。至此，本次救援结束。

第三节　矿井瓦斯事故应急救援技术

一、矿井瓦斯性质和来源

（一）矿井瓦斯性质

从煤层及围岩中涌出的各种气体，统称为矿井瓦斯。矿井瓦斯成分很复杂，其主要成分是甲烷（CH_4），其次是二氧化碳（CO_2）和氮气（N_2），还有少量或微量的重烃类气体（乙烷、丙烷、丁烷、戊烷等）、氢气（H_2）、一氧化碳（CO）、二氧化硫（SO_2）、硫化氢（H_2S）等。由于甲烷是矿井瓦斯的主要成分，因而人们通常所说的瓦斯，通常指甲烷。

甲烷化学式为CH_4，它是一种无色、无味的气体。在标准状态下（温度为0 ℃，压力为101.325 kPa）比空气轻，其相对密度为0.554。因此，巷道顶板、冒落区顶部往往容易积聚瓦斯。瓦斯有很强的渗透性和扩散性，扩散速度是空气的1.34倍，且具有燃烧和爆炸性。

（二）矿井瓦斯来源

矿井瓦斯来自煤层和煤系地层，它的形成经历了两个不同的造气时期。从植物遗体到形成泥炭，属于生物化学造气时期；从褐煤、烟煤到无烟煤，属于变质作用造气时期。由于在生物化学造气时期泥炭的埋藏较浅，覆盖层的胶结固化也不好，因此生成的气体通过渗透和扩散很容易排放到大气中，留存在现今煤层中的瓦斯，只是其中很少的部分。

二、矿井瓦斯涌出特点

采掘活动时，煤体遭到破坏和影响，存留在煤体孔隙和裂隙中的瓦斯就会离开煤体而涌入采掘空间，这种现象叫作瓦斯涌出。瓦斯涌出形式主要有普通涌出和特殊涌出。

（一）普通涌出

瓦斯从采落的煤炭及煤层、岩层的暴露面上，通过细小的孔隙缓慢、均匀且长时间地涌出，称为普通涌出。首先是游离瓦斯涌出，而后是部分解吸的吸附瓦斯涌出。普通涌出是矿井瓦斯涌出的主要形式，不仅范围广，而且数量大。

（二）特殊涌出

如果煤层或岩层中含有大量瓦斯，采掘时，这些瓦斯有时会在极短的时间内突然地、大量地涌出，可能还伴有煤粉、煤块或岩块，瓦斯的这种涌出形式称为特殊涌出。瓦斯特殊涌出是一种动力现象，分为瓦斯喷出和煤与瓦斯突出。瓦斯特殊涌出的范围是局部的、短暂的、突发性的，但其危害极大。

三、瓦斯排放方法

煤矿瓦斯排放方法主要分为局部通风机排放瓦斯和矿井主要通风机全风压风量排放瓦斯两大类。其中，局部通风机排放瓦斯又分为掘进工作面临时停风排放瓦斯和启封密闭排放瓦斯；全风压风量排放瓦斯可分为备用工作面排放瓦斯和闲置巷道恢复正常通风时排放瓦斯。

（一）局部通风机排放瓦斯

1. 掘进工作面临时停风排放瓦斯

（1）采用风筒增阻法。在局部通风机风筒上捆上绳索，通过紧、松绳索调节风筒出风口的大小，从而控制局部通风机进入巷道的风量。

（2）采用错开风筒接头法。将局部通风机第一节风筒接头断开，改变风筒相对空隙的面积大小，控制局部通风机进入巷道的风量。

（3）采用局部通风机外增阻法。在局部通风机吸风口处用木板或皮带将局部通风机吸风口挡住一部分，根据排出的全风压混合风流处瓦斯浓度大小逐渐移开遮挡物，调整风机吸风口断面，从而控制局部通风机进入巷道的风量。

（4）采用智能排放瓦斯器。利用高速变频原理，调节局部通风机的转速和风量，改变排放瓦斯巷出口的混合风流风量，使全风压混合风流处的瓦斯浓度按照排放瓦斯安全技术措施规定的限制进行排放，从而实现自动、安全、可靠地排放瓦斯。

（5）采用“卸压三通”调风法。在局部通风机的第一节风筒上设置“卸压三通”，即增加一个或几个旁支短节风筒，利用绳索调节“卸压三通”排风口断面的大小，进而调节风量大小来控制全风压混合风流中的瓦斯浓度。

目前煤矿生产作业过程中，多采用“卸压三通”调风法排放瓦斯。

2. 启封密闭排放瓦斯

启封密闭排放瓦斯主要包括在掘工作面与已密闭的工作面贯通时排放瓦斯和高瓦斯矿井综采工作面过高抽联巷时排放瓦斯，主要分为以下 2 种情况：

（1）密闭巷道内有风筒。首先，开启密闭时，应预先对需要开启的密闭进行洒水湿润，开启密闭必须使用铜质工具，先在风筒回风侧密闭上方撬开一个 0.5 m^2 的回风洞口，再逐渐打开密闭进行风筒对接，保证排出的瓦斯与全风压风流混合处的甲烷和二氧化碳浓度均不超过 1.5%，只有在密闭前后风流中的甲烷浓度不超过 1.0% 和二氧化碳浓度不超过 1.5% 的情况下，方可全部打开密闭，利用绳索调节“卸压三通”排风口断面的大小，进而调节进入密闭巷道内的风量大小来控制回风流中的瓦斯浓度，直至整条巷道中的瓦斯排放结束。

（2）密闭巷道没有风筒。巷道没有风筒时，就需要一节一节由外向里逐渐延接，保证风筒出风口 10 m 范围内瓦斯浓度不超过 1.0%，再把下一节风筒铺开，当瓦斯浓度超过 1.0% 时，应立即撤至警戒位置外，利用绳索调节“卸压三通”排风口断面的大小来控制风量进行排放瓦斯。只有当风筒出风口前风流中的瓦斯浓度不超过 1.0% 和二氧化碳浓度不超过1.5%的情况下，方可进入巷道延接风筒，接好风筒后立即退出，返回新鲜风流中，控制风量继续排放瓦斯。如此反复重复上述操作，直至整条巷道中的瓦斯排放结束。

（二）矿井主要通风机全风压风量排放瓦斯

全风压风量排放瓦斯是指利用主要通风机全风压进行瓦斯排放，对已经形成独立通风系统的密闭巷道，如备用工作面或系统闲置巷道，在恢复正常通风前需要排出巷道中的瓦斯。开启密闭前，应预先对需要开启的密闭进行洒水润湿，开启密闭必须使用铜质工具，坚持先打开回风侧密闭后打开进风侧密闭的原则，排放瓦斯时，应安排1名瓦斯检查工用瓦斯杖固定光瓦胶皮管（长度不得小于2 m）并伸到回风流中不间断检测回风流中的甲烷浓度，只有在保证排出的风流与全风压风流混合后的风流中瓦斯浓度和二氧化碳浓度均不超过1.5%且稳定后，方可由小到大逐渐开启进风侧密闭墙断面，控制巷道风量继续排放。如此反复重复上述操作，直至回风侧密闭墙全部打开，整条巷道中的瓦斯排放结束。

《煤矿安全规程》规定，停风区中甲烷浓度或者二氧化碳浓度超过3.0%时，必须制定安全排放瓦斯措施，报矿总工程师批准。

（三）安全排放瓦斯的措施及注意事项

（1）编制安全排放瓦斯措施时，必须根据不同地点的不同情况制定有针对性的措施。批准的排放瓦斯措施，必须由矿技术负责人贯彻，责任落实到人，凡参加审查、贯彻、实施的人员，都必须签字备查。

（2）排放瓦斯前，必须先检查局部通风机及其开关地点附近10 m以内风流中的甲烷浓度，其浓度都不超过0.5%时，方可人工启动局部通风机向独头巷道送入有限的风量，逐步排放积聚的瓦斯；同时还必须使独头巷道中排出的风流与全风压风流混合处的甲烷浓度和二氧化碳浓度都不得超过1.5%。

（3）排放瓦斯时，应有瓦斯检查人员在独头巷道回风流与全风压风流混合处经常检查甲烷浓度，当甲烷浓度达到1.5%时，应指令调节风量人员减少向独头巷道的送入风量，确保独头巷道排出的瓦斯在全风压风流混合处的甲烷浓度和二氧化碳浓度均不超限。

（4）排放瓦斯时，严禁局部通风机发生循环风。

（5）排放瓦斯时，独头巷道的回风系统内、混合风流经过的所有巷道内必须停电撤人，其他地点的停电撤人范围应当在措施中明确规定。

（6）排放瓦斯后，经检查证实，整个独头巷道内风流中的瓦斯浓度不超过1%、氧气浓度不低于20%和二氧化碳浓度不超过1.5%，且稳定30 min后瓦斯浓度没有变化时，才可以恢复局部通风机的正常通风。

（7）独头巷道恢复正常通风后，必须由专职电工对独头巷道中的电气设备进行检查，证实完好后，方可人工恢复局部通风机供风巷道中的一切电气设备的电源。

（8）计算排放瓦斯量，预计排放所需时间。

（9）确定排放瓦斯流经的路线，标明通风设施、电气设备的位置。

（10）明确撤人范围，指定警戒人位置。

（11）明确停电范围、停电地点及断、复电的执行人。

（12）明确必须检查瓦斯的地点和复电时的瓦斯浓度。

（13）明确排放瓦斯的负责人和参加人员名单及各自担负的责任。

（14）文图齐全、清楚，通风设施、机电设备及瓦斯监测传感器等应该在图上标注的，都要准确、齐全。

（四）排放瓦斯时应当遵守的规定

矿山救援队参加煤矿排放瓦斯工作应当遵守下列规定：

（1）排放前，撤出回风侧巷道人员，切断回风侧巷道电源并派专人看守，检查并严密封闭回风侧区域火区。

（2）排放时，进入排放巷道的人员佩用氧气呼吸器，派专人检查瓦斯、二氧化碳、一氧化碳等气体浓度及温度，采取控制风流排放方法，排出的瓦斯与全风压风流混合处的甲烷和二氧化碳浓度均不得超过1.5%。

（3）排放结束后，与煤矿通风、安监机构一起进行现场检查，待通风正常后，方可撤出工作地点。

四、矿井瓦斯涌出量预测

目前比较成熟的瓦斯涌出量预测方法主要分为以下5类：

（1）矿山统计法。矿山统计法是建立在数理统计规律基础上的统计预测方法。其优点主要是可行性强，预测相对准确；缺点主要是预测范围局限在已有资料下推200 m左右，地质条件要求相似才可使用。

（2）瓦斯含量法。以煤层瓦斯含量为基本参数，按照煤层瓦斯含量与采后煤炭的残余瓦斯含量计算相对瓦斯涌出量的方法，称为瓦斯含量法。其优点是成熟，应用效果较佳；缺点是未考虑地质条件因素，对地质构造尤其是断层附近适应性不好。

（3）分源计算法。分源计算法预测矿井瓦斯涌出量的实质是以煤层瓦斯含量、煤层地质与开采技术条件为基础，根据各基本瓦斯源（开采层、邻近层、围岩）的瓦斯涌出规律，分别计算采煤工作面、掘进工作面、采区及矿井的瓦斯涌出量。其优点是成熟，应用效果较佳，预测准确率达到85%以上。

（4）类比法。在一个煤田或者一个矿区范围内，地质条件相同或者相似时矿井瓦斯涌出量与钻孔煤层瓦斯含量存在一个自然比值，以此为类比，作为预测矿井瓦斯涌出量的参照。其缺点是有很大的局限性。

（5）综合法。综合法是建立在矿山统计法之上，为了提高深部水平瓦斯涌出量预测的可靠性并简化预测的计算过程，采用多种计算方法综合预测瓦斯涌出量的方法。其优点是引进了煤层瓦斯含量这一参数，使预测深度不受限制。

此外，还有灰色系统、模糊数学、构建神经网络等多种预测方法，但目前条件下均存在一定的实用性的限制。

五、瓦斯爆炸条件及影响因素

（一）瓦斯爆炸条件

瓦斯爆炸必须具备以下3个基本条件：

（1）一定的瓦斯浓度：瓦斯浓度必须在爆炸界限内，一般为5%~16%。

（2）足够能量的点火源：瓦斯的引火温度一般不低于 650 ℃、能量大于 0.28 MJ 和持续时间大于爆炸感应期。

（3）混合气体中的氧气浓度不低于 12%。

（二）影响瓦斯爆炸的因素

（1）可燃气体混入。混合气体中混入可燃气体，增加了爆炸气体总浓度，使瓦斯爆炸下限降低，从而扩大了瓦斯爆炸界限。

（2）爆炸性煤尘混入。混合气体中如有爆炸性煤尘，由于煤尘本身遇到火源放出可燃气体，因此能使瓦斯爆炸下限降低。

（3）惰性气体混入。混合气体中混入惰性气体，可使氧气浓度减少，缩小瓦斯爆炸界限。

（4）混合气体的初始温度。初始温度越高，瓦斯爆炸界限越大。

（5）混合气体的压力。压力越大，所需引火温度越低，瓦斯越容易爆炸。

六、防止瓦斯爆炸范围扩大的措施

（1）矿井通风系统应力求简单，无用的巷道和采空区及时封闭，在相通的进回风巷道间安设正反两道风门，防止瓦斯爆炸时风流短路。

（2）实行分区通风，各水平、各采区和各工作面都应有独立的进回风系统，通风巷道维修良好，风流稳定可靠。

（3）主要通风机必须安装反风装置，必须能在 10 min 内改变巷道风流方向，井下主要风门要安设反风设施，并定期试验，保证在处理事故需要紧急反风时能灵活使用。

（4）装有主要通风机和分区通风机的出风井口，必须安设防爆门，防止发生爆炸时通风机遭到破坏，影响救灾和恢复通风。

（5）井下设置水棚或岩粉棚、岩粉带等阻止瓦斯爆炸或由于煤尘参与爆炸而波及其他地点。一旦发生瓦斯爆炸，应尽量缩小其影响范围。

（6）编制周密的矿井灾害预防和处理计划，并贯彻到每个职工，使井下作业人员熟悉该计划，掌握预防瓦斯爆炸的基本知识和有关规章制度；加强救援组织，设置井下避难硐室。

（7）发生爆炸事故时，一般情况下不得停止通风机运转，并且要加强通风，尽快恢复被打乱的通风系统。这样既有利于受灾人员脱离险区，又有利于抢救人员进行救灾工作。

（8）发生爆炸事故时，灾区人员要沉着、镇定，要尽快佩戴自救器，无自救器时可用湿毛巾掩住口鼻、背离爆炸波的震动方向尽快进入就近的避难硐室，发出求救信号，等待救援。

（9）抢救受灾人员时，要迅速搞清楚灾区和遇险人员的情况，救援人员注意选择抢救路线，以最有效的方法把人员迅速救出。

七、瓦斯、煤尘爆炸事故的现场应急救援

（一）现场应急措施

（1）现场人员在突然感觉到风流停滞、震荡，鼓膜有压力或者含尘气流冲击等爆炸

冲击波传播迹象时，为减小随后燃烧波的威胁，应迅速采取以下自救措施：①立即屏住呼吸就地卧倒，用湿毛巾快速捂住口鼻，并戴好自救器；②用衣物盖住身体裸露部分，尽量减少身体露出部分，以防止爆炸瞬间产生的高温灼伤身体；③在爆炸冲击波过后，按照避灾路线迅速撤离现场，并向调度室报告。

（2）现场人员发现有爆炸事故发生迹象时，如听到爆炸声响、看到含尘烟流等，要立即屏住呼吸佩戴自救器，按照最短的安全避灾路线，尽可能避免进入有毒有害气体入侵巷道，迅速撤至安全地点直至地面，并向调度室报告。

（3）带班领导和班组长负责组织撤离和自救互救工作，安排现场人员及时外运伤员，在撤离受阻时应紧急避险。在保证安全的情况下，采取断电等措施，控制事故危害和危险源，防止事故扩大。

（二）抢险救援技术要点

（1）了解现场情况，调集救援资源。各级领导和救援队伍到达现场后，首先要了解掌握以下情况：爆炸地点及波及范围、遇险人员数量及分布位置、灾区通风情况（风量大小、风流方向、通风设施损坏情况等）、监测监控系统是否正常、灾区气体情况（瓦斯浓度、一氧化碳浓度和烟雾大小）、巷道破坏程度、是否引发火灾及火灾范围、主要通风机工作情况（是否正常运转，防爆门是否被吹开、损坏，通风机房水柱计读数是否发生变化等），以及已经调集的救援队伍和救援装备等。根据需要，增调救援队伍、装备和专家等救援资源。

（2）组织灾区探察，抢救遇险人员。首先要进行灾区探察，组织矿山救援队选择最近的路线，以最快的速度到达被困人员最多的事故区域，发现遇险人员立即抢救。要保持地面指挥部与井下基地、井下基地与进入灾区救援队之间的通信联系。探察时要探明灾区火源、瓦斯浓度和氧气浓度以及爆源点情况，顶板冒落及支架、水管、风管、通信线路情况，电气设备、局部通风机、通风系统情况，以及人员伤亡情况等。救援指挥部根据已掌握的情况、监控系统监测数据和灾区探察结果，分析和研究制定救援方案及安全保障措施。

（3）分析恢复通风的安全性，采取相应措施。在矿井主要通风机已停止运行的情况下，必须分析重启矿井通风对灾区的影响及诱发再次爆炸的危险性。在无法判断灾区是否存在再次爆炸危险性的情况下，应隔离灾区后再重启矿井主要通风机；在灾区局部通风机已停止运行的情况下，应检查灾区是否残存火源并分析恢复通风供氧引发瓦斯爆炸的危险性，恢复通风可能导致爆炸危险未能排除时，不得随意开启通风机。在矿井、灾区通风机尚未停止运行的情况下，不得随意停风，避免瓦斯积聚引发瓦斯爆炸。

（4）恢复灾区通风，抢救遇险人员。在无爆炸危险的情况下应尽快恢复通风，抢救遇险人员，排除爆炸产生的烟雾和有毒有害气体，在保障安全的情况下积极抢救遇险人员。组织恢复通风设施时，遵循“先外后里，先主后次”的原则，由井底开始由外向里逐步恢复，先恢复主要的和容易恢复的通风设施。损坏严重的和一时难以恢复的通风设施可用临时设施代替。恢复掘进巷道通风时，应将局部通风机安设在新鲜风流处，按照矿井排放瓦斯的规定和措施进行操作。

（5）采取其他措施，抢救遇险人员。如果恢复灾区通风存在瓦斯爆炸危险或通风设施破坏不能恢复通风时，在保障救援人员安全的情况下，应全力以赴抢救遇险人员。如果爆源点位于矿井、采区或工作面进风区域，在保证对应区域进风方向人员已安全撤退的情况下，可采取全矿、区域或局部反风措施。反风后，从原回风侧进入灾区实施救援。

（6）加强巷道支护，清理堵塞物。穿过支护破坏地区时，应架设临时支护，保证救援队伍退路安全。通过支护不良地点时，应逐个顺序快速通过，不得推拉支架。遇有巷道堵塞影响探察抢救时，应先清理堵塞物。若巷道堵塞严重、短时间不能清除时，应考虑从其他巷道进入灾区探察搜救。同时要恢复堵塞区外的通风，以保证其他救援人员的监护工作和做好进入灾区抢救遇险人员的准备工作。

（7）扑灭因爆炸产生的火灾，防止再次发生爆炸。在灾区内发现火灾或残留火源，应立即组织扑灭。火势很大，一时难以扑灭时，应设法阻止火焰向遇险人员所在地蔓延。有瓦斯爆炸危险，用直接灭火法不能扑灭，并确认火区内遇险人员已无生还可能，可考虑先对火区进行封闭，再采取其他灭火措施控制火势和扑灭火源，待火区熄灭后，再组织搜寻遇难人员。

（三）安全注意事项

（1）进入灾区时，加强灾区气体浓度检测，探察是否存在火源，分析研判救援期间灾区状态变化以及再次发生爆炸危险性，避免发生二次爆炸伤人。当瓦斯浓度达到 2% 并继续上升时，应立即撤出灾区。

（2）应注意在灾区缺氧环境下，现场检测瓦斯、一氧化碳等气体浓度可能产生的误差对灾区状态危险性判断的影响。

（3）在恢复通风前，必须组织查明有无火源存在，是否会再次引起爆炸。

（4）应由专人看守风门，不得随便开关风门，防止工作面产生压力波动引发再次爆炸。

（5）井下基地附近空气中的有毒有害气体浓度超过安全界限规定时，应撤离该基地，选择安全地点重新建立井下基地。

（四）相关工作要求

（1）严禁盲目入井施救。救援过程中，如果发现具有爆炸危险性的灾区状态恶化，再次发生爆炸的可能性增加时，救援人员应立即撤离灾区。在已发生爆炸的灾区，无法排除发生二次爆炸的可能且无法判断其强度和影响范围时，严禁任何人入井，制定安全保障措施后方可采取进一步行动。

（2）严禁冒险进入灾区施救。在独头巷道较长，有毒有害气体浓度高，没有消除火源，支架损坏严重且确知灾区无人或遇险人员已没有生存可能的情况下，严禁冒险进入灾区探险、强行施救。应在恢复通风、维护好支架，将有毒有害气体浓度降到安全范围内以后，方可进入搬运遇难人员。

（3）发生连续爆炸时，现有技术无法对爆炸间隔时间进行准确预判，人员进入灾区还可能对风流状态产生扰动，存在引发瓦斯再次爆炸的危险，严重威胁救援人员的安全，严禁利用爆炸间隙进入灾区探察或搜救。

（4）发现已封闭火区爆炸造成密闭墙破坏时，严禁派救援队探察或在原地恢复密闭墙，应采取安全措施，实施远距离封闭。

八、瓦斯爆炸事故案例分析

宝马煤矿“12·3”瓦斯爆炸事故

2016年12月3日11时10分左右，内蒙古自治区赤峰宝马矿业有限责任公司发生特别重大瓦斯爆炸事故，造成32人死亡、20人受伤，直接经济损失4399万元。

（一）矿井概况

内蒙古自治区赤峰宝马矿业有限责任公司（以下简称宝马煤矿）位于内蒙古自治区赤峰市元宝山区元宝山镇南荒村。该矿属于低瓦斯矿井，绝对瓦斯涌出量为0.61 m^3/min，相对瓦斯涌出量为1.05 m^3/t。主采6号煤层，煤层自燃倾向性为Ⅱ级（自燃），自然发火期为1.5～3个月，煤尘有爆炸性。

宝马煤矿井下布置有合法生产区域和越界违法生产区域两个生产区域。事故发生在越界违法生产区域的6040综放工作面和6040巷采工作面区域。

（二）事故经过

12月3日7时30分，宝马煤矿入井179人，其中合法生产区域12人，主要进行系统维护；越界违法生产区域167人，主要进行生产作业。8时30分左右，16人到达6040巷采工作面作业，42人到达6040综放工作面作业。10时左右，6040巷采工作面准备爆破时，局部通风机停电停风，6040巷采工作面所有人员撤至盲巷口休息、吃饭。11时左右恢复供电后，电工启动局部通风机，恢复巷采工作面通风。同时，6040工作面作业人员正在进行打眼、监护顶板、电焊维修支架、向减速机注油及工作面巡检等工作。11时7分左右，6040工作面电焊火花引起瓦斯燃烧，产生的火焰向6040工作面进风巷迅速传导。11时10分左右，引起6040巷采工作面区域瓦斯爆炸。随后，爆炸冲击波将盲巷板闭摧毁，盲巷内积存的瓦斯发生第二次爆炸。

（三）事故直接原因

宝马煤矿借回撤越界区域内设备名义违法组织生产，6040巷采工作面因停电、停风，造成瓦斯积聚；1 h后恢复供电通风，积聚的高浓度瓦斯排入与之串联通风的6040综放工作面，遇到违规焊接支架的电焊火花引起瓦斯燃烧，产生的火焰传导至6040工作面进风巷，引起瓦斯爆炸。

（四）应急处置及抢险救援

1. 企业先期处置

3日11时30分，宝马煤矿调度室接到井下事故报告电话后，向矿总工程师和安全副矿长报告，并通知井下作业人员立即升井。11时40分，该矿向赤峰宝马煤炭物资有限责任公司（宝马煤矿上级公司）报告。11时45分，矿总工程师带领通风科3名工人下井，修复被冲击破坏的风门。12时10分，该矿切断了灾区的全部电源。井下矿工组织自救和互救，成功救出15名受伤矿工。宝马煤矿分别于12时23分、12时27分、12时55分向元宝山区安全监管局、平庄煤业（集团）有限责任公司救护大队和内蒙古煤矿安监局赤峰监察分局报告了事故。

2. 抢险救援过程

宝马煤矿事故救援示意如图 8－5 所示。

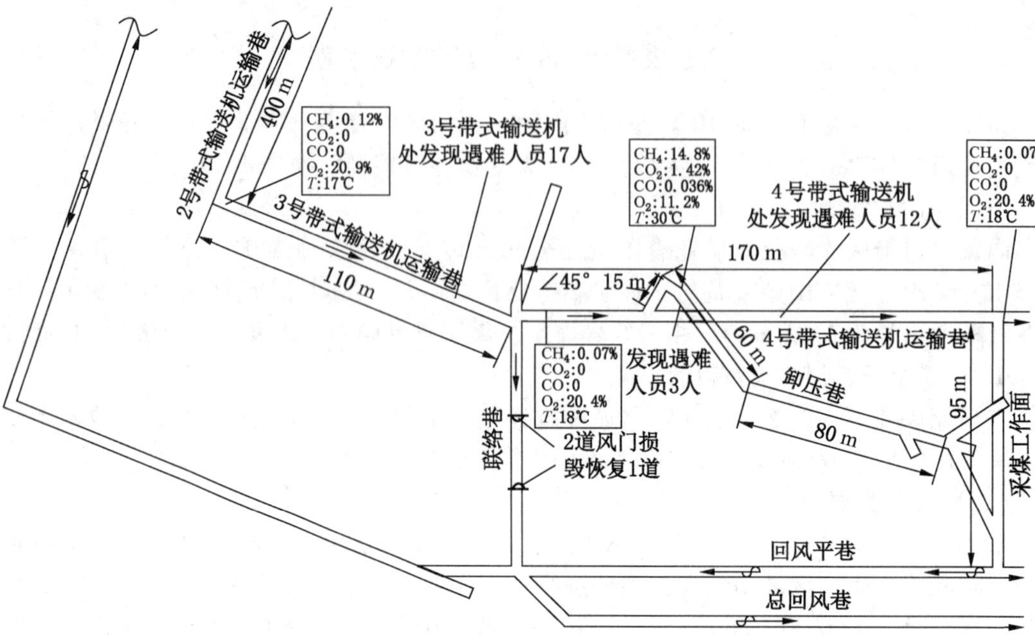

图 8－5　宝马煤矿事故救援示意图

平庄救护队到达事故矿井后，立即了解井下事故发生的原因、地点、范围、遇险人数及分布位置和矿井主要通风机运转等情况，通过矿井安全监控系统了解井下东区总回风有害气体情况，对井下灾区进行分析和判断。救护大队长、副大队长与矿长协商制定了探察搜救方案，即由四中队的二小队、三小队携带必要装备同时从矿井进风侧入井，并在新鲜风流侧选择符合要求的地点建立井下救援基地。进入灾区探察搜救的行动路线为：由 6040 采煤工作面带式输送机运输巷进入，如果探察受阻或者出现异常情况，原路返回基地，向指挥部汇报。

3 日 12 时 45 分，救护队副大队长带领二小队（10 人）和三小队（9 人）入井，13 时 15 分，经勘察和请示救援指挥小组同意，在东区 203 变电所建立井下救援基地，安排三小队在此待机。副中队长带领二小队 10 人从进风巷道前往灾区搜救人员，在 3 号带式输送机机头处及以里发现 1 号遇难矿工，以里 12 m 处发现 2 号遇难矿工。13 时 28 分，行至 3 号带式输送机机头以里 20 m 处发现第一名遇险人员，以里 27 m 发现 3 号遇难矿工。13 时 43 分，行至 3 号带式输送机机头以里 30 m 处发现第二名遇险人员，测得此处甲烷浓度为 2%、一氧化碳浓度为 0.002%、氧气浓度为 19%。救护队将 2 名遇险人员相继护送到井下基地。二小队继续向前探察，行至 3 号带式输送机机头以里 50～101 m，发现 4～10 号遇难矿工。在联络巷岔口处发现 11～14 号遇难矿工，在 4 号带式输送机机头处发现 15～17 号遇难矿工。至 14 时 35 分，共发现 17 名遇难矿工和 2 名遇险伤员，对联络巷破坏的风门进行了简易修复。探察发现 4 号带式输送机机头处巷道设施损坏较重，CH_4 浓度升高到 4.6%、CO 浓度为 0.032%、氧气浓度为 16%、温度为 31 ℃。为防止发生次生灾害，救护队于15时5分返回井下基地，同时，向救援指挥部汇报灾区情况。

指挥部根据初步探察结果，通过多组检测数据，对灾区情况进行认真细致的分析，认为事故区域具备安全搜救的条件后，决定让四中队的二小队升井休整，派遣第二批救援队伍。15时55分，第二批救援队伍入井，一中队的二小队（11人）、三中队的三小队（8人）进入灾区搜救人员，二中队的二小队去联络巷修补风门，四中队的三小队去3号带式输送机机头接应探察小队。17时10分，在4号带式输送机机头处，发现18~20号遇难矿工，行至4号带式输送机机头以里18 m发现21号遇难矿工，以里20 m发现第三名遇险人员，测得此处甲烷浓度为4%、一氧化碳浓度为0.004%、氧气浓度为19%。一中队的二小队将第三名遇险人员抬送至井下基地后转为待机队。18时10分，三中队的三小队行至4号带式输送机机头以里27 m发现22、23号遇难矿工，以里70 m发现24号遇难矿工，以里96 m发现25号遇难矿工，以里约100 m处发现第四名遇险人员，测得此处CH_4浓度为4%、CO浓度为0.004%、O_2浓度为19%。行至4号带式输送机机头以里140 m发现27号遇难矿工，以里约150 m发现第五名遇险人员，测得此处CH_4浓度为2%、CO浓度为0.002%、O_2浓度为19%。19时25分，一中队的二小队继续对4号带式输送机机尾及采煤工作面进行探察搜救，在4号带式输送机机尾发现28、29号遇难矿工。在此阶段探察搜救过程中相继发现12名遇难矿工和3名遇险伤员。

23时40分，指挥部命令四中队的二小队（10人）入井到卸压巷探察搜救人员。救护队进入斜巷12 m，发现30~32号遇难矿工，卸压巷前端检测CH_4浓度为14.8%、CO浓度为0.036%、O_2浓度为11.2%、温度为30 ℃，没有发现火源。至此，灾区所有巷道探察搜救完毕，救护队共发现遇难矿工32人，抢救遇险伤员5名。

根据对卸压巷的探察结果，指挥部认为卸压巷中各种有害气体浓度较高，对下一步搬运遇难矿工不利。为了能够安全快速地搬运遇难矿工，指挥部研究决定，将卸压巷进行临时封闭。4日3时5分，风障建造完毕，全部人员撤回到井下基地。此时灾区1、2、3、4号带式输送机运输巷通风正常，井下遇难人员全部处于新鲜风流巷道中，指挥部决定由矿方召集部分工人入井配合救护队搬运遇难矿工。截止到4日9时30分，所有遇难矿工全部升井。9时50分，井下人员全部升井，救援工作结束。

九、煤与瓦斯突出机理及突出预兆

煤矿在采掘过程中，在地应力和瓦斯的共同作用下，破碎的煤、岩和瓦斯由煤体或岩体内突然向采掘空间抛出的异常动力现象，称为煤与瓦斯突出。

（一）煤与瓦斯突出机理

煤与瓦斯突出是一种受多种因素影响的、极其复杂的动力现象，至今对煤与瓦斯突出发生的原因还没有统一的认识，研究者提出了许多假说，总体可以归纳为以下4个方面：瓦斯为主导作用假说、地压为主导作用假说、化学本质假说和综合作用假说。

煤与瓦斯突出的机理

（二）煤与瓦斯突出预兆

煤与瓦斯突出前，一般都有预兆。掌握突出前的预兆，就可以及时采取预防措施，迅速撤离危险区，从而减少突出危害，确保人身安全。

煤与瓦斯突出预兆分为有声预兆和无声预兆2类。

1. 有声预兆

（1）响煤炮。煤层在变形过程中发出劈裂声、机枪声、爆竹声、闷雷声。声音由远到近，由小到大；有短暂的，有连续的，间隔时间长短也不一样。在突出瞬间伴有巨雷般的响声。

（2）支架发出折裂声。突出前压力增大，支架发出“嘎嘎”响声甚至折裂声。

2. 无声预兆

（1）煤层结构与构造变化。表现为煤层层理紊乱，煤质变软、暗淡无光泽；煤层粉碎、煤质干燥；煤厚增大、倾角变陡；煤层受挤压褶曲、波状隆起。

（2）地压显现。表现为压力增大使支架变形，煤壁外鼓、片帮、掉渣；用手摸扶煤壁时有冲击和震动感，炮眼变形装不进药，打钻时顶钻、垮孔等。

（3）瓦斯涌出异常。表现为瓦斯涌出量增大，或忽大忽小；煤尘浓度增大，空气气味异常。

（4）气温变化。一般表现为巷道气温下降，煤壁发凉。

十、煤与瓦斯突出综合防治技术

发生煤与瓦斯突出事故时，大量的煤与瓦斯在短时间内突然冲击采掘空间，使煤流或者岩石流大量抛出堵塞巷道，造成风流逆转，破坏井下设施、设备和通风系统，更严重的是掩埋井下作业人员造成死亡事故。同时，井巷中充满的高浓度瓦斯也会引起人员缺氧窒息造成死亡。当突出的瓦斯与新鲜风流混合，遇到火源时，还可能发生燃烧或者爆炸使事故扩大，危害十分严重。因此，必须重视和加强煤矿防突工作。

（一）煤矿防突工作机制

《防治煤与瓦斯突出细则》第四条规定，煤矿企业主要负责人、矿长是本单位防突工作的第一责任人。有突出矿井的煤矿企业、突出矿井应当设置防突机构，建立健全防突管理制度和各级岗位责任制。突出矿井应当建立突出预警机制，逐步实现突出预兆、瓦斯和地质异常、采掘影响等多元信息的综合预警、快速响应和有效处理。

（二）区域和局部综合防突措施

《防治煤与瓦斯突出细则》第五条规定，有突出矿井的煤矿企业、突出矿井应当依据本细则，结合矿井开采条件，制定、实施区域和局部综合防突措施。

区域综合防突措施包括下列内容：

（1）区域突出危险性预测。

（2）区域防突措施。

（3）区域防突措施效果检验。

（4）区域验证。

局部综合防突措施包括下列内容：

（1）工作面突出危险性预测。

（2）工作面防突措施。

（3）工作面防突措施效果检验。

（4）安全防护措施。

突出矿井应当加强区域和局部（以下简称两个“四位一体”）综合防突措施实施过程的安全管理和质量管控，确保质量可靠、过程可溯。

（三）煤矿防突工作原则

《防治煤与瓦斯突出细则》第六条规定，防突工作必须坚持“区域综合防突措施先行、局部综合防突措施补充”的原则，按照“一矿一策、一面一策”的要求，实现“先抽后建、先抽后掘、先抽后采、预抽达标”。突出煤层必须采取两个“四位一体”综合防突措施，做到多措并举、可保必保、应抽尽抽、效果达标，否则严禁采掘活动。

在采掘生产和综合防突措施实施过程中，发现有喷孔、顶钻等明显突出预兆或者发生突出的区域，必须采取或者继续执行区域防突措施。

（四）煤与瓦斯突出事故防治的基本要求

《防治煤与瓦斯突出细则》第七条至第九条规定如下：

（1）突出矿井发生突出的必须立即停产，并分析查找原因；在强化实施综合防突措施、消除突出隐患后，方可恢复生产。

非突出矿井首次发生突出的必须立即停产，按本细则的要求建立防突机构和管理制度，完善安全设施和安全生产系统，配备安全装备，实施两个“四位一体”综合防突措施并达到效果后，方可恢复生产。

（2）具有冲击地压危险的突出矿井，应当根据本矿井条件，制定防治突出和冲击地压复合型煤岩动力灾害的综合技术措施，强化保护层开采、煤层瓦斯抽采及其他卸压措施。

（3）鼓励煤矿企业、煤矿和科研单位开展防突新技术、新装备、新工艺、新材料的研究、试验和推广应用。

十一、煤与瓦斯突出事故的现场应急救援

（一）现场应急措施

（1）现场人员要立即佩戴自救器，按照突出事故的避灾路线迅速撤出灾区直至地面，并立即向调度室报告。

（2）对于小型煤与瓦斯突出事故，现场人员应在保障安全的前提下，尽力抢救被埋人员。

（3）在撤离途中受阻时应紧急避险，采取以下自救措施：①选择最近的避难硐室或临时避险设施待救；②选择最近的设有压风自救装置和供水施救装置的安全地点，进行自救互救和等待救援；③迅速撤退到有压风管或铁风筒的巷道、硐室躲避，打开供风阀门或接头形成正压通风，可利用现场材料加固设置生存空间，等待救援。

（4）被困后采用一切可用措施向外发出呼救信号，但不可用石块或铁质工具敲击金属，避免产生火花引起瓦斯煤尘爆炸。

（5）被困待救期间，班组长和有经验的人员组织自救互救，遇险人员要节约体能，节约使用矿灯，保持镇定，互相鼓励，积极配合营救工作。

（二）矿井应急处置要点

（1）启动应急预案，及时撤出井下人员。调度室接到事故报告后，应立即通知撤出井下受威胁区域人员。严格执行抢险救援期间入井、升井制度，安排专人清点升井人数，确认未升井人数。

（2）在井下范围大、人员撤退时间长的情况下，应评估突出引发瓦斯爆炸的可能性（瓦斯逆流状况和电气设备防爆性能等）和人员撤退的及时性。必要时，可通过矿井应急广播系统通知难以及时撤出地面的遇险人员进入永久避难硐室避灾。

（3）通知相关单位，报告事故情况。第一时间通知矿山救援队出动救援，通知当地医疗机构进行医疗救援，通知矿井主要负责人、技术负责人及各有关部门相关人员开展救援，按规定向上级有关部门和领导报告。

（4）采取应急措施，组织开展救援。矿井应保证主要通风机正常运转，保持压风、供水系统正常，在确保不被水淹的前提下，远距离切断灾区和受影响区域电源。矿井负责人要根据事故情况，在确保安全的情况下，组织开拓、掘进、通风、维修等作业队伍及企业救援力量，迅速组织开展救援工作，积极抢救被困遇险人员，防止事故扩大。

（5）采掘工作面和防突风门进风区传感器显示瓦斯超限时，应立即对该传感器关联区域提前断电，避免流动瓦斯到达电气设备时才断电而引发瓦斯爆炸。

（三）煤与瓦斯突出事故救援

（1）发生煤与瓦斯突出事故后，矿山企业应当立即对灾区采取停电和撤人措施，在按规定排出瓦斯后，方可恢复送电。

（2）矿山救援队应当探察遇险人员数量及分布地点、通风系统及设施破坏程度、突出的位置、突出物堆积状态、巷道堵塞程度、瓦斯浓度和波及范围等情况，发现火源立即扑灭。

（3）采掘工作面发生煤与瓦斯突出事故，矿山救援队应当派一个小队从回风侧、另一个小队从进风侧进入事故地点抢救人员。

（4）矿山救援队发现遇险人员应当立即抢救，为其佩用全面罩正压氧气呼吸器或者自救器，引导、护送遇险人员撤离灾区。遇险人员被困灾区时，应当利用压风、供水管路或者施工钻孔等为其输送新鲜空气，并组织力量清理堵塞物或者开掘绕道抢救人员。在有突出危险的煤层中掘进绕道抢救人员时，应当采取防突措施。

（5）处置煤与瓦斯突出事故，不得停风或者反风，防止风流紊乱扩大灾情。通风系统和通风设施被破坏的，应当设置临时风障、风门和安装局部通风机恢复通风。

（6）突出造成风流逆转时，应当在进风侧设置风障，清理回风侧的堵塞物，使风流尽快恢复正常。

（7）突出引起火灾时，应当采用综合灭火或者惰性气体灭火。突出引起回风井口瓦斯燃烧的，应当采取控制风量的措施。

（8）排放灾区瓦斯时，应当撤出排放混合风流经过巷道的所有人员，以最短路线将瓦斯引入回风道。回风井口 50 m 范围内不得有火源，并设专人监视。

（9）清理突出的煤矸时，应当采取防止煤尘飞扬、冒顶片帮、瓦斯超限及再次发生突出的安全保障措施。

（10）处置煤（岩）与二氧化碳突出事故，可以参照处置煤与瓦斯突出事故的相关规定执行，并且应当加大灾区风量。

（四）抢险救援技术要点

（1）了解掌握突出地点及其波及范围、遇险人员数量及分布位置、突出煤量和瓦斯量、灾区通风、瓦斯浓度、巷道破坏程度、是否存在火源及火灾范围，以及现场救援队伍和救援装备等情况。根据需要，增调救援队伍、装备和专家等救援资源。

（2）组织矿山救援队进行灾区探察，发现遇险人员立即抢救。通过灾区探察，进一步掌握突出地点及其波及范围、遇险人员数量及分布位置、突出煤量和瓦斯量、灾区通风、瓦斯浓度、巷道破坏程度、是否存在火源及火灾范围、人员伤亡等情况。救援指挥部根据已掌握的情况、监控系统监测数据和灾区探察结果，分析和研究制定救援方案及安全保障措施。

（3）保证矿井正常通风，不得随意停风或反风，防止风流紊乱扩大灾情。如果通风系统和设施被破坏，应尽快恢复巷道通风，保障救援人员安全。恢复独头巷道通风时，应将局部通风机安设在新鲜风流处，按照排放瓦斯的措施和要求进行操作。因突出造成风流逆转时，要在进风侧设置风障，并及时清理回风侧的堵塞物，使风流尽快恢复正常。

（4）多措并举构建快速救援通道。采取快速清理直接恢复突出灾区巷道、在灾区巷道中开挖小断面救援通道、在灾区巷道附近新掘小断面救援绕道以及向被困人员位置施工救援钻孔等多种方法，形成快速救援通道。

（5）救援队进入灾区时，应携带足够数量的氧气呼吸器和自救器、氧气瓶等，在抢救时供遇险人员佩戴。

（6）在救援过程中被困人员不能及时救出时，应采取一切措施与遇险人员取得联系，利用压风管、供水管或打小孔径钻孔等方式，向被堵人员输送新鲜空气、饮料和食物，为被困人员创造生存条件，为救援争取时间。

（7）如果突出事故破坏范围大，巷道恢复困难，应在抢救遇险人员之后，对灾区进行封闭，逐段恢复通风。

（五）安全注意事项

（1）加强警戒，保证地面和井口安全。在进回风井口及其50 m范围内检查瓦斯、设置警戒，禁止警戒区内一切火源，严禁一切机动车辆和非救援人员进入警戒区。

（2）救援期间要加强电气设备管理。已经停电的设备不送电，仍然带电的设备不停电，防止产生火花引起爆炸。

（3）矿山救援队进入灾区后，必须认真检查气体和温度的变化。发现空气中一氧化碳浓度或温度升高时，应迅速查明原因。突出瓦斯燃烧引发火灾时，按照火灾事故应急处置和救援工作要点进行救援。

（4）清理突出的煤（岩）时，应制定防止煤尘飞扬的措施。设专人检查煤尘和瓦斯，发现问题及时处理，防止发生瓦斯煤尘爆炸事故。

（5）在救援过程中，必须严密监视，注意突出预兆，防止二次突出造成事故扩大。注意观察围岩、顶板和周围支护情况，发现异常，立即撤出人员。

（六）相关工作要求

（1）在排放瓦斯时，应制定详细方案和安全措施，严格按照有关规定、方案、措施操作，严禁“一风吹”排放瓦斯。

（2）在灾区探察和施救过程中，不得随意启闭电器开关，不得扭动矿灯开关和灯盖，注意防止摩擦、碰撞产生火花，严防引发瓦斯爆炸事故。

十二、煤与瓦斯突出事故案例分析

同华煤矿“5·30”煤与瓦斯突出事故

2009年5月30日10时49分，重庆市能源投资集团所属松藻煤电公司同华煤矿发生一起特别重大煤与瓦斯突出事故，107名矿工被困井下。事故发生后，7支救护中队、13支小队共130名救援人员实施联合救援，安全救出77名被困矿工，搜寻到30名遇难矿工遗体。

（一）矿井概况

同华煤矿隶属于重庆市能源投资集团公司松藻煤电公司，属煤与瓦斯突出矿井，矿井绝对瓦斯涌出量为64.44 m^3/min，相对瓦斯涌出量为115.06 m^3/t。矿井开采煤层属自燃煤层。矿井采用平硐、暗斜井开拓布置，井下有3个采区，一采区、二采区为生产采区，三采区为准备接替采区，事故发生在三采区安稳斜井揭煤工作面。

三采区于2005年12月开工，于2009年12月投产。三采区开采煤层为K_1和K_3煤层，煤层倾角25°~45°，为煤与瓦斯突出煤层。安稳斜井揭煤工作面所揭煤层为K_3煤层。

（二）事故经过

2009年5月30日早班，同华煤矿三采区共有131人在井下作业，其中，同华煤矿当班作业人员33人，川九公司第九项目部当班作业人员98人。

10时55分，同华煤矿调度室值班调度员发现安稳斜井揭煤工作面、回风大巷、观音桥回风井等处的甲烷传感器瓦斯浓度相继超限，经询问确认是由于安稳斜井揭煤工作面爆破引起的煤与瓦斯突出。同华煤矿立即启动事故应急救援预案，于11时24分，分别向上级公司及有关部门逐级报告事故及有关情况。

发生事故后有24名矿工脱险升井（其中2人受伤），有107名矿工被困井下。同华煤矿“5·30”煤与瓦斯突出事故示意如图8-6所示。

（三）事故直接原因

安稳斜井所揭K_3煤层具有突出危险性，在“四位一体”综合防突措施落实不到位的情况下，施工人员违章爆破诱导了煤与瓦斯突出；由于未按规定撤人和关闭防突反向风门，造成人员伤亡。

（四）应急处置及抢险救援

1. 企业先期处置

同华煤矿调度室值班调度员预感井下情况危险，立即报告矿领导，并通知三采区全部断电撤人，安排救护队下井搜救。松藻煤电公司接到事故报告后，立即启动了重大事故抢险救援应急预案，公司主要负责人及相关部门人员第一时间赶赴事故现场，同时调集松藻煤电公司救护大队直属中队和同华煤矿、打通一矿、松藻煤矿、渝阳煤矿、石壕煤矿、逢

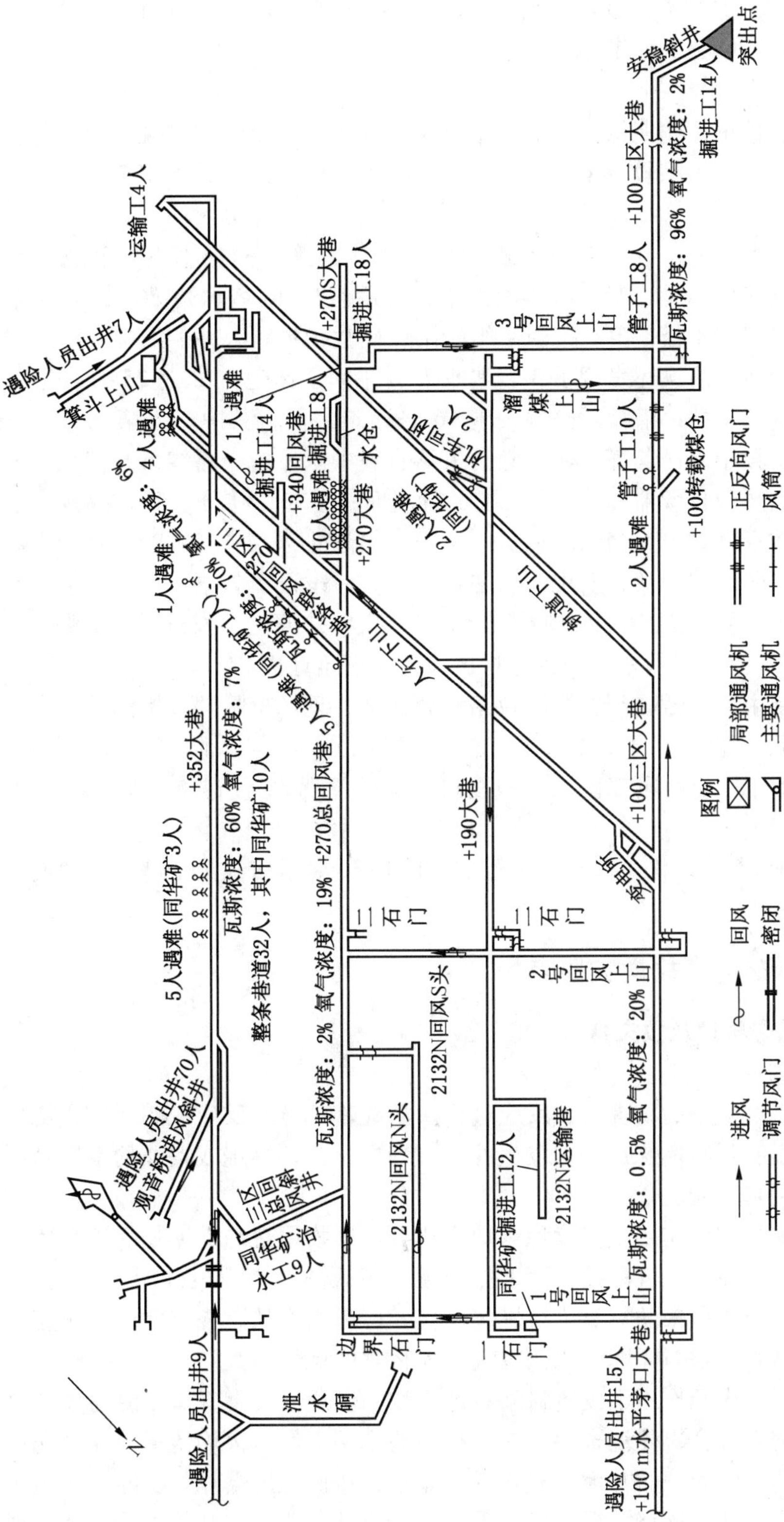

图 8-6　同华煤矿“5·30”煤与瓦斯突出事故示意图

春煤矿救护中队共7支中队、130名救援人员，并抽调近1000名各专业和工种工作人员，开展抢险救援善后及后勤保障工作。

2. 救援方案及实施

根据同华煤矿救护队先期探察情况，结合矿井通风系统示意图，现场抢险救援指挥部组织专家迅速制定了现场施救方案，确定了7条探察与搜救路线，组织7个搜救小组开展全面搜救工作。

5月30日11时40分，由同华煤矿救护中队组成的第一搜救小组到事故区域展开救援。搜救小组克服粉尘弥漫、巷道垮落等困难，先后救出46名遇险人员，并简单处置了10名遇难人员。12时18分，第二搜救小组渝阳煤矿救护中队入井，沿搜救路线发现5名遇险人员并救助出井，沿途还发现了3名遇难人员并作了标记。12时25分，第三搜救小组松藻煤矿救护中队入井，沿搜救路线发现16名遇难人员，其中1人第二搜救小组已发现。同时，第四搜救小组松藻煤电公司救护大队直属中队按规定路线入井搜救，发现6名遇险人员，给他们佩戴自救器和苏生器后护送至地面。12时30分，第五搜救小组逢春煤矿救护中队在搜救区域救出5名遇险人员，发现2名遇难人员。12时50分，第六搜救小组打通一矿救护中队入井搜救，发现5名遇难人员，后来证实与第一搜救小组发现的人员重复。13时50分，第七搜救小组石壕煤矿救护中队入井搜救，发现15名遇险人员（其中2人伤势较重），立即进行紧急处置并将遇险人员送至地面。

第一轮搜救结束后，考虑到各组搜救路线有交叉，现场抢险救援指挥部决定再次对井下进行地毯式搜救。5月30日16时30分，松藻煤电公司救护大队组织5支小队共30名救援人员，分成5个组进行第二次探察和搜救，确认发现30名遇难人员，没有再发现遇险人员。

5月31日5时50分，松藻煤电公司救护大队将30名遇难人员全部运至地面，救援工作结束。

十三、瓦斯燃烧事故救灾要点

（一）瓦斯燃烧机理及救灾特点

1. 瓦斯燃烧与爆炸的区别

瓦斯燃烧是一种复杂的物理化学反应过程。游离基的链式反应说明瓦斯燃烧反应的化学性质，光和热说明瓦斯燃烧过程中发生的物理现象。瓦斯燃烧或爆炸的本质是可燃气体（甲烷）燃烧的不同表现形式。

瓦斯燃烧表现为明火作用下持续稳定地燃烧。可燃物甲烷与助燃物氧气在燃烧过程中混合，即高浓度瓦斯在与空气的接触面上扩散混合成爆炸性混合气体时，首先发生燃烧，随后依靠由周围介质扩散来的氧气维持燃烧反应。可燃物质的燃烧速度取决于燃烧表面积的比例，如果燃烧表面积与体积的比例越大，那么它的燃烧越大。

瓦斯爆炸表现为火源作用下发生瞬间有冲击波的燃烧。可燃气体甲烷与助燃物氧气在一定浓度范围内预先混合，先混合然后在点火源的作用下发生火焰传播。在预先混合气体中，甲烷与氧气的接触面积非常大，氧化反应非常迅速而形成爆炸。实际上，由于燃烧生成的高温气体膨胀，使未燃烧的混合气体受压缩而流动，所以宏观的火焰传播速度是燃烧速度与混合气体流动速度之和。

煤矿井下发生的瓦斯燃烧状态非常不稳定，任何原因的扰动都可改变燃烧状态向爆燃（爆炸）状态转变。即便瓦斯燃尽的后段，也存在爆燃的可能性。

2. 瓦斯燃烧转为瓦斯爆炸事故的原因分析

爆破时的炽热炸药颗粒（由于炸药质量、炮眼封泥、炮眼最小抵抗线等原因造成炸药的不完全爆炸）抛向巷道空间。如果巷道中的瓦斯涌出量较大，不能及时被巷道风量稀释排除，高浓度瓦斯积聚在巷道周边及局部空顶。爆破引起的空气震荡将炽热的炸药颗粒抛向巷道空间，引起在巷道周边及局部空顶积聚的高浓度瓦斯燃烧。由于局部氧气含量较低，积聚的高浓度瓦斯在没有和巷道空气全面接触时，只在其界面上燃烧，瓦斯的燃烧扩散速度并不快。

这时，如果救援人员用水直接灭火，将水浇到正在燃烧的高浓度瓦斯中，瞬间水射流将扰动高浓度瓦斯与巷道空气掺和，达到瓦斯爆炸界限而迅速形成爆炸。这也是扑灭瓦斯燃烧火灾期间造成人员伤害的直接原因。

（二）瓦斯燃烧事故救灾方法的决策

由瓦斯燃烧原理可知：瓦斯燃烧瞬间存在着不稳定中间活性生成物，游离基链式反应一经开始就要经过若干连锁反应步骤自动发展下去，直到反应物完全耗尽为止。瓦斯燃烧原理决定了瓦斯燃烧救灾的特殊性。保持已形成的甲烷扩散燃烧稳定，控制燃烧火焰内部高浓度瓦斯与巷道空气混合，防止形成瓦斯爆炸界限浓度范围内预混合气体，是瓦斯燃烧事故救灾的关键。因此，救灾过程中防止瓦斯扩散燃烧向预混爆燃转变是重要前提，阻止瓦斯燃烧蔓延扩大火灾影响范围是救灾灭火的原则。

1. 禁止采用直接扑灭明火方法处理瓦斯燃烧事故

常规的火灾抢险救灾原则要求，采用积极的直接灭火方式扑灭初期火灾。但是多起煤矿瓦斯燃烧事故，如采空区瓦斯燃烧、局部地点积聚瓦斯燃烧等救灾实践表明，采用直接常规灭火方法（如水射流直接扑灭着火的方法等）不能扑灭正在燃烧的明火，并且形成的瓦斯爆燃多次给抢险救灾人员造成伤害。除像炮眼瓦斯燃烧及局部很小体积的瓦斯燃烧情况外，均不可采用直接灭火方法扑灭火灾。扑灭瓦斯燃烧火灾时，不得使用震动性的灭火手段，即便人员在巷道走动都有可能破坏已有风流的稳定平衡，严防事故扩大。突出引起火灾时，应当采用综合灭火或者惰性气体灭火措施。突出引起回风井口瓦斯燃烧的，应当采取控制风量的措施。

2. 封闭瓦斯燃烧区域

瓦斯燃烧的火焰需要氧气的支持补充，当巷道停止供风供氧时，维持瓦斯燃烧的氧气在火灾事故的消耗下，含量逐渐下降。当巷道气体中氧气浓度降到 15% 以下时，瓦斯燃烧的明火即可熄灭。如果巷道气体中氧气浓度小于 12%，巷道中的瓦斯将失去爆炸性。瓦斯涌出速度及巷道气体惰化可以加速这个过程的实现，但这个过程非常复杂和危险，需要采取可靠的安全措施和救灾技术支持，如瓦斯燃烧区域封闭的时机与条件是否成熟、防爆密闭墙建筑的密实性、保证救灾人员安全的措施是否完善、巷道气体惰化时间及判定是否准确等，都需要根据以往瓦斯燃烧事故救灾经验及现场实际情况综合作出正确判断。

总之，要保持高浓度瓦斯表面燃烧火焰的稳定，防止内部高浓度瓦斯与巷道空气相互混入形成瓦斯爆炸界限浓度范围内预混合气体，是瓦斯燃烧事故救灾技术的关键。

第四节　矿井粉尘事故应急救援技术

一、矿井粉尘的产生、来源及性质

（一）矿井粉尘的产生和来源

矿井粉尘（以下简称矿尘）是矿井生产和建设过程中随着煤炭、岩石被破碎而产生的煤尘、岩尘和其他物质细微颗粒的总称。

采煤工作面产尘源：采煤机落煤、装煤、液压支架移架、运输转载、输送机运煤、爆破、人工攉煤、放煤口放煤等。

掘进工作面产尘源：机械破岩（煤）、装岩、爆破、煤矸运输转载、锚喷等。

其他产尘源：采场支护、顶板冒落或冲击地压，通风安全设施构筑等。

（二）矿井粉尘的性质

（1）粉尘的悬浮性。分散度高的尘粒可以较长时间在空气中悬浮，不易降落，这是微细矿尘的一种物理特性，即悬浮性。

（2）粉尘的吸湿性。矿井粉尘与空气中的水分结合的现象叫作吸湿性或者湿润性。

根据矿尘与水分结合的难易程度，将矿尘分为亲水性矿尘和疏水性矿尘。亲水性矿尘容易被水湿润；疏水性矿尘不容易被水湿润。矿尘被水湿润后容易沉降下来。吸湿性随着气压的增加和矿尘与水接触时间的增加而增加，随着尘粒的变小与气温的上升而降低，其大小还与矿尘的岩（矿）成分有关。

（3）粉尘的磨损性。粉尘的磨损性是指粉尘在流动过程中对器壁的磨损程度。硬度大、密度高、粒径大、带有棱角的粉尘磨损性大。粉尘的磨损性与气流速度的 2 ~ 3 次方成正比。在高速气流作用下，粉尘对管壁的磨损显得更为重要。

（4）粉尘的成分和游离二氧化硅含量。粉尘的成分基本上与物料的成分相同，只是在扬尘过程中由于重力、吸附、挥发等作用，使某些成分可能发生变化，所以，粉尘中各化学成分的含量与原物料有所不同，应通过分析确定。游离二氧化硅是指不与其他元素的氧化物结合在一起的二氧化硅。粉尘的化学成分及其在空气中的浓度，直接决定对人体的危害程度，粉尘中游离二氧化硅的含量越高，危害越严重。

煤矿岩巷掘进，特别是在页岩、砂岩、砾岩和石灰岩中掘进时，产生的矿尘中游离二氧化硅（主要是石英）含量都比较高，一般为 20% ~ 50%；煤尘中游离二氧化硅含量一般不超过 5%；锚喷支护时，水泥矿尘中二氧化硅主要为结合状态（即硅酸盐矿物），危害性不大，但长期吸入水泥矿尘，能引起水泥尘肺、肺气肿等。

（5）粉尘的密度和相对密度。单位体积粉尘的质量称为粉尘的密度，这里的粉尘体积，不包括粉尘之间的空隙，因而称为粉尘的真密度，其单位为 kg/m^3；粉尘呈自然扩散状态时，单位容积中粉尘的质量称为堆积密度或表观密度，其单位为 kg/m^3。

（6）矿尘的荷电性。矿尘的荷电性是指悬浮于空气中的矿尘粒子通常带有电荷的性质。这种电荷是由于破碎时摩擦、粒子间撞击或空气电离、天然辐射以及电晕放电等原因产生的。一般悬浮粉尘所带正电荷与负电荷几乎相等，因而近于中性。尘粒带有电荷，可能是正电荷，也可能是负电荷。尘粒荷电量主要取决于矿尘的大小和质量，此外还与湿度和温度有关，湿度增大带电量减少，温度升高带电量增多。矿尘带有电荷后，一方面其凝聚性有所增强，使尘粒增大较易沉降和被捕获；另一方面带电尘粒也较易沉降于支气管和肺泡中，增加对人体的危害。

（7）粉尘的导电性。粉尘的导电性通常用比电阻表示，是指面积为 1 cm^2、厚度为 1 cm 的粉尘层所具有的电阻值，单位为 Ω · cm。粉尘的比电阻由实验方法确定。

（8）粉尘的黏性。黏性是粉尘之间或粉尘与物体表面之间力的表现。由于黏性力的存在，粉尘的相互碰撞会导致尘粒的凝聚，这种作用在各种除尘器中都有助于粉尘的捕集。

（9）粉尘的光学性质。粉尘的光学特性包括粉尘对光的反射、吸收和透明度等。由于含尘气流的光强减弱程度与粉尘的透明度、形状、粒径的大小和浓度有关，尘粒大于光的波长和小于光的波长对光的反射作用是不相同的，所以，在通风除尘中可以利用粉尘的光学特性来测定粉尘的浓度和分散度。

（10）粉尘的爆炸性。许多固体物质，在一般条件下是不易引燃或不能燃烧的，但成为粉尘时，在空气中达到一定浓度，并在外界高温热源作用下，有可能发生爆炸。能发生爆炸的粉尘称为可爆粉尘。有爆炸性的矿尘主要是硫化矿尘和煤尘，尤其是煤尘的爆炸性很强。影响煤尘爆炸的因素很多，如煤中挥发分的含量、煤尘中水分的含量、灰分、粒度、瓦斯的存在等。

二、矿井粉尘的危害及防治措施

（一）矿井粉尘的危害

矿井粉尘具有的特性决定了其有以下危害：严重危害工人身体健康，多数人易引起尘肺病、硅肺病等，这是数量最多、最严重的职业病。具有爆炸倾向性的粉尘，一旦爆炸条件具备，在适当的能量和点火源作用下可发生粉尘爆炸，其危害程度不亚于瓦斯爆炸。高浓度粉尘能加速机械磨损，可导致机电设备损坏，影响正常工作及其寿命，缩短精密仪器的使用寿命。矿井粉尘还会降低工作场所的能见度，容易引起工伤事故。

此外，煤矿向大气排放的粉尘对矿区周围的生态环境也会产生很大影响，对生活环境、植物生长环境可能造成严重破坏。

1. 尘肺病

1）尘肺病的分类

（1）硅肺病。

（2）煤硅肺病。

（3）煤肺病。

上述三种尘肺病中最危险的是硅肺病。其发病工龄最短，一般在 10 年左右，病情发展快，危害严重。煤肺病的发病工龄一般为 20 ~ 30 年，煤硅肺病的发病工龄介于两者之间但接近后者。

2）影响尘肺病的发病因素

（1）矿尘成分。

（2）矿尘粒度及分散度。

（3）矿尘浓度。

（4）个体方面的因素。

2. 煤尘爆炸

1）煤尘爆炸的机理

煤尘爆炸是具有爆炸倾向的煤尘，在高温或一定点火能的热源作用下，空气中氧气与煤尘急剧氧化的反应过程，是一种非常复杂的链式反应。一般认为其爆炸机理及过程如下：

（1）煤本身是复杂的固体可燃物质，当它被破碎以粉末状态存在时，总表面积显著增加，吸氧和被氧化的能力大大增强，一旦遇见火源，氧化过程迅速展开，悬浮的煤尘在单位时间内能吸收更多的热量。

（2）当温度达到300～400 ℃时，煤的干馏现象急剧增强，放出大量的可燃气体，主要成分为甲烷、乙烷、丙烷、丁烷、氢和1%左右的其他碳氢化合物。

（3）形成的可燃气体与空气混合在高温作用下吸收能量，在尘粒周围形成气体外壳，即活化中心，当活化中心的能量达到一定程度后，链式反应过程开始，游离基迅速增加，发生了尘粒闪燃。

（4）闪燃形成的热量传递给周围的尘粒，并使之参与链式反应，导致燃烧过程急剧循环进行，由于燃烧产物的迅速膨胀而在火焰波波阵面前方形成压缩波，压缩波在不断压缩的介质中传播时，后波可以赶上前波；这些单波叠加的结果，使火焰面前方气体的压缩逐渐升高，因而引起了火焰传播的自动加速；当燃烧不断加剧使火焰速度达到每秒数百米后，煤尘的燃烧便在一定临界条件下跳跃式地转变为爆炸；从燃烧转变为爆炸的必要条件是化学反应产生的热能必须超过热传导和辐射所造成的热损失，否则，燃烧剂不能持续发展，也不会转变为爆炸。

2）煤尘爆炸的条件

煤尘爆炸必须同时满足以下4个条件：

（1）煤尘具有爆炸危险性。

（2）有一定浓度的浮游煤尘。

（3）有足够能量的引火源。

（4）有一定浓度的氧气。

3）影响煤尘爆炸的因素

（1）煤的成分。

（2）煤尘浓度。

（3）煤尘粒度。

（4）矿井的瓦斯浓度。

（二）矿井粉尘的防治措施

1. 湿式防尘法

湿式防尘法是利用部分粉尘亲水的特性进行防尘，湿式防尘法的开展方式通常有以下几种：

（1）湿式打眼法。在需要作业的地方钻眼，该眼中有压力水通过，由于水吸附着粉尘，能使粉尘不易扬起并飘散。

（2）湿式凿岩法。改善电钻的结构，该电钻本身具有湿润作用，在作业时，它能利用粉尘的吸水性使粉尘不易扬起并飘散。

（3）水炮泥法。将特制的装水塑料袋放在炮眼中，如果粉尘因为物理作用或化学作用产生爆炸，水炮泥的水会因为汽化作用扑灭爆炸产生的火星，同时，水炮泥的水添加有黏尘剂、湿润剂等化学药品，它能利用粉尘的亲水性产生降尘的作用。

（4）预湿煤体。综采作业时，预先给煤层注水，利用煤炭本身的亲水性来减少粉尘扬起和扩散。

（5）采空区注水法。利用煤矿分层开采的特点，给作业区的上一层采空区注水，利用水的渗透性湿润整个作业区，使之抑制粉尘扬起和扩散。

2. 干式捕尘法

干式捕尘法是通过改进采掘机的物理结构，使煤矿作业流程本身可以减少粉尘的产生。目前，为了抑制粉尘的产生，采掘机通常使用镐形刀刃粗截齿的造型，这种采掘机采掘的煤块体积越大，其固压核越小，产生的粉尘越少。如果有必要，还可减少截齿数从而进一步减少粉尘的产生。

干式铺尘法还包括干式抽取粉尘法，可在缺水的矿井中使用，如果在缺水的煤矿作业区作业以前先打好干式孔底捕尘洞，它与抽尘管连接，抽尘管能将粉尘吸入捕尘管中，粉尘通过捕尘管进入捕尘袋，煤矿综采作业地区的粉尘就会减少。

3. 物理降尘法

物理降尘法是利用粉尘的物理特性使粉尘减少扬起和扩散的概率。这是目前较常用的防尘方式之一，物理降尘法是在水中添加降尘剂，再将这些液体渗透到煤矿综采作业的场合，这种方法配合湿式防尘法能取得良好的防尘效果。

目前较常使用的物理降尘法有泡沫降尘法、磁化水降尘法等。

4. 外部防尘法

外部防尘法是作业人员利用外部的保护器具防尘，使人体肺部和皮肤尽可能少接触粉尘。

煤矿综采作业人员常使用的外部防尘工具有：动力送风过滤式个体防尘用具和隔绝式压风呼吸器等。

5. 通风防尘法

在煤矿综采作业时，工作面粉尘浓度较大，会使作业人员接触到大量的粉尘，还可能引起煤尘爆炸。如果粉尘能及时扩散出去，则粉尘在空气中稀释，它的危害性会降低。

目前比较常用的通风防尘方式有：总风压通风方式、扩散通风方式、引射器通风方式等。

6. 撒布岩粉防尘法

煤矿自然条件十分复杂，发生煤尘爆炸的随机性很大，除了上述一般性安全技术措施外，针对煤尘爆炸的特点，使用时间最长、应用面广、简单易行的预防措施是撒布岩粉法。

撒布岩粉是定期向巷道周边撒布惰性岩粉，用它将巷道周边的沉积煤尘覆盖住。采煤作业是连续的，煤尘的产生、飞扬与沉积断断续续，当第一次撒布岩粉后，煤尘便不断地在岩粉层上沉积，若不增加岩粉量，其保护带将失去保护作用。所以，一定时间后要再次撒布岩粉，以维持混合粉尘中不燃物含量的正常比例。一般应按照撒布地点的沉积煤尘浓度和煤尘爆炸下限浓度来确定岩粉的撒布周期。

三、瓦斯、矿尘爆炸事故应急救援技术

（一）瓦斯爆炸事故的特点

瓦斯爆炸一般发生在煤矿井下采掘工作面，多发生在采煤工作面回风隅角、采煤机附近、掘进工作面迎头和巷道冒落处。矿井采空区或者盲巷也可能发生瓦斯爆炸。

根据爆炸强度、影响范围和爆炸次数，瓦斯爆炸可分为局部瓦斯爆炸、大范围瓦斯爆炸和连续瓦斯爆炸。

瓦斯爆炸对人的主要危害是高温灼烧、高压冲击和有毒有害气体中毒窒息。

瓦斯爆炸后可能出现的二次或多次爆炸，是对救援人员安全的最大威胁。

（二）煤尘爆炸事故的特点

煤尘爆炸大多伴随瓦斯爆炸，爆炸时产生的一氧化碳浓度很高，温度可达到 2300 ~ 2500 ℃；易引发连续爆炸，且时间间隔极短，往往造成大量人员伤亡。

（三）现场应急措施

（1）现场人员在突然感觉到风流停滞、震荡，鼓膜有压力或者含尘气流冲击等爆炸冲击波传播迹象时，应迅速自救：

① 立即屏住呼吸就地卧倒，用湿毛巾快速捂住口鼻，并戴好自救器。

② 用衣物盖住身体裸露部分，防止高温灼伤身体。

③ 在爆炸冲击波过后，按照避灾路线迅速撤离现场，并向调度室报告。

（2）现场人员在发现爆炸事故发生迹象时，如听到爆炸声响、看到含尘烟流等，要立即屏住呼吸佩戴自救器，迅速撤至安全地点直至地面，并向调度室报告。

（3）带班领导和班组长负责组织撤离和自救互救工作，在撤离受阻时应紧急避险。在保证安全的情况下，采取断电等措施。

（四）矿井应急处置要点

（1）启动应急预案，及时断电撤人。

（2）通知相关单位，报告事故情况。

（3）采取有效措施，组织开展救援。

（五）抢险救援技术要点

（1）了解现场情况，调集救援资源。

（2）组织灾区探察，抢救遇险人员。

（3）分析恢复通风的安全性，采取相应措施。

（4）恢复灾区通风，抢救遇险人员。

（5）采取其他措施，抢救遇险人员。

（6）加强巷道支护，清理堵塞物。

（7）扑灭因爆炸产生的火灾，防止再次发生爆炸。

（六）安全注意事项

（1）进入灾区时，必须加强灾区气体浓度检测，避免发生二次爆炸。

（2）在灾区现场缺氧情况下，检测气体浓度可能会产生误差。

（3）在恢复通风前，必须组织查明有无火源存在。

（4）专人看守风门，不得随便开关风门，防止再次发生爆炸。

（5）井下基地附近有毒有害气体浓度超限时，应撤离该基地，重新选择安全地点。

（七）发生事故时严禁以下操作

（1）严禁盲目入井施救。

（2）严禁冒险进入灾区施救。

（3）发生连续爆炸时，严禁利用爆炸间隙进入灾区探察或搜救。

（4）发现已封闭火区爆炸造成密闭墙破坏时，严禁派救援队探察或在原地恢复密闭墙，应采取安全措施，实施远距离封闭。

四、瓦斯、矿尘爆炸事故救援

（1）矿山救援队参加瓦斯、矿尘爆炸事故救援，应当全面探察灾区遇险人员数量及分布地点、有毒有害气体、巷道破坏程度、是否存在火源等情况。

（2）首先到达事故矿井的矿山救援队，救援力量的分派原则如下：

① 井筒、井底车场或者石门发生爆炸，在确定没有火源、无爆炸危险后，派一个小队抢救人员，另一个小队恢复通风，通风设施损坏暂时无法恢复的，全部进行抢救人员。

② 采掘工作面发生爆炸，派一个小队沿回风侧、另一个小队沿进风侧进入抢救人员，在此期间通风系统维持原状。

（3）为排除爆炸产生的有毒有害气体和抢救人员，应当在探察确认无火源的前提下，尽快恢复通风。如果有毒有害气体严重威胁爆源下风侧人员，在上风侧人员已经撤离的情况下，可以采取反风措施，反风后矿山救援队进入原下风侧引导人员撤离灾区。

（4）爆炸产生火灾时，矿山救援队应当同时进行抢救人员和灭火，并采取措施防止再次发生爆炸。

（5）矿山救援队参加瓦斯、矿尘爆炸事故救援应当遵守下列规定：

① 切断灾区电源，并派专人值守。

② 检查灾区内有毒有害气体浓度、温度和通风设施情况，发现有再次爆炸危险时，立即撤至安全地点。

③ 进入灾区行动防止碰撞、摩擦等产生火花。

④ 灾区巷道较长、有毒有害气体浓度较大、支架损坏严重的，在确认没有火源的情况下，先恢复通风、维护支架，确保应急救援人员安全。

⑤ 已封闭采空区发生爆炸，严禁派人进入灾区进行恢复密闭工作，采取注入惰性气体和远距离封闭等措施。

五、煤尘爆炸事故案例分析

东风煤矿"11·27"煤尘爆炸事故

2005年11月27日21时22分，黑龙江龙煤矿业集团有限责任公司七台河分公司东风煤矿发生一起特别重大煤尘爆炸事故，造成171人死亡、48人受伤，直接经济损失4293万元。

（一）矿井概况

东风煤矿原是国有重点煤矿，隶属于原七台河矿务局。1998年改制为七台河精煤集团有限责任公司。2004年七台河分公司划入龙煤集团。东风煤矿各煤层煤尘爆炸指数为32.3%～35.2%，各煤层煤尘具有强爆炸性。

（二）事故经过

2005年11月27日，东风煤矿275带式输送机运输巷主煤仓发生堵塞，在没有制定安全措施的情况下，现场作业人员决定采用爆破方法排除堵塞问题。21时22分，随着爆破一声巨响，引发了煤尘爆炸事故，造成带式输送机机房被摧毁，井筒塌陷，主要通风机停止运转，防爆门及反风设施严重破坏。地面带式输送机机房2人遇难，当时共有242人在井下作业。东风煤矿"11·27"煤尘爆炸事故示意如图8－7所示。

（三）事故直接原因

工人在处理275带式输送机运输巷主煤仓堵塞时违规爆破，导致煤仓给煤机垮落、煤仓内的煤炭突然倾出，带出大量煤尘并造成巷道内的积尘飞扬，达到爆炸界限，爆破火焰引起煤尘爆炸。

（四）应急处置及抢险救援

1. 企业先期处置

事故发生后，值班调度员听到巨响，矿井停电，井上下通信中断。调度员立即报告矿领导，22时5分矿领导到达现场，察看灾情后立即向上级领导报告，随后逐级上报事故，并通知矿山救护队。从22时40分开始，七台河分公司有关负责人、主要负责人和龙煤集团主要领导陆续赶到现场，先后成立临时抢救指挥部、七台河（七煤）分公司抢救指挥部和龙煤集团抢救指挥部，调集集团公司所属各矿山救护队、组织集团公司相关力量开展抢险救灾和救灾保障工作。

2. 应急救援队伍快速集结

11月27日22时41分，七台河市救护队到达现场。22时57分，七台河分公司救护大队直属中队、新建中队到达事故现场。随后，其他5支救护中队50名救援人员也都先后到位。28日5时，鸡西分公司救护大队5个小队55人到达现场；8时，鹤岗分公司救护大队5个小队70人到位；8时20分，双鸭山分公司救护大队4个小队49人到达事故矿井。根据抢险需要，七台河救护大队于28日又集中调来12个救护小队共110人参加救援。龙煤集团4个分公司救护队和七台河市救护队共出动35个小队、398名救援人员参加救援。

3. 抢险救援过程

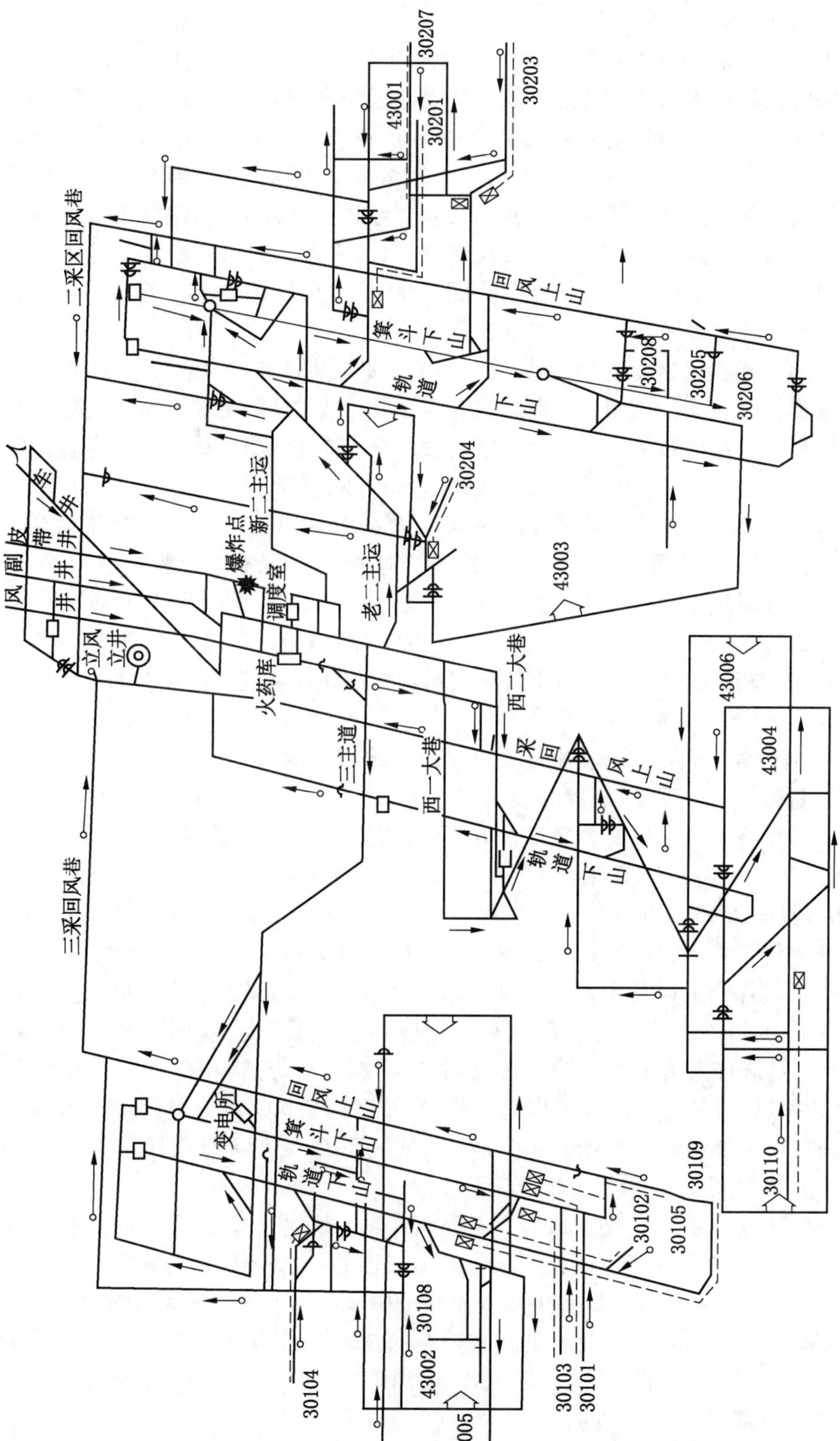

图 8－7　东风煤矿“11 · 27”煤尘爆炸事故示意图

救援过程大致分为 4 个阶段。

（1）初步探察搜救，设立救援基地。七台河市救护队和七台河分公司救护队相继到达现场后，临时抢救指挥部和七煤抢救指挥部立即组织救护队下井探察和搜救。11 月 28 日 22 时 59 分，七煤救护大队副大队长带领直属中队 10 人、新建中队 10 人分别从人车井、副井进入灾区探察搜救。28 日 1 时 20 分，七煤救护大队桃山中队 9 人、七台河市中队 6 人分别从皮带井（主井）进入灾区探察搜救。经过 4 个救护小队 4 h 的探察搜救，28 日 2 时 45 分，抢救出遇险人员 20 人，发现遇难人员 54 人。同时，恢复矿井主要通风机通风，使回风立井 CO 浓度由 0.14% 逐渐降到 0.004%，CH_4 浓度由 0.5% 下降到 0.2%。恢复通风后，在井下六片设立井下救援基地。

（2）加强井下救援力量，全力搜救遇险人员。龙煤集团抢救指挥部和黑龙江省人民政府抢救指挥部相继成立，鸡西、鹤岗、双鸭山分公司救护队和七台河分公司第二批救护队先后到达现场后，指挥部加强了井下探察搜救力量。28 日 6 时 40 分，七煤救护队 2 个小队 20 人进入三采区；7 时 20 分，鸡西救护队 3 个小队 27 人进入二采区；8 时 15 分，鹤岗救护队 1 个小队 9 人进入一采区进行探察和搜救。9 时 40 分，抢救指挥部命令 4 个救护大队 8 个小队 72 人进入井下基地接受任务。17 时 15 分，又有 4 个救护小队 36 人到达井下基地待机，随时接受救援任务。自事故发生至28 日 21 时，救护队经过近 23 h 的全力搜救，抢救出遇险人员 73 人，遇难人员 138 人。针对三采区 30101 掘进工作面等部分地点 CH_4 和 CO 浓度较高的情况，抢救指挥部安排救护队在爆炸危险性较大的地点接设了束管系统 24 h 连续监测气体成分。

（3）全面搜救井下人员，恢复采区通风系统。29 日 1 时 25 分，抢救指挥部分批次安排救护队下井进行全面、反复探察和搜救。29 日 12 时 30 分，鸡西救护队 9 人到一采区探察，分别在绞车房附近发现 2 名遇难人员、在变电所发现 2 名遇难人员，检测有害气体不超标。30 日 2 时 40 分，七煤救护队 3 个小队探察 43002 采煤工作面发现 3 名遇难人员。10 时，双鸭山救护队 13 人探察 43005 采煤工作面，发现 6 名遇难人员。七煤桃山中队 7 人探察 30109 掘进工作面，发现 5 名遇难人员。12 月 1 日 8 时 40 分，七台河市救护队 7 人进入三采区右二煤仓上口发现 2 人遇难。2 日，抢救指挥部又组织救护队对二采区、三采区煤仓、下山和 15 个掘进工作面等地点重新搜寻。截至 2 日 21 时，共发现遇难人员 167 人，还有 2 名遇难人员下落不明。在探察中检测到三采区 30109 掘进工作面 3 m 处 CH_4 浓度为 10% 以上，43005 采煤工作面上巷 CO 浓度为 0.003%、CH_4 浓度为 2%。在探察搜救的同时，抢救指挥部开始恢复 3 个采区的通风系统，至 12 月 3 日完成测风、调风，矿井通风系统基本恢复。

（4）全面排放井下瓦斯，搜救最后 2 名失踪人员。12 月 3 日，检测到三采区 30101、30104、30108 和 30109 掘进工作面瓦斯积聚严重，威胁搜救安全，抢救指挥部决定全面排放瓦斯。12 月 3 日 16 时至 4 日 21 时，5 支救护中队排放 7 条共计 5140 m 巷道瓦斯。4 日 23 时，在三采区煤仓口向外 30 m 处，在矿车底发现 1 名遇难矿工。5 日 21 时 45 分，在六片主运巷铁棚子 8 m 冒落区内发现最后 1 名遇难人员（第 169 人）。至此，矿井所有遇险、遇难人员全部找到。

第五节　矿井顶板及冲击地压事故应急救援技术

一、矿井顶板事故应急救援技术

（一）矿井顶板基础知识

矿井顶板是指矿井开采中所存在的，由煤层顶部和上部岩层构成的组合体，也叫煤层顶板。煤层顶板按相对于煤层的位置及垮落的难易程度分为伪顶、直接顶和基本顶。

顶板事故是指在煤矿井下作业过程中，顶板意外冒落造成人员伤亡、设备损坏、生产中止等的事故。顶板事故是煤矿生产过程中的主要灾害之一。

顶板事故按冒顶范围分为局部冒顶和大型冒顶；按力学原因分为压垮型冒顶、漏冒型冒顶和推垮型冒顶。

冒顶事故发生的根本原因是开采过程中矿山压力的活动没有得到有效控制。顶板在矿山压力活动过程中发生不同程度的变形，先沿着顶板节理出现裂隙，产生离层现象。此时，如果顶板防护不当，支护质量不好，压力继续增大，岩石变形超过弹性变形极限，就会出现断裂、垮落、片帮或局部冒顶。从发生冒顶事故的原因分析，有的属于对客观事物的认识不足，而较多的则是现场管理不善造成的。

随着矿井回采工作面的不断推进，采场空顶面积逐步增大，当厚度不大的直接顶逐渐塌落，而坚硬的基本顶大面积悬露时，就在工作面顶板岩层形成一个自然压力拱，煤壁受压发生变化，造成工作面压力集中，此时，如果支架总支撑力抵抗不住顶板压力就会出现大的冒顶。

（二）采场支护技术相关要求

1. 采场支护设计

（1）采场支护设计应符合国家标准、规范和矿山安全标准、规程要求。

（2）采场支护设计应考虑采场的地质条件、采煤工艺、采煤工作面稳定性及未来工作面开采情况。

（3）采场支护设计中，采用的支护材料和支护方式应符合规范要求。

（4）采场支护设计中，应重视预留支护措施，确保支护体系的完整性和可持续性。

2. 采场支护施工

（1）采场支护施工应严格按照设计要求进行，要求支护位置准确，支护形式合理。

（2）采场支护施工中，应注意支护材料的质量、规格、型号和品牌，要求材料符合国家标准、规范和矿山安全标准、规程要求。

（3）采场支护施工中，应特别关注人员安全，制定专门的安全防护措施，并对支护人员进行岗前培训和定期技术交流。

（4）采场支护施工前，应制定详细的工作方案和施工图纸，并按照方案安排工人合理分工，确保施工质量。

3. 采场支护维护

（1）采场支护维护应定期进行，针对不同的支护体系制定相应的维护措施，并由专人负责。

（2）采场支护维护中，应特别关注支护材料的状态、支护体系的稳定性、采煤工艺和采煤工作面稳定性的变化情况，发现问题及时采取措施。

（3）采场支护维护中，要求操作人员对支护体系进行全面检查，检查过程应有记录并按要求及时处理。

4. 采场支护应急处理

（1）针对突发事件和不可预测的变化情况，在采场支护设计、施工和维护中应制定相应的应急处理措施和方案。

（2）一旦发生支护事故或者异常情况，应迅速采取应急措施，在确保人员安全的前提下，组织技术力量进行事故处理，并及时报告有关部门。

（三）冒顶事故处置基本原则

（1）矿山救援队参加冒顶片帮事故救援，应当了解事故发生原因、巷道顶板特性、事故前人员分布位置和压风管路设置等情况，指定专人检查氧气和瓦斯等有毒有害气体浓度、监测巷道涌水量、观察周围巷道顶板和支护情况，保障应急救援人员作业安全和撤离路线安全畅通。

（2）矿井通风系统遭到破坏的，应当迅速恢复通风；周围巷道和支护遭到破坏的，应当进行加固处理。当瓦斯等有毒有害气体威胁救援作业安全或者可能再次发生冒顶片帮时，应急救援人员应当迅速撤至安全地点，采取措施消除威胁。

（3）矿山救援队搜救遇险人员时，可以采用呼喊、敲击或者采用探测仪器判断被困人员位置、与被困人员联系。应急救援人员和被困人员通过敲击发出救援联络信号内容如下：

① 敲击五声表示寻求联络。

② 敲击四声表示询问被困人员数量（被困人员按实际人数敲击回复）。

③ 敲击三声表示收到。

④ 敲击二声表示停止。

（4）应急救援人员可以采用掘小巷、掘绕道、使用临时支护通过冒落区或者施工大口径救生钻孔等方式，快速构建救援通道营救遇险人员，同时利用压风管、水管或者钻孔等向被困人员提供新鲜空气、饮料和食物。

（5）应急救援人员清理大块矸石、支柱、支架、金属网、钢梁等冒落物和巷道堵塞物营救被困人员时，在现场安全的情况下，可以使用千斤顶、液压起重器具、液压剪、起重气垫、多功能钳、金属切割机等工具进行处置，使用工具应当注意避免误伤被困人员。

（四）局部冒顶灾害的防治与处理

1. 局部冒顶的原因

采场局部冒顶常发生在上下出口、煤壁线、放顶线、地质构造处及采煤机附近。其原因主要有：

（1）采空区顶板支撑不好，悬顶面积过大。

（2）顶板中存在断层、裂隙、层理等地质构造，将顶板切割成不连续的岩块，回柱后岩块失稳，推倒支柱造成冒顶。

（3）回柱操作顺序不合理。

（4）工作面支护质量不好，支护密度不够、初撑力低、迎山角不合理等。

（5）在遇见未预见的地质构造时，没有及时采取措施。

（6）工作面上下出口连接风巷和运输巷，空顶面积大。两巷掘进时经受压力重新分布的影响，同时由于巷道初撑力一般较小，使直接顶下沉、松动甚至破坏；特别是在工作面超前支撑压力作用下，顶板大量下沉，又在移动设备时反复支撑顶板，结果造成顶板更加破碎。如果又有基本顶来压影响，工作面上下出口更易冒落。

（7）煤壁线附近易形成“人字”“锅底”“升斗”等劈理，有游离岩块，易冒落。

2. 局部冒顶的预兆

（1）发出响声。岩层下沉断裂，顶板压力急剧增大时，木支架有劈裂声；金属支柱活柱下缩、支柱钻底严重都可能发出响声。

（2）掉碴。

（3）煤体压酥，片帮煤增多。

（4）顶板裂隙增多，裂缝变大。

（5）顶板出现离层。

（6）漏顶。

（7）瓦斯涌出量突然增大。

（8）顶板淋水明显增加。

3. 局部冒顶的主要预防措施

（1）防止煤壁附近冒顶，应及时支护悬露顶板，加强敲帮问顶。

（2）炮采时合理布置炮眼，控制药量，避免崩倒支架。

（3）防止两出口冒顶时，首先支架必须有足够强度，其次系统应具有一定阻力，防止基本顶来压时推倒支架。

（4）防止放顶线附近局部冒顶，要加强地质及观察工作，在大块岩石范围内加强支护，必要时用木支架代替单体金属支架。

（5）随时注意地质构造的变化，采取相应措施。

4. 局部冒顶的处理

局部发生冒顶后的处理方法是：先在冒顶区上下部加固支柱，防止冒顶范围继续扩大，然后用顶柱、托棚等支架加固冒顶区的顶板，如顶板冒落已形成拱形时可在棚梁上打木垛接顶，使顶板不再冒落。护住顶板后清除冒落的矸石，如矸石压埋输送机无法开机时，缩短机尾或开小巷使输送机恢复运转。处理完矸石后再根据具体情况增补支架，恢复工作面生产。如果在端头处冒顶时，无法处理冒落区，可采取掘进补巷绕过冒顶区，接通输送机后即可恢复生产。

（五）大面积冒顶灾害的防治与处理

1. 大面积冒顶的原因

（1）煤层之上是厚且坚硬的砂岩，经常大面积悬顶而不冒落，基本顶来压步距达到 50～70 m，当顶板的自身强度承受不了上部岩层和自身重量时，出现断裂垮落。

（2）回采过程中遇到断层或裂隙。

（3）柱式采煤工作面煤柱尺寸过小等。

2. 大面积冒顶的预兆

大面积冒顶一般包括基本顶来压时的压垮型冒顶、直接顶导致的压垮型冒顶、大面积漏垮型冒顶、复合顶板推垮型冒顶和大块游离顶板旋转型冒顶等。一般情况下，大面积冒顶主要预兆表现在以下几个方面：

（1）顶板的预兆。顶板连续发出断裂声，这是由于直接顶和基本顶离层或顶板断开而发出的响声。

（2）两帮的预兆。由于压力增加，煤壁受压后，煤质变软，片帮增多。

（3）支架的预兆。使用金属支柱时活柱快速下沉，连续发出“咯咯”声。

（4）瓦斯涌出量增多，淋水加大。

3. 大面积冒顶的主要防治措施

（1）顶板注水软化。

（2）强制放顶。

（3）循环浅孔式爆破放顶。

（4）深孔式强制放顶。

（5）超前深孔松动爆破。

（6）经常检查巷道支护情况，加强维护，发现有变形或折损的支架，应及时加固修复。

（7）维修巷道时，必须保证在发生冒顶时有人员撤退的出口。独头巷道维护时，必须由外向里逐架进行，应加固工作地点的支架。

（六）坚硬难冒顶板灾害的防治与处理

坚硬难冒顶板是指直接顶很薄或基本上没有，煤层上直接覆盖的是坚硬的砂岩、砾岩等，而且厚度很大。在这类坚硬顶板下采煤回柱后，可以形成几千平方米，甚至几万、几十万平方米的悬顶而不冒落。但是到了一定时候，顶板大面积来压并突然冒落，产生强烈的暴风冲击，引起地层强烈震动，可将巷道和工作面摧毁，造成伤亡事故。

为了预防大面积顶板冒落，有的煤矿采用煤柱支撑法管理顶板，即沿走向每采 30 ~ 50 m 留一宽度为 5 m 的煤柱，用煤柱支撑顶板，把采空区与工作面隔开，并在与生产工作面相邻的采空区进行强制放顶。放顶良好的采空区，一般不再出现大面积来压。如果采空区已经封闭，可以由地面打钻到采空区，进行深孔爆破，强制放顶。这样，在有压力显现的区域可以促使顶板早期分次冒落，减轻顶板压力；在压力不明显的区域，可以崩落部分顶板，造成顶板裂缝，形成人为的顶板薄弱带，以利于来压后分次冒落。

消除坚硬顶板冒顶事故的根本办法是采用长壁全部垮落采煤法，即当工作面推进 20 ~ 30 m 时，由工作面向顶板钻孔，一次装药爆破，进行初次放顶。以后随着工作面的推进，当悬顶过大时，继续进行深孔爆破强制放顶。这样就极大地消除了大面积来压及冒落对矿井和人身的危害。

此外，采用顶板预注水软化，破坏坚硬岩层的整体性，使其强度降低，也是处理坚硬难冒顶板的一种好方法。

（七）破碎顶板灾害的防治与处理

破碎顶板是指岩层强度低、纵向或横向节理裂隙发育、整体性差、稳定性差，导致工作面顶板安全性能差，易造成漏顶现象，严重影响矿井安全生产。虽然局部冒顶范围比较小，但是给矿井顶板安全管理带来诸多安全隐患，通常局部冒顶事故被称为“零打碎敲”事故，容易被忽视。

破碎顶板主要特点是整体性能差，破碎化程度高。如果不能及时控制破碎顶板，就容易造成大面积漏顶及冒顶现象。根据破碎顶板的机理，为防止破碎顶板冒顶现象的发生，采取针对性安全技术措施。

(1) 加强生产地质工作，在工作面回采前必须提供详细的地质说明书，包括工作面地质构造变化、断层产状、褶曲和破碎带、节理裂隙、水的情况。

(2) 在回采过程中，必须及时掌握工作面断层性质、小褶曲构造、顶板岩性、破碎带等实际情况，预测可能冒顶的范围、性质，并制定切实可行的、有针对性的措施。

(3) 加强职工培训教育，提高职工业务理论水平和安全操作技能，能够严格按照安全技术措施进行施工。

(4) 为了有效控制顶板，在移架时，前后立柱要均衡升压，使支架顶梁严密接顶，支架初撑力必须达到25.2 MPa。

(5) 为防止初次来压和周期来压造成的片帮和掉顶，支架工要使用好护帮板，加强对片帮煤的防范意识，要时刻注意做好敲帮问顶工作，及时清理帮顶的活岩危煤。顶板的节理裂隙发育大多发生在煤壁侧，及时前移液压支架做好支护，防止片帮、漏顶。

(6) 在确保作业地点6副左右支架护帮板全部打出贴紧煤壁的情况下，首先将1副支架的护帮板收回45°，然后将加工制作的2根槽钢用 ϕ22 mm 的等强螺栓固定在支架护帮板的两个圆孔上，挂钩朝向煤壁侧，槽钢固定牢靠以后将2张钢片网横着挂在槽钢的挂钩上，然后将护帮板打出贴紧煤壁；待第一副支架临时支护完毕后，再进行第二副支架的临时支护工作，支护流程同上；临时支护必须逐架进行，严禁2副以上支架同时进行支护作业，严禁人员在支护不完好的情况下在煤壁侧作业。

(7) 加强落差较小的小断层带处的支护。现场作业时将断层与工作面斜交，尽量缩小断层与工作面的接触面，采取局部依次过断层的方法，并在局部过断层处采取延长控顶距、密集插背，质量达到“稳”“紧”“均”“齐”的办法；由于采取了加密支架、缩小控顶距、超前施工锚索梁等措施，从而达到断层带处有效控制局部冒顶的效果。

(8) 破碎顶板岩层大多已经丧失了自身的支持能力，此时顶板岩层只有靠支架支持才能维持稳定，作用在支架上的力量是既定的破碎岩块的“定载荷”重量。综采、综放工作面必须做到破碎顶板杜绝漏顶现象。一旦发生漏顶现象造成支架顶梁上方发生了空洞，使支架无法对其上方顶板进行有效支护而使其处于无支护状态时，在矿山压力的作用下就会继续发生断裂折断以致漏顶。为防止局部漏顶，首先要考虑支架的选型，防止支架前梁及伸缩前梁段相邻支架间的架缝过大。

(9) 采煤机割煤后必须及时将支架拉移到位，并将护帮板伸出，使新暴露出来的顶板最大限度地得到及时支护，同时严格执行追机移架制度，顶板破碎时采用带压擦顶移架。液压支架升架支护时，必须有足够的初撑力，达到泵站压力的80%，即25.2 MPa。

采煤机司机割煤作业时，必须保证工作面顶底板平整，以确保支架顶梁接实顶板；支架泄压、出现窜漏液现象，必须及时维护维修，确保支架支撑有力；顺槽超前支架必须严格按照工作面进尺拉移，严禁超前或拖后拉移，造成顺槽及工作面支架间空顶。

（10）在过破碎顶板时，工作面要坚持采用带压擦顶移架，保持足够的支撑力，减少顶板下沉量，规范工作面的现场管理、规范职工的操作行为十分重要。

（八）复合顶板灾害的防治与处理

1. 复合顶板灾害的特征

复合顶板是指采煤后特别容易离层的顶板。由于复合顶板有“下软上硬”和软硬岩层间夹有煤线的特征，岩层下沉时，由软岩层面形成离层，下部的硬岩层失去上部岩层的摩擦阻力，会向工作面下方推垮，形成冒顶。

2. 复合顶板灾害的防治措施

（1）采掘工作中尽量不破坏复合顶板，不形成小漏顶。

（2）增加工作面支架的整体稳定性防止推垮事故。

（3）利用戗柱、戗棚、木垛等特殊支架支护。

（4）在工作面开切眼处布置锚杆，使控顶距内的岩层锚固在一起，增加稳定性。

（九）顶板事故案例分析

瑞丰煤矿“8·16”冒顶事故

2012 年 8 月 16 日 13 时 50 分，陕西省榆林市府谷县大昌汗镇瑞丰煤矿井下发生冒顶事故，14 名矿工被困。

1. 矿井概况

瑞丰煤矿有限公司位于府谷县大昌汗镇小昌汗村，属于技改矿井，由原瓷窑沟、羊路沟、瑞丰煤矿整合而成，事故发生前即将申请联合试运转。

2. 事故经过

2012 年该矿技改期间，未按批准的设计首采面在 3－1 煤层施工，擅自在 5－2 煤层布置房柱式采煤工作面，一边技改一边非法组织生产，多头多面越界开采 450 m，造成大面积空顶。

2012 年 8 月 16 日 13 时 50 分，空顶区突然发生大面积冒顶，当班入井 96 人，82 人安全升井，14 名矿工被困井下。瑞丰煤矿“8·16”冒顶事故示意如图 8－8 所示。

3. 事故直接原因

该矿不按设计施工，多头多面越界开采，造成大面积空顶，无支护情况下顶板突然来压造成大面积垮落，现场人员遇险被困。

4. 应急处置及抢险救援

1）企业先期处置

事故发生后，企业及时组织自救互救，组织未被事故直接围困的 82 人安全升井，并及时向上级汇报。

2）抢险救援过程

（1）制定初步救援方案，抢救井下遇险人员。先期赶到的府谷县矿山救护队和驻府谷的鄂尔多斯市救护队，首先入井探察和搜救。救援指挥部对照煤矿采掘工程平面图，根

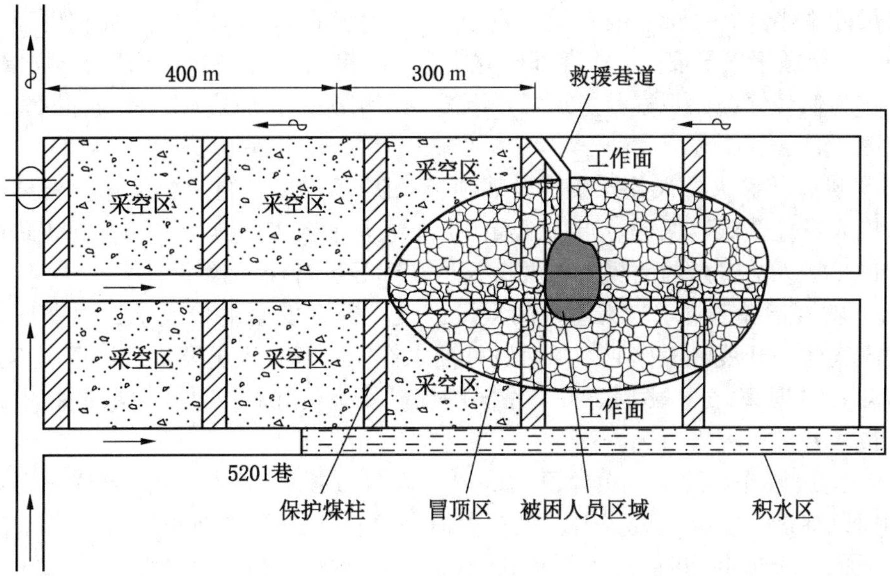

图 8-8　瑞丰煤矿“8·16”冒顶事故示意图

据井下施工人员和救护队三次下井搜救探察情况，经专家组反复论证，基本确定了被困人员方位，并研究制定了初步救援方案：一是保持正常通风系统，恢复灾区通风；二是加强排水工作，为抢险争取时间、创造条件；三是在冒顶区上口掘进、下口打钻及地面打钻，多措并举，全力以赴搜救人员；四是从神东公司和 185 地质队迅速调来钻机、工程技术人员及技术工人，24 h 在井口待命，时刻做好打钻救援准备。

按照救援指挥部预定方案，救援人员争分夺秒，经过 20 多个小时的紧急营救和遇险矿工的奋力自救，17 日 9 时 30 分左右，13 名遇险矿工成功获救，但仍有 1 名矿工下落不明。

（2）调整优化救援方案，搜救井下失踪人员。为抢救最后 1 名遇险矿工，救援指挥部通过仔细询问 13 名脱险矿工了解灾区情况，多次安排井下探察，详细掌握第一手资料，进一步调整、优化了救援方案：一是加大 5201 巷积水排放，完善风路，保证救援区域通风，尽可能为被困人员提供新鲜空气；二是在冒顶区上口顶板比较完整的 400 m 内进行锚网、钢带联合支护，在后 300 m 两帮破碎带进行 1 m 间距工字钢架棚支护；三是利用掘进机向 135°方位向前推进 45 m，再按 180°方位掘进至被困人员区域。

8 月 17 日 11 时和 15 时，两个救援组两次用生命探测仪对 5201 巷的进风和回风两侧进行拉网式搜救，但未有收获。

从 18 日开始，每天分两组救援：一组在救护队监护下负责 5201 回风巷支护工作，另一组在救护队监护下负责 5201 进风巷排水工作。同时安排救护队在井口待命。至 20 日，共支护 190 m，水位下降 85 cm。期间，19 日 2 时左右发生第二次大的冒顶，有煤尘从巷道喷出。

21日发现顶板响声频繁，南回风巷右侧是大面积采空区（已大部分冒落），而且巷道保安煤柱尺寸很小（3～5 m，有一处已贯通），随时都可能再次发生大面积冒顶。为防止次生事故，确保救援人员安全，指挥部研究决定：从巷道右侧200 m处开始靠煤壁间隔5 m打点柱，作为信号柱，以观察巷道顶板、围岩变化情况，为加快打锚杆及挂网施工进度提供安全保障。

22日早班，救援人员入井探察，发现顶板每隔10～12 s响一次，施救人员救援风险太大，救援人员安全难以保证。指挥部命令井下人员撤到安全地点待命。晚班班前会议安排，在确保救援人员安全的前提下，救援人员在井下进行探察救援作业。

23日，救援指挥部要求当天入井的救援人员在保证安全的情况下，观察顶板及片帮情况、检测气体、开展救援作业，同时进行抽水作业。所有人员要听从指挥，不允许任何人单独行动。10时20分，由熟悉井下情况的煤矿安全员和救护队人员陪同技术组和神木地测站人员入井勘察灾害情况。

24日，南进风巷又发生一次冒顶。25日，安排救援人员带生命探测仪分别对井下南进风巷和回风巷进行搜寻救援，未发现有生命迹象。26日再次到井下搜寻，未发现被困人员。井下积水35 cm，巷道片帮严重，顶板上方不停有岩石坠落声音。从26日下午开始，指挥部命令3支救护队在井口待命，指挥部根据井下复杂情况研究遇难者搜寻方案。

9月4日上午，省、市、县领导再次到井下了解灾情。由于井下冒顶面积大、顶板破碎、片帮严重，巷道极不稳定，若要继续救援寻找遇难者遗体，不仅难度大，而且风险很大，甚至还可能导致次生事故发生。

9月6日凌晨，救援指挥部经过充分研究，鉴于井下条件恶劣，存在极大风险，不具备搜救条件，被迫停止最后一名被困矿工的搜救工作。

二、矿井冲击地压事故应急救援技术

（一）矿井冲击地压概述

冲击地压是指煤矿井巷或工作面周围煤（岩）体由于弹性变形能的瞬时释放而产生的突然、剧烈破坏的动力现象，常伴有煤（岩）体瞬间位移、抛出、巨响及气浪等。

冲击地压属于矿井动力现象，是矿山压力的一种特殊显现形式。冲击地压具有突发性、瞬时震动性、复杂多样性和破坏性的特点。影响冲击地压的主要因素有采深、地质构造、煤（岩）体结构及开采技术等。

（二）冲击地压事故的防治与处理

1.《防治煤矿冲击地压细则》对冲击地压事故防治的总体要求

（1）冲击地压可按照煤（岩）体弹性能释放的主体、载荷类型等进行分类，对不同的冲击地压类型采取针对性的防治措施，实现分类防治。

（2）经冲击危险性评价后划分出冲击地压危险区域，不同的冲击地压危险区域可按冲击危险等级采取一种或多种的综合防治措施，实现分区管理。

（3）冲击地压防治应当坚持“区域先行、局部跟进、分区管理、分类防治”的原则。

（4）开采冲击地压煤层时，必须采取冲击地压危险性预测、监测预警、防范治理、效果检验、安全防护等综合性防治措施。

2. 冲击地压危险性评价及冲击地压矿井鉴定

冲击地压危险性是煤岩体可能发生冲击地压的危险程度，不仅受到矿山地质因素的影响，而且受到矿山开采条件等的影响。

《冲击地压矿井鉴定暂行办法》中规定：

（1）冲击地压矿井的鉴定工作依据综合指数法等方法，冲击地压矿井危险等级鉴定结果分为无、弱、中等、强（严重）四级。

（2）矿井发生生产安全事故，经事故调查组认定为冲击地压事故的，该矿井直接认定为冲击地压矿井，并进行煤层和冲击地压矿井危险等级确定。

（3）新建矿井在可行性研究阶段应当根据地质条件、开采方式和周边矿井等情况，参照冲击倾向性鉴定规定等对可采煤层及其顶底板岩层冲击倾向性进行评估，当评估有冲击倾向性时，应当进行冲击危险性评价，评价结果作为矿井立项、初步设计和指导建井施工的依据，并在建井期间完成煤层（顶底板岩层）冲击倾向性鉴定。

（4）根据冲击地压现象、煤层（顶底板岩层）冲击倾向性鉴定和煤层冲击危险性评价结果确定是否有冲击地压煤层。

（5）有下列情况之一的矿井，应当进行煤层（顶底板岩层）冲击倾向性鉴定：

① 有强烈震动、瞬间底（帮）鼓、煤岩弹射等动力现象。

② 埋深超过 400 m 的煤层，且煤层上方 100 m 范围内存在单层厚度超过 10 m、单轴抗压强度大于 60 MPa 的坚硬岩层。

③ 开采煤层埋深大于 800 m。

④ 相邻矿井开采的同一煤层发生过冲击地压或经鉴定为冲击地压煤层。

⑤ 冲击地压矿井开采新水平、新煤层。

⑥ 井田范围内发生震级 2.0 级以上矿震事件。

（6）煤层（顶底板岩层）冲击倾向性鉴定应当按照 GB/T 25217.2—2010、GB/T 25217.1—2010 进行，冲击倾向性鉴定的范围包括所有开采煤层、布置煤巷和半煤岩巷的煤层等；经鉴定有冲击倾向性的，必须进行煤层冲击危险性评价。

（7）煤层冲击危险性评价采用煤层冲击危险综合指数法，评价结果分为四级：无、弱、中等和强（严重）冲击地压危险。

（8）在矿井井田范围内发生过冲击地压现象的煤层，或者经评价具有冲击危险性的煤层为冲击地压煤层。

有冲击地压煤层的矿井为冲击地压矿井。冲击地压矿井危险等级以煤层冲击危险性评价等级最高的结果为准。

（9）经鉴定无冲击地压的矿井在开拓新煤层、新水平、新采区，或者冲击地压矿井实际揭露情况与鉴定条件存在较大差异时，煤矿企业（煤矿）应及时重新进行冲击地压矿井鉴定。

（10）经鉴定为冲击地压矿井的，不得改定为无冲击地压矿井。

（11）鉴定机构接受煤矿企业（煤矿）委托后的 10 个工作日内，向国家矿山安全监察局报送委托鉴定信息。除新建矿井外，冲击地压矿井鉴定工作应在签订委托协议 90 日内完成。

煤矿企业（煤矿）取得冲击地压矿井鉴定结果，应当在10个工作日内报国家矿山安全监察局和鉴定煤矿所在地国家矿山安全监察局省级局、省级煤矿安全监管部门。

3. 冲击地压预测技术

冲击地压预测技术是预测矿井开采、掘进范围内有无冲击地压危险的重要检测手段，是冲击地压防治工作的重要组成部分，对及时采取区域性预防措施和局部解危措施非常重要。

冲击地压预测方法有多种，除了常用的经验类比法以外，其他的预测方法可以分为以下两大类型：

第一类是根据采矿地质条件确定冲击地压危险性的局部预测法，包括综合指数法、数值模拟分析法、钻屑法等。

第二类是借鉴地震预报学的地球物理法，包括微震法、声发射法、电磁辐射法、震动法和重力法等。这些方法可以较准确地预报冲击地压可能发生的位置，较准确地确定冲击地压发生的强度和震动释放能量的大小，但这些方法操作难度大和设备昂贵，主要用于科研实验，尚未广泛应用于生产实践。

4. 冲击地压防治措施

目前，国内采用的冲击地压防治措施主要包括开采布置合理、保护层开采、煤层松动爆破和煤层预注水等。对于已具有冲击危险性的煤（岩）层，采用的控制方法有煤层卸载爆破、钻孔卸压、煤层切槽、底板定向切槽和顶板定向断裂等。这些措施和方法在我国均有较广泛的应用。

（1）煤层注水。煤层注水防治冲击地压的方法简易、价廉、适应性广，同时具有降尘、降温及软化煤层的作用，可以作为冲击地压防治的首选措施。需要注意的是，含水率和注水时间并不成正比。煤层注水在工程上有3种布置方式，即与采煤工作面煤壁垂直的短钻孔注水法、与采煤工作面煤壁平行的长钻孔注水法和联合注水法。

（2）震动爆破。震动爆破是一种特殊的爆破，与破岩爆破和落煤爆破不同。震动爆破的主要任务是引爆炸药后，形成强烈冲击波，使得煤（岩）体发生震动，达到震动卸压或者将高应力集中区转移到煤体深处，形成松动带的目的。

（3）钻孔卸压。钻孔卸压是指采用煤体钻孔释放煤体中积聚的弹性势能。在煤（岩）体应力集中区域或可能形成的应力集中区域实施直径大于95 mm的钻孔，通过排出钻孔周围破裂区煤（岩）体和钻孔冲击所产生的大量煤（岩）粉，使钻孔周围煤（岩）体破碎区增大，从而使钻孔周围一定区域内煤（岩）体的应力集中程度下降，或者使高应力转移到煤（岩）体的深处或远离高应力区，实现对局部煤（岩）体进行解危的目标，或起到预卸压的作用。

5. 冲击地压安全防护措施

在不能根除冲击地压危险的情况下，为确保井下作业人员的人身安全和矿井的安全生产，必须研究落实安全防护措施。安全防护措施是综合防治冲击地压技术措施的最后一道屏障。

（1）个体防护措施。个体防护措施可分为两部分：一是尽量减少工作人员在冲击地压危险区域的逗留时间，主要采取的措施是远距离爆破、震动性爆破等；二是进入防冲区域的所有人员必须按规定佩戴防冲帽、穿防冲背心、佩戴隔离式自救器等个体防护装备。

《防治煤矿冲击地压细则》第七十六条、第七十七条规定：①人员进入冲击地压危险区域时必须严格执行“人员准入制度”。准入制度必须明确规定人员进入的时间、区域和人数，井下现场设立管理站。②进入严重（强）冲击地压危险区域的人员必须采取穿戴防冲服等特殊的个体防护措施，对人体胸部、腹部、头部等主要部位加强保护。

（2）机电设备防护措施。当有冲击地压危险的采掘工作面发生冲击地压时，为了避免工作面内设备及物料的损坏，降低工作面内设备及物料的损坏程度，必须采取积极主动的措施：第一，供电、供液等设备应放置在采动应力集中影响区外，减少因震动或受到抛出的煤（岩）块的冲击致使设备受损；第二，危险区域内的其他设备、管线、物品等应采取固定措施。

（3）巷道及采煤工作面出口安全支护措施。冲击地压危险区域的巷道及采煤工作面出口必须加强支护，冲击地压发生时可以减少其破坏程度。巷道支护可以改为U型钢可缩性支架，冲击地压发生后支架连接处滑动收缩，使巷道保持一定的断面，不被摧垮，为人员脱险和恢复生产提供保障。

（4）压风自救系统及避灾路线。《防治煤矿冲击地压细则》第八十四条、第八十五条规定如下：

① 有冲击地压危险的采掘工作面必须设置压风自救系统。应当在距采掘工作面25～40 m的巷道内、爆破地点、撤离人员与警戒人员所在位置、回风巷有人作业处等地点，至少设置1组压风自救装置。压风自救系统管路可以采用耐压胶管，每10～15 m预留0.5～1.0 m的延展长度。

② 冲击地压矿井必须制定采掘工作面冲击地压避灾路线，绘制井下避灾线路图。冲击地压危险区域的作业人员必须掌握作业地点发生冲击地压灾害的避灾路线以及被困时的自救常识。井下有危险情况时，班组长、调度员和防冲专业人员有权责令现场作业人员停止作业，停电撤人。

6. 冲击地压事故的应急救援处置

矿井发生冲击地压事故时，不仅会破坏巷道和工作面导致冒顶，造成人员伤亡，还会影响周围地域巷道变形，甚至会对地表及地表建筑物造成损坏，严重影响矿井安全。因此，矿山救援队参加冲击地压事故救援时，除参照冒顶事故处置基本原则外，还应当遵守下列规定：

（1）分析再次发生冲击地压灾害的可能性，确定合理的救援方案和路线。

（2）迅速恢复灾区通风，恢复独头巷道通风时，按照排放瓦斯的要求进行。

（3）加强巷道支护，保障作业空间安全，防止再次冒顶。

（4）设专人观察顶板及周围支护情况，检查通风、瓦斯和矿尘，防止发生次生事故。

（三）冲击地压事故案例分析

千秋煤矿“11·3”冲击地压事故

2011年11月3日19时18分，河南省义马煤业集团股份有限公司千秋煤矿发生重大冲击地压事故，造成75人被困。

1. 矿井概况

千秋煤矿是义马煤业集团骨干生产矿井之一，冲击地压灾害严重。发生事故的21221下巷掘进工作面于2011年1月开工，事故发生前，从车场口已经掘进710 m。

2. 事故经过

2011年11月3日四点班为检修班，该矿安排掘一队、掘二队、开二队、防冲队在21221下巷掘进工作面进行防冲击地压卸压工程、防火工程、巷道支护和清理等工作，该区域共有作业人员75人。

19时18分，井下突然一声巨响，21221下巷掘进工作面发生冲击地压。19时22分，开二队跟班人员向矿调度室汇报："21221下巷响煤炮，声音比较大，煤尘大，什么也看不清楚。"事故发生后该区域75人被困。

千秋煤矿"11·3"冲击地压事故现场及抢险救援示意如图8－9所示。

3. 事故直接原因

采深达800 m特厚坚硬顶板条件下地应力非常大，受采动影响诱发冲击地压事故。

4. 应急处置及抢险救援

1）企业先期处置

3日19时22分，矿调度室接到井下报告后，立即通知矿领导及有关人员。随后，千秋煤矿启动冲击地压事故灾害应急救援预案，成立了以矿长为组长的现场应急救援指挥部，组织开展抢险救援。通知矿医院调派救护车辆、医务人员赶赴现场，通知矿有关科室领导到调度室集合待命，通知井下开拓、掘进队赴现场抢险，安排抢修21221下巷局部通风设施，将21221下巷原有注水管、注氮管、注浆管全部改为压风管，加大供风力度。

19时45分，矿救援指挥部向义煤集团报告了事故情况，义煤集团随后向上级部门逐级报告。19时48分，义煤集团矿山救护大队接警出动救援。

19时57分，该矿井下参加抢险的工人在21221下巷455 m处发现2名遇难人员。

20时20分，15名被困工人脱离险区，被送往医院救治。

2）灾区探察

3日20时10分和20时25分，义煤集团救护大队直属中队两个小队分别到达事故矿井并下井探察。20时55分到达现场，发现380 m处风筒断裂，巷道底鼓严重，人员通过困难，CH_4浓度为4%、CO_2浓度为1%、无CO、温度为40 ℃。按照指令救护队向380 m以里继续探察，巷道狭窄，仅能爬行，行动十分困难；至420 m处，巷道状况稍好，支架稍有变形，但人员能直立通过；至460 m处，巷道中部液压支柱全部向上倾斜，液压支柱下帮仅有宽0.6 m、高1.5 m的小洞；沿小洞继续前行到480 m处，巷道顶底板完全合拢，CH_4浓度为20%、CO_2浓度为5%、无CO、温度为40 ℃。

3）救援过程

3日23时12分，由于有害气体浓度较高，救护队立即按照命令接风筒排放瓦斯。

4日3时40分，清煤至480 m处发现1、2号遇难人员被埋在煤中。6时16分，将2名遇难人员运出。

4日8时3分，救护二中队和三中队各1个小队接替已经奋战超过12.3 h的直属中队两个小队，继续组织进行救援。当发现现场瓦斯浓度超限后，立即供风消除瓦斯威胁。

4日9时5分，在上帮掘小巷道510 m处时，发现7名遇险被困人员，均无生命危险，

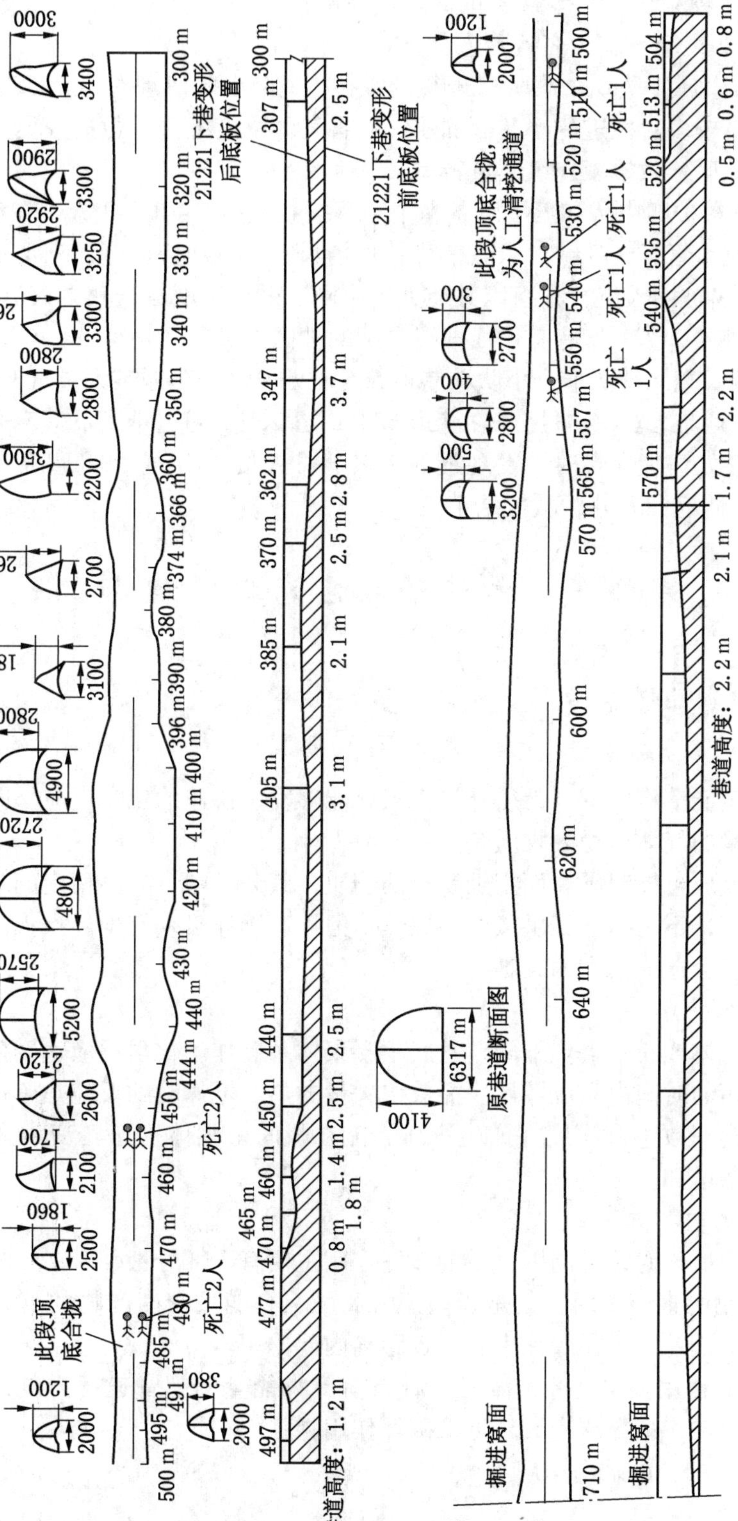

图 8－9　千秋煤矿“11·3”冲击地压事故现场及抢险救援示意图

510～520 m 巷道比较完整，气体温度正常。指挥部命令一边继续清挖一边尽快运送 7 名获救遇险人员。12 时 35 分，7 名遇险人员升井。

4 日四点班，直属中队 2 个小队接班继续救援。2 个小队清理巷道至 530 m 处，由于现场参与救援人员较多，掘进的小巷断面小，有害气体浓度上升，救援人员立即停止清挖并撤出。险情排除后，救援工作继续进行。

5 日零点班，救护四中队和五中队各 1 个小队接替救援。4 时 40 分，在清挖到 540 m 处时，听到里侧有敲管子、呼喊的求救信号，现场救援人员加快速度，5 时 32 分至 6 时 5 分，成功救出 45 名被困人员，并组织其他力量协同以最快速度运送获救人员升井。同时，按照指令救护队进入 21221 下巷工作面搜寻剩下的被困人员。

5 日 9 时 5 分，直属中队 1 个小队在巷道 535 m 处发现 1 名遇难人员（3 号），在巷道 540 m 处发现 1 名遇难人员（4 号），在巷道 553 m 处发现 1 名遇难人员（5 号），11 时 10 分，在巷道 510 m 处清理煤炭时，发现最后 1 名遇难人员（6 号），将遇难人员包裹运出后，21 时 56 分小队返回升井，救援结束。

第六节　爆破事故应急救援技术

一、矿用爆破器材

（一）炸药

炸药是在一定能量作用下，无须外界供氧就能够发生快速的化学反应，同时放出大量的热量、生成大量的气体产物的物质。

炸药是为了完成可控制爆炸而特别制造的物质，其分子中含有不稳定的基团，绝大多数炸药本身含有氧，不需要外界供氧就能爆炸，但炸药爆炸必须有外界点火源。炸药爆炸一旦失去控制，将会造成很大的灾难。

1. 炸药爆炸的特点

炸药爆炸与气体或粉尘爆炸不同，它属于凝聚体系爆炸。化学反应速度极快，可在万分之一秒甚至更短的时间内完成爆炸，能放出大量的热。爆炸时的反应热可达到数千到上万千焦，温度可达到数千摄氏度并产生高压，能在瞬间由固体迅速转变为大量的气体产物，使体积成百倍增加。

2. 炸药爆炸的破坏作用

炸药在空气中爆炸时，对周围介质的破坏作用主要有 3 部分：

（1）爆炸产物的直接作用。其是指高温、高压、高能量密度产物的直接膨胀冲击作用，一般情况下爆炸产物只在爆炸中心的近距离内起作用。

（2）冲击波的作用。空气冲击波是一种具有庞大能量的超音速压力波，是爆炸时起主要破坏作用的物质，离爆炸中心越近，破坏作用越强。

（3）外壳破片的分散杀伤作用。

3. 炸药的分类

常用的炸药有硝铵炸药、梯恩梯、钝化黑索今、塑性炸药、梯黑炸药、铵梯炸药等。

按炸药是否允许在煤矿井下有瓦斯或煤尘爆炸危险的采掘工作面使用，可分为煤矿许用炸药和非煤矿许用炸药 2 类。

其中，煤矿许用炸药是指经国家授权的检验机构检验合格，并取得煤矿安全许用标志证书，经国家行政主管部门批准，符合《煤矿安全规程》规定，允许在煤矿井下有瓦斯或煤尘爆炸危险的采掘工作面使用的炸药。如煤矿许用水胶炸药、乳化炸药、离子交换型炸药以及被筒炸药等。

（二）爆破器材

爆破器材是指用来引爆炸药的器材，如工业雷管、索状起爆材料、起爆器具、爆破网路检测仪器和连接导线等。

1. 煤矿许用电雷管

煤矿许用电雷管是指经国家授权的检验机构检验合格，并取得煤矿安全许用标志证书，经国家行政主管部门批准，符合《煤矿安全规程》规定，允许在煤矿井下有瓦斯或煤尘爆炸危险的采掘工作面使用的电雷管。如煤矿许用瞬发电雷管、煤矿许用毫秒延期电雷管和煤矿许用数码电雷管等。

2. 起爆材料及起爆器具

索状起爆材料又叫传爆线，是以副爆药为索芯，以棉、麻、纤维等为被覆材料，能够传递爆轰波的索状起爆材料。如导火索、导爆索、导爆管等。

煤矿用起爆器具是指发爆器。发爆器是用于供给电爆网路起爆电能的工具。《煤矿安全规程》第三百六十五条规定：井下爆破必须使用发爆器。开凿或者延深通达地面的井筒时，无瓦斯的井底工作面中可使用其他电源起爆，但电压不得超过 380 V，并必须有电力起爆接线盒。发爆器或者电力起爆接线盒必须采用矿用防爆型（矿用增安型除外）。

3. 爆破网路检测仪器

煤矿用爆破网路检测仪器包括光电导通表（又称测炮器）和爆破线路电桥。导通表是专门用来测量电雷管、爆破母线或电爆网路是否导通的仪表。爆破线路电桥是用来检查、测量电雷管及电爆网路的通断和电阻的仪表。《煤矿安全规程》第三百六十六条规定：每次爆破作业前，爆破工必须做电爆网路全电阻检测。严禁采用发爆器打火放电的方法检测电爆网路。

4. 连接导线

连接导线包括爆破母线和连线，用来连接发爆器、电雷管和炸药组成电爆网路。

二、爆炸基础知识

1. 爆炸的定义

由于物质急剧氧化或分解反应，使温度、压力增加或两者同时增加的现象，称为爆炸。爆炸是由物理变化和化学变化引起的。在发生爆炸时，势能（化学能或机械能）突然转变为动能，有高压气体生成或者释放出高压气体，这些高压气体随之做机械功，如移动、改变或抛射周围的物体。一旦发生爆炸，将会对邻近的物体产生极大的破坏作用，这是由于构成爆炸体系的高压气体作用到周围物体上，使物体受力不平衡，从而遭到破坏。

爆炸的基础知识

2. 爆炸的分类

爆炸有不同的分类，按物质产生爆炸的原因和性质不同，通常将爆炸分为物理爆炸、化学爆炸和核爆炸3种。物理爆炸和化学爆炸最为常见。

三、拒爆、残爆处置技术

在爆破作业过程中，由于种种原因，雷管或炸药未被起爆，这种现象统称为拒爆、残爆或熄爆，俗称哑炮、盲炮或瞎炮。

在爆破作业过程中，有的雷管或炸药没有参与爆炸，致使它们遗留在炮孔中，一方面使爆破作业难以实现工程目标，另一方面如果处置不当，极容易引起爆破事故。

1. 煤矿井下处理拒爆、残爆时必须遵守的规定

（1）《煤矿安全规程》第三百七十一条规定：通电以后拒爆时，爆破工必须先取下把手或者钥匙，并将爆破母线从电源上摘下，扭结成短路；再等待一定时间（使用瞬发电雷管，至少等待5 min；使用延期电雷管，至少等待15 min），才可沿线路检查，找出拒爆的原因。

（2）《煤矿安全规程》第三百七十二条规定：处理拒爆、残爆时，应当在班组长指导下进行，并在当班处理完毕。如果当班未能完成处理工作，当班爆破工必须在现场向下一班爆破工交接清楚。

处理拒爆时，必须遵守下列规定：

① 由于连线不良造成的拒爆，可重新连线起爆。

② 在距拒爆炮眼0.3 m以外另打与拒爆炮眼平行的新炮眼，重新装药起爆。

③ 严禁用镐刨或者从炮眼中取出原放置的起爆药卷，或者从起爆药卷中拉出电雷管。不论有无残余炸药，严禁将炮眼残底继续加深；严禁使用打孔的方法往外掏药；严禁使用压风吹拒爆、残爆炮眼。

④ 处理拒爆的炮眼爆炸后，爆破工必须详细检查炸落的煤、矸，收集未爆的电雷管。

⑤ 在拒爆处理完毕以前，严禁在该地点进行与处理拒爆无关的工作。

2. 露天煤矿处理拒爆、熄爆时必须遵守的规定

《煤矿安全规程》第五百三十八条规定：发生拒爆和熄爆时，应当分析原因，采取措施，并遵守下列规定：

（1）在危险区边界设警戒，严禁非作业人员进入警戒区。

（2）因地面网路连接错误或者地面网路断爆出现拒爆，可以再次连线起爆。

（3）严禁在原钻孔位钻孔，必须在距拒爆孔10倍孔径处重新钻与原孔同样的炮孔装药爆破。

（4）上述方法不能处理时，应当报告矿调度室，并指定专业人员研究处理。

四、炮烟中毒、炸药爆炸事故处置技术

（1）矿山救援队参加炮烟中毒窒息事故救援应当遵守下列规定：

① 加强通风，监测有毒有害气体。

② 独头巷道或者采空区发生炮烟中毒窒息事故，在没有爆炸危险的情况下，采用局

部通风的方式稀释炮烟浓度。

③ 尽快给遇险人员佩用全面罩正压氧气呼吸器或者自救器，给中毒窒息人员供氧并让其静卧保暖，将遇险人员撤离炮烟事故区域，运送至安全地点交医护人员救治。

（2）矿山救援队参加炸药爆炸事故救援应当遵守下列规定：

① 了解炸药和雷管数量、放置位置等情况，分析再次爆炸的危险性，制定安全防范措施。

② 探察爆炸现场人员、有毒有害气体和巷道与硐室坍塌等情况。

③ 抢救遇险人员，运出爆破器材，控制并扑灭火源。

④ 恢复矿井通风系统，排除烟雾。

五、爆破事故案例分析

窑街煤电集团三矿“2·4”爆破事故

（一）事故概况

2022 年 2 月 4 日 17 时 7 分，窑街煤电集团有限公司三矿（以下简称三矿）1300 东部边界回风下山掘进工作面发生事故，造成 1 人死亡、4 人受伤，直接经济损失 115.84 万元。

（二）事故经过

2022 年 2 月 4 日 11 时 30 分，三矿岩巷二队队长和值班副队长共同主持召开中班班前会。1300 东部边界回风下山掘进工作面当班出勤 11 人，主要工作任务是铺设轨道、前移耙岩机。跟班副队长带领员工 14 时 10 分到达井下工作地点，在巷道左侧陆续掏挖并铺设了 7 根枕木，在枕木上铺设了一根 5 m 轨道，接着将右侧轨道铺设在枕木上发现轨道不平整，在耙岩机前方 1.6 m 的轨道正中底板凸起 0.12 m。清理完表面浮渣后，因凸起部分坚硬，跟班副队长安排工人使用风镐挖底处理，17 时 7 分，风镐触发拒爆引起爆炸。

（三）事故直接原因

2 月 3 日岩巷二队早班人员在 1300 东部边界回风下山掘进工作面耙岩机簸箕口前方 10 m 范围内爆破挖底，当班钻眼 48 个装药 45 个，爆破后只检查出 4 个拒爆，二次处理拒爆后未检查发现耙岩机簸箕口处的 1 个拒爆；2 月 4 日中班人员铺设轨道使用风镐挖底时触发拒爆引起爆炸，造成现场 5 名工人受伤。

（四）抢险救援

事故发生后，当班安检员立即汇报三矿调度室，跟班副队长立即组织现场人员开展救援，先后发现有 5 人不同程度受伤，其中挖底工人昏迷不醒，受伤严重，其他 4 人意识清醒并参与救援。

三矿调度室在接到井下汇报后立即向矿领导和窑街煤电集团有限公司调度中心汇报，启动应急救援预案，召请矿山救护中心赶赴现场开展救援。17 时 17 分，救援队员入井救援，17 时 48 分，医护人员入井参加救援。至 19 时 5 分 5 名伤员陆续升井，先后被送至兰州市第五医院救治。19 时 50 分挖底工人经抢救无效死亡，其余 4 人生命体征平稳，在医院接受治疗。

第七节 提升、运输、机电和机械伤害事故应急救援技术

一、矿井提升基础知识

矿井提升设备是指用于提升和下放人员、设备、材料，提升煤炭、矿石、矸石等的设备。矿井提升设备的特点是在一定的距离内，以较高的速度往复运行，完成上升与下降的提升任务。矿井提升机在工作过程中一旦发生机械或电气故障，将会严重威胁矿井安全，造成设备损坏，影响正常生产甚至导致人员伤亡。

（一）矿井提升系统的组成

矿井提升系统主要由矿井提升机、电动机、电气控制系统、安全保护装置、提升信号系统、提升容器、提升钢丝绳、井架、天轮、井筒装备和装卸载附属装备等组成。

（二）矿井提升系统的分类

矿井提升系统按用途不同可分为主井提升系统和副井提升系统，按井筒倾角不同可分为立井提升设备和斜井提升设备，按提升容器不同可分为箕斗提升设备、罐笼提升设备、吊桶提升设备和斜井串车提升设备等，按钢丝绳缠绕形式不同可分为单绳缠绕式提升设备和多绳摩擦式提升设备。按拖动方式不同可分为交流提升设备、直流提升设备和液压传动提升设备。

二、矿井运输基础知识

矿井运输主要是指矿井的地下运输工作，主要任务是将煤炭和废矸石运出地面，将井下生产需要的材料和设备运到井下使用地点，以及运送人员上下班等。

矿井运输的特点是运量大、品种多、巷道狭窄、运距长短不一、线路复杂，因而作业复杂、维护检修困难、安全要求高。在有瓦斯和矿尘爆炸危险的矿井，运输作业必须严格遵守《煤矿安全规程》的规定。

三、矿井机电基础知识

（一）矿井机电设备概述

矿井机电设备是煤矿机械、电气设备和设施的统称，是煤矿生产的基础。它包括矿井供电设备和矿井用电设备两个方面。

矿井机电设备主要包括供电及电气设备、提升设备、通风设备、压风设备、压力设备、排水设备、采掘设备、支护设备、运输设备、安全监测监控及瓦斯抽放设备等。其中，矿井供电设备包括变压器、高压开关、低压开关、高低压电缆和各类保护装置等。

（二）机电设备防爆和失爆的预防措施

由于煤矿井下存在瓦斯、煤尘，电气设备运行过程中产生的火花、电弧都有引燃、引爆瓦斯、煤尘的可能性，所以，电气设备防爆至关重要，它是防止井下发生瓦斯、煤尘爆炸的重要技术措施之一。

1. 矿用电气设备

矿用电气设备分为两大类，即矿用一般型电气设备和矿用防爆型电气设备。

(1) 矿用一般型电气设备是专为煤矿井下条件生产的不防爆的一般型电气设备，只能用在井下没有瓦斯、煤尘爆炸危险的环境中。在矿用一般型电气设备外壳的明显处，均有清晰的永久性凸纹标志“KY”。

(2) 矿用防爆型电气设备是按照国家标准制造的，在防爆电气设备外壳的明显处，均有清晰的永久性凸纹标志“Ex”。

2. 电气设备的防爆、隔爆和失爆

防爆型电气设备是指按照国家标准设计制造的，不会引起周围爆炸性混合物爆炸的电气设备。矿用防爆型电气设备是指专供煤矿井下使用的防爆电气设备。

隔爆是指当电气设备外壳内部发生爆炸时，不会引起外壳外部的爆炸性气体发生燃烧或爆炸的性能。凡具有这种防爆性能的电气设备称为隔爆型电气设备。

失爆是指防爆电气设备外壳失去了隔爆性或耐爆性。当隔爆型电气设备的外壳内部发生爆炸时，引起外壳外部的爆炸性混合物质发生爆炸，或者从各处缝隙中喷出高温气体，或者火焰引起外壳外部爆炸性气体爆炸。

3. 电气设备失爆的预防措施

(1) 严格按《煤矿安全规程》的规定选用电气设备。

(2) 井下防爆型电气设备由电气防爆检查部门全面负责，集中统一管理。

(3) 严把入井关。防爆电气设备入井前，应当进行防爆检查，签发合格证后方准入井。

(4) 加强检查、维护。井下防爆电气设备的运行、维护和修理，必须符合防爆性能的各项技术要求。发现失爆电气设备，必须立即处理或更换，严禁继续使用。

四、矿井提升运输事故应急处置及救援工作要点

（一）事故特点

矿井提升运输事故发生在矿井的提升运输环节，主要包括卡罐、坠罐、跑车、吊桶翻转以及带式输送机、刮板输送机事故等。

卡罐造成罐内人员被困井筒，可能由于罐笼突然停止而发生撞击造成伤害，甚至可能发生坠罐事故。坠罐是矿井提升运输中发生较多的一类事故，对乘坐人员的伤害是强烈冲击，造成人员死亡或腿部骨折等创伤。斜井跑车失控后，除会造成车内人员创伤或死亡外，也可能撞击井底人员造成伤亡事故。吊桶翻转，能将人员甩（倒）出桶外造成伤害，但乘坐吊桶人员在系好保险带、挂上保险钩的情况下，一般不会坠落井底，不会发生严重伤害。带式输送机和刮板输送机事故的危害主要是机械伤害、触电、火灾等。

值得注意的是，坠罐、跑车、带式输送机断带等提升运输事故，可能扬起井底车场或巷道积聚的煤尘，并被同时产生的摩擦或者撞击火花点燃而引发煤尘爆炸。

（二）矿井提升运输事故救援

(1) 矿井发生提升运输事故，矿山企业应当根据情况立即停止事故设备运行，必要时切断其供电电源，停止事故影响区域作业，组织抢救遇险人员，采取恢复通风、通信和

排水等措施。

（2）矿山救援队应当了解事故发生原因、矿井提升运输系统及设备、遇险人员数量和可能位置以及矿井通风、通信、排水等情况，探察井筒（巷道）破坏程度、提升容器坠落或者运输车辆滑落位置、遇险人员状况以及井筒（巷道）内通风、杂物堆积、氧气和有毒有害气体浓度、积水水位等情况。

（3）矿山救援队在探察搜救过程中，发现遇险人员立即救出至安全地点，对伤员进行止血、包扎和骨折固定等紧急处理后，迅速移交专业医护人员送医院救治；不能立即救出的，在采取技术措施后施救。

（4）应急救援人员在使用起重、破拆、扩张、牵引、切割等工具处置罐笼、人车（矿车）及堆积杂物进行施救时，应当指定专人检查瓦斯等有毒有害气体和氧气浓度、观察井筒和巷道情况，采取防范措施确保作业安全；同时，应当采取措施避免被困人员受到二次伤害。

（5）矿山救援队参加矿井坠罐事故救援应当遵守下列规定：

① 提升人员井筒发生事故，可以选择其他安全出口入井探察搜救。

② 需要使用事故井筒的，清理井口并设专人把守警戒，对井筒、救援提升系统及设备进行安全评估、检查和提升测试，确保提升安全可靠。

③ 当罐笼坠入井底时，可以通过排水通道抢救遇险人员，积水较多的采取排水措施，井底较深的采取局部通风措施，防止人员窒息。

④ 搜救时注意观察井筒上部是否有物品坠落危险，必要时在井筒上部断面安设防护盖板，保障救援安全。

（6）矿山救援队参加矿井卡罐事故救援应当遵守下列规定：

① 清理井架、井口附着物，井口设专人值守警戒，防止救援过程中坠物伤人。

② 有梯子间的井筒，先行探察井筒内有毒有害气体和氧气浓度以及梯子间安全状况，在保证安全的情况下可以通过梯子间向下搜救。

③ 需要通过提升系统及设备进行探察搜救的，在经评估、检查和测试，确保提升系统及设备安全可靠后方可实施。

④ 应急救援人员佩戴保险带，所带工具系绳入套防止掉落，配备使用通信工具保持联络。

⑤ 应急救援人员到达卡罐位置，先观察卡罐状况，必要时采取稳定或者加固措施，防止施救时罐笼再次坠落。

⑥ 救援时间较长时，可以通过绳索和吊篮等方式为被困人员输送食物、饮料、相关药品及通信工具，维持被困人员生命体征和情绪稳定。

（7）矿山救援队参加倾斜井巷跑车事故救援应当遵守下列规定：

① 采取紧急制动和固定跑车车辆措施，防止施救时车辆再次滑落。

② 在事故巷道采取设置警戒线、警示灯等警戒措施，并设专人值守，禁止无关车辆和人员通行。

③ 起重、搬移、挪动矿车时，防止车辆侧翻伤人，保护应急救援人员和遇险人员安全。

④ 注意观察事故现场周边设施、设备、巷道的变化情况，防止巷道构件塌落伤人，必要时加固巷道、消除隐患。

（三）矿井提升运输事故应急处置和抢险救援要点

1. 现场应急措施

（1）卡罐、坠罐事故：

① 乘罐人员发现罐笼运行异常时，应握紧罐笼内的扶手，不能握扶手的应抓住握扶手的人，以免罐笼快速停止时摔伤和出现其他伤害。所有人员应将两腿弯曲，以减少惯性冲击。

② 罐笼由于保险装置的作用减速并停稳后，乘罐人员要保持镇静，不可在罐笼中乱动、推拉，以保持罐笼平衡，以呼叫为主积极发出求救信号，并耐心等待救援。

③ 井底现场人员发现罐笼异常时，应立即撤离井底 50 m 以外，或躲避到安全地点，待罐体稳定后，及时报告，并在现场设立警戒。与井口和车房保持联络，确认井口无其他可坠物且由专人在井口警戒后，方可靠近观察和施救。

④ 罐内未受伤人员应立即在现场为受伤矿工进行止血、包扎和骨折临时固定等紧急处理。

⑤ 井口人员应首先避险，及时向调度室报告，并在井口警戒，封锁现场，防止其他人员、车辆靠近。

（2）倾斜井巷跑车事故：

① 乘车人员发现人车运行异常时，乘坐人员应握紧车内的座椅靠背或扶手，以免人车快速停止时摔伤和出现其他伤害。车上人员不能中途跳车，当车停稳后立即下车，并向调度室报告。

② 人车发生断绳或掉道等事故后，跟车工应立即发出事故信号，通知矿井有关人员及时组织抢救。

③ 在倾斜井巷中行走或工作的人员，应立即进入躲避硐避险。来不及进入躲避硐时，应紧靠巷帮或支架间避险。巷道很窄、两侧难以躲避时，可抓住棚梁将身体向上收缩避险，使失控车辆从下部通过。

④ 斜巷底部人员应立即撤离或躲避到安全地点，及时向调度室汇报事故情况。待车停稳后，关闭阻车防护安全设施，设置警戒防止车辆及其他人员进入，积极开展施救。

（3）矿井应急处置要点：

① 启动应急预案，报告事故情况。调度室接到事故报告后，应迅速启动应急预案，立即通知救援队、医院等救援力量赶赴事故地点进行救援，向矿领导报告事故情况，并按照要求向上级有关部门报告。

② 采取有效措施，组织开展救援。矿井应根据情况停止事故设备运行，切断其供电电源，迅速组织开展救援工作，采取一切可能的措施，积极抢救被困遇险人员，防止事故扩大。

2. 抢险救援技术要点

（1）卡罐抢险救援要点：

① 清理井架、井口附着物，防止救援过程中坠物伤人。井口设专人把守，做好警戒。

② 在保证安全的情况下，有梯子间的井筒可以首先从地面通过梯子间向下探察直到罐笼上方进行施救，也可在井口通过固定滑轮及钢丝绳连接吊桶进行施救、运送人员。

③ 施救人员必须佩戴保险带、安全帽，所带工具都要系绳入套，防止掉落。配备使用合适的通信工具（如对讲机）以保证及时联络。

④ 在被困人员暂时无法救出时，要通过绳索和吊篮将通信工具、食物和水及相关药品下放给被困人员。

（2）坠罐抢险救援要点：

① 如果提升人员井筒发生事故，应该快速选择其他井筒入井探察施救。如需使用原事故井筒，应对提升装备及井筒进行安全评估，临时提升人员要制定安全措施。

② 施救人员入井后，对现场进行勘查，发现能够立即救出的人员要立即救出，妥善安置，对不能立即救出的人员要在采取措施后施救。施救时必须先观察井筒上部是否有物品坠落危险，确认无危险后再进行救援。

③ 在井底用槽钢、木板等封锁井底的井筒断面，防止意外物品掉入井筒造成人身伤亡。

④ 当罐笼坠入井底时，救援人员可通过排水通道直接进入罐笼，并通过排水通道抢救人员，排水通道受阻时，也可采用绞车和吊桶运送人员。

⑤ 当罐笼坠入井底遇到积水多井筒淋水大等情况时，应采取排水、截水、引水措施，井底较深时还应考虑局部通风问题，防止人员窒息。

⑥ 迅速搜寻幸存人员，发现伤员及时进行止血、包扎和骨折固定等紧急处理，并迅速运送升井到医院救治。

（3）倾斜井巷跑车抢险救援要点：

① 施救中选用起重、破拆、千斤顶等装备搬移挪动矿车时，应采取措施保护车内遇险人员安全，免受二次伤害。

② 迅速搜寻幸存人员，发现伤员及时进行止血、包扎和骨折固定等紧急处理，并迅速运送升井到医院救治。

③ 处理现场险情隐患，加固被破坏的巷道时，应安排专人观察现场情况，采取安全措施保证救援人员安全，防止发生次生事故。

（四）相关工作要求

（1）严禁未采取防坠落措施就盲目抢险救援。

（2）严禁未将主提升设备固定牢就盲目抢险救援。

（3）严禁不按高空作业规定冒险抢险救援。

（4）严禁不顾退路不观察现场情况盲目抢险救援。

（5）严禁未采取闭锁上平台防跑车系统就盲目抢险救援。

（6）严禁不处理现场险情隐患就盲目抢险救援。

五、矿井电气伤人事故类型及防范措施

(一) 矿井电气伤人事故类型及原因

(1) 违章带电作业或没有验电，作业中误送电，人员直接触及漏电设备、电缆等带电体造成触电事故。

(2) 缺乏电气知识，误入带电间隔或人体过于接近高压带电体导致高压带电体放电而造成触电事故。

(二) 有关安全规定

《煤矿安全规程》第四百四十二条至第四百四十四条规定如下：

(1) 井下不得带电检修电气设备。严禁带电搬迁非本安型电气设备、电缆，采用电缆供电的移动式用电设备不受此限。

检修或者搬迁前，必须切断上级电源，检查瓦斯，在其巷道风流中甲烷浓度低于1.0%时，再用与电源电压相适应的验电笔检验；检验无电后，方可进行导体对地放电。开关把手在切断电源时必须闭锁，并悬挂“有人工作，不准送电”字样的警示牌，只有执行这项工作的人员才有权取下此牌送电。

(2) 操作井下电气设备应当遵守下列规定：

① 非专职人员或者非值班电气人员不得操作电气设备。

② 操作高压电气设备主回路时，操作人员必须戴绝缘手套，并穿电工绝缘靴或者站在绝缘台上。

③ 手持式电气设备的操作手柄和工作中必须接触的部分必须有良好绝缘。

(3) 容易碰到的、裸露的带电体及机械外露的转动和传动部分必须加装护罩或者遮栏等防护设施。

(三) 预防电气伤人事故的主要措施

(1) 严禁带电作业。

(2) 加强设备检修，避免因维修不当造成带电体脱落碰及外壳。

(3) 按规定装设保护接地装置，以减小漏电电流对人体的危害。

(4) 保证检漏继电器都处于正常工作状态，漏电时能及时切断电源。

(5) 电气设备的摆放位置、电缆吊挂的高度应符合规定，避免因矿车掉道或者矸石冒落挤伤电气设备或电缆，造成漏电或者短路。

(6) 在有架线的地点附近作业时，应先停电；不能停电时，长柄工具要平拿、平放，操作时不准碰到架线，以防触电。

(四) 维修电气设备时的注意事项

(1) 电气维修工作业前应检查、清点应带的工具、仪表、零部件、材料，检查验电笔是否灵敏可靠。

(2) 检查、检修、安装、挪移机电设备时，禁止带电作业，必须遵循切断并闭锁上级电源、检查瓦斯、验电、放电、挂警示牌的顺序进行工作。

(3) 从事高压电气作业时，必须按规定做好绝缘防护。

(4) 同一供电系统和同一控制系统有多人同时工作时，必须注意互相之间的影响和

相互之间的安全。凡因停送电影响他人安全的地点应按下列规定执行：

① 一般不准同时作业，需要在停电的线路上进行多项作业时，应分别办理停电手续。

② 必须同时工作时，要分别挂停电牌，并指定专门联系人负责联系各相关工作环节的进度，各环节均结束工作且人员撤离后方可送电。严禁约定时间送电。

③ 检漏继电器跳闸后，应查明跳闸原因和故障性质，及时排除故障后才能送电，禁止在甩掉检漏继电器的情况下，对供电系统强行送电。

六、运输事故案例分析

东荣二矿“3·9”运输事故

2017 年 3 月 9 日，黑龙江龙煤双鸭山矿业有限责任公司东荣二矿（以下简称东荣二矿）井口房违规电焊引发火灾，继而烧断钢丝绳，引起正在提升的罐笼坠落，导致乘坐罐笼的 17 人遇难。

（一）矿井提升设备概况

该矿井主井、副井均采用塔式摩擦轮式提升机提升。主井为箕斗提升，担负全矿原煤提升任务。井筒直径 5. 5 m，提升高度 631. 73 m。副井井筒直径 7. 5 m，井深 569 m，井筒内布置两套塔式多绳摩擦式提升机。其中一套作为主要提升设备，承担提矸、下料、升降人员等运输任务。副井辅助提升机罐笼质量为 12117 kg，平衡锤质量为 14517 kg。提升钢丝绳为镀锌钢丝绳，绳长 690 m，共 4 根。平衡钢丝绳为镀锌扁尾绳，绳长 620 m，共 2 根。罐笼双层准乘 40 人，最大提升速度 4 m/s。

（二）事故经过

2017 年 3 月 9 日 6 时 30 分左右，运转队一车间主任组织运转工班 16 人召开班前会，安排一车间工作。7 时，该主任参加运转队早会，会议由运转队代理队长主持，两次会议均未安排焊接作业。13 时 30 分左右，运转队一车间副主任在大绳工休息室门口走廊遇见运转队一车间电焊工，告知副井井口运输平台轨道开焊了。13 时 40 分左右，该电焊工拿着电焊把线等工具对轨道开焊错口处进行焊接，将沙箱、灭火器、水管摆放好，接完线后，使用设在副井井口房二层的电焊机对副井主要提升设备进行了焊接。焊接工作结束后，该电焊工观察周围环境 10 min 左右，未发现异常后，就将灭火器、沙箱归回原位，拿着电焊把线等工具到二层休息室休息。

14 时 30 分左右，17 名井下作业工人乘罐升井期间，副井口运输平台推车工班长和推车工在副井井口等候罐笼准备入井考勤。推车工班长走到井口验身房附近时，透过靠验身房一侧铁道中间的缝隙发现运输平台负一层内有火光，从平台检修口往下看发现负一层电缆有明火，就叫推车工扯水管灭火，同时大喊“电缆着火了”。听到喊声后，3 名员工一起扯冲尘用的自来水管试图灭火，但没有水，于是通知信号工给矿调度打电话联系水电所供水。在副井电气检修的员工也使用灭火器进行灭火。随后赶来的一车间主任等人试图用消火栓灭火，但消防管路内水量很少，很快火势已不能控制，随后赶来的保安人员组织人员撤离。

14 时 34 分，罐笼上行不久，辅助提升系统井下信号工发现有烟从副井井筒下来，于是给矿调度打电话询问情况，调度答复井口着火。14 时 39 分，该信号工向调度电话报告井下烟大，通话期间，罐笼坠落。

（三）事故直接原因

电焊工在副井井口运输平台违章电焊，产生的高温焊渣引燃运输平台负一层内可燃物，导致提升机电力电缆线、信号电缆线、井口操车系统液压油管及液压油燃烧。由于副井井口辅助提升到位停车开关信号电缆着火造成线路短路，提升机实施一级制动，致使罐笼提升 59 m（由 -500 m 标高水平上提至 -441 m 标高水平）后停止运行。此时，副井平衡锤侧提升钢丝绳处于高温火区内抗拉强度急剧下降，在静张力的作用下断裂，造成罐笼坠落（坠落高度 94 m）。

（四）应急处置及抢险救援

1）企业应急处置

14 时 35 分，东荣二矿调度室监测调度接到副井井口信号工打来电话，说副井井口电缆着火了，请求联系水电所往副井井口送水灭火。该调度立即向矿长及安全生产有关人员报告了副井井口火情，相关领导陆续赶往调度室指挥事故救援。14 时 50 分，矿生产调度向双鸭山矿业公司调度报告事故。双鸭山矿业公司生产调度接到事故报告后，立即向双鸭山矿业公司调度室主任和矿业公司领导及龙煤集团调度报告了事故。15 时 25 分，双鸭山矿业公司副总经理向黑龙江煤矿安全监察局哈东监察分局电话报告，同时安排按程序逐级上报事故。

东荣二矿生产调度听到监测调度接到的电话后，立即联系水电所往副井井口送水，随后通知通风队，要求组织人员拿灭火器到副井井口灭火。14 时 40 分，东荣二矿分公司武保科科长拨打 119 报火警；东荣二矿生产调度接到井下矿通风副总工程师打来的电话说井下有烟，让他马上向总工程师和通风副矿长报告，准备反风。14 时 41 分，矿长下令启动东荣二矿应急救援预案，通知井下撤人，并进行矿井反风。14 时 57 分，向双鸭山矿业公司救护大队请求救援。

15 时 40 分，在井下带班的采煤副矿长到副井井底查看情况，确认辅助提升机罐笼坠入井底。

15 时 50 分左右，双鸭山矿业公司及龙煤集团领导相继赶到东荣二矿，双鸭山矿业公司成立了以公司副总经理（主持全面工作）和总工程师为总指挥，东荣二矿矿长和总工程师任副总指挥的救援指挥部，立即组织开展救援工作。

事故发生时井下共有 273 名作业人员，事故发生后，救援指挥部组织井下作业人员陆续升井。截至 3 月 10 日 1 时 47 分，共有 256 人安全升井，经排查确认，有 17 人被困。

2）应急救援过程

14 时 57 分，双鸭山矿业公司救护大队接警后，先后出动 2 个中队、5 个小队共 48 名救援人员，调集车辆 8 台参加事故救援。

15 时 6 分，东荣中队 2 个小队共 18 人到达事故矿井，按矿指挥部命令，一小队立即对副井罐笼平台火灾现场进行探察；二小队到矿机关办公楼（火灾浓烟已窜至办公楼，人员已疏散）进行探察搜救。对副井罐笼探察的一小队发现副井罐笼平台、二楼、三楼均有明火燃烧，信号操纵台、验身房上下两层工作间和副井罐笼平台下部皆有浓烟和燃烧物燃烧，并发现塔顶6楼有2名绞车司机被困；二小队在浓烟中对6层办公楼由上到下进行搜救，在4楼搜救出遇险被困人员4名，为其佩戴自救器，护送至安全地点。

15时36分，大队长带领战训部2人到达事故矿井，成立救护临时指挥部。之后，救护队再次进入副井罐笼平台至塔楼搜救，通过高温浓烟和火场等地点，为被困的2名绞车司机佩戴自救器，护送至安全地点。

15时50分，救护大队尖山中队2个小队共18人到达事故矿井。根据指挥部要求，救护队与消防队协同灭火，由救护大队大队长带领3个小队和消防人员进入火场，用消防水枪进行灭火。后派1个小队作为巡查小队对火灾现场进行全面巡查并及时扑灭复燃点3处。16时，副井明火彻底扑灭。

由于副井发生事故无法运行，为快速将井底人员升井，指挥部决定由主井提升井下人员，制定并落实了主井提升人员安全措施。18时，主井开始提升人员，截至10日1时47分，256人全部安全升井。

9日20时15分，根据指挥部命令，救护队入井探察搜救被困人员，由井底车场向下的井筒梯子间（共10 m）进入梯子间尽头，距事故点垂深约10 m没有梯子无法进入，发现底部有大量首绳，多次喊话，没有人员回应。东荣二矿“3·9”坠罐事故救援现场示意如图8－10所示。

副井井底车场（－500 m）向上约80 m范围内的钢梁因坠罐被砸坏，井底（－550～－535 m）首绳与钢梁缠绕混乱，将罐笼和配重铁包裹在下方，并随时可能有物体坠落，初步判断不具备从井筒内由上向下清理救援的条件。9日21时48分，指挥部决定，由该矿安装队、运输队职工在井底泄水巷及联络巷（－535 m）安装一台JM－14型慢速绞车，对底部缠绕的尾绳进行拖拽切割清理。由于联络巷断面狭窄，仅为3 m^2，清理工作进展缓慢。10日13时5分，救援人员通过清理出的狭窄通道，向上爬至罐笼上方，通过缝隙看到罐笼上层内至少有4名遇难者，罐体和遗体已经严重变形。11时30分救护队进入副井罐底使用生命探测仪搜救，未探测到生命迹象。

从底部实施拖拽切割清理过程中，一方面由于上部大量重物压紧，向外拖拽钢丝绳十分困难，救援工作进展非常缓慢；另一方面配重铁占据清理处大部分空间，救援人员作业空间狭小，安全受到威胁。鉴于这一情况，应急管理部领导立即组织有关专家对救援方案提出调整和优化的建议。指挥部根据应急管理部领导的建议对抢险救援方案进行了重新部署，确定了由井底车场进入井筒，自上而下清理井筒内落下的钢丝绳、钢梁和罐道等杂物，直至清到坠落的罐笼，再根据情况进行施救的方案。

为确保井筒内救援人员安全，制定了以下安全措施：一是防止物体坠落。对副立井井口以上所有悬挂物及提升装置进行了固定，并在井口安装栅栏，在－500 m水平安装盖板，防止井口及井底车场物体坠落。二是防止次生灾害。切割钢丝绳前，对井下现场进行充分洒水，保持通风，监测有害气体浓度，防止切割作业引发火灾事故。三是加强现场管理和技术指导。安排白班、夜班均由一名公司领导和一名矿领导带班，专家现场指导，确保安全施救。

从10日18时起，在地面副井井口房内安装JZ－16/1000型稳车，在井底车场副井出车侧安装JSDB－19型慢速绞车。11日8时，两部绞车安装完成。之后，救援人员通过副

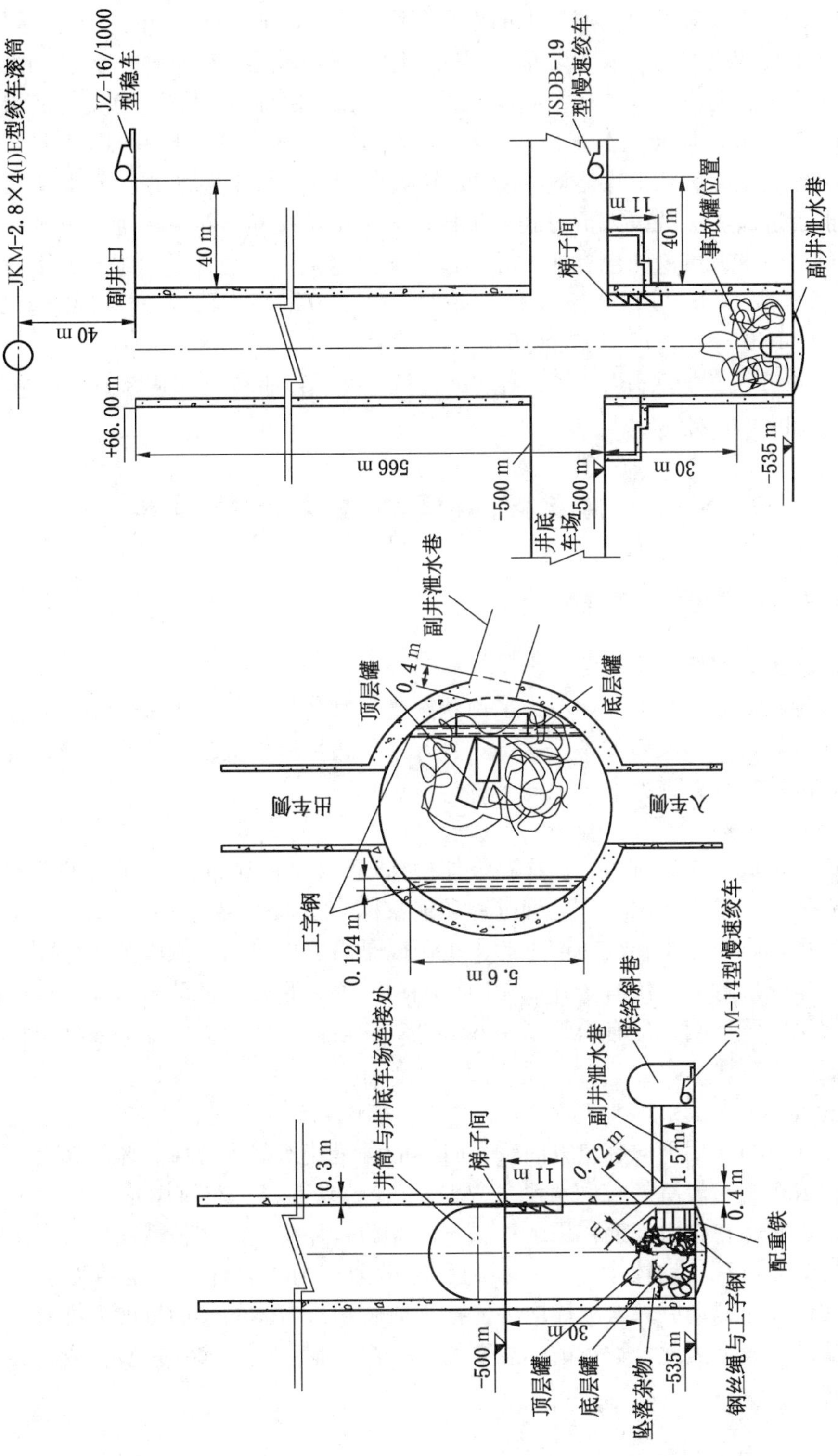

图 8－10 东荣二矿“3·9”坠罐事故救援现场示意图

井井底清理出的狭窄通道爬至罐笼上部，清理坠罐地点杂物，按照难易程度和上下顺序捆绑切割钢丝绳、钢梁或者罐道，使用地面稳车起吊约 20 m 至 -500 m 井底车场，再用慢速绞车拖拽到车场及巷道内码放或者装车。期间，除带班矿领导外，救护队员也到现场进行监护、配合施工、协助清理并在梯子间向下设置软梯，作为施救现场应急安全通道。

11 日 11 时 30 分，地面绞车开始起吊第一钩。12 日 13 时 38 分，清理至上层罐笼顶部并起吊上层罐上盖，确认上层罐内共有 11 名遇难人员。由于通往井底泄水巷通道较为狭窄，不便于运送遗体，救援人员对巷道顶板拐角进行了爆破，拓宽了通道。现场救援人员使用风筒布将遇难人员遗体包裹捆扎并通过井筒内缝隙下放至井底泄水巷，由救护队员接应并运送。20 时 35 分，切割完下层罐上盖并起吊。20 时 41 分，发现下层罐第 12 名遇难人员，至 22 时 40 分，发现第 17 名遇难人员。

13 日 0 时 4 分，救护队开始将 17 名遇难人员升井，1 时 57 分升井完毕，救援工作结束，共历时 83 小时 16 分。

第八节　露天矿山灾害应急救援技术

一、采场边坡灾害防范措施

（一）采场边坡危害类型

露天开采导致山坡岩体的原始应力平衡状态遭到破坏，致使山坡岩体发生局部或者整体性的变形和破坏，并形成新的平衡状态。露天采场边坡破坏类型主要有松弛张裂、蠕动变形、崩塌、滑坡等几种类型。

1. 松弛张裂

在采场边坡形成的初始阶段，往往在坡体中出现一系列与坡面近于平行的陡倾张开裂隙，使边坡岩体向临空方向张开，这种过程和现象称为松弛张裂（也称松动）。存在于坡体的张开裂隙可以是应力重新分布产生的，也可以是沿着原有的陡倾裂隙发育而成的。松弛张裂外形略呈弧形弯曲，仅有张开而无明显相对滑移，张开度及分布密度由坡面向深处逐渐减弱。理论实践证明，仅有松弛张裂变形形式的坡体，其应力应变关系处于稳定破裂阶段或者减速蠕变阶段。

2. 蠕动变形

边坡岩体在重力作用下向临空方向较长时期的缓慢变形称为边坡岩体的蠕动。研究表明，蠕动的形成机制为岩石的粒间滑动（塑性变形）或者岩石裂纹微错，或者由一系列裂隙扩展所致。它是在应力长期作用下，岩石内部的一种缓慢的调整性变形，实际上是岩石趋于破坏的演变过程。坡体中由自重应力引起的剪应力与岩体长期抗剪强度相比很低时，只能使坡体减速蠕动，只有坡体应力值接近或者超过岩体的长期抗剪强度时，坡体才能进入加速蠕动阶段。因此，坡体破坏总要经过一定过程，或者非常短暂，或者经过一个相当长的时间。

3. 崩塌

崩塌是采场岩质边坡破坏的一种形式，是指块状岩体与岩坡分离向前翻滚而下的现象。在崩塌过程中，岩体无明显滑移面，同时，下落的岩块或未经阻挡而落于坡角处，或于斜坡上滚落、滑移、碰撞，最后堆积于坡角处。岩坡的崩塌常发生于既高又陡的边坡前缘地段，具有逐次后退、规模逐渐减小的趋势。裂隙水冻结产生的楔开效应、裂隙水的静水压力、植物根须膨胀压力，以及地震、雷击等动力荷载等，都会诱发崩塌破坏。

4. 滑坡

滑坡是边坡上的岩土体在自然或人为因素的影响下失去稳定，沿坡内软弱结构面产生的整体滑动。滑坡通常以深层破坏形式出现，其滑动面往往深入坡体内部，甚至延伸到坡脚以下。当滑动面通过塑性较强的土体时，滑速一般比较缓慢；当滑动面通过脆性较强的岩石或者滑面本身具有一定的抗剪强度时，可以积聚较大的下滑势能，滑动具有突发性。根据滑面的形状，滑坡形式可分为平面剪切滑动和旋转剪切滑动。平面剪切滑动的特点是块体沿着平面滑移，可进一步分为简单平面剪切滑动、阶梯式滑坡、三维楔体滑坡和多滑块滑动（倾倒滑动）几种破坏模式。旋转剪切滑动的滑面通常呈弧状，岩土体沿此弧形成滑面滑移。

（二）采场边坡危害影响因素

露天矿山采场边坡的变形、失稳，本质上是边坡自身求得稳定状态的自然调整过程，而边坡趋于稳定的作用因素与内在因素和外在因素有关。

内在因素决定边坡变形的形式和规模，对边坡的稳定性起着控制作用，是边坡变形的先决条件。外在因素只有通过内在因素才能对边坡稳定性起破坏作用，或者促进边坡变形的发生和发展。

边坡变形，实质上是内在和外在的各种因素综合作用的结果。因此，在分析边坡稳定性时，应在研究各种单一因素的基础上，找出它们彼此间的内在联系，才能对边坡的稳定性作出比较正确的评价。

1. 内在因素

（1）岩层岩性。岩石的物理力学性质及矿物成分、结构与构造，对整体岩层而言，是确定边坡稳定性的主要因素之一。相间成层的岩层，其厚度、产状及在边坡内所处的部位不同，稳定性也不一样。

（2）岩体结构面。岩体结构面是在地质发展过程中，在岩体内形成具有一定方向、一定规模、一定形态和不同特性的地质分割面，统称为软弱结构面。它具有一定的厚度，常由松散、松软或软弱的物质组成，这些组成物质的密度、强度等物理力学属性较之相邻岩块差得多。在地下水作用下往往出现崩解、软化、泥化甚至液化的现象，有的还具有溶解和膨胀的特性。这种软弱结构面的存在，给边坡岩体失稳创造了有利条件。

（3）风化程度。岩层的风化程度越深，则岩层的稳定性越低，要求的边坡坡度越缓。例如花岗岩在风化极严重时，其矿物颗粒间失去连接，成为松散的砂粒，则边坡的稳定值近似于砂土所要求的数值。

（4）水文地质。地下水对边坡稳定性的主要影响包括岩石发生溶解、软化，降低岩体特别是滑面岩体的力学强度；地下水的静水压力降低了滑面上的有效法向应力，从而降低了滑面上的抗滑力，产生渗透压力（动水压力）作用于边坡，使岩层裂隙间的摩擦力减小，其稳定性大为降低，在边坡岩体的孔隙和裂隙内运动的地下水使土体容重增加，增加了坡体的下滑力，使边坡稳定条件恶化。地表水对边坡的影响主要是冲刷、夹带作用对边坡造成侵蚀，形成陡峭山崖或者冲洪积层，引发牵引式滑坡。

（5）气候与气象。在渗水性的岩土层中，雨水可下渗浸润岩土体内，加大土、石容重，降低其凝聚力及内摩擦角，使边坡变形。此外，气温、湿度的交替变化，风的吹蚀，雨雪的侵袭、冻融等，可以使边坡岩体发生膨胀、崩解、收缩，改变边坡岩体性质，影响边坡稳定。

（6）地震。水平地震力与垂直地震力的叠加，形成一种复杂的地震力，这种地震力可以使边坡作水平、垂直和扭转运动，引发滑坡灾害。地震触发滑坡与地震烈度有关。

2. 外在因素

影响边坡稳定性的外在因素包括设计边坡角偏大、违反开采顺序、台阶没按设计施工、爆破作业违反边坡安全规定等，如在自然边坡上进行露天开挖、地下开采、爆破作业、坡顶堆载、疏干排水、地表灌溉等行为。

（1）坡体开挖形态。露天边坡角设计偏大，或台阶没按设计施工，安全平台达不到设计规定或无安全平台，会显著增加边坡滑坡的风险。发生采动滑坡的坡体几何形态大多有如下特点：从平面形状来看，采动滑坡大多发生在凸形或突出的梁峁坡体上；从竖直剖面来看，采动滑坡或崩塌主滑轴线方向的剖面大多在总体上呈凸形状态，即坡顶比较平缓，坡面外鼓，坡角为陡坎或坡体的上、下部均呈陡坎状，中间有起伏的不规则斜坡或直线斜坡。

（2）坡体内部或下部开挖扰动。施工对边坡的最大扰动是工程开挖使得岩土体内部应力发生变化，从而导致岩体以位移的形式将积聚的弹性能量释放出来，由此带来了边坡结构的变形破坏现象。尤其是在坡体内部或下部施工时，由于地应力的复杂变化，造成的滑坡风险更加难以预测。

（3）工程爆破震动影响。大范围的工程爆破对山体有很大的破坏作用。瞬时激发的强大地震加速度和冲击能量会导致岩层或土层裂隙增加，使边坡整体稳定性减弱。

（4）坡顶堆载。在边坡上进行工业活动，将固体废弃物堆放在坡顶，可能导致下滑力增加。当下滑力大于坡体的抗滑力时，会引起边坡失稳。

（5）降水或排水。由于人为地向边坡灌溉、排放废水、堵塞边坡地下水排泄通道或破坏防排水设施以及雨水浸泡或冲刷，使边坡地下水位平衡遭到破坏，进而破坏边坡岩土体的应力平衡，增加岩层容重，增大滑动带孔隙水压力，增强动水压力和下滑力，减小抗滑力，从而引发滑坡。

（三）采场边坡危害防范措施

1. 采场边坡危害防治的相关规定

（1）必须采用分台阶分层开采。露天矿山必须遵循自上而下的开采顺序，分台阶开采。小型露天采石场不能采用台阶式开采的，必须自上而下分层顺序开采，并确保台阶（分层）参数符合设计要求，严禁掏采，严禁在工作面形成伞檐、空洞。

（2）强化边坡安全检查。作业前，必须对工作面进行检查，清除危岩和其他危险物体；对采场工作帮要每季度检查一次，高陡边坡要每月检查一次；对运输和行人的非工作帮，应定期进行安全稳定性检查，发现坍塌或滑落征兆，应立即停止采剥作业，撤出人员和设备。

（3）及时消除安全隐患。要查清开采境界内的废弃巷道、采空区和溶洞，设置明显的警示标志，超前处理；节理、裂隙等地质构造发育，容易引起边坡垮塌事故的矿山，要采取人工加固措施治理边坡；大、中型矿山或边坡潜在危害性大的矿山，要建立健全边坡管理和检查制度，对边坡重点部位和有潜在滑坡危险的地段采取有效的防治措施，每 5 年由有资质的服务机构进行一次稳定性评价分析。

（4）加强监测监控。要根据最终边坡的稳定类型、分区特点确定监测级别，并建立边坡监测系统，对坡体表面和内部位移、地下水位动态、爆破震动等进行定点定期观测，对存在不稳定因素的最终边坡要长期监测。原国家安全生产监督管理总局对非煤矿山边坡监测的要求是："边坡高度 200 米以上的露天矿山高陡边坡、堆置高度 200 米以上的排土场，必须进行在线监测，定期进行稳定性专项分析"。

2. 采场边坡危害的主要防治措施

确保露天矿山边坡安全是一项综合性工作，包括确定合理的边坡参数，选择适当的开采技术和制定严格的边坡安全管理制度。

（1）确定合理的台阶高度和平台宽度。

（2）正确选择台阶坡面角和最终边坡角。

（3）选用合理的开采顺序和推进方向。坚持由上而下分台阶水平开采，坚持打下向孔或倾斜孔，杜绝掏底开采，避免边坡形成伞檐状和空洞。

（4）合理进行作业，采用控制爆破技术，减少爆破震动对边坡的影响。

（5）建立健全边坡管理和检查制度，发现边坡上有裂陷可能滑落或有大块浮石及伞檐悬在上部时，必须迅速处理。

（6）矿山应选派技术人员或有经验的工人专门负责边坡的管理工作，及时消除隐患。

（7）对于有边坡滑动的矿山必须采取有效的安全措施，设立专门观测点，定期观测记录变化情况。

3. 采场边坡危害的防治工作经验

矿山边坡危害的防治工作主要包括边坡勘测评估、预报监测和治理。滑坡灾害防治的原则应以预防为主治理为辅，防患于未然。

国内外露天矿山在防治滑坡实践中积累了丰富的经验，提出了一系列治理滑坡的有效措施，从防治方法上来看，分为 4 个类别，可归纳为"减、排、挡、固"四字经验。

（1）减。具体方法如下：

① 减小边坡角。减重反压，把滑坡体上部推动滑移地段的土石方挖去，填压在下部抗滑地段，减小下滑力，增大抬升力，提高边坡的稳定性。这是一种经常用来治理边坡的简便方法。对于中小型边坡可以采用削坡的方法，将滑坡体挖除，或采用定向爆破等导滑工程，将滑移体引向固定地段消除滑坡危害。

② 控制爆破。减少扰动，按照设计控制边坡形态。在露天开采过程中，必须用爆破方法形成边坡。为了在这个过程中不产生边坡移动的隐患，最好的方法是采用边坡控制爆破技术，以减小爆破震动影响，主要有预裂爆破、光面爆破、微差爆破、缓冲爆破和减震

爆破。

（2）排，即疏干排水。通过降低边坡岩体含水量，增加岩土体间有效应力，提高边坡稳定性。具体方法如下：

① 地表排水。在边坡岩体外修筑排水沟，防止地表水冲刷、切割，或沿边坡岩体表面裂隙下渗。排水沟坡度一般为5%，断面大小满足最大降雨量要求，并定期维护，避免排水设施堵塞。边坡顶面设置反坡，留设排水沟，避免积水。对地面较大裂缝、施工钻孔等应采用砾石、碎石充填，并对裂隙、钻孔口进行封堵。

② 地下水疏干。地下水疏干有天然疏干和人工疏干2种。当露天开采切穿地下水位时，地下水在渗流力作用下自流入采场。通过采场排水使边坡水位降低，形成天然疏干。人工疏干一般采用水平孔疏干、垂直井疏干和地下巷道疏干等方法，排除边坡体内地下水，以增加边坡的稳定性。

（3）挡，即抗滑支挡。通过修筑挡土墙、埋设抗滑桩等抵抗阻止坡体下滑，增强边坡稳定性。具体方法如下：

① 挡土墙。挡土墙可分为重力式挡土墙和钢筋混凝土挡土墙，挡土墙依靠自身重力和结构强度抵抗坡体下滑力。挡土墙设计要求在边坡坡脚部位修建，基础必须深入稳固基岩，施工中要开挖部分坡脚，破坏了边坡稳定性。因此，需要分段挖砌，快速施工。挡土墙不适用于临滑的危险边坡。

② 抗滑桩。抗滑桩是在边坡面上按一定布置方式垂直向下打入的深桩，用以支挡滑体的下滑。作用于桩体的滑坡推力一部分经由桩体传至桩前滑体，另一部分由桩体传至滑动面以下的岩体中。因此，桩前滑坡推力减小，滑动体稳定性提高。抗滑桩承载能力大，工艺简单，施工速度快，布置灵活，在矿山边坡治理中应用较为广泛。抗滑桩种类繁多，可分为弹性桩和刚性桩两大类，多与其他支护手段联合使用，可以达到很好的滑坡治理效果。

（4）固，即支护加固。通过物理、化学等方法提高边坡岩体强度，增强边坡稳定性。具体方法如下：

① 锚杆（索）加固。锚杆（索）加固可分为预应力锚杆（索）和注浆锚杆（索）两大类。锚杆的作用是使滑坡体与稳固岩层连在一起，在锚杆的挤压作用下，使边坡中形成压缩带，改变边坡岩体的应力状态，从而提高边坡中不稳定岩体的整体性和强度，增强边坡的稳定性。锚杆支护是一种常见的边坡加固措施，可以加固数个台阶规模的滑体，如果被加固的岩体较为松散，则应加设墩台、钢筋网等。

② 混凝土喷层加固。向边坡表面喷射混凝土，必要时可加设钢筋网、钢格栅等结构，在边坡表面形成一定厚度的保护层，以避免边坡岩体风化、潮解、剥落和地表水切割、下渗及滚石滑落等。

③ 注浆加固。通过一定的压力向边坡岩体裂隙中灌入混凝土浆液，以提高边坡岩土体性质，封堵地表水下渗通道。

④ 综合加固。当滑坡体超过5～6个台阶时，应考虑锚杆、喷层、注浆、抗滑桩、挡土墙联合加固的综合支挡措施。

二、爆破危害防范措施

（一）爆破危害类型

爆破有害效应包括爆破震动，爆破冲击波，爆破飞石，早爆、拒爆，炮烟中毒等。这些效应都随着距爆源距离的增加而有规律地减弱。但由于各种效应所占炸药爆炸能量的比重不同，能量的衰减规律也不相同。同时，不同的效应对保护对象的破坏作用也不同。所以，在规定安全距离时，应根据各种效应分别核定最小安全距离，然后取它们的最大值作为爆破的警戒范围。

1. 爆破震动

当药包在岩石中爆破时，邻近药包周围的岩石会产生压碎圈和破裂圈。当应力波通过破裂圈时迅速衰减，无法引起岩石的破裂，只能使岩石质点产生弹性振动。这种弹性波就是爆破震动。爆破震动可导致附近建筑物墙壁龟裂、基础变形或倒塌；在一定条件下，可能导致露天矿山地基土液化，承载力下降，发生不均匀沉降甚至滑坡。

2. 爆破冲击波

爆破冲击波是爆破产生的空气内的一种压缩波。炸药在空气中爆炸，具有高温高压的爆炸产物直接作用在空气介质上在岩体中爆炸，这种高温高压的爆炸产物就在岩体破裂的瞬间冲入大气中。爆破冲击波可导致人的听力受损、内脏受伤，还可导致附近建筑物门窗损坏甚至房屋倒塌。

3. 爆破飞石

工程爆破中，被爆介质中飞得较远的碎石，称为爆破飞石。爆破飞石一旦击中附近人员或建筑物，可造成人员伤亡或建筑物受损。

4. 早爆、拒爆

早爆是指雷管或者炸药在预定的起爆时刻之前发生的意外爆炸。由于早爆时，起爆的准备工作尚未完成，人员往往没有撤离爆破作业现场，所以造成的爆炸事故比较严重，最容易造成人员伤亡。

拒爆是指通电起爆后，工作面的雷管全部或者少数不爆的现象。拒爆能导致爆破中断或者降低爆破效果；在处理拒爆时，由于工作人员不清楚拒爆的准确位置或者处理不当，导致意外爆炸造成人员伤亡。

5. 炮烟中毒

工程爆破中，一般采用的炸药都是由 C、H、O、N 四种元素组成的化合物。爆炸过程中发生化学反应，化学反应生成物中氮氧化物和一氧化碳是有毒气体。此外，爆破介质中含有硫化物，如硫化矿、黄铁矿，爆破时还会生成硫化氢和二氧化硫等有毒气体。硫化物矿石在某些特定条件下与硝铵炸药直接接触，发生一系列化学反应，使炸药爆燃或燃烧而引起自爆，产生大量毒气。有毒气体对人的危害主要是一氧化氮与红细胞内的血红蛋白结合，造成人体严重缺氧，严重时会致人窒息死亡，氮氧化物中的一氧化氮不溶解于水，但可与血液中的红细胞结合，从而损害人体吸收氧的能力。

（二）爆破危害影响因素

1. 爆破作业操作违反法律法规等相关规定

违反《民用爆炸物品安全管理条例》《爆破安全规程》和《煤矿安全规程》等相关规定进行爆破作业，爆炸物品从领取、运输、加工到使用过程中，不能严格遵守相关规定。如雷管等起爆器材与炸药在同时同地装卸；爆破器材与其他货物混装；爆破器材临时存放室不符合安全要求（如未设置避雷防爆装置、消防设施不规范等）；雷管、炸药在运输与临时储存时与火花接触；炸药受摩擦、冲击等；运输与临时储存时没有严格的管理制度；运输、临时存放、加工过程中不了解爆破器材性能、违反操作规程；爆破后没有达到规定时间，人员过早进入工作面；警戒不严、信号不明、安全距离不够；爆破作业时，没有等爆破警戒范围内的所有无关人员撤离完毕后即开始装药爆破等。

2. 爆破设计不合理

（1）设计爆破炸药用量不合理，起爆方式不合理。

（2）设计安全距离不合理。

（3）设计警戒距离不符合安全规程要求。

（4）爆破振动影响因素，包括装药量的影响，即距爆炸源一定距离的质点振动速度随药量的增大而增加，随药量的减少而降低；爆炸爆轰速度的影响，即一定条件下，振动速度与爆轰速度成正比；传播途径介质的影响，即介质影响质点振动速度。

3. 爆破施工不合理

（1）爆破作业人员没有按照特种作业人员管理规定程序学习、培训、考核，爆破作业人员无操作资格证。

（2）未按设计施工，出现乱孔、卡孔或孔内存水现象。

（3）非爆破人员参与装药、连线、起爆等爆破作业工作。

（4）爆破飞石影响因素，包括装药量过大，致使尚有多余的能量作用在石块上，使碎块获得足够的动能向四周飞散；爆炸物品的介质结构不均匀，爆破气体会作用在某些弱面，导致这些部位产生大量飞石；炮孔口堵塞的长度不够，导致孔口破碎，产生飞石；起爆方式也会影响爆破时飞石的产生。

（5）爆破冲击波影响因素，包括装药孔口堵塞长度不够，堵塞力度也不够，高温高压爆炸产物从孔口外溢，产生爆破冲击波；局部抵抗线太小，沿该方向释放爆炸能量，产生爆破冲击波；岩体不均匀，在断层、夹层等薄弱部位，爆炸产物集中喷出形成爆破冲击波；爆破时岩体沿最小抵抗线方向振动外移，发生鼓包运动，以及强烈的振动诱发爆破冲击波。

4. 早爆

煤矿爆破作业中，造成炸药、雷管早爆的原因主要有以下几个方面：

1）电流原因

（1）杂散电流。动力或者照明交流电路漏电都可以产生杂散电流。当其通过管路、潮湿的煤岩壁导入爆破网路或者雷管脚线，达到或者超过雷管的起爆电流时，就有可能发生早爆事故。

爆破工在敷设爆破母线时，不按照规定的距离悬挂，或者接头、破损处未包扎好，就有可能出现杂散电流。

（2）静电。接触爆炸材料的人员穿化纤衣服，爆破母线、雷管脚线碰到具有较高静电的塑料制品都会产生静电。

（3）雷电。雷电直接击中电爆网路或者爆破器材引起早爆。

2）机械撞击、挤压和摩擦

落下的矸石砸到电雷管，或者用矸石、硬质器械猛砸炸药、起爆药卷，而引起炸药、雷管爆炸；加深炮窝或者装药时炮棍捣动用力过大、过猛，把雷管捣响。

3）爆破器具保管不当

（1）爆破器具没有按规定进行保管。发爆器及其把手、钥匙乱扔乱放，或者他人用发爆器通电起爆。

（2）发爆器受淋、受潮，致使内部线路发生混乱，开关失灵。

（3）发爆器使用时间过久，按钮或者开关的接触片失去弹性，导致操作不灵敏、不准确。

4）爆轰敏感度的影响

各种起爆材料和炸药都具有一定的爆轰敏感度。当一个地点进行爆破作业时，可能会引起附近另一处炮眼内的雷管爆炸。

5）化学反应引起早爆

炸药自燃或者与某种矿粉直接接触造成早爆。特征是爆炸前有大量二氧化碳气体从药包中冒出，紧接着是爆炸响声。

5. 拒爆

煤矿爆破作业时，拒爆的产生主要受爆炸物品、爆破工艺、工作面生产条件及爆破工操作技术等因素的影响，具体原因主要包括以下几个方面：

1）雷管原因

煤矿爆破作业时，电雷管采用串联或者串并联形式连接在爆破网路中，一发雷管不响就可能产生全部拒爆或者部分拒爆。

（1）电雷管质量不合格。电雷管在出库前虽然经过全电阻导通检验合格，但经过长距离的运输受到振动，有可能使雷管桥丝或者脚线脱落或者虚接，在工作面使用前，如果不再次进行导通检测，使用了不合格的电雷管就会造成拒爆。

（2）选用了不同厂家、不同品种、不同批次的电雷管或者选用的电雷管的电阻差值较大。起爆时，由于电雷管的起爆冲能、发火电流及发火时间不同，在同一爆破网路中敏感度高的电雷管先起爆，炸断了网路，而有些还没有发火的电雷管就会拒爆。

（3）电雷管起爆能力不足。电雷管受潮或者因密封不严造成防水失效，或者超过了电雷管有效储存期造成了电雷管的起爆能力不足。起爆能力不足会造成电雷管响后炸药没有被引爆，产生拒爆或者残爆。

2）起爆电源原因

（1）通过电雷管的起爆电流值太小或者通电时间过短。通过电雷管的电流值太小没有达到电雷管的准爆电流或者因通电时间过短，电雷管得不到所必需的引燃冲能而导致电雷管拒爆。

（2）发爆器内电池电压不足、充电时间过短，未达到规定的电压值便放电起爆。国产防爆型发爆器多为电容式，依靠高压脉冲电流起爆电雷管，大都采用机械式毫秒开关或者电磁继电器限时 6 ms 放电，以满足煤矿井下爆破安全方面的要求。发爆器长期不停地使用，发爆器内的电池电压值降低，或者发爆器充电时间过短，未达到额定的电压值就放电起爆，都可能造成网路中的电雷管全部或者部分拒爆。

（3）发爆器的输出功率不足，起爆能力不够。不同规格的发爆器都有其额定的起爆能力，虽然设计计算无误，但实际上由于爆破网路实际电阻远高于计算电阻，造成了发爆器的输出功率满足不了实际要求（输出引燃冲能小于电雷管的最大额定引燃冲能）产生拒爆。

（4）发爆器管理保养不当。长期使用会使发爆器主电容容量降低，充电时达不到规定的额定电压值，使用过程中发爆器也会受潮，受潮后氖灯提前起辉，使人误认为已达到额定电压，另外，发爆器开关触点熔蚀、接触不良等都会使发爆器的输出引燃冲能降低，起爆能力自然降低。

3）电爆网路原因

电爆网路有串联、并联、串并联和并串联，使用发爆器时多采用串联，由于爆破网路造成拒爆的原因主要有爆破母线不合格，电阻过大；网路短路；错接或者漏接；接头不牢、不洁净，有水或者油腻等导致网路电阻增大，这些都能造成全部和部分电雷管拒爆。爆破网路漏电是产生拒爆现象的另一个主要原因，有的煤矿作业环境较为潮湿、有积水或者泥浆，一旦与接头裸露部分接触，网路电阻值就会增大很多，在通电起爆瞬间，水（此时可视为电解质水溶液）的导电能力远比一般情况大得多，易造成爆破网路漏电严重，降低了通过电雷管的电流值，当小于电雷管的最小发火电流时，电雷管拒爆。

4）炸药原因

炸药过期变质、质量差引起拒爆。如炸药受潮结块、感度下降、密度变大、失去爆轰性能。

（三）爆破危害防范措施

爆破危害影响程度与爆破技术、爆破参数、地质构造、岩体物理力学性能、施工工艺等因素有关。随着爆破技术的不断改进和完善，在达到爆破设计效果的同时，可以把爆破危害影响程度降至最低。

1. 严格按法律法规等相关规定操作

执行《民用爆炸物品安全管理条例》《爆破安全规程》和《煤矿安全规程》等的规定，爆炸物品从领取、运输、加工到使用过程中，都必须严格遵守其相关规定。搬运炸药按规定操作，轻拿轻放；雷管等起爆器材与炸药不在同时同地装卸；爆炸物品不与其他货物混装；起爆前按规定的标准发出音响或视觉警示信号；爆破后检查各工序，必须按规定程序和要求进行；爆破安全警戒距离按《煤矿安全规程》第五百二十九条、第五百三十一条和第五百三十二条的要求执行，爆破作业时所有人员必须位于爆破警戒线以外安全地带。

2. 爆破设计合理

提高爆破设计质量，爆破设计内容包括炮孔布置、起爆方式、延期时间、网路敷设等。设计确定的每次爆破炸药量必须符合《爆破安全规程》等要求。对于重要的爆破，必要时要进行网路模拟试验。

3. 严格按照设计进行爆破施工

按设计施工，杜绝乱孔、卡孔或孔内存水现象；爆破工作由专职爆破工（持证上岗）

承担装药、连线、起爆、检查等相关工作。

4. 建立健全规章制度并严格执行

建立健全规章制度，严格执行规章制度，使用质量合格的爆炸物品。不在雷雨天、高温环境情况下进行爆破施工，严格执行《爆破安全规程》等要求，防止意外、误操作的发生；使用符合国家标准或行业标准的爆炸物品，严格检查爆炸物品的生产厂家、合格证等；使用前检查是否为同一厂家、同一批次、同一类型的产品，并确保炸药不受潮、不存在质量问题。

5. 爆破危害的控制和防护

1）减轻爆破震动的主要措施

采取措施减轻地震波危害，主要包括降低地震波的强度和采取必要的防护措施 2 个方面。具体措施如下：

（1）采用预裂爆破或在爆破体和被保护对象之间开挖减震沟槽。

（2）限制一次爆破最大用药量。

（3）对于建筑物拆除爆破，可以适当加大预拆除部位，以减少爆破钻孔数，对基础部位可采用分区爆破拆除方式、低爆速炸药或采用静态破碎剂，还可以改善爆破设计，如采用折叠式拆除爆破来降低爆破振动影响。

（4）设置缓冲层。

（5）选择合适的炸药，设计合理的爆破参数等。

2）防止飞石的主要措施

实践证明，只要充分掌握爆破地形地质和爆炸物品的基本性能，精心设计、精心施工，就能控制部分飞散物的飞散距离。对于已产生的爆破飞石，根据对爆破飞石产生的原因和影响因素的分析，采取以下控制措施：

（1）通过改善爆破施工工艺控制飞石的方向。

（2）改变局部装药结构和加强堵塞。

（3）合理安排起爆次序，选择合适的间隔时间。

（4）减小装药集中度。

（5）对需要保护的部位进行覆盖。

3）降低空气冲击波的主要措施

为有效减轻空气冲击波的危害，应从 2 个方面着手：一是防止产生强烈的冲击波；二是进行必要的防护。防止产生强烈空气冲击波的具体措施如下：

（1）采用先进的爆破技术。

（2）保持设计抵抗线。

（3）进行覆盖和堵塞。

（4）注意地质构造的影响。

（5）控制爆破方向及合理安排爆破时间。

（6）注意气象条件。

爆破前，应把人员撤离到安全区域，并增加警戒。爆破时，可以利用一个或几个反向布置的辅助药包，与主药包同时起爆，以削弱主药包产生的空气冲击波。

4）防止早爆的主要措施

（1）搜集相关资料，仔细勘查现场，精心设计施工，尽量预估出意外事故的可能性。

（2）制定安全制度、岗位责任制度和关键技术操作规程。

（3）严格遵守《爆破安全规程》等规定，在爆破施工区严禁有明火。

（4）按《爆破安全规程》等的要求进行爆破器材的运输、贮存、保管和废旧爆破器材的销毁。

（5）做好对炮孔的监督、检查和验收工作。

（6）按《爆破安全规程》等的要求做好爆炸物品的检验。

（7）加大安全管理和工程监理力度，对爆破作业现场严格管理，按《爆破安全规程》等的要求正确操作。

（8）保证爆炸物品的质量，防止由于发爆器失灵、炸药自身的化学反应引起早爆。

（9）注意天气预报，避免在雷雨时从事爆破作业，对已装药又不能赶在雷雨前起爆的，人员和设备要撤离到危险区以外。

（10）严禁打残眼和旧眼，不要在高温天气情况下进行爆破作业，避免高温环境造成早爆。

（11）预先安排好爆破后的安全检查和事故应急处理。

5）防止拒爆的主要措施

（1）禁止使用不合格的爆炸物品，不同类型、不同厂家、不同批次的雷管不得混用。

（2）连线后检查整个线路，查看有无连错或漏连。进行爆破网路准爆电流的计算，起爆前用专用爆破电桥测量爆破网路的电阻，实测的总电阻与计算值之差应小于10%。

（3）检查爆破电源并对电源的起爆能力进行计算，硝铵类炸药在装药时要避免压得过紧，避免密度过大。

（4）炮孔有水时，首先应将孔中的水吹出，用防水袋装炸药，雷管脚线的接头一定要用防水胶布缠好或用抗水炸药。

（5）装药前要认真清除炮孔内的岩粉。

6）防止炮烟中毒的主要措施

（1）采用零氧平衡的炸药，爆破后不易产生有毒气体。

（2）加强炸药的保管和检验工作，禁用过期变质的炸药。

（3）保证填塞质量和填塞长度，以免炸药发生不完全爆炸。

（4）露天爆破后5 min内，严禁检查。炮烟浓度符合安全要求时，人员方可进入采场。

（5）起爆站及观测站不许设在下风方向。在爆破区域附近有井巷、涵洞和采空区时，爆破后炮烟有可能窜入并积聚不散，未经检查不准入内。

三、运输危害防范措施

（一）装运危害类型

1. 机械伤害

机械伤害是指机械设备运动（或静止）部件、工具、加工件直接与人体接触引起的夹击、碰撞、剪切、卷入、绞、碾、割、刺等伤害，不包括车辆、起重机械引起的机械伤害。

2. 物体打击

物体打击是指物体在重力或其他外力的作用下产生运动，打击人体，造成人身伤亡，不包括因机械设备、车辆、起重机械、坍塌等引发的物体打击。

3. 车辆伤害

车辆伤害是指企业机动车辆在行驶中引起的人体坠落和物体倒塌、坠落、挤压伤亡。

4. 触电伤害

触电伤害是指由于电流流经人体导致的生理伤害，包括雷击伤亡。

5. 高处坠落

高处坠落是指在高处作业中发生坠落造成的伤亡，不包括触电坠落。

（二）装运危害的影响因素

（1）人的错误推测与错误行为（统称为人的不安全行为）。其包括指挥人员违章指挥、操作人员违章操作、违反安全操作规程，不按规定穿戴防护用品，工作时精力不集中，作业人员疏忽大意，疲劳作业，非驾驶员驾车，争道抢行、超限、超载、超速、违章超车等违法、违规行驶等。

（2）物的不安全状态。如使用安全保护装置不完善或缺乏的设备、设施进行作业。

（3）危险的环境。如危石、浮石不及时排除，缺少完善的滚石防护措施，运输道路宽度、坡度、转弯曲率半径等不符合安全要求，道路条件差，视线不良，在恶劣的气候条件下行驶，作业场所狭小不符合安全要求等。

（4）管理不严格。其包括：安全规程不落实，管理规章制度或操作规程不健全，交通信号、标志、设施存在缺陷等。

（三）装运危害防范措施

1. 机械伤害的防范措施

（1）制定机械设备安全操作规程，并严格执行。

（2）机械传动部位设置完善的防护装置。

（3）加强安全教育和技能培训，提高全员安全意识和操作技能。

（4）加强维护保养，定期检查，确保机械设备处在完好状态。

（5）选购合格的机械设备，并按要求安装。

（6）加强巡查，杜绝违章操作。

2. 物体打击伤害的防范措施

（1）按照正常程序进行剥离工作。

（2）危石、浮石及时排除和处理危石、浮石时按操作规程作业。

（3）杜绝上下同时作业。

（4）准备齐全完好的排险工具。

（5）工作时集中精力，对出现的险情及时作出反应。

（6）安全帽等劳保用品穿戴规范、齐全。

（7）建立健全滚石防护措施、设施。

（8）防止爆破飞石。

（9）正确、合理地传递工具物件。

3. 车辆伤害的防范措施

（1）合理布线、经常检查。

（2）矿山运输车辆选用经交管部门检测检验合格的车辆。

（3）制定车辆运输管理制度和操作规程，并严格执行。

（4）车辆驾驶人员取得驾驶证。

（5）加强安全意识教育，提高行车安全意识，杜绝车辆带病行车、驾驶员酒后驾车和超限、超载、超速等违法、违规行为。

（6）运输道路的设置满足矿山运输要求。

（7）集中精力，心情舒畅，身体健康，不疲劳驾车，不争道抢行，不违章超车。

（8）强化管理，严格落实车辆安全行驶制度，建立健全管理规章制度和操作规程，交通信号、标志、设施齐全。

4. 触电伤害的防范措施

（1）电气线路或电气设备在设计、安装上无缺陷，开展必要的检修维护，不得带电检修、搬迁电气设备（包括电缆和电线）。检修或搬迁前，必须切断电源，并用同电源电压相适应的验电笔检验，检验无电后方可进行。所有开关把手在切断电源时都应闭锁，并悬挂“有人工作，不准送电”警示牌，只有执行此项工作的人员才有权取下警示牌后送电。严格执行“谁停电，谁送电”的制度，严禁“约时送电”。

（2）设置必要的安全技术措施（如保护接零、漏电保护、安全电压等），安全措施齐全有效。

（3）电气设备运行管理严格，安全管理制度健全完善。

（4）专业电工和机电设备操作人员按照规章制度操作作业，操作高压电气设备主回路时，操作人员必须戴绝缘手套，并穿电工绝缘靴或站在绝缘台上。

（5）专业电工进行检修、接线等专业工作，严禁私拉乱接供电线路。供电坚持使用漏电保护装置。

（6）严禁电气设备和电缆长期过负荷或超期运行，按规定定期对电气设备、电缆进行电气性能测定。

（7）设备操作人员必须遵守本岗位“设备管理操作规程”。

（8）进行定期和不定期的安全检查，检查出的隐患要及时整改和上报。如发现不安全紧急情况，应先停止工作，再报有关部门研究处理。

5. 高处坠落的防范措施

（1）按要求使用合格的安全带、安全绳。

（2）按要求穿防滑性能良好的软底鞋。

（3）高处作业时安全防护设施齐全有效。

（4）作业人员工作责任心强，主观判断合理。

（5）严禁使用安全保护装置不完善或缺乏的设备、设施进行作业。

（6）作业人员精神集中，严禁疲劳作业。

（7）高处作业有专人负责指挥，安全管理到位。处理坡面危石、浮石时，必须设置专人防护，危险区内人员、设备必须全部撤离，防护区坡面浮石、危石处理完毕后，方可允许作业人员进入采区进行开采作业。

（8）作业场所的宽度必须符合有关规定要求。

（9）维修传送设备和搬运材料到高处时，要搭好防护架，系好安全带。

（10）因大雾、炮烟、尘雾和照明不良而影响能见度，或因暴风雨、有雷击危险不能坚持正常生产时，应立即停止作业；禁止在6级风以上的天气进行高空作业，高空作业时禁止抛掷物品；大雨后进入采场前，要派专人清理工作面及边坡浮石、危石，如发现坡面有浮石、危石，要及时处理，未处理前，要在现场设立危险警戒标志，作业人员不得站在危石、浮石上及悬空作业。

（11）在距坠落高度基准面超过2 m（含2 m）或坡度超过30°的坡面上作业时，要使用安全绳（带）或设置安全网、护栏等防护设施。使用安全绳（带）时严禁多人同时使用一条安全绳（带），并经常检查安全绳的完好情况。在采场边坡外20 m处设置醒目警示标志，防止人畜误入采区发生坠坡事故。

（12）严禁酒后上岗和施工中打闹。

（13）不断改善劳动条件和环境，保障员工身心健康。员工定期体检，发现身体状况不宜高处作业时，应及时调离高处作业岗位。经常组织员工进行学习和培训，提高作业人员的技能，提高全体员工的安全意识。

四、露天矿山水灾防治措施

（一）露天矿山水灾类型

露天矿山水灾可分为地面水灾与采场水灾。其中，采场水灾主要表现为地下水和大气降雨大量涌入露天采坑，采坑内积水过多，淹没设备和人员，造成人员伤亡和财产损失。

（二）露天采场水灾影响因素

（1）管理不严格，制度执行不到位。因缺乏对矿区及其附近地表水流系统、水文气象状况等的准确了解，没有建立地表防排水系统，建立的地表防排水系统不能满足安全需要。

（2）设备设施不安全状态，制度不健全，应急措施执行存在差距。露天采坑内如果防排水设施不完备或措施不当，遇突然涌水或暴雨未停止作业，导致采坑内积水过多，人员、设备没有及时转移到安全地点，淹没设备和人员，造成人员伤亡和财产损失。

（三）《煤矿安全规程》对露天矿山防治水的相关规定

《煤矿安全规程》第五百八十九条至第五百九十四条规定如下：

（1）每年雨季前必须对防排水设施作全面检查，并制定当年的防排水措施。检修防排水设施、新建的重要防排水工程必须在雨季前完工。

（2）对低于当地历史最高洪水位的设施，必须按规定采取修筑堤坝、沟渠，疏通水沟等防洪措施。

（3）地表及边坡上的防排水设施应当避开有滑坡危险的地段。排水沟应当经常检查、清淤，不应渗漏、倒灌或者漫流。当采场内有滑坡区时，应当在滑坡区周围采取截水措施；当水沟经过有变形、裂缝的边坡地段时，应当采取防渗措施。

排土场应当保持平整，不得有积水，周围应当修筑可靠的截泥、防洪和排水设施。

（4）用露天采场深部做储水池排水时，必须采取安全措施，备用水泵的能力不得小于工作水泵能力的50%。

（5）地层含水影响采矿工程正常进行时，应当进行疏干，疏干工程应当超前于采矿工程。

因疏干地层含水地面出现裂缝、塌陷时，应当圈定范围加以防护、设置警示标志，并采取安全措施；（半）地下疏干泵房应当设通风装置。

（6）地下水影响较大和已进行疏干排水工程的边坡，应当进行地下水位、水压及涌水量的观测，分析地下水对边坡稳定的影响程度及疏干的效果，并制定地下水治理措施。

因地下水水位升高，可能造成排土场或者采场滑坡时，必须进行地下水疏干。

五、其他危害防范措施

露天矿山其他危害包括矿山机械伤害、电气危害、高处坠落危害、放射性物质危害以及有毒有害气体危害等，应对以上危害采取针对性的防范措施。

（一）矿山机械伤害

矿山机械伤害是指机械设备运动（静止）部件、工具、加工件直接与人体接触引起的夹击、碰撞、剪切、卷入、绞、碾、割、刺等伤害。在凿岩、剥离、设备检修、破碎、运输等过程中都可能发生机械伤害事故。机械伤害的主要后果是造成人员伤亡，其次是造成设备的损坏。

矿山机械伤害防范措施如下：

（1）驾驶人员和设备操作人员必须遵守交通规则和操作规程。

（2）其他人员严禁接触运行中的设备。

（3）现场作业人员必须戴安全帽和使用其他劳动防护用品。

（二）电气危害

电气危害的主要表现形式是电气火灾危害和触电危害。造成电气危害的主要原因包括：作业人员缺乏安全用电知识，违反电气安全操作规程，电源电压、电气设备等方面的选用与所处的环境条件不相符，使用安全性能不合格的设备、器具，缺乏必要的安全保护装置，设备使用不当，超载运行设备和线路安装不合格，检查、维修、管理不善，设备带病运行等。

矿山电气危害防范措施如下：

（1）杜绝一切车辆碾压、拖拉电缆，爆破时将电缆线摆放在不被飞石砸到的安全地带。

（2）要按规定及时向电器操作人员配发劳动保护用品（包括绝缘手套、绝缘鞋等绝缘用品），劳动保护用品要确保无损，以防发生触电事故。

（3）各用电单位必须遵守“停送电制度”，在日常作业中必须严格执行该制度，有专人指挥，确保用电安全。

（4）配电柜要保持清洁、无粉尘，各类开关保险丝或保险管必须符合要求，电气设备挂有警示牌，标明机电负责人。

（5）机电设备运行中不得进行紧固、注油等工作。

（三）高处坠落危害

高处坠落是指在高处作业中发生坠落造成的伤亡事故。可能发生高处坠落的场所主要有剥离作业面、凿岩作业面、作业平台、采场边坡、破碎平台等。高处坠落的后果是造成人员伤亡和设备损坏。

矿山高处坠落危害防治措施主要是严格遵守高空作业相关安全操作规程规定，正确使用高空作业安全绳、安全帽、安全网等防护器具。

（四）放射性物质危害

大气和环境中的放射性物质可经过人的呼吸道、消化道和皮肤接触、直接照射等途径进入人体，一部分放射性物质进入生物循环，并经食物链进入人体。放射性物质进入人体后，由于它具有不断衰变并放出射线的特性，使人体内组织失去正常的生理机能并对组织造成损伤。对于存在放射性物质的矿山一定要采取防护措施，含放射性物质的矿山应采用后退式开采和溶浸采矿技术，溶浸采矿技术无须矿石转运和水冶工艺等环节。

放射性物质危害防范措施如下：

（1）放射工作人员上岗前，应当进行上岗前的职业健康检查，符合放射工作人员健康标准的，方可参加相应的工作。

（2）放射工作单位应当组织上岗后的放射工作人员定期进行职业健康检查，两次检查的时间间隔不应超过 2 年，必要时可增加临时性检查。

（3）在放射性场所工作人员要佩戴高效防尘口罩。

（4）放射工作人员要注意清除表面污染，上班更衣、下班沐浴。

（5）充分提高工作效率，缩短工作时间。

（6）放射工作人员上班不进食、不吸烟，皮肤破裂不得在放射性场所工作。

（7）设置密闭罩，使操作者与含放射性物质空气隔离。

（五）有毒有害气体危害

矿山生产过程中产生或使用的有毒有害物质主要有爆破产生的氮氧化物、一氧化碳、二氧化碳气体，输送带维修中产生苯挥发性有害气体，密闭空间产生一氧化碳等有害气体。吸入有毒有害气体会导致人员恶心、头晕、昏迷，甚至致人死亡。

有毒有害气体危害防范措施如下：

（1）通风排毒，特别是爆破作业时要站在上风处，爆破后待炮烟散尽后才能进入爆破现场。

（2）当发现有人员中毒时，及时汇报并抢救。

（3）建立健全合适的卫生设施。

（4）做好健康检查与环境监测。

六、露天矿山事故监测与预警技术

（一）露天矿山边坡在线安全监测与预警技术

1. 系统概述

露天矿山边坡综合在线监测系统，能及时捕捉边坡性状变化的特征信息，通过无线方式将监测数据及时发送到监测中心，结合地表监测的雨量、位移、沉降、岩层内部应力、支护结构应力等信息，由专用的计算机数据分析软件处理，对边（滑）坡的整体稳定性作出判断，快速作出诸如边坡崩塌、滑坡等灾害发生的预警预报，更加准确、有效地监测灾情发生，且可为保证地质安全提供信息参考。露天矿山边坡综合在线监测与预警系统设备布置示意如图 8－11 所示。

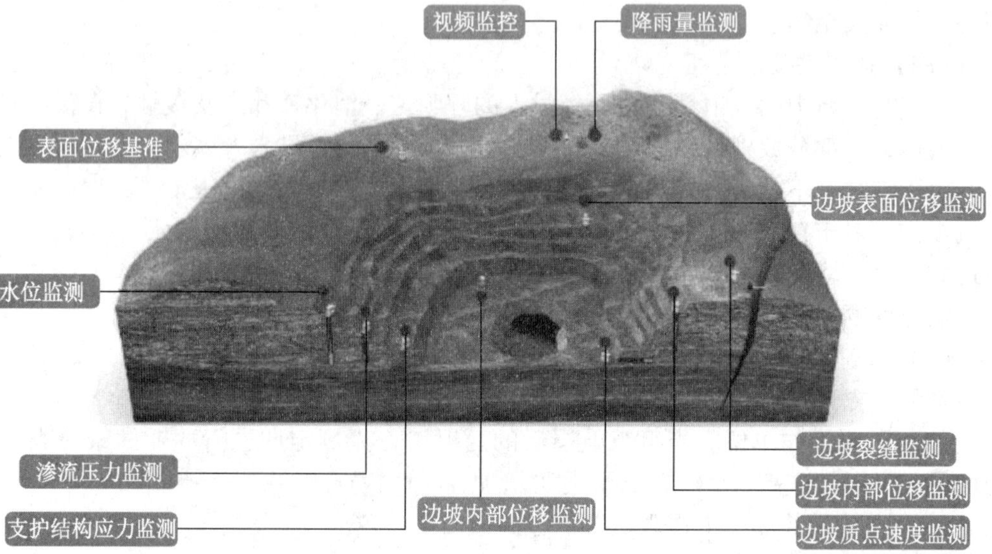

图 8－11　露天矿山边坡综合在线监测与预警系统设备布置示意图

2. 系统组成

露天矿山边坡综合在线监测系统由倾角变送器、雨量计、水位计、水压计、沉降计和地质灾害监测平台组成。该系统集成深部位移监测、滑体地下水渗压监测、滑坡后缘拉张裂缝位移监测、雨量监测、地表水位监测、压力监测、地表水入渗监测等多种监测设备，为有关部门更全面地分析滑坡诱因、提前预警或工程治理设计提供全面且准确的数据支撑。露天矿山边坡综合在线监测系统分为感知层、网络层、平台层、应用层。露天矿山边坡综合在线监测与预警系统组成如图 8－12 所示。

（1）感知层：实时感应边坡监测参数传感器的状态。

（2）网络层：支持数据通信，可上、下双向通信，支持无线蜂窝网络、短信、北斗、PSTN、超短波、ZigBee 等通信方式。

（3）平台层：整合各层设备和系统功能，通过信号连接，下发平台对前端感应器的命令，上传监测数据的采集、处理、存储和分析，实时联动前端各大监控设备。

（4）应用层：开启信息发布途径，实时展示信息数据和预警信息。

3. 系统功能

（1）24 h 实时监测：实时在线监测边坡表面沉降、深层沉降外部位移、应力应变等，实时掌握边坡的结构变化。

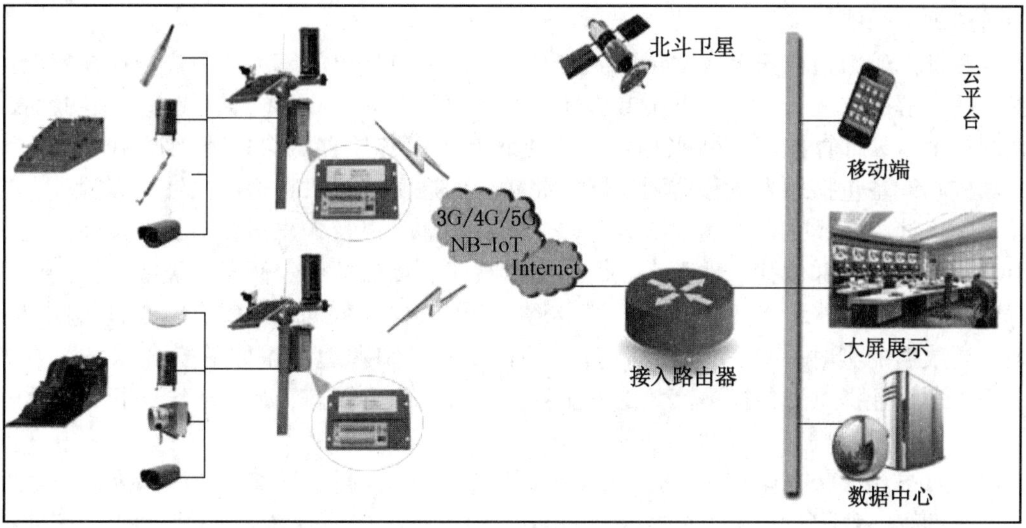

图 8－12 露天矿山边坡综合在线监测与预警系统组成

（2）报表推送：监测结果实时显示发布，定期将监测报表推送给管理用户。

（3）多重分级预警：建立三级报警机制，当检测数据异常时，第一时间以短信、传真、广播等形式通知用户，实现综合预警功能。

（4）应急预案处理：从专家系统中直接提取相应处理方法，及时采取人员介入、封锁矿山等措施，将安全隐患消除在萌芽状态。

（5）结构趋势分析：通过对边坡监测数据的分析与安全评价，可实现结构稳定性趋势分析。

（6）历史资料存储：监测数据的存储情况，为今后同类工程设计、施工提供类比依据。

4. 云平台

云服务器部署在云端，采用 B（浏览器）/S（服务器）模式，可以购买云服务，也可以自建服务器，硬件要求根据配电柜数量确定，智能配电柜测温监测系统云平台主要功能是控制系统各个模块自动运行，接收、显示、保存、查询、打印报警信息。

露天矿山边坡综合在线监测系统可以实时在线监测边坡的各项参数值。数据传输到本地服务器，本地永久储存，可实时查看监测数据，历史数据随时可查。数据上传云端永久备份，并且通过云端嵌入的学习算法和模型，对边坡的各项监测数据进行分析，综合评估边坡的健康状况，有效预警、防范和遏制重大事故发生，为露天矿山组织抢险、疏散影响区域人员赢得时间，减少事故伤亡和财产损失。

为有效防范矿山重特大事故发生，国家矿山安全监察局发布了《国家矿山安全监察局关于开展露天矿山安全生产专项整治的通知》（矿安〔2023〕16 号），规定矿山企业需制定并实施保证边坡稳定的安全技术措施，露天矿山边坡高度 200 m 及以上的，应建设边坡稳定在线监测系统，防止发生滑坡和泥石流，建立紧急撤离预警系统，保证预警信息迅速传递到每个受威胁人员。

针对露天矿山边坡安全自动化监测需要，科研人员推出的露天矿山边坡在线安全监测预警一站式解决方案，是基于InSAR技术、边缘计算技术、LoRa通信技术、微功耗技术、物联网技术、云计算技术等新兴技术，搭建北斗+多传感器融合的露天矿山安全监测体系。其核心设备包括地表位移监测仪器、北斗公网遥测终端机、边坡探针-裂缝计、边坡探针-倾角计、合成孔径雷达系统、一体化预警广播，以及入户报警器等。该体系能实现矿山表面位移、内部位移、地下水位、雨量、视频、爆破振动、倾角、裂缝等监测要素的实时监测。通过5G/北斗/LoRa/光纤等多元通信方式保证数据传输安全，通过云预警系统实现监测数据的实时采集、传输、计算、分析，实时掌握边坡整体的安全状态及发展趋势，为矿山企业提供了便捷、高效的安全管理手段，提升了露天矿山安全运行保障水平。

5. 露天矿山排土场边坡监测方法

(1) GPS或BDS监测。GPS（全球卫星定位系统），覆盖率高、监测精度高、实时性强、连续性强，能提供技术上的支持，非常适用于矿区等灾害潜在区域。但GPS使用成本较高，技术要求相对苛刻，加上GPS系统是美国持有的卫星导航系统，特殊时期可能会受到限制。我国的BDS（北斗卫星导航系统）已经逐渐趋于成熟，可以逐渐取代GPS应用于各项工程监测。

(2) 雷达遥感监测。雷达遥感监测是利用雷达发射信号、接收信号、绘制成数据图像进行处理的遥感方式。在矿区水文地质条件极其复杂的情况下，传统的量测仪器难以放置或误差过大，人工监测成本高、实时性低。然而，利用雷达对排土场边坡进行观测，既可以降低工作人员的监测风险，又可以实时监测。边坡雷达是专门用于露天矿山边坡稳定性监测的设备，属于主动遥感，它以毫秒级的精度对边坡面进行分区域、连续、反复扫描，然后通过专用软件将扫描结果与之前获得的扫描数据进行比较，从而确定边坡的位移程度，并将唯一变形量图形化显示于监视器，而当位移变化量超过限定值时则会触发预警系统。边坡雷达具有精度高、范围广、兼容性好、检测位置灵活、连续性强、空间分辨率高、采样间隔短的特点，非常适用于露天矿山。

(3) 缆索监测。无论传统的大地测量方法、GPS监测法还是雷达监测法，都属于利用测绘科学对边坡的外部变形进行监测。与其他方法不同的是，缆索监测是一种新式的、使用了应力传感器的力学监测。早期的缆索监测主要应用于桥梁变形监测，但人们逐渐发现，缆索监测相比于卫星、雷达所需的成本相对低廉，而且力学传感器对物体内部的受力进行分析，相比于外部的变形监测具有超前性。矿区边坡发生滑坡之前，岩土的受力一定会发生突变，但外形的位移是滞后的。缆索监测可以通过力学传感器加载的实时数据进行受力分析进而判断滑坡的可能性，在理论上增加了事故危害预防的概率。

(二) 露天煤矿事故监测与预警制度

为有效辨识和提取隐患信息，灵敏、准确地显示危险前兆、提前进行预测预警、采取相关措施，最大限度地降低事故发生，需要做好事故监测与预警。

1. 事故监测及预警的特点

(1) 快速性。建立的预警系统能够灵敏快速地进行信息搜集、传递、处理、识别和发布，系统的任何一个环节都必须建立在“快速”的基础上，失去了快速性，事故预警就失去了意义。

（2）准确性。生产过程中的信息复杂多变，事故预警不仅要求快速搜集和处理信息，而且要对复杂多变的信息作出准确的判断。要在短时间内对复杂的信息作出正确判断，必须事先针对各种事故制定科学、实用的信息判断标准和确认程序，并严格按照制定的标准和程序进行判断，避免信息判断及其过程的随意性。

（3）完备性。预警系统应能全面收集与事故相关的各类信息，以便从不同角度、不同层面全过程地分析事故的发展态势。

（4）连贯性。为确保结论正确，每一次的分析应以上一次的分析为基础，紧密衔接，确保预警分析的连贯和准确。

2. 事故监测及预警的建立原则和要求

（1）及时性原则。实行事故监测及预警的出发点是“居安思危”，即事故还在孕育和萌芽的时期，就能够通过细致的观察和研究，防微杜渐，提早做好各种防范准备。预警系统只有及时地监测出异常情况，并及时报告，才能及时采取有效措施，最大限度地减少经济损失和人员伤亡。

（2）全面性原则。预警就是要对生产活动的各个领域进行全面监测，及时发现异常情况，尽最大努力保证人身、财产安全，这是建立预警机制的宗旨。全面性原则主要体现在监测、识别、判断、评价和对策预警操作系统方面。

（3）高效性原则。鉴于事故的不确定性和突发性，预警机制必须以高效率为重要原则。唯有如此，才能对各种事故进行及时预告，并制订合理适当的应急救援措施。

3. 预警系统的功能

预警系统采集监测对象（如温度、风速等）传感器的输出信号，将信号通过传输设施送入计算机进行处理，处理结果经由输出接口输出或通过人机接口输出到操作控制台的显示器、LED 显示器、监控系统大屏幕、记录仪、打印机等外围设备上。监测系统主要完成实时信息采集，并将采集信息存入计算机，供预警信息系统分析使用。监测是预警活动的前提，监测任务包括两个方面：一是对安全生产中的薄弱环节和重要环节进行全方位、全过程监测；二是对大量的监测信息进行处理（整理、分类、存储、传输），建立信息档案，进行比较。

4. 监测预警机构

为了保证事故监测预警机制高效运转，促进安全管理预控工作，成立事故监测预警机构，增加预警管理职能。

组长：矿长

副组长：生产副矿长、安全副矿长、机电副矿长、总工程师

成员：各科室负责人

事故监测预警机构办公室设在调度室，办公室主任由调度室主任兼任。其基本工作目标是保证矿山生产经营建设，维护矿山预警管理系统。

5. 日常管理

事故监测预警机构办公室应对日常监控负责，对监控到的突发事件应根据事件大小、

类别进行预测预警，并及时上报值班矿长及分管矿领导，同时将值班矿长或分管矿领导指示传达到事发现场，并做好上传下达记录台账。

七、露天矿山事故应急救援技术

矿山救援队参加露天矿山边坡坍塌或者排土场滑坡事故救援应当遵守下列规定：

（1）坍塌体（滑体）趋于稳定后，应急救援人员及抢险救援设备从坍塌体（滑体）两侧安全区域实施救援。

（2）采用生命探测仪等器材和观察、听声、呼喊、敲击等方法搜寻被困人员，判断被埋压人员位置。

（3）可以采用人工与机械相结合的方式挖掘搜救被困人员，接近被埋压人员时采用人工挖掘，在施救过程中防止造成二次伤害。

（4）分析事故影响范围，设置警戒区域，安排专人对搜救地点、坍塌体（滑体）和边坡情况进行监测，发现险情迅速组织应急救援人员撤离。

积极采用手机定位、车辆探测、3D 建模等技术分析被困人员位置，利用无人机、边坡雷达、位移形变监测等设备加强监测预警。

八、露天矿山典型事故案例分析

（一）露天煤矿坍塌事故案例分析

新井煤矿“2·22”坍塌事故

2023 年 2 月 22 日，内蒙古阿拉善新井煤业有限公司露天煤矿（以下简称新井煤矿）发生特别重大坍塌事故，造成 53 人死亡、6 人受伤，直接经济损失 20430.25 万元。

1. 事故经过

2023 年 2 月 22 日 6 时 30 分，挖机司机、自卸卡车司机、钻机司机等 222 人陆续进入作业现场。11 时 56 分起，事发区域西侧、顶部等地点发生小面积滑塌，边坡坡面及底部出现裂缝、冒尘等滑塌征兆。12 时 27 分，在事发区域东侧边界处标高 1395 m 台阶坡脚进行爆破作业。12 时 40 分，176 名作业人员午饭后返回采场作业。

13 时许，宏鑫垚公司李某军到西区南帮查看施工作业时，发现北帮边坡异常后使用对讲机分别于 13 时 6 分许、10 分许、12 分许喊话，通知“挖机装完后撤离”“所有汽车、挖机向后撤”“所有人员撤离”。

13 时 12 分许，采场北帮边帮岩体发生大面积滑落坍塌，现场 59 名作业人员和 17 台挖机、27 台自卸卡车、8 台钻机、4 台皮卡车、1 台装载机、1 台小型客车等 58 台作业设备被埋，最终造成 53 人死亡、6 人受伤。

事发区域最终形成最大厚度 105 m、体积约 7560000 m^3 的堆积体，破坏范围南北最长 630 m、东西最宽 520 m，面积约 230000 m^2。

2. 事故直接原因

未按初步设计施工，随意合并台阶，形成超高超陡边坡，在采场底部连续高强度剥离采煤，致使边坡稳定性持续降低，处于失稳状态，边帮岩体沿断层面和节理面滑落坍塌，加之应急处置不力，未能及时组织现场作业人员逃生，造成重大人员伤亡和财产损失。

3. 应急救援

现场救援分为企业自救、初期救援和政府响应、全面救援两个阶段。事故发生后，新井煤矿向孪井滩示范区报告，组织员工和工程机械沿滑塌体边缘清理搜救，先后救出6名受伤人员送往青铜峡市人民医院救治，并进行人员核查。2月22日13时25分许，孪井滩示范区启动应急响应，14时11分成立临时现场指挥部。接到事故报告后，阿拉善盟、自治区分别启动应急响应，主要负责同志先后到达现场，成立现场指挥部。

现场指挥部制定并不断优化救援方案，对滑塌体及周围边坡等重大风险点进行监测预警，组织救援力量，按照“南北向工作线，东西两侧分别向中部推进”实施救援，在西侧存在滑塌风险的情况下被迫暂停施工，全力推进东侧救援。组织救援人员演练，明确逃生路线，确保救援安全。先后调集救援队伍16支1084人参与救援，抽调公安、卫生健康、电力、通信等部门加强现场保障工作，累计调集车辆、装备1294台（套），应急器材5188件，出动作业机械3137台次，转运土石方1082200 m^3。

（二）露天煤矿滑坡事故案例分析

吕鑫煤业“8·11”滑坡事故

2017年8月11日15时30分左右，晋能集团山西煤炭运销集团和顺吕鑫煤业有限公司（以下简称吕鑫煤业）四采区A6、A7区段西帮发生边坡滑坡事故，造成9人死亡、1人受伤，直接经济损失3432万元。

1. 事故经过

2017年8月11日上午，吕鑫煤业四采区A7区取煤工王某义、刘某龙受A7区负责人刘某华指派，调度指挥31号挖掘机司机方某美、21号挖掘机司机曹某军、58号挖掘机司机张某峰、80号挖掘机司机黄某在下取煤平台作业，同时在下取煤平台的还有A6区工程队现场管理员杜某星。

A6区取煤工洪某调度指挥63号挖掘机司机李某良、86号挖掘机司机臧某雷、666号工程车司机李某旺、336号工程车司机刘某、72号工程车司机于某晶在上取煤平台作业。

15时30分左右，吕鑫煤业加油站员工冯某宏、刘某航驾驶加油车在A7区施工现场为机具加油时发生滑坡事故。在上取煤平台作业的取煤工洪某以及李某良、李某旺、刘某、于某晶各自驾驶机具逃生。臧某雷驾驶86号挖掘机被滑坡土石推落至工区底部，随后被甩入工区底部积水坑内，最终获救。在下取煤平台作业的王某义、刘某龙、A6区工程队现场管理员杜某星、31号挖掘机司机方某美、21号挖掘机司机曹某军、58号挖掘机司机张某峰、80号挖掘机司机黄某和加油站员工冯某宏、刘某航被埋遇难。

2. 事故直接原因

吕鑫煤业四采区A6、A7区段西帮边坡顺倾高陡，底板赋存稳定弱层且倾角大，在底板岩层完整性被破坏且连续降雨的情况下，矿方违规冒险作业，引起边坡失稳，导致滑坡事故发生。

3. 抢险救援

事故发生后，吕鑫煤业未向上级有关部门报告，而是自行展开抢救。8月11日，找到一名受伤人员臧某雷（86 号挖掘机司机，骨折受伤）和 3 名遇难者冯某宏（加油车司机）、刘某航（加油车司机）、曹某军（21 号挖掘机司机）的遗体。8 月 12 日在滑坡体下方水坑边找到第四名遇难者杜某星（现场管理员）的遗体。

8 月 15 日 0 时 52 分，吕鑫煤业公司法人代表、总经理高某迫于压力，到和顺县公安局投案自首。

8 月 15 日，山西省政府吕鑫煤业“8・11”边坡滑坡事故抢险救援指挥部成立，抢险工作科学有序展开。

至 9 月 8 日，9 名遇难人员（包括吕鑫煤业自行搜救 4 人）和被埋压的 5 台挖掘机、1 辆加油车、1 辆皮卡车全部找到，抢险救援工作结束。

第九节　尾矿库事故应急救援技术

一、尾矿库安全风险分析与对策

尾矿是以浆体形态产生和处置的破碎、磨细的岩石颗粒，常视为矿物加工的最终产物，即选矿或者有用矿物提取之后剩余的排弃物。尾矿库是指筑坝拦截谷口或围地构成的，用于储存金属非金属矿山进行矿石选别后排出尾矿或其他工业废渣的场所。

（一）尾矿排放方式、筑坝方式风险分析与对策措施

1. 风险分析

（1）堆积坝碾压密实度。因分层碾压密实度受堆高、尾矿含水率、碾压设备等多个因素的影响，可能存在密实度不均匀，密实度不够。

（2）压滤、运输、堆筑设备的可靠性。设备故障造成尾矿不能及时压滤脱水或滤饼不能及时堆筑，导致选厂停产或尾矿浆直接进入尾矿库，增加尾矿库积水。

（3）堆筑顺序。为了方便就近堆放尾矿，优先占用后端库容，将库内积水推向初期坝一侧，影响坝体安全。

2. 对策措施

（1）制定尾矿堆筑计划和作业指导书，精确到月份，每年适时调整，确保堆筑按设计和计划推进。

（2）建立子坝堆筑验收机制。每月对尾矿堆筑进度和质量、岸坡清理、防渗膜铺设、安全文明施工等重点工作严格验收。

（3）严格执行堆筑顺序，从下游至上游堆放干尾渣，分层碾压，平整堆筑子坝。

（4）强化设备维护保养，配置备用设备，增强设备运行可靠性。

（二）排洪系统风险分析与对策措施

1. 风险分析

（1）边坡变形失稳或坍塌，堵塞或损毁排洪构筑物。

（2）尾矿库上游与矿山采场相连，采场有大量采空区和平硐，冰雪融化后易造成突水，引发泥石流，造成拦洪坝漫顶，淤积排洪明渠。

（3）排洪构筑物受冰冻、洪水影响，出现坍塌、开裂、渗漏，排水盲沟冬季结冰不

能正常排水，增加库内积水。

2. 对策措施

（1）加强汛期安全管理，开展巡查排查，及时发现和处置隐患，及时进行清淤和疏通，确保排水畅通。

（2）冰雪融化期密切关注采空区积水动态，提前导流排出地下水和地表水。

（3）汛前对排洪构筑物进行检查修缮，及时维护和更换止水条，在排水盲沟集水井安装水泵，及时排出库内泉水。

（三）防渗及回水系统风险分析与对策措施

1. 风险分析

（1）尾矿中含水或库内积水可能出现少量渗漏，污染地下水。

（2）遇连续暴雨，库内积水超过警戒水位，影响坝体安全。

（3）回水系统设备故障或意外停机，废水无法回抽高位水池造成废水外溢。

（4）回水管道突然爆裂，造成环境污染。

2. 对策措施

（1）在尾矿坝下游至少设 5 口观测井，对水量和水质进行动态检验监测。

（2）加强夏季汛期巡查，库内水位超过警戒水位或长时间处于高水位状态，将库内积水进行处理达标后排放。

（3）维护保养回水系统设备，配置备用水泵、回水管。无法恢复回水系统时，将截渗墙、集水井废水回抽到库内或应急坝内，待恢复正常后再返回生产系统。

（4）加强冬季巡查，及时发现和抢修设备故障，在爆管处采取隔离措施，对周边土壤进行无毒化处理。

二、尾矿库安全监测与预警技术

（一）《尾矿库安全规程》相关规定

（1）尾矿库应设置人工安全监测和在线安全监测相结合的安全监测设施，人工安全监测与在线安全监测监测点应相同或接近，并应采用相同的基准值。监测设施横剖面应结合尾矿坝稳定计算断面布置，监测设施的布置还应满足下列原则：

① 应全面反映尾矿库的运行状态。

② 尾矿坝位移监测点的布置应根据稳定计算结果延伸到坝脚以外的一定范围。

③ 坝肩及基岩断层、坝内埋管处必要时应加设监测设施。

（2）湿式尾矿库监测项目应包括坝体位移，浸润线，干滩长度及坡度，降水量，库水位，库区地质滑坡体位移及坝体、排洪系统进出口等重要部位的视频监控；干式尾矿库监测项目应包括坝体位移，最大坝体剖面的浸润线，降水量及坝体、排洪系统进出口等重要部位的视频监控；三等及三等以上湿式尾矿库必要时还应监测孔隙水压力、渗透水量及浑浊度。

（3）尾矿库在线安全监测系统应符合下列规定：

① 应具备自动巡测、应答式测量功能。

② 应具备传感器和采集设备、供电系统、通信网络故障自诊断功能。

③ 应具备防雷及抗干扰功能。

④ 应具备数据后台处理、数据库管理、数据备份、预警、监测图形及报表制作、监测信息查询及发布功能。

⑤ 应具备与现场巡查、人工安全监测接口，进行数据补测、比测和记录。

（4）尾矿库安全监测预警应由低级到高级分为蓝色预警、黄色预警、橙色预警、红色预警四个等级，设计单位应给出各监测项目的各级预警阈值。各监测项目及尾矿库安全状况各级预警等级的判定应符合下列规定：

① 当同类监测项目的监测点达到 4 个蓝色预警时，该项目为黄色预警；达到 3 个黄色预警时，该项目应为橙色预警；达到 2 个橙色预警时，该项目应为红色预警。

② 当监测项目达到 4 个蓝色预警时，应计为 1 项监测项目黄色预警；达到 3 项黄色预警时，应计为 1 项监测项目橙色预警；达到 2 项橙色预警时，应计为 1 项监测项目红色预警。

③ 尾矿库安全状况预警应由尾矿库安全监测项目的最高预警等级确定。

（二）坝体表面位移监测技术

利用该技术主要掌握尾矿库位移变化趋势，便于尾矿库稳定性分析；及时发现溃坝征兆，便于进行预警。

1. 人工监测技术

（1）全站仪。优势：精度较高。劣势：时间较长。

（2）经纬仪。优势：精度高。劣势：仅用于水平位移。

（3）RTK 定位仪。优势：移动便利，测量速度快。劣势：精度较低。

（4）水准仪。优势：精度高。劣势：仅用于垂直位移。

2. 在线监测技术

（1）GNSS（全球导航卫星系统）法。技术原理：应用 GNSS 卫星定位技术解算坝体位移。优势：受地形、气候条件影响小，点位少时一次性投入较低。劣势：易受电磁环境影响，单点均需进行供电通信，解算周期较长，需要长时间监测方可获得较高精度。

（2）智能全站仪法。技术原理：通过全站仪既定点位测量程序，自动巡测点位坐标。优势：测量周期短，精度较高，供电通信要求低，点位较多时总体投入低，系统扩展便捷。劣势：要求通视条件，易受雨、雾、雪等天气影响。

（三）坝体内部位移监测技术

利用该技术主要掌握尾矿库内部位移变化，及时发现坝体内部管涌、流土征兆；配合表面位移监测共同判断坝体稳定性。内部位移多采用角度测量方法计算位移值，内部位移一般对坝体内部水平方向的位移进行监测。

1. 人工监测技术

目前，坝体内部位移人工监测手段较少，且大部分尾矿库均未进行内部位移人工监测。目前人工测量主要利用陀螺测斜仪，通过测量钻孔不同深度的斜度，计算不同位置的内部水平位移值。

2. 在线监测技术

（1）固定测斜仪。利用固定在钻孔内部的固定测斜仪，测量不同深度坝移角度，进而换算得出水平位移值。

（2）柔性测斜仪。柔性测斜仪又称阵列式测斜仪，在单元节点集成多支高精度的测斜传感器，根据测量要求实时监测孔内各深度的水平位移情况。柔性测斜仪精度高、测量点位多。

（四）浸润线监测技术

浸润线是指水从尾矿库坝体迎水面，经过坝体向下游渗透所形成的自由水面和坝体横剖面的相交线。

浸润线有尾矿库安全“生命线”之称，因此，对浸润线进行监测能够及时发现事故征兆，提前采取措施。

坝体浸润线的高低直接影响整体稳定性程度，若浸润线较高容易引起管涌甚至溃坝事故。浸润线监测示意如图 8－13 所示。

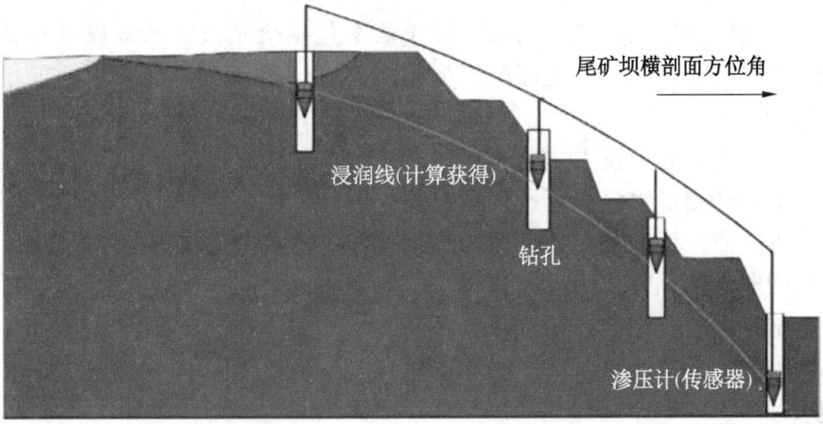

图 8－13　浸润线监测示意图

1. 人工监测技术

浸润线人工测量一般相对简易，多采用电测水位计或简易重锤测量绳，通过读取标尺数据或测量绳长进行测量。

2. 在线监测技术

浸润线在线监测一般采用渗压计进行测量，通过测量水深，并结合安装深度，反算得出浸润线埋深。

（五）干滩长度及坡度监测技术

1. 标准要求

干滩长度应根据坝长和水边线弯曲情况，在干滩较短处设置 1～3 条监测横剖面；干滩坡度应根据干滩平整情况，每 100 m 坝长布置不少于 2 个监测横剖面。监测点间距宜为 10～20 m，坡度变化处应布置监测点。

2. 干滩长度及坡度人工监测

干滩长度及坡度人工监测多采用免棱镜激光测距仪、干滩标尺等方法。免棱镜激光测距仪可通过人工识别水边线，测量精度相对较高；干滩标尺通过预埋在滩面上的距离标尺，利用差值法识别干滩长度，测量精度相对较低。

3. 干滩长度及坡度在线监测

干滩长度及坡度在线监测主要采用自动激光测距仪、超声测距仪和数码相机。自动激光测距仪因自动识别水边线能力较弱，测量误差较大。数码相机属于半自动监测方式，需人工识别水边线，进而读取干滩长度及坡度。目前，采用全自动、准确测量干滩长度和坡度技术的相对较少，多采用超声测距仪，测量滩顶高程、库区内滩面高程，结合库水位高度计算得出干滩长度和坡度。

（六）库水位监测技术

1. 标准要求

库水位监测点应设置在能代表库内平稳水位的位置，宜布置在库内排洪构筑物上。

2. 人工监测技术

库水位人工监测多采用传统的高程测量手段，包括全站仪、水准仪等日常人工观测，可通过安装在排洪构筑物上的水位标尺进行读取。

3. 在线监测技术

库水位在线监测可分为投入式监测法和非接触式监测法 2 种技术。投入式监测法一般采用渗压计、水位计测量水深，通过仪器安装位置计算库水位。非接触式监测法一般采用雷达液位计，雷达液位计安装在排洪沟构筑物上方，通过测量设备与水面的距离计算库水位。冬季结冰的尾矿库，宜采用投入式库水位监测法；采用非接触式监测法时，应采取保温措施，防止结冰影响监测结果。

（七）降水量监测技术

1. 标准要求

降水量监测应根据尾矿库周边地形条件，在空旷处布置 1 个监测点。

2. 人工监测技术

降水量人工监测一般采用集水桶，通过定期测量桶内水位线，达到测量降水量的目的。

3. 在线监测技术

降水量在线监测多采用雨量计进行测量。根据原理不同，雨量计可分为容栅式雨量计、翻斗式雨量计、称重式雨量计等。冬季有降雪的尾矿库，宜采用称重式雨量计，或者自带加温措施的容栅式雨量计或者翻斗式雨量计。

（八）视频监控

1. 监控点布置

视频监控点宜布置在尾矿库重点区域，应对溢流井、滩顶放矿处、排尾管道、坝体下游坡、排洪设施进出口、库水位尺、干滩标杆等部位进行实时视频监控。

2. 视频监控装置

视频监控装置应包括云台、摄像机、供电及通信设施等现场视频设备和视频服务器、大屏幕显示屏、视频记录机、UPS 电源等室内视频监控设备。固定目标监控的摄像机应选用固定焦距镜头，非固定目标监控的摄像机应选用变焦距镜头。夜间监视的摄像机应具有红外线夜视功能。

（九）其他监测内容

1. 库区滑坡体监测

对库区周边存在的滑坡体进行位移监测，监测要求及技术手段与坝体表面位移相同。

2. 排洪设施监测

排洪设施监测一般采用超声波流量仪和水位计相结合的方式。超声波流量仪和水位计安装在库区排洪设施内，实时监测排洪设施的泄洪流量。

3. 渗流量监测

流量小于 1 L/s 的采用容积法监测；流量为 1 ~ 300 L/s 的采用量水堰法监测；流量大于 300 L/s 的采用测流速法。

4. 浑浊度监测

浑浊度监测一般采用电子浊度仪测量库区排水浑浊情况，监测是否出现跑浑现象。

（十）监测精度指标

地表位移监测精度指标应按表 8－3 确定，其他监测项目监测精度指标应按表 8－4 确定。

表 8－3　地表位移监测精度指标　mm

监测等级	监测点相对于邻近工作基点或基准点的点位测量中误差和高程测量中误差
Ⅰ级	3.0
Ⅱ级	6.0
Ⅲ级	12.0

表 8－4　其他监测项目监测精度指标

监测项目		监测精度
坝体内部位移		0.25 mm/m
堆积坝坡比		水平距离 50 mm 高差 20 mm
坝体渗流	浸润线	20 mm
	渗流压力	0.5% F.S
	浑浊度	0.5 NTU
	渗流量	5%
库水位		20 mm
库区降水量		0.2 mm
干滩	高程	20 mm
	长度	1 m

（十一）监测频率及要求

（1）尾矿库运行时，应按设计及时设置人工安全监测设施和在线安全监测系统，并应按照设计定期进行各项监测。

（2）尾矿库应每天进行日常巡查，大雨或暴雨期间应在现场实时巡查。人工安全监测设施安装初期应每半个月监测 1 次，6 个月后应每月监测不少于 1 次。遇下列情况之一时，应增加监测次数：

① 汛期。

② 地震、连续多日下雨、暴雨、台风后。

③ 尾矿库安全状况处于黄色预警、橙色预警、红色预警期间。

④ 排洪设施、坝体除险加固施工前后。

⑤ 其他影响尾矿库安全运行的情形。

（3）人工安全监测应符合下列规定：

① 应采用相同的观测图形、观测路线和观测方法。

② 应使用相同技术参数的监测仪器和设备。

③ 应采用统一基准处理数据。

④ 每次监测应不少于 2 名专业技术人员。

（4）在线安全监测频率应符合下列规定：

① 尾矿库处于正常状态时，在线安全监测频率为 1 次/10 min ~ 1 次/24 h。

② 尾矿库安全状况处于非正常状态时，在线安全监测频率为 1 次/5 min ~ 1 次/30 min。

（5）尾矿库在线安全监测和人工安全监测的监测成果应定期进行对比分析。每年应进行一次专门数据分析，下列情况下应增加专门数据分析：

① 尾矿库竣工验收时。

② 尾矿库安全现状评价时。

③ 尾矿库闭库时。

④ 出现异常或险情状态时。

（6）安全监测系统调试运行正常后，在线安全监测与人工安全监测的结果应基本一致，相同监测点在同一监测时间的在线安全监测成果与人工安全监测成果差值，不应大于其测量中误差的 2 倍。

（7）尾矿库在线安全监测系统的管理和维护应设置专门技术人员负责。

（8）尾矿库在线安全监测系统应全天候连续正常运行。系统出现故障时，应尽快排除，故障排除时间不得超过 7 天，排除故障期间应保持无故障监测设备正常运行，并加强人工监测；系统改建、扩建期间，不得影响已建成系统的正常运行。

（9）尾矿库安全监测数据应及时整理，如有异常，应及时分析原因，采取对策措施。安全监测信息的分析、管理和发布，应综合现场巡查、人工安全监测和在线安全监测成果进行。

（十二）安全监测预警信息反馈与信息处置

1. 信息反馈

（1）信息反馈可采用尾矿库在线安全监测系统信息发布、手机短信、邮件、声音报警等方式告知相应部门和人员，红色预警信息应立即用电话方式告知相应部门和人员，并应送达书面报告。

（2）尾矿库企业应结合本企业尾矿库安全管理组织体系，将各级安全管理人员的姓名、部门、职务、邮箱、手机和电话等信息录入尾矿库在线安全监测系统平台。

（3）尾矿库在线安全监测系统应按照管理权限要求将预警信息实时自动反馈给各级安全管理人员。预警事件得到处置且尾矿库运行正常，尾矿库在线安全监测系统应解除预警。

2. 信息处置

尾矿库安全监测预警信息必须立即送达尾矿库企业生产安全管理部门。当尾矿库安全监测项目处于橙色预警时，必须进行隐患检查治理；当尾矿库安全监测项目处于红色预警时，必须采取应急抢险措施。

三、尾矿库事故应急抢险

（一）尾矿坝事故隐患的预防与处理

1. 尾矿坝裂缝的预防与处理

裂缝是尾矿坝较为常见的一种隐患，某些细小的横向裂缝有可能发展成为坝体的集中渗漏通道，有的纵向裂缝也可能是坝体发生滑坡的预兆，应充分重视。

发现裂缝后首先应立即采取临时防护措施，以防止雨水或冰冻加剧裂缝的发展。对于滑动性裂缝的处理，应结合坝坡稳定性分析统一考虑；对于非滑动性裂缝可采取以下措施进行处理：开挖回填是处理裂缝比较彻底的方法，适用于不太深的表层裂缝及防渗部位的裂缝；对于坝内裂缝、非滑动性很深的表面裂缝，由于开挖回填处理工程量过大，可采取灌浆处理。

2. 尾矿坝滑坡的预防与处理

尾矿坝滑坡往往导致尾矿库溃决事故。因此，即使是较小的滑坡也不能掉以轻心。有些滑坡是突然发生的，有些滑坡是先由裂缝开始的，如不及时注意，任其逐步扩大和蔓延，就可能造成重大的垮坝事故。

防止滑坡的发生应尽可能消除促成滑坡的因素。注意做好经常性的维护工作，防止或减轻外界因素对坝坡稳定性的影响。当发现有滑坡征兆或有滑动趋势但尚未坍塌时，应及时采取有效措施进行抢护，防止险情恶化；一旦发生滑坡，应采取可靠的处理措施，恢复并补强坝坡，提高抗滑能力。滑坡抢护中应特别注意安全问题。滑坡抢护的基本原则是：上部减载，下部压重，即在主裂缝部位进行削坡，在坝脚部位进行压坡，尽可能降低库水位，沿滑动体和在附近的坡面上开沟导渗，使渗透水能够很快排出。

因坝身填土碾压不实，浸润线过高而造成的背水坡滑坡，一般应以上游防渗为主，辅以下游压坡、导渗和放缓坝坡，以达到稳定坝坡的目的。滤层上部的压坡体一般用砂、石料填筑，在缺少砂、石料时，可用土料分层回填压实。

对于滑坡体上部已松动的土体，应彻底挖除，然后按坝坡线分层回填夯实，并做好护坡。坝体有软弱夹层或抗剪强度较低且背水坡较陡而造成的滑坡，首先应降低库水位，如清除夹层有困难时，则以放缓坝坡为主，辅以在坝脚排水压的方法进行处理。

3. 尾矿坝管涌的预防与处理

管涌是尾矿坝坝基在较大渗透压力作用下而产生的险情，可采用降低内外水头差，减少渗透压力或用滤料导渗等措施进行处理。

在地基好、管涌影响范围不大的情况下可抢筑滤水围井。在管涌口沙坯的外围，用土袋围一个不太高的围井，然后用滤料分层铺压，其顺序是自下而上分别填 0.2 ~ 0.3 m 厚的粗砂、砾石、碎石、块石，一般情况可用三级级配。滤料最好经过清洗，不含杂质，级配应符合要求，或用土工织物代替砂石滤层，上部直接堆放块石或砾石。

蓄水减渗险情面积较大、地形适合且附近又有土料时，可在其周围填筑土埂或用土工织物包裹，以形成水池蓄存渗水，利用池内水位升高来减少内外水头差，以控制险情发展。如塘内压渗，若坝后水塘、积水坑、渠道、河床内积水位较低，且发现水中有不断翻花或间翻花等管涌现象时，不要任意降低积水位，可用芦苇秆和竹子做成竹帘、竹箔、苇箔（或荆篱）围在险处周围，然后在围圈内填放滤料，以控制险情发展。

（二）尾矿坝事故应急处置

尾矿坝险情常发生在汛期，而重大险情又多发生在暴雨时。汛期尾矿库处于高水位工作状态，调洪库容有所减少，遇特大暴雨极易造成洪水漫顶。同时，浸润线的位置处于高位，坝体饱和区扩大，使坝的稳定性降低。此外，风浪冲击也易造成坝顶决口溃坝。因此，做好汛期尾矿坝抢险工作对于确保尾矿库的安全运行至关重要。

1. 漫顶抢险

尾矿坝多为散粒结构，如果洪水漫顶就会迅速冲出决口，造成溃坝事故。当排水设施已全部使用水位仍继续上升，根据水情预报可能出现险情时，应抢筑子堤，增加挡水高度。

在坝顶不宽、土质较差的情况下，可用土袋抢筑子堤。在铺第一层土袋前，要清理堤坝顶的杂物并耙松表土。用草袋、编织袋、麻袋或蒲包等装土七成左右，将袋口缝紧，铺于子堤的迎水面。铺砌时，袋口应向背水侧互相搭接，用脚踩实，要求上下层袋缝必须错开。待铺叠至预计水位以上时，再在土袋背水面填土夯实。填土的背水坡度不得陡于1∶1。

在缺土、缺石料、浪大、堤顶较窄的情况下，可采用单层木板或埽捆子堤。具体做法是先在堤顶距上游边缘 0.5 ~ 1.0 m 处打一排木桩，木桩长 1.5 ~ 2.0 m，入土 0.5 ~ 1.0 m，桩距 1.0 m，再在木桩的背水侧用钉子、铁丝将单层木板或预制埽捆（长 2 ~ 3 m，直径约 0.3 m）钉牢，然后在后面填土压实。

当出现超过设计标准的特大洪水时，应在抢筑子堤的同时，报请上级批准，采取非常措施加强排洪，降低库水位。

2. 风浪冲击抢险

对尾矿坝坝顶受风浪冲击而决口的抢护，除参照上述有关办法处理外，还可采取防浪措施处理。用草袋或麻袋装土（或砂）约 70%，放置在波浪上下波动的部位，袋口用绳缝合，并互相叠压成鱼鳞状。当风浪较小时还可采用柴排护坡防浪，用柳枝、芦苇或其他秸秆扎直径为 0.5 ~ 0.8 m 的柴枕，长为 10 ~ 30 m，柴枕的中心卷入 2 根 5 ~ 7 m 的竹缆作芯子，柴枕的纵向每0.6~1.0 m用铅丝捆扎。在堤顶或背水坡钉木桩，用麻绳或竹缆把柴枕连在桩上，然后推放到迎水坡波浪拍击的地段。

3. 尾矿库巡检

加强对尾矿库的巡检，尾矿库的任何事故都不是突然爆发的，而是由隐患逐渐发展扩大，最终导致事故发生的。巡检工作就是从不正常现象的蛛丝马迹上及时发现隐患，以便采取措施消除事故隐患。尾矿库的巡检工作非常重要，应建立巡检制度，规定巡检工作的内容、办法和时间等。

4. 应当遵守的规定

救援队参加尾矿库溃坝事故救援应当遵守下列规定：

（1）疏散周边和下游可能受到威胁的人员，设置警戒区域。

（2）用抛填块石、砂袋和打木桩等方法堵塞决堤口，加固尾矿库堤坝，进行水砂分流，实时监测坝体，保障应急救援人员的安全。

（3）挖掘搜救过程中避免被困人员受到二次伤害。

（4）尾矿泥沙仍处于流动状态，对下游村庄、企业、交通干线、饮用水源地及其他环境敏感保护目标等形成威胁时，采取拦截、疏导等措施，避免事故扩大。

四、尾矿库事故案例分析

新塔公司“9·8”溃坝事故

2008年9月8日7时58分，山西省临汾市襄汾县新塔矿业有限公司（以下简称新塔公司）980沟尾矿库发生溃坝事故，造成277人死亡、4人失踪、33人受伤，直接经济损失9619.2万元。

（一）尾矿库概况

980沟尾矿库是1977年临钢公司为与年处理50000 t铁矿的简易小选厂相配套而建设的，位于山西省临汾市襄汾县陶寺乡云合村980沟。1982年7月30日，尾矿库曾被洪水冲垮，临钢公司在原初期坝下游约150 m处重建浆砌石初期坝。1988年，临钢公司决定停用980沟尾矿库，并进行了简单闭库处理，此时总坝高约36.4 m。2000年，临钢公司拟重新启用980沟尾矿库，新建约7 m高的黄土子坝，但基本未排放尾矿。2006年10月16日，980沟尾矿库土地使用权移交给襄汾县人民政府。

2007年9月，新塔公司擅自在停用的980沟尾矿库上筑坝放矿，尾矿堆坝的下游坡比为1∶1.3~1∶1.4。2008年初以来，尾矿坝子坝脚多次出现渗水现象，新塔公司采取在子坝外坡用黄土贴坡的方法防止渗水并加大坝坡宽度，并用塑料膜铺于沉积滩面上，阻止尾矿水外渗，使库内水边线直逼坝前，无法形成干滩。事故发生前，尾矿坝总坝高约50.7 m，总库容约368000 m^3，储存尾砂约294000 m^3。

（二）事故经过

2008年9月8日7时58分，980沟尾矿库左岸的坝顶下方约10 m处，坝坡出现向外拱动现象，伴随几声连续的巨大响声，数十秒内坝体绝大部分溃塌，库内约190000 m^3 的尾砂浆体倾盆而泻，吞没了下游的宿舍区、集贸市场和办公楼等设施，波及范围约35 hm^2，最远影响距离约 2. 5 km。

（三）事故直接原因

新塔公司非法违规建设、生产，致使尾矿堆积坝坡过陡。同时，采用库内铺设塑料防水膜防止尾矿水下渗和黄土贴坡阻挡坝内水外渗等错误做法，导致坝体发生局部渗透破坏，引起处于极限状态的坝体失去平衡、整体滑动，造成溃坝。

（四）抢险救援

事故发生后，山西省委省政府组织民兵预备役、公安民警、武警消防救援人员，集结大型装载机、救援车开展抢险救援。在抢险救援过程中，参加现场抢险人员共 25530 人次，出动大型抢险搜救机械 1445 台次，开挖泥土 160 余万立方米，找到遇难者遗体 277 具，抢救受伤人员 33 人。此外，群众报告并经襄汾县人民政府核实，有 4 人在事故中失踪。

第十节　地震灾害应急救援技术

地震及次生灾害的危害

一、地震及次生灾害的危害

地震，是所有自然灾害中给人类社会造成损失最大的一种地质灾害。

地震，往往在人们来不及发现预兆的情况下突然发生，山崩地裂、房倒屋塌，甚至摧毁整座城市，并且在地震之后，火灾、水灾、瘟疫等严重次生灾害更是雪上加霜，给人类带来极大的灾难。

二、地震救援装备的使用

随着城市化进程的加快，钢筋混凝土建筑越来越多，如果遭受地震破坏而发生倒塌，对于地震灾害搜救行动来说，困难可想而知。同时，各种管道线纵横交错，倒塌的建筑物废墟体积大，在这种灾害环境中营救被压埋的受困人员，就必须有一些特殊的营救装备。如重/轻型液压扩张钳、开缝器、钢筋切断器、凿岩机、水泥切割机、液压钻孔机、电弧切割机、无齿锯、切割链锯、双轮异向锯、液压顶杆等。

地震现场营救装备按原理不同大致可分为：内燃类营救装备、电动类营救装备、液压类营救装备、气动类营救装备等多种类型；按功能不同可分为：破拆、剪切、抬升、扩张、牵引等多种类型。

（一）内燃类营救装备

内燃类营救装备是一种由内燃发动机驱动的机械化救援装备。内燃类营救装备品种繁多、功能齐全、用途广泛，工具结构轻巧，比手工工具效率高，不需要外界电力，尤其适合野外救援。

内燃破碎机、内燃链锯、内燃无齿锯、内燃机动泵等都属于内燃类营救装备。内燃类营救装备在地震灾害现场破碎、切割倒塌的建筑物构件效率比较高。

以内燃破碎机为例，内燃破碎机适合在空间比较大的区域开展作业，工作时速度快、效率高，因为有燃油燃烧后产生的废气，不适宜在狭小空间内开展工作。一般情况下，内燃破碎机需双人配合操作，在车辆不能到达的地震灾害现场，较大型内燃类营救装备运输比较困难。

（二）电动类营救装备

电动类营救装备包括电动凿岩机、电动链锯、电动切钳等多种类型。这种类型的营救装备适合在狭小空间内开展作业，操作简便，无污染，噪声相对较小。

以电动凿岩机为例，电动凿岩机是按冲击破碎原理进行工作的，电动凿岩机工作时活塞做高频往复运动，不断地冲击钎尾，在冲击力的作用下，呈尖楔状的钎头将岩石压碎并凿入一定的深度，形成一道凹痕。活塞退回后，钎子转过一定角度，活塞向前运动，再次冲击钎尾时，又形成一道新的凹痕，两道凹痕之间的扇形岩块被钎头上产生的水平分力剪碎。活塞不断地冲击钎尾，并从钎子的中心孔连续地输入压缩空气或压力水，将岩渣排出孔外，即形成一定深度的圆形钻孔。电动凿岩机更适用于山区地震救援。

（三）液压类营救装备

液压类营救装备包括液压顶杆、液压千斤顶、液压剪切钳、液压扩张钳等多种类型。因为液压类营救装备稳定性较好，能以较小的体积获得较大的输出力，所以在地震灾害现场搜救行动中液压类营救装备的作用越来越重要。这种装备在剪切钢筋或其他钢材时产生的巨大动力，可能对周围的工作环境产生影响，在确保有安全防护的情况下方可作业。

液压油是液压类营救装备中主要的能量输出介质，一旦出现漏油现象，要及时进行更换或检修。

（四）气动类营救装备

气动类营救装备由高压气体提供动力，通过气瓶、减压装置、控制器、导管与装备相连接，可对倒塌建筑物狭小空间进行顶升、支护、扩张等作业。

救援工作中使用的高压起重气垫、气球，低压起重气袋及气动顶杆等均属于气动类营救装备。

（五）其他救援装备

目前搜救装备种类繁多，除了携带个人防护、现场搜索与营救装备以外，还需要携带许多其他救援装备，如发电、照明、通信等装备。

（1）发电装备：以汽油或柴油为动力，国产发电装备已经有多种型号，可供专业救援人员根据实际情况选择。

（2）照明装备：移动照明灯具，主要用于夜间、掩埋密闭空间搜救。

（3）通信装备：在大范围灾害地区通信中断的情况下，卫星电话的效果最好。

（4）卫星定位装置：主要适用于渺无人烟、容易迷失方向的无人区搜救工作。目前，我国北斗卫星定位装置完全能起到定位、导航作用。

（六）后勤保障装备

后勤保障装备能保障抢险救援人员的后勤。重大灾难救援周期长、难度大，灾害现场环境恶劣，配备相应的后勤保障装备，能更好地发挥救援人员的战斗力。

（1）饮食：受灾害现场条件所限，食品与饮用水应该用军用自热食品和便携式净水器、净水药片，以保障每天行动的基本热量和所需水分。

（2）住宿：以防寒、防潮、防虫，并且透气性好为主，单兵帐篷、羽绒睡袋都可以，能充分保障救援人员休息。

（3）药品：灾害地区卫生条件差，蚊蝇滋生，必须备足常用药品，如消毒、消炎、防虫内用及外用药，保障救援人员健康。

三、地震救援时的人员搜救技术

通常在地震发生后，我国应急管理部门会立刻响应地质灾害一级紧急预警，迅速抽调救援力量组成强大的救援队伍前往灾区。在地震发生后极有可能发生余震，对群众造成二次伤害，很大程度上影响了救援队的救援效率和效果。近年来地震灾害发生越来越频繁，我国救援队伍肩负的任务也越来越重。要争分夺秒在地震发生后的黄金时间段内展开救援工作，迅速为被困人员搭建起希望的桥梁。

地震救援的核心是人员搜救，熟练地掌握运用搜救技能是救援人员在地震现场快速精确施救的关键。在地震发生的初级阶段，重型装备及大量人力物力难以第一时间到达现场，这时简易的询问法、观察法成了初期救援最有效的手段；中后期在大量装备设施到场的情况下，运用搜救犬与探测仪器能救出更多的被困人员。所以人员搜救方法按搜救的有效性依次分为询问法、观察法、仪器搜救法和搜救犬搜救法等。

（一）地震初期的人员搜救技术

救援人员要在政府和部队的引导下组成救援大队，根据灾区灾害的严重程度、距离远近及难易程度，火速赶往事发地点。到达灾区时，需要结合地质灾害部门分析的出现余震的概率进行下一步计划。在救援准备阶段，震区的救援人员应认真检查救援装备有没有损坏，根据现场的具体情况将救援大队分成若干个小分队开展救援工作。对各个小分队下发具体任务：第一，抓紧摸清灾区的伤亡情况和灾区建筑物的损毁情况，第一时间上报，为下一步科学决策打好基础；第二，在搜救遇险人员时，救援人员应做好群众的心理疏导工作，向群众宣传自救互救的方法，防止在施救过程中出现其他意外；第三，将地震造成的危险物品泄漏及时科学地处理，避免造成不必要的伤害。完成任务分配后，救援人员应根据上级下达的指令，启动地震救援应急预案，携带必要的救援工具前往建筑与人员密集的地方优先搜救，对于受灾程度较低的地区，优先采用空运的方式将救援器械及受灾群众需要的水和粮食等物资运输到各受灾地区。

1. 询问法与观察法搜救

（1）询问法。在救援中，需要采取不同的救援方式以达到救援效率的最大化。在救援的初期阶段，由于地震破坏交通道路，有些地区可能出现大雾、雨雪天气或者灾区山石较多的情况，先期救援力量携带的救援物资设备较为有限，因此最直接有效的方式就是向灾区群众进行询问，询问法成为地震救援初期阶段确定被困人员方位的最为直接有效的手段；同时，还可通过对埋压群众的询问，判断其受伤情况及各项生命体征。

询问法的优点是：不需要复杂的救援装备，也不需要很多人手，只要找到知情人员，即可开展询问地震现场相关情况，简单有效。但它的缺点也很明显，如果幸存者的心情烦躁，加上地震后的现场环境混乱、嘈杂，被困人员由于害怕往往会出现情绪不稳定的情况，对自己的伤情无法表述，救援人员难以确认获得信息的准确性。只有信息准确，才能确保接下来的救援行动是正确的，否则就是在浪费救援时间。因此，要注意以下几个方面：第一，合理选择询问对象。由于受灾群众年龄、性别、心理承受能力不同，在震后现场，如果可供选择的询问对象较多，要优先询问青壮年人，相比老人及儿童，他们的语言表达能力及认知能力更好，并且面对这种突如其来、破坏力大的灾害，他们的心理承受能力更好，情绪更稳定，能更快地从灾难带来的负面情绪中走出来，因此可以较好地配合救援人员进行询问工作。除此之外，被询问人员还要具有能清楚明白询问者的意图，能清晰地表达出自己周围的情况及被困人员方位的能力。第二，询问内容要明确。作为专业的救援团队，准备询问的问题要清晰，要简洁明了地交代出询问的重点内容，并且询问话语也要让被询问人明白。询问内容包括被埋压人员的位置、状态、数量、姓名、性别、年龄，以及未被困人员的数量、去向等。除了人员信息外，还需要询问震后的四周环境状况，包括建筑物倒塌情况、道路交通情况等。对被困人员的询问除了询问个人的信息、年龄、位置及身体状态，了解其周围建筑物倒塌的特征等情况外，更重要的是做好心理安抚工作。特别需要注意的是，如果被困人员的亲人已经离世，暂不要如实告知，以免使被困人员受到刺激，导致其求生欲望大大降低甚至直接拒绝救援。

（2）观察法。观察法是由训练有素的救援人员对现场实行搜索，通过敲击发出声响、大声呼喊和辨听废墟里的声响来实行搜索的方法。这种方法所捕获的信息更为准确，在确定被困者的大致方位后，可根据实际情况直接救援。若被困者的方位还不能准确摸清，则可以调集仪器来进行精准定位，以此来锁定被困者的精准方位。

2. 仪器搜救法与搜救犬搜救法

（1）仪器搜救法。仪器搜救法相比基础的询问法更加精确、高效。仪器能够到达人类所不能到达的一些区域，能精准地捕获被困人员的位置及他们的生命体征，对于营救生命垂危、无法呼救的被困人员具有明显的优势。

目前，在我国地震救援中普遍采用探测仪进行探测，探测仪主要有生命探测仪、音频探测仪、红外探测仪等。生命探测仪能够较快地检测出人的感官系统，在救援中对呼吸微弱的被困人员都可以感知到，并确定其所在位置，因此，在救援工作中使用较多。

音频探测仪具有灵敏度高的优势，甚至人体发出的微弱气息，都可以将声音的位置准确检测到。如果施救现场较为嘈杂，可能会影响其检测效果。因此，可以将音频探测仪以环形的方式逐渐排开，向各个方向进行搜索，确定最强的探测信号位置后，其他的探测仪探头会一并指向被困者的位置，救援人员便可以直观地确定被困者的具体位置展开施救。

（2）搜救犬搜救法。与仪器搜救法可以共同使用的是搜救犬搜救法。相对于人类而言，搜救犬的听力约是人类听力的 20 倍，嗅觉更是百倍于人类，而且在光线微弱地区，搜救犬的搜救能力更能得到充分发挥。利用搜救犬灵敏的嗅觉，在救援人员的牵引下分成小组，搜寻废墟中人类的气息。在一轮搜救结束后要对搜救犬轮岗调换，以保证搜救犬的体力，提升搜救效率。因此在震后的搜救工作中，由搜救犬进行搜索，再配合生命探测仪等仪器，对被困人员的位置进行准确定位。

（二）施救方法

被困人员具体位置等情况确认后，首先要通过从上至下的方式逐层清除被困人员身上的废墟。如果被困人员身上为大型的建筑物倒塌废墟，人员无法将它搬移，可以采用水泥切割机、液压凿岩机等将大面积的建筑物进行切割和破碎；如果是钢筋类的物体，可以采用金属切割机将其割断，随后再进行搬移。需要注意的是，在机器作业前，必须先确认被困人员身上被压迫的部位，对被困人员暴露的部位采取妥善保护，避免受地震影响部分的建筑物突然掉落，对被困人员造成二次伤害；避免在搬运过程中有些被困人员由于受长时间的重压，一旦挪开瞬间造成血液上涌致使其死亡或截瘫。与清除法可以同时使用的是起重支撑施救法，运用起重机器和施救设备将被困人员身体上的建筑结构扩宽，如用千斤顶、起重气垫等将建筑顶起，给被困人员留出足够的空间。

四、高空绳索救援技术

高空绳索救援是指救援人员使用以绳索为主的装备在高空进行的救援，是利用绳索对救援人员自身进行保护和对遇险人员实施救助的一种救援方法。

（一）救生绳的基本概念和分类

1. 救生绳的基本概念

救生绳是上端固定悬挂，供人们手握进行滑降的绳子。救生绳主要用作救援人员个人携带的一种救人或自救工具，也可以用于运送救援器材，还可以在火情探察时作为标绳使用。

救生绳能够支持和承受人体重量，降低快速高空下落的风险，降低或减少从高处坠落带来的伤害。救生绳具有器材简便、实用性强、可靠性强、便于携带等特点，在救援领域得到了广泛应用。

随着城市的发展和进步，高楼和高大工业设施林立，在城市、野外、工业、山区发生地震、山体滑坡、火灾等各种复杂环境下利用绳索开展救援，是实施高空抢险救援的一种非常有效的方法。救援人员必须掌握救生绳正确的使用方法，以确保救援行动的成功和安全。

2. 救生绳的分类

常用的救生绳可分为静态救生绳和动态救生绳两种。

（1）静态救生绳：需要固定住身体或负重物体时使用。静态救生绳具有较大的强度和耐久性，不容易产生明显的变形，并且在固定住身体时会比较平稳且不易滑动。静态救生绳一般都是单股结构。

（2）动态救生绳：需要快速下降或上爬时使用。动态救生绳不适用于固定住身体或负重物体，因为它的弹性比较大，会引起较大的震荡和额外的力量，从而对使用者造成更大的危险。动态救生绳一般都是双股结构。

（二）救生绳的使用方法

1. 救生绳使用前的检查

（1）检查救生绳是否有损伤，如有损伤，应当进行修补或者更换后再使用。

（2）测量好救生绳的长度，确定好救生方法及救援方案。

（3）检查救生绳的连接件是否牢固。

如果用于火灾救援，需要穿戴好个人防护装备，如呼吸器、消防服等。

2. 救援人员的正确姿势

在使用救生绳时，救援人员必须掌握正确的姿势，以确保救援行动的成功和安全。

（1）救援人员必须将安全带系紧，同时将绳子穿过安全带。

（2）手握救生绳，并将其拉紧，可以在不借助外力的情况下提升身体及支撑其他物品。

（3）救援人员应当放松身体，尤其是双脚不能太用力，在悬挂的过程中尽量让身体垂直，这样能够减少身体的转折和碰撞。

（4）如果有必要，可以将脚用力扭曲，使其在垂直状态下让脚部能够滑动到合适的位置。

3. 下降时的注意事项

救援人员下降时一定要注意绳索的窜动幅度，减少绳索磨损，确保人身安全。

（1）下降时救援者双脚不能重叠，需要弯曲自己的膝盖，以滑动行进并且需要控制下降的速度。

（2）救援人员在下降的过程中，要时刻留意绳索的窜动幅度及绳索的张力，以免造成卡顿、滞留等意外事故。

（3）下降过程中，救援人员必须保证身体的稳定性，尤其是突发状况导致掉落时，可以利用手部的力量抵抗冲击力，从而保证人身安全。

4. 上爬时的注意事项

救援人员在进行上爬时同样要注意绳索的张力和窜动幅度，避免突发事件的发生。

（1）上爬时救援人员需要将双脚分开，类似于攀爬的姿势，一个脚跟站在绳子上，另一个脚跟向墙壁或者其他物体倚靠，然后抓住绳子上爬。

（2）救援人员需要控制自己的重心，防止重心过于靠前或靠后，造成爬升速度不均匀。

（三）使用救生绳时的注意事项

（1）使用救生绳时，一定要选择受过高空绳索救援专业训练的救援人员进行救援操作，以确保救援安全和效果。

（2）救生绳应当及时更换，不能超过其使用寿命，严禁使用损坏、磨损严重的救生绳进行救援。

（3）在使用救生绳时，要注意观察周边情况，以防发生意外。

五、伤员转运技术

伤员转运是指在地震灾害应急救援中，应急救援队对受伤人员进行初步救助并将其从危险区域转移至安全区域救治点的行动，它贯穿整个救援过程。在救援过程中，通常先整理伤员，确认伤员意识是否清醒，检查受伤部位，检查呼吸、心跳，视情况调整伤员姿势，进行简易处理后，根据伤员不同的伤情和灾区情况，实施伤员转运。

伤员转运通常有 3 种方式：一是徒手转运；二是器材转运；三是交通工具转运。在实际救援中，救援人员要灵活运用这些转运方法。

（一）徒手转运

在地震灾害救援现场，因为废墟结构不稳或余震频繁发生，所以救援人员应立即将伤员转离危险区。对于伤情不严重的伤员，来不及准备救援装备器材时，通常采用徒手的方式将伤员迅速转运。徒手转运通常分为单人徒手转运和双人徒手转运。

1. 单人徒手转运

（1）掮法。掮法通常在伤员需要紧急转运且没有骨折脱臼、胸部无损伤的情况下实施。此法转运伤员速度快，耐力强，便于观察、寻找转运伤员的行动路径。动作要领是：救援人员将伤员扶起后，双腿屈曲，将伤员的胸、腹部置于队员的肩部上，左手抱住伤员的右手臂，右手抱紧伤员的右腿，站起行进。

（2）抱法。抱法主要针对体重轻、身材较小的伤员。此法简单便捷、易于操作。动作要领是：救援人员先将伤员单臂搭于肩上，一只手托起伤员背部，另一只手托起伤员下肢，抱起行进。

（3）拖行。拖行主要适用于狭小空间中转运平躺或者处于坐位的伤员。转运狭小通道中平躺的伤员时，由于通道狭小，有时仅容 1 人通行，转运比较困难，救援人员要根据现场周围环境对伤员进行拖行。动作要领是：救援人员将双手置于伤员肩部下，抓住其衣物，并用两前臂托起伤员头部，向出口方向拖拉伤员，若通道不平，可在伤员身下垫木板或者用担架转运伤员。转运狭小空间中处于坐位的伤员时，由于作业空间小，移出伤员难度大，救援人员要根据现场条件拖行。动作要领是：救援人员先将伤员的双脚移出至营救出口处，用身体贴近伤员，再用靠近出口一侧的手从伤员出口侧的腋窝下穿过，支撑伤员下颌，并将伤员头部轻轻向后放置于救援人员肩上，尽可能保持颈部直立，用另一只手从伤员另一侧腋窝下伸出，抓住伤员出口侧手腕，将伤员移至安全区域。

（4）背负。背负主要适用于可站立或坐下的伤员，但不适用于手臂骨折者。此法便于救援人员观察周围情况，快速转运。动作要领是：救援人员扶伤员站立，背对着伤员，将伤员的两只手臂搭在自己的肩膀上，使其两手腕在胸前交叉，握住手腕，使伤员的胸部紧靠自己的背部，用两只手分别抱住伤员的左右大腿，调整、转运伤员。

2. 双人徒手转运

（1）椅托式转运法。椅托式转运法通常适用于有一定知觉和头脑清醒但不能行走的伤员，不适用于颈椎受伤者。此法便于救援人员观察伤员及周围情况，通常分为双手搭人椅转运和四手搭人椅转运两种方法，当伤员不能支撑上身时，通常采用双手搭人椅转运。动作要领是：两名救援人员分别蹲在伤员两侧，一名救援人员的右手和另一名救援人员的左手手指弯向掌心呈钩状，相互抓牵，形成一个座，托住伤员臀部，两人分别用另一只手相互抓牵，支撑伤员背部，伤员两只手分别搭于救援人员肩部，托起伤员行进。当伤员的手及手臂能支撑上身时，可采用四手搭人椅转运。动作要领是：救援人员手心朝下分别用右手握住左手腕，环绕伤员的腿部，左手相互握住对方的右手腕，将伤员的两手臂搭于救援人员的肩部，抬起伤员行进。

（2）拉车式搬运法。拉车式搬运法通常适用于有一定行动能力的伤员。此法便于救援人员观察伤员及周围情况，多用于短途转运。动作要领是：一名救援人员托起伤员头颈部使其呈坐姿状，用胸部贴近其背部，再用两只手从伤员腋窝下伸出握住其手腕；另一名救援人员蹲在伤员一侧，将伤员的两腿交叉叠压，抱住其小腿，抬起伤员，向前行进。

（二）器材转运

在地震灾害救援现场，为了安全地把伤员从危险地带转移到救治地点，通常利用器材转运。器材转运的优点是：一是可实现长时间、长距离路线转运；二是可以较好地转移伤势严重的伤员，比如脑颅、颈椎、脊柱、胸腔、关节等部位受伤。器材转运通常分为利用绳索转运和利用担架转运。

1. 利用绳索转运

利用绳索转运伤员的方法通常分为绳索式背法和绳索式抱法。其主要特点是易于操作、长途转运，但不能用于伤势严重的伤员。

（1）绳索式背法。绳索式背法通常用于单人长途搬运伤员。由于地震的破坏作用，废墟现场复杂多样，此法能够便于救援人员观察行走路径，还可简单清理路径上的障碍物，但此法不适用于特别胖和特别高大的伤员。动作要领是：救援人员将伤员双手搭于肩上，使其胸部紧靠自己的背部，用双手分开伤员的两腿，再用绳索穿过伤员的腋窝下和背部，绳两端从队员的肩部通过并在胸前交叉两次，然后救援人员将绳两端由内侧向外侧在伤员大腿上缠绕一圈，并在自己腹前利用双平结把绳两端连接在一起，抱住伤员两腿后站起，向前行进。

（2）绳索式抱法。绳索式抱法通常用于单人长途搬运伤员，但此法要求救援人员在能力范围内转运伤员。其特点是，如果转运时间长，便于救援人员随时观察伤员的情况，还可简单清理路径上的障碍物。动作要领是：救援人员利用绳索制成一个绳圈，先套于伤员臂部，再斜套入自己的肩部，将伤员抱起行进；或者将绳索制成三套腰结，先用两个绳圈套住伤员的大腿，再用第三个绳圈斜套入队员的肩部，最后将伤员抱起行进。

2. 利用担架转运

利用担架转运伤员主要是对有颅部、颈椎、脊柱、胸腔、骨折、脱臼和不便于行动的伤员进行转运，是最安全、最常用的伤员转运方法。

由于担架的规格不同，采用的转运方法也不同，为了避免压迫伤员的受伤部位，通常使用硬质板式担架转运。

由于地震破坏力大，周围道路建筑物损坏严重，救援人员经常会在瓦砾堆中或者不平的路面上转运伤员，为了保证伤员身体安全，通常由 4 名救援人员抬运担架，并对伤员进行固定保护。动作要领是：两名救援人员利用拉车式搬运法，其余救援人员再托起伤员的臀部，协力将伤员放置于担架上，伤员的脚部朝向担架前进方向，然后救援人员利用绳索的一端用卷结固定在担架手柄上，用绳索的另一端依次穿过固定环上，分别固定伤者的躯干、四肢及膝盖下方，然后把绳索的另一端固定在担架的另一个手柄上，最后救援人员面对前进方向抬起担架，头高脚低式行进，始终保持担架平衡。

（三）交通工具转运

受灾地区在遭受重大地震灾害侵袭后，其地理交通环境、各类房屋建筑以及各工作部门的服务体系等都会受到不同程度的打击，甚至出现运作瘫痪。特别是当灾区医疗服务机构由于种种原因，无法向大批灾区伤员尤其是危重伤员提供及时的救治时，这些伤员的转运工作便成为灾害救援中的重要工作之一。及时高效的转运不仅可以减少危重伤员的死亡率，而且使医疗卫生资源得到合理利用。

由于转运距离远近不一、地区路况有差异以及伤员病情不断变化，转运方式的选择十分复杂。常用的转运方式有陆运和空运，具体的转运工具有汽车、火车、飞机等。

在转运过程中，无论用汽车、火车还是用飞机，伤者及担架都必须严格固定，防止途中颠簸、摆动造成的损害。同时还要密切注意伤者的脸色、呼吸和心跳，出现异常立即抢救。

在转运伤员时，救援人员要根据不同情况灵活运用转运方法，无论徒手转运、器材转运还是交通工具转运，都要遵循准确快捷、安全高效的原则将伤员转运到救治点。在伤员转运中需要注意以下几点：一是要时刻关注、安慰伤员，增强其求生的信心；二是要量力而行，加强自我防护，保持昂扬斗志；三是要胆大心细，科学转运，避免二次伤害；四是要履职尽责，团结协作，高效救援。

第九章　矿山事故隐患排查与治理

生产安全事故隐患排查与治理工作是《安全生产法》规定的重要内容之一，是安全生产标准化建设的重要基础。《安全生产事故隐患排查治理暂行规定》（安全监管总局令第16号）对此项工作作出了具体的规定。建立健全安全隐患排查治理体系，贯彻落实以人为本的科学发展观，充分体现“安全第一、预防为主、综合治理”的方针，是安全生产工作理念、监管机制、监管手段和方法的创新与发展，把隐患排查与治理和安全生产工作逐步纳入科学化、制度化、规范化的轨道。

第一节　矿山事故隐患的分级、分类及特点

一、矿山事故隐患分级

矿山事故隐患（以下简称事故隐患）是指矿山企业违反安全生产法律、法规、规章、标准、规程和安全生产管理制度的规定，或者因其他因素在生产经营活动中存在可能导致事故发生的物的危险状态、人的不安全行为和管理上的缺陷。

按照事故隐患的影响范围、整改难易程度和危害程度，矿山事故隐患分为一般事故隐患和重大事故隐患。

1. 一般事故隐患

一般事故隐患是指危害或整改难度较小，发现后能够立即整改排除的隐患。

2. 重大事故隐患

重大事故隐患是指危害和整改难度大，应全部或者局部停产停业，并经过一定时间整改治理方能排除的隐患，或者因外部因素影响致使生产经营单位自身难以排除的隐患。

二、矿山事故隐患分类

根据隐患排查主要内容划分的原则，结合隐患排查实际工作情况，从现场操作方面对隐患排查进行划分，可分为基础管理类隐患和现场管理类隐患两部分。

1. 基础管理类隐患

基础管理类隐患主要针对矿山企业资质证照、安全生产管理机构及人员、安全生产责任制、安全生产管理制度、安全操作规程、教育培训、安全生产管理档案、安全生产投入、应急救援、特种设备基础管理等方面存在的缺陷。

基础管理类隐患，在矿山企业自查时主要通过查阅资料获得。

2. 现场管理类隐患

现场管理类隐患主要针对特种设备现场管理、生产设备设施、场所环境、从业人员操

作行为、消防安全、用电安全、职业卫生现场安全、有限空间现场安全、辅助动力系统、相关方现场管理和其他现场管理等方面存在的缺陷。

现场管理类隐患，需要矿山企业对作业现场进行实地检查，了解隐患的分布情况，以便更有针对性地开展安全生产管理工作，制定相应的对策措施。

三、矿山事故隐患特点

矿山事故隐患因矿体品种、赋存条件、开采方式、开采方法、生产工艺、安全管理等方面的差异，呈现出不同的特点。

煤炭开采往往伴随煤与瓦斯涌出，从而形成了瓦斯煤尘爆炸、煤与瓦斯突出等事故隐患；地质构造复杂多样性，产生了水害、顶板危害、冲击地压（岩爆）、矿震和自然发火、高温等事故隐患；井下作业场所潮湿、阴暗、狭窄等状况，往往带来机电设备误操作、运输脱节、施工材料供应不及时等隐患；生产工艺的复杂性往往带来采煤、掘进、机电运输、通风、排水等环节发生故障的隐患；安全生产管理的缺陷能够导致非法开采、超层越界开采、开采秩序混乱、安全管理制度不健全不完善、违规违章行为屡禁不止等隐患。

因此，矿山企业的各种事故隐患危害比其他行业严重且频繁，矿山企业要认真贯彻执行《安全生产法》和《矿山安全法》等规定，按照不同种类矿山安全技术规范的要求，切实加强事故隐患排查防范工作，制定有效的事故预防措施，保障矿山企业正常的生产秩序和职工的人身安全，推动矿山企业健康稳定发展。

第二节　隐患排查方法、内容与治理技术

一、隐患排查方法

隐患排查是指矿山企业组织安全生产管理人员、工程技术人员和其他相关人员对本单位的事故隐患进行排查，并对排查出来的事故隐患，按照事故隐患的等级进行登记，建立事故隐患信息档案。隐患排查方式如下：

（1）建立矿山企业内外部的事故隐患举报、信息收集方式，包括举报电话、网络举报、来信来访等各种途径收集事故隐患信息。

（2）通过外部安全检查、评价和检测等发现矿山企业事故隐患。

（3）通过对事故隐患排查重点部位的日常监控发现事故隐患。

（4）通过岗位作业人员的作业过程检查等方式发现事故隐患。

（5）通过班组、部门和企业的日常排查、专项排查、全面排查等定期检查方式发现事故隐患。

（6）通过专业安全评估等专业技术方式，发现隐蔽性、专业性的事故隐患。

（7）通过安全生产标准化企业自评、职业健康安全管理体系内审等方式发现各类事故隐患。

（8）通过对企业及同行业发生的未遂事件、事故原因分析发现的各类事故隐患。

二、事故隐患排查形式及内容

1. 作业过程隐患排查

作业过程隐患排查是指从业人员每次上岗前、作业中、作业结束后，根据要求对作业设备设施、作业环境、个人防护等方面进行检查。

2. 日常隐患排查

日常隐患排查是指班组长和安全员的日常安全检查；专业技术人员和管理人员的日常检查；事故隐患排查重点部位的日常监控等，重点检查本生产单元相关设备、设施、场所及从业人员遵章守纪等方面的事故隐患。

3. 全面隐患排查

全面隐患排查是指以保障安全生产为目的，以安全生产责任制、各项专业管理制度和其他相关安全生产管理制度落实情况为重点，各有关专业和部门共同参与的全面检查生产经营场所、周边环境、设备设施的安全状况，贯彻执行安全生产相关法规、标准的情况，以及落实本单位安全生产规章制度的情况。

（1）部门级全面隐患排查由部门负责人组织实施，安全员、专业技术人员和相关管理人员参加；企业级全面隐患排查由企业主要负责人组织并参加，安全生产管理人员和相关管理人员、专业技术人员、工会或员工代表等参加。

（2）矿山企业级全面隐患排查至少每半年组织一次，部门级全面隐患排查至少每季度组织一次。

（3）大中型企业集团全面隐患排查应单独建立隐患排查计划方案，确定隐患排查内容、路线及时间安排、参加人员等。全面隐患排查时，应依据事故隐患判定标准进行检查，其中对重点部位的检查内容，应依据矿山企业的重点部位事故隐患排查表进行。

实施全面隐患排查时，现场发现的事故隐患应要求责任部门立即整改，现场无法立即整改的，应形成“事故隐患整改通知和记录单”下发至事故隐患治理的责任部门。“事故隐患整改通知和记录单”应包括事故隐患所在部门/现场、隐患治理责任部门/负责岗位、发现的事故隐患及治理要求、事故隐患原因分析、治理措施及完成情况、治理验收和效果验证等，并由治理责任部门和验收人员签字。

4. 专项隐患排查

专项隐患排查是指针对某些场所、时段、特性进行的专门检查，通常包括专项安全检查、季节性和节假日隐患排查、专业安全评估、事故类比隐患排查等。

本行业、领域发生较大以上生产安全事故的，企业应及时开展专项排查。

（1）专项安全检查是指矿山企业负责安全生产、设备、技术等业务的管理机构，以矿山事故隐患排查治理专业技术队伍为骨干，对重点工艺系统、设备设施、专业技术等方面进行的有针对性的检查。

（2）季节性隐患排查是指根据各季节特点开展的专项隐患检查；重大活动及节假日前后隐患排查主要是指对五一、十一、元旦、春节及其他长假、重要活动前后进行的集中检查，通常由安全管理部门组织进行检查。

（3）专业安全评估是指针对矿山专业性、技术性较强的设备、设施和系统，以及安全检查难以发现的隐蔽性问题，采用专业技术手段，对照相应技术标准进行深入、细致、系统的安全评估，以消除隐蔽性、深层次的事故隐患。

（4）事故类比隐患排查是指在未遂事件、事故发生后，对企业内和同类企业发生的事故采取举一反三的措施，针对相关部门、部位进行专项安全检查。

三、煤矿事故隐患及治理要求

1. 煤矿重大事故隐患

煤矿重大事故隐患治理方案由煤矿主要负责人组织制定并实施。重大事故隐患治理方案应当包括治理的目标和任务、采取的方法和措施、经费和物资的落实、负责治理的机构和人员、治理的时限和要求、安全措施和应急预案。

2024 年 1 月 24 日《煤矿安全生产条例》（国务院令第 774 号）颁布，自 2024 年 5 月 1 日起施行。该条例规定煤矿企业有下列情形之一的，属于重大事故隐患，应当立即停止受影响区域生产、建设，并及时消除事故隐患：

（1）超能力、超强度或者超定员组织生产的。

（2）瓦斯超限作业的。

（3）煤（岩）与瓦斯（二氧化碳）突出矿井未按照规定实施防突措施的。

（4）煤（岩）与瓦斯（二氧化碳）突出矿井、高瓦斯矿井未按照规定建立瓦斯抽采系统，或者系统不能正常运行的。

（5）通风系统不完善、不可靠的。

（6）超层、越界开采的。

（7）有严重水患，未采取有效措施的。

（8）有冲击地压危险，未采取有效措施的。

（9）自然发火严重，未采取有效措施的。

（10）使用应当淘汰的危及生产安全的设备、工艺的。

（11）未按照规定建立监控与通讯系统，或者系统不能正常运行的。

（12）露天煤矿边坡角大于设计最大值或者边坡发生严重变形，未采取有效措施的。

（13）未按照规定采用双回路供电系统的。

（14）新建煤矿边建设边生产，煤矿改扩建期间，在改扩建的区域生产，或者在其他区域的生产超出设计规定的范围和规模的。

（15）实行整体承包生产经营后，未重新取得或者及时变更安全生产许可证而从事生产，或者承包方再次转包，以及将井下采掘工作面和井巷维修作业外包的。

（16）改制、合并、分立期间，未明确安全生产责任人和安全生产管理机构，或者在完成改制、合并、分立后，未重新取得或者及时变更安全生产许可证等的。

（17）有其他重大事故隐患的。

煤矿一般隐患

2. 煤矿一般事故隐患

煤矿一般事故隐患是指煤矿各部门、各专业人员在隐患排查中发现的危害或整改难度较小，发现后能够立即整改排除的隐患。除《煤矿安全生产条例》《煤矿重大事故隐患判定标准》所列的重大隐患外，其他不符合《煤矿安全规程》《矿山救援规程》《煤矿安全生产标准化管理体系基本要求及评分方法》《防治煤与瓦斯突出细则》《煤矿防治水细则》《防治煤矿冲击地压细则》《煤矿防灭火细则》、安全技术操作规程、作业规程等相关规程、标准、文件规定的情况，均属于一般隐患。

煤矿一般事故隐患，由煤矿区队、班组负责人或者有关人员立即组织整改。

四、矿山事故隐患排查治理责任体系和工作制度

（一）关于隐患排查的相关规定

1.《安全生产法》中关于隐患排查的相关规定

第四条　生产经营单位必须遵守本法和其他有关安全生产的法律、法规，加强安全生产管理，建立健全全员安全生产责任制和安全生产规章制度，加大对安全生产资金、物资、技术、人员的投入保障力度，改善安全生产条件，加强安全生产标准化、信息化建设，构建安全风险分级管控和隐患排查治理双重预防机制，健全风险防范化解机制，提高安全生产水平，确保安全生产。

平台经济等新兴行业、领域的生产经营单位应当根据本行业、领域的特点，建立健全并落实全员安全生产责任制，加强从业人员安全生产教育和培训，履行本法和其他法律、法规规定的有关安全生产义务。

第四十一条　生产经营单位应当建立安全风险分级管控制度，按照安全风险分级采取相应的管控措施。

生产经营单位应当建立健全并落实生产安全事故隐患排查治理制度，采取技术、管理措施，及时发现并消除事故隐患。事故隐患排查治理情况应当如实记录，并通过职工大会或者职工代表大会、信息公示栏等方式向从业人员通报。其中，重大事故隐患排查治理情况应当及时向负有安全生产监督管理职责的部门和职工大会或者职工代表大会报告。

县级以上地方各级人民政府负有安全生产监督管理职责的部门应当将重大事故隐患纳入相关信息系统，建立健全重大事故隐患治理督办制度，督促生产经营单位消除重大事故隐患。

第四十六条　生产经营单位的安全生产管理人员应当根据本单位的生产经营特点，对安全生产状况进行经常性检查；对检查中发现的安全问题，应当立即处理；不能处理的，应当及时报告本单位有关负责人，有关负责人应当及时处理。检查及处理情况应当如实记录在案。

生产经营单位的安全生产管理人员在检查中发现重大事故隐患，依照前款规定向本单位有关负责人报告，有关负责人不及时处理的，安全生产管理人员可以向主管的负有安全生产监督管理职责的部门报告，接到报告的部门应当依法及时处理。

第五十九条　从业人员发现事故隐患或者其他不安全因素，应当立即向现场安全生产管理人员或者本单位负责人报告；接到报告的人员应当及时予以处理。

第六十二条　县级以上地方各级人民政府应当根据本行政区域内的安全生产状况，组织有关部门按照职责分工，对本行政区域内容易发生重大生产安全事故的生产经营单位进

行严格检查。

应急管理部门应当按照分类分级监督管理的要求，制定安全生产年度监督检查计划，并按照年度监督检查计划进行监督检查，发现事故隐患，应当及时处理。

第六十五条　应急管理部门和其他负有安全生产监督管理职责的部门依法开展安全生产行政执法工作，对生产经营单位执行有关安全生产的法律、法规和国家标准或者行业标准的情况进行监督检查，行使以下职权：

（1）进入生产经营单位进行检查，调阅有关资料，向有关单位和人员了解情况。

（2）对检查中发现的安全生产违法行为，当场予以纠正或者要求限期改正；对依法应当给予行政处罚的行为，依照本法和其他有关法律、行政法规的规定作出行政处罚决定。

（3）对检查中发现的事故隐患，应当责令立即排除；重大事故隐患排除前或者排除过程中无法保证安全的，应当责令从危险区域内撤出作业人员，责令暂时停产停业或者停止使用相关设施、设备；重大事故隐患排除后，经审查同意，方可恢复生产经营和使用。

（4）对有根据认为不符合保障安全生产的国家标准或者行业标准的设施、设备、器材以及违法生产、储存、使用、经营、运输的危险物品予以查封或者扣押，对违法生产、储存、使用、经营危险物品的作业场所予以查封，并依法作出处理决定。

监督检查不得影响被检查单位的正常生产经营活动。

第七十条　负有安全生产监督管理职责的部门依法对存在重大事故隐患的生产经营单位作出停产停业、停止施工、停止使用相关设施或者设备的决定，生产经营单位应当依法执行，及时消除事故隐患。生产经营单位拒不执行，有发生生产安全事故的现实危险的，在保证安全的前提下，经本部门主要负责人批准，负有安全生产监督管理职责的部门可以采取通知有关单位停止供电、停止供应民用爆炸物品等措施，强制生产经营单位履行决定。通知应当采用书面形式，有关单位应当予以配合。

负有安全生产监督管理职责的部门依照前款规定采取停止供电措施，除有危及生产安全的紧急情形外，应当提前二十四小时通知生产经营单位。生产经营单位依法履行行政决定、采取相应措施消除事故隐患的，负有安全生产监督管理职责的部门应当及时解除前款规定的措施。

第七十四条　任何单位或者个人对事故隐患或者安全生产违法行为，均有权向负有安全生产监督管理职责的部门报告或者举报。

因安全生产违法行为造成重大事故隐患或者导致重大事故，致使国家利益或者社会公共利益受到侵害的，人民检察院可以根据民事诉讼法、行政诉讼法的相关规定提起公益诉讼。

第七十五条　居民委员会、村民委员会发现其所在区域内的生产经营单位存在事故隐患或者安全生产违法行为时，应当向当地人民政府或者有关部门报告。

第七十六条　县级以上各级人民政府及其有关部门对报告重大事故隐患或者举报安全生产违法行为的有功人员，给予奖励。具体奖励办法由国务院应急管理部门会同国务院财政部门制定。

2.《安全生产事故隐患排查治理暂行规定》中关于隐患排查的相关规定

第四条　生产经营单位应当建立健全事故隐患排查治理制度。

生产经营单位主要负责人对本单位事故隐患排查治理工作全面负责。

第五条　各级安全监管监察部门按照职责对所辖区域内生产经营单位排查治理事故隐患工作依法实施综合监督管理；各级人民政府有关部门在各自职责范围内对生产经营单位排查治理事故隐患工作依法实施监督管理。

第六条　任何单位和个人发现事故隐患，均有权向安全监管监察部门和有关部门报告。

安全监管监察部门接到事故隐患报告后，应当按照职责分工立即组织核实并予以查处；发现所报告事故隐患应当由其他有关部门处理的，应当立即移送有关部门并记录备查。

第八条　生产经营单位是事故隐患排查、治理和防控的责任主体。

生产经营单位应当建立健全事故隐患排查治理和建档监控等制度，逐级建立并落实从主要负责人到每个从业人员的隐患排查治理和监控责任制。

第九条　生产经营单位应当保证事故隐患排查治理所需的资金，建立资金使用专项制度。

第十条　生产经营单位应当定期组织安全生产管理人员、工程技术人员和其他相关人员排查本单位的事故隐患。对排查出的事故隐患，应当按照事故隐患的等级进行登记，建立事故隐患信息档案，并按照职责分工实施监控治理。

第十一条　生产经营单位应当建立事故隐患报告和举报奖励制度，鼓励、发动职工发现和排除事故隐患，鼓励社会公众举报。对发现、排除和举报事故隐患的有功人员，应当给予物质奖励和表彰。

第十二条　生产经营单位将生产经营项目、场所、设备发包、出租的，应当与承包、承租单位签订安全生产管理协议，并在协议中明确各方对事故隐患排查、治理和防控的管理职责。生产经营单位对承包、承租单位的事故隐患排查治理负有统一协调和监督管理的职责。

第十三条　安全监管监察部门和有关部门的监督检查人员依法履行事故隐患监督检查职责时，生产经营单位应当积极配合，不得拒绝和阻挠。

第十四条　生产经营单位应当每季、每年对本单位事故隐患排查治理情况进行统计分析，并分别于下一季度 15 日前和下一年 1 月 31 日前向安全监管监察部门和有关部门报送书面统计分析表。统计分析表应当由生产经营单位主要负责人签字。

对于重大事故隐患，生产经营单位除依照前款规定报送外，应当及时向安全监管监察部门和有关部门报告。重大事故隐患报告内容应当包括：

（1）隐患的现状及其产生原因。

（2）隐患的危害程度和整改难易程度分析。

（3）隐患的治理方案。

第十五条　对于一般事故隐患，由生产经营单位（车间、分厂、区队等）负责人或者有关人员立即组织整改。

对于重大事故隐患，由生产经营单位主要负责人组织制定并实施事故隐患治理方案。重大事故隐患治理方案应当包括以下内容：

（1）治理的目标和任务。

（2）采取的方法和措施。

（3）经费和物资的落实。

（4）负责治理的机构和人员。

（5）治理的时限和要求。

（6）安全措施和应急预案。

第十六条　生产经营单位在事故隐患治理过程中，应当采取相应的安全防范措施，防止事故发生。事故隐患排除前或者排除过程中无法保证安全的，应当从危险区域内撤出作业人员，并疏散可能危及的其他人员，设置警戒标志，暂时停产停业或者停止使用；对暂时难以停产或者停止使用的相关生产储存装置、设施、设备，应当加强维护和保养，防止事故发生。

第十八条　地方人民政府或者安全监管监察部门及有关部门挂牌督办并责令全部或者局部停产停业治理的重大事故隐患，治理工作结束后，有条件的生产经营单位应当组织本单位的技术人员和专家对重大事故隐患的治理情况进行评估；其他生产经营单位应当委托具备相应资质的安全评价机构对重大事故隐患的治理情况进行评估。

经治理后符合安全生产条件的，生产经营单位应当向安全监管监察部门和有关部门提出恢复生产的书面申请，经安全监管监察部门和有关部门审查同意后，方可恢复生产经营。申请报告应当包括治理方案的内容、项目和安全评价机构出具的评价报告等。

第十九条　安全监管监察部门应当指导、监督生产经营单位按照有关法律、法规、规章、标准和规程的要求，建立健全事故隐患排查治理等各项制度。

第二十条　安全监管监察部门应当建立事故隐患排查治理监督检查制度，定期组织对生产经营单位事故隐患排查治理情况开展监督检查；应当加强对重点单位的事故隐患排查治理情况的监督检查。对检查过程中发现的重大事故隐患，应当下达整改指令书，并建立信息管理台账。必要时，报告同级人民政府并对重大事故隐患实行挂牌督办。

安全监管监察部门应当配合有关部门做好对生产经营单位事故隐患排查治理情况开展的监督检查，依法查处事故隐患排查治理的非法和违法行为及其责任者。

安全监管监察部门发现属于其他有关部门职责范围内的重大事故隐患的，应该及时将有关资料移送有管辖权的有关部门，并记录备查。

第二十一条　已经取得安全生产许可证的生产经营单位，在其被挂牌督办的重大事故隐患治理结束前，安全监管监察部门应当加强监督检查。必要时，可以提请原许可证颁发机关依法暂扣其安全生产许可证。

第二十二条　安全监管监察部门应当会同有关部门把重大事故隐患整改纳入重点行业领域的安全专项整治中加以治理，落实相应责任。

第二十三条　对挂牌督办并采取全部或者局部停产停业治理的重大事故隐患，安全监管监察部门收到生产经营单位恢复生产的申请报告后，应当在10日内进行现场审查。审查合格的，对事故隐患进行核销，同意恢复生产经营；审查不合格的，依法责令改正或者下达停产整改指令。对整改无望或者生产经营单位拒不执行整改指令的，依法实施行政处罚；不具备安全生产条件的，依法提请县级以上人民政府按照国务院规定的权限予以关闭。

第二十四条　安全监管监察部门应当每季将本行政区域重大事故隐患的排查治理情况和统计分析表逐级报至省级安全监管监察部门备案。

省级安全监管监察部门应当每半年将本行政区域重大事故隐患的排查治理情况和统计分析表报国家安全生产监督管理总局备案。

（二）关于隐患排查治理的相关规定

1. 法律法规中关于隐患排查治理的相关规定

（1）《安全生产法》规定，生产经营单位应当建立健全并落实生产安全事故隐患排查治理制度，采取技术、管理措施，及时发现并消除事故隐患。事故隐患排查治理情况应当如实记录，并通过职工大会或者职工代表大会、信息公示栏等方式向从业人员通报。其中，重大事故隐患排查治理情况应当及时向负有安全生产监督管理职责的部门和职工大会或者职工代表大会报告。

（2）《安全生产事故隐患排查治理暂行规定》规定，生产经营单位应当建立健全事故隐患排查治理制度。生产经营单位主要负责人对本单位事故隐患排查治理工作全面负责。

根据法律规定，矿山企业是矿山事故隐患排查、治理和防控的责任主体。要建立健全事故隐患自查自治工作机制，将事故隐患排查治理纳入安全生产责任制，健全完善事故隐患排查、治理、奖惩、考核等工作制度，明确本单位负责人和各级、各岗位人员的事故隐患排查治理和防控责任，编制本单位事故隐患排查治理标准清单，对从业人员进行事故隐患排查治理技能教育和培训，对生产经营场所进行定期排查和专项排查，及时发现并消除事故隐患。对排查出的事故隐患，制定措施及时治理，并将治理情况如实记录，向从业人员通报。

按照“党政同责、一岗双责、齐抓共管、失职追责”“管行业必须管安全、管业务必须管安全、管生产经营必须管安全”和“谁主管、谁负责”的原则，完善事故隐患排查治理责任体系。矿山主要负责人是事故隐患排查治理第一责任人，对事故隐患排查治理工作全面负责；分管安全工作负责人协助主要负责人履行事故隐患排查治理职责；分管技术工作负责人对事故隐患排查治理工作负技术管理责任；其他负责人对分管业务范围内的事故隐患排查治理工作负责。生产经营单位业务主管部门对本业务范围内的事故隐患排查治理工作负责；安全监管部门对事故隐患排查治理负监督管理责任，对事故隐患排查治理的过程进行监督考核；区队长、班组长对本工作区域内的事故隐患排查治理工作负责；各岗位从业人员对本岗位的事故隐患排查治理工作负责。

2. 矿山企业关于隐患排查治理的相关规定

1）矿山事故隐患登记上报制度

矿山企业应建立事故隐患排查治理台账，如实记录隐患排查、治理和验收情况，每季、每年对本单位事故隐患排查治理情况进行统计分析，并分别于下一季度 15 日前和下一年 1 月 31 日前向安全监管监察部门和有关部门报送书面统计分析表。统计分析表应当由生产经营单位主要负责人签字。

对于重大事故隐患，生产经营单位除依照相关规定报送外，应当及时向安全监管监察部门和有关部门报告。重大事故隐患报告内容应当包括隐患的现状及其产生原因、隐患的危害程度和整改难易程度分析、隐患的治理方案。

2）矿山事故隐患分级治理制度

一般事故隐患由区队、班组负责人或者有关人员立即组织整改，不能立即组织整改的由区队或者战线负责制定治理方案，限时治理；重大事故隐患由矿山主要负责人组织治理，制定重大事故隐患治理方案，重大事故隐患治理方案应当包括治理的目标和任务、采取的方法和措施、经费和物资的落实、负责治理的部门和人员、治理的期限和要求、安全措施和应急预案；矿山企业无法治理的事故隐患，应及时上报上一级业务主管部门，由上一级业务主管部门协助整改。

矿山企业在事故隐患治理过程中，应当采取相应的安全防范措施，防止事故发生。事故隐患排除前或者排除过程中无法保证安全的，应当从危险区域内撤出作业人员，并疏散可能危及的其他人员，设置警戒标志，暂时停产停业或者停止使用；对暂时难以停产或者停止使用的相关生产储存装置、设施、设备，应当加强维护和保养，防止事故发生。

3）建立重大事故隐患排查治理台账

矿山企业应如实记录事故隐患排查、登记、评估、治理、验收、核销和复验情况。重大事故隐患治理台账应包括单位、编号、分类分级、隐患内容、治理措施、治理资金、治理责任人、牵头部门、督办部门、发现日期、治理时限、实际完成治理日期、验收日期、验收人员、验收意见、复查日期、复查人员、复查意见、是否销号等。

重大事故隐患排查治理档案实行“一案一档”管理。存档的主要内容、材料、资料应符合上级部门要求。重大事故隐患按照规定上报政府负有安全生产监督管理职责的部门。

4）加强对事故隐患治理的公示和监督

矿山企业应每月向作业人员通报事故隐患分布、治理情况。对本单位存在的一般事故隐患，可以在人员涉及的办公、作业区域或者在班前会上进行公告，也可以通过微信平台、QQ 群等媒介进行公告。对矿井存在的重大事故隐患在井口电子显示屏或者公告专栏位置进行公告。公告内容必须包括重大事故隐患的地点、主要内容、治理时限和责任人、停产停工范围。矿山企业应在井口或者矿务公开信息发布栏等醒目位置公布事故隐患举报电话，接受职工和社会监督。

5）强化矿山事故隐患排查治理保障措施

矿山企业应按照国家相关规定建立安全生产费用提取、使用制度。根据矿山事故隐患排查治理工作安排，提取和使用安全费用，实行专款专用，每年在安全生产费用提取中留设专项资金，专门用于事故隐患排查治理。

基层单位、业务部门应采取多种方式宣传事故隐患排查治理工作制度和工作要求，编制事故隐患排查培训计划、教案、内容，利用班前会、职工学习例会、座谈会等多种形式将事故隐患排查治理纳入职工日常培训范围，并根据不同岗位开展针对性培训，提高全体从业人员的事故隐患排查治理能力。

第十章　地面火灾处理技术

近年来，地面火灾事故频繁发生，给人民生命财产安全造成严重威胁。本章着重分析地面及建筑物火灾特点和演变规律，介绍常用灭火器材及其使用方法，阐述地面火灾扑灭技术，为及时、有效地处置地面火灾事故提供了参考，最大限度地保护人民生命财产安全。

第一节　地面及建筑物火灾的特点和演变规律

一、地面及建筑物火灾的特点

（一）火势蔓延快

地面及建筑物附近往往会有电动车、旧纸箱、旧衣服等可燃物品，建筑物内部也有许多易燃装修材料，因此，一旦着火，火势蔓延很快。

（二）疏散困难

有些人消防意识不强，发现火情不知所措，没有第一时间报告并组织逃生，加上老弱病残人员行动不便，一旦烟雾弥漫，能见度低，疏散更加困难。

地面及建筑物火灾的特点

（三）灭火困难

有的单位或老旧居民区疏于管理，消防通道常被车辆或杂物占据，导致消防车辆通行困难，难以在最短时间内到达灭火有利位置扑灭初期火灾，丧失最佳战机。高层建筑高达几十米，甚至几百米，随着建筑高度的增加，在起火前室内外温差所形成的热风压大，在起火后由于温度变化引起烟气运动的火风压大，因而发生火灾时烟气蔓延、扩散迅速、蔓延途径多，易形成立体火灾。

二、地面及建筑物火灾的演变规律

（一）地面及建筑物火灾的发展阶段

根据室内火灾温度随时间的变化特点，将地面及建筑物火灾的发展分为初起、成长、猛烈、衰减 4 个阶段。

1. 火灾初起阶段

建筑物发生火灾后，最初阶段只是起火部位及其周围可燃物着火燃烧。

火灾初起阶段的特点是：

（1）燃烧范围不大，仅限于点火源附近，室内温差大，只在燃烧区域及其附近存在高温，室内平均气温不高。

（2）火灾发展速度较慢，火势不够稳定。

（3）火灾发展时间受火源、可燃物性质、分布、通风条件影响，长短差别较大，一般为 5 ~20 min。

从火灾初起阶段的特点可见，火灾初起阶段燃烧面积小，用少量的灭火剂就可以把火扑灭，该阶段是灭火最有利的时机，因此应争取及早发现，把火灾及时控制消灭在起火点。为此，在建筑物内设置火灾自动报警系统和自动灭火系统，配备适当数量的灭火器是很有必要的。

火灾初起阶段是人员疏散的有利时机。火灾初起阶段时间持续越长，就有更多的机会发现火灾和灭火，并有利于人员安全撤离，发生火灾时人员若在这一阶段不能疏散出房间，就很危险了。

2. 火灾成长阶段

建筑物火灾初起阶段后期，火灾燃烧面积迅速扩大，室内温度不断升高，热对流和热辐射显著增强。火灾成长阶段示意如图 10 -1 所示。当发生火灾的房间内温度达到一定值时（图 10 -1 中 B 点），聚积在房间内的可燃物分解产生的可燃气体突然起火，整个房间充满了火焰，房间内所有可燃物表面全部都卷入火灾之中，燃烧很猛烈，温度升高很快。

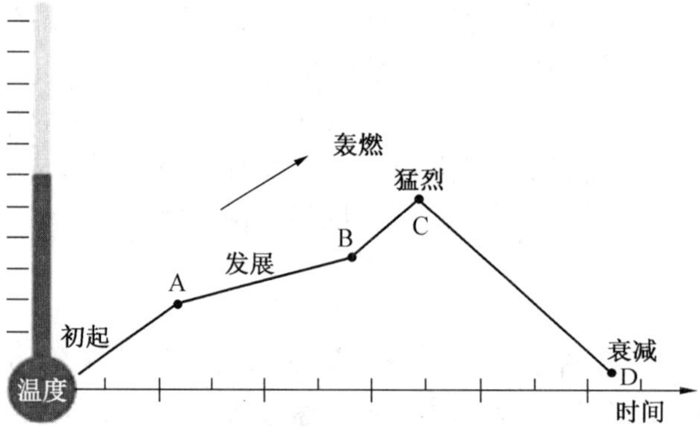

图 10 -1　火灾成长阶段示意图

火灾成长阶段的特点是：

（1）火灾规模迅速扩大、高温。

（2）释放出可燃气体。

（3）全面起火、轰燃。在限定空间内，可燃物的表面全部卷入燃烧的瞬变状态称为轰燃。发生轰燃的临界条件主要有两种：一种是以到达地面的热通量达到一定值为条件，认为要使室内发生轰燃，地面可燃物接收到的热通量应不小于 20 kW/m^2；另一种是以顶棚下的烟气温度接近 600 ℃为临界条件。试验表明，在普通房间内，如果燃烧速率达不到 40 g/s 是不会发生轰燃的。如果物品的燃烧速率足够高，一件物品也能发生轰燃。

火场实践表明，当室内天棚及门窗充满高热浓烟，或者烟从窗口上部喷出，并呈翻滚现象，这是室内有可能发生轰燃的预警信号；如果烟只停留在天棚顶部，一般无轰燃危险，但当烟向下降并出现滚动现象时，轰燃即将发生。

总之，轰燃是室内火灾最显著的特征之一，具有突发性。它的出现，标志着火灾从成长期（图 10－1 中 AB 段）进入猛烈燃烧阶段，即火灾发展到不可控制的程度，增大了周边建筑物着火的可能性，若在轰燃之前，火场被困人员仍未从室内逃出，将会有生命危险。

3. 火灾猛烈阶段

轰燃发生后，室内所有可燃物都在猛烈燃烧，放热量加大，因而房间内温度升高很快，并出现持续性高温，最高温度可达 1100 ℃左右。火焰、高温烟气从房间的开口大量喷出，把火灾蔓延到建筑物的其他部分。

这个时期是火灾最盛期，破坏力极强，门窗玻璃破碎，建筑物的可燃构件均被烧着，建筑结构可能被毁坏，或者导致建筑物局部或整体倒塌破坏。这个阶段的延续时间与起火原因无关，主要决定于室内可燃物的性质和数量、通风条件等。

为了减少火灾损失，针对最盛期温度高、时间长的特点，在建筑防火中应采取以下主要措施：

（1）在建筑物内设置具有一定耐火性能的防火分隔物，把火灾控制在一定的范围内，防止火灾大面积蔓延。

（2）适当地选用耐火时间较长的建筑结构，使其在猛烈的火焰作用下，保持应有的强度和稳定性，确保建筑物发生火灾时不倒塌破坏，为人员疏散、救援人员扑救火灾及灾后恢复、重建创造条件。

火灾猛烈阶段示意如图 10－2 所示。

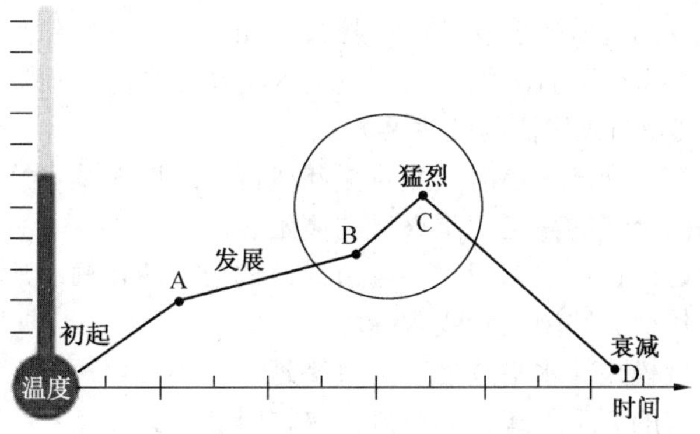

图 10－2　火灾猛烈阶段示意图

4. 火灾衰减阶段

经过猛烈燃烧之后，室内可燃物大都被烧尽，火灾燃烧速度递减，温度逐渐下降，燃烧向着自行熄灭的方向发展。一般把室内平均温度降到温度最高值的 80%，作为猛烈燃烧阶段与衰减阶段的分界值。

该阶段燃烧虽然停止，但火场的余热还能维持一段时间的高温，为 200～300 ℃。火灾衰减阶段温度下降速度比较慢，当可燃物基本烧光之后，火势即趋于熄灭。

火灾衰减阶段的特点是：

（1）可燃物减少。

（2）燃烧速度减慢。

（3）温度下降。

针对该阶段的特点，应防止建筑构件因较长时间受高温作用和灭火射水的冷却作用而出现裂缝、下沉、倾斜或者倒塌破坏，确保消防人员的人身安全。火灾衰减阶段示意如图10－3所示。

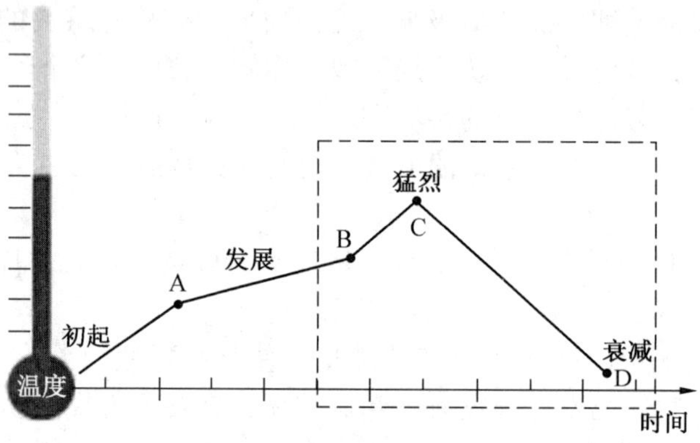

图10－3　火灾衰减阶段示意图

由此可见，火灾在初起阶段容易控制和扑灭，如果发展到猛烈阶段，不仅需要动用大量的人力和物力进行扑救，而且可能造成严重的人员伤亡和财产损失。

（二）地面及建筑物内火灾蔓延的主要方式

火灾蔓延的方式有3种：热辐射、热对流和热传导。地面及建筑物内火灾蔓延的主要方式是热对流，即高温烟气的蔓延就是火势的蔓延。

建筑物内火灾蔓延途径：内墙门，外墙窗口，楼板上的孔洞、建筑物内的各种管道竖井，房间隔墙，穿越楼板、墙壁的管线和缝隙。

建筑物内火灾蔓延模式：水平蔓延和垂直蔓延。

邻近建筑物间火灾的蔓延形式：热对流、热辐射和飞火。

第二节　灭　火　器　材

一、灭火器材的种类及用途

灭火器材主要包括灭火器具、消火栓系统和破拆工具等三大类。

（一）灭火器具

灭火器具主要包括灭火器、灭火毯和灭火器挂具及其他灭火器具。

1. 灭火器

灭火器又称灭火筒，灭火器内放置灭火剂，是一种可携式灭火工具。灭火器是常见的防火设施之一，存放在公共场所或可能发生火灾的地方。不同种类的灭火器内装填的灭火剂成分不一样，专为不同的火灾而设置，使用时必须注意，以免产生相反效果及发生危险。

灭火器按充装的灭火剂分类，可分为水基型灭火器、干粉型灭火器（ABC 灭火器）、二氧化碳灭火器和洁净气体灭火器等 4 类。常用的是干粉型灭火器和水基型灭火器。水基型灭火器又分为水型灭火器和泡沫灭火器。

2. 灭火毯

灭火毯也称防火毯、消防毯、阻燃毯、消防被、灭火被和逃生毯等，其灭火的主要原理是隔绝空气，具有小巧轻便、可多次使用、无失效期等优点。灭火毯不仅可以覆盖在着火物品上进行紧急灭火，而且可以在发生火灾时披在身上逃生。

3. 高倍数泡沫灭火机

高倍数泡沫灭火机（以下简称发泡机），是用高倍数起泡药剂和压力水混合后，经旋叶式喷嘴，均匀地喷涂在发泡网上，借助风机风流吹动，使气液两相物质的体积数百数千倍地膨胀，形成机械空气泡沫连续不断地发射，将有限空间（如仓库、油罐等）充满，从而将火扑灭。

发泡机在灭火时，能迅速以全淹没或覆盖的方式充满防护空间灭火并不受防护面积和容积大小的限制，可用以扑救 A 类火灾和 B 类火灾。高倍数泡沫绝热性能好、无毒、可排除有毒气体、形成防火隔离层，并对在火场灭火人员无害。

按发泡机的特性尺寸及发泡量不同，可分为大、中、小型发泡机。

4. 气体灭火装置

气体灭火装置是通过化学反应或者燃油燃烧产生无氧气体（如 CO_2、N_2 等）作为灭火介质，并使这些气体在整个防护区内或者保护对象周围的局部区域达到灭火浓度实现灭火。气体灭火装置适用于有限空间（如仓库、资料室、车库等）的火灾扑救。

使用气体灭火装置灭火的优点是：

（1）灭火效率高。达到灭火浓度的气体灭火剂将充满整个房间，对房间内各处的立体火均有很好的灭火作用。

（2）对火的抑制速度快，可以快速将火灾控制在初期。实验证明，气体灭火装置长则几分钟、短则几秒钟就可以将火扑灭，极大地避免了恶性火灾事故的发生。

（3）使用范围广。气体灭火装置可以有效地扑灭固体火灾、液体火灾、气体火灾，还可以扑救电气设备火灾，因此，具有较宽的灭火范围。

（4）对被保护物不造成二次污损。灭火后灭火剂很快挥发，对保护对象无损害。实验证明，气体灭火在灭火的同时或者火灾扑灭以后，棉毛、织物、纸张可正常使用，精密仪器、计算机和其他电气设备可继续运行，对储存的信息无影响。

气体灭火装置不适用于人员密集场所、氧化剂或者含氧的化学制品、能与 CO_2 发生反应等火灾的扑救。气体灭火装置不能扑灭固体物质的深位火灾。

5. 灭火器挂具

灭火器挂具是用以悬挂、固定或支承灭火器等灭火器材的挂钩、固定架或支架等。

（二）消火栓系统

消火栓系统包括室内（建筑物内部）消火栓系统和室外（建筑物外部）消火栓系统。

1. 室内消火栓系统

室内消火栓系统是一种安装在室内的固定消防连接设备，主要包括消火栓箱、水带、水枪。

遇有火警时，根据箱门的开启方式，按下门上的弹簧锁，销子自动退出，拉开箱门（或直接打碎箱门玻璃）后，取下水枪拉转水带盘，拉出水带，同时把水带接口与消火栓接口连接上，按下箱体内的消火栓报警按钮，把室内消火栓手轮顺开启方向旋开，即能进行喷水灭火。

2. 室外消火栓系统

室外消火栓系统是一种安装在室外的固定消防连接设备，主要包括室外地上式消火栓、室外地下式消火栓和室外直埋伸缩式消火栓。

室外地上式消火栓在地上接水，操作方便，但易被碰撞、易受冻；室外地下式消火栓防冻效果好，但需要建较大的地下井室，且使用时操作不便。室外直埋伸缩式消火栓平时压回地面以下，使用时拉出地面工作。其比地上式消火栓能避免碰撞，防冻效果好；比地下式消火栓操作方便，直埋安装更简单。

室外消火栓系统在大型石化消防设施中广泛应用，由于地区的安装条件、使用场地不同，石化消防水系统已多数采用稳高压水系统，消火栓也由普通型逐渐转化为可调压型消火栓。

（三）破拆工具

破拆工具包括消防斧、切割工具等。

二、灭火器材管理

（1）定点摆放，不能随意挪动。

（2）定人管理，做到消防器材管理责任到人，经常检查消防器材，发现丢失、损坏应立即上报领导及时补充。

（3）定期对灭火器进行普查更换灭火剂，定期巡查消防器材，保证它们处于完好状态。

三、常用灭火器的使用方法

（一）干粉灭火器

干粉灭火器是用二氧化碳气体作动力喷射干粉的灭火器材。手提式干粉灭火器有 1 kg、2 kg、3 kg、4 kg、5 kg、8 kg，手提式干粉灭火器只能喷 10 ~ 20 s，所以只能灭小火，一般在火灾初发期使用。一般商店和公共场所等都要配备。

干粉灭火器使用方法如下：

（1）手提灭火器把，在距离起火点 3 ~ 5 m 处，将灭火器放下，在室外使用时注意占据上风方向。

(2) 使用前先将灭火器上下颠倒几次，使筒内干粉松动。

(3) 拔下保险销，一只手握住喷嘴，使其对准火焰根部；另一只手用力按下压把，干粉便会从喷嘴喷射出来。

(4) 要左右喷射，不能上下喷射，灭火过程中应保持灭火器直立状态，不能横卧或颠倒使用。

(二) 泡沫灭火器

泡沫灭火器的灭火原理是灭火时能喷射出大量二氧化碳及泡沫，它们能黏附在可燃物上，使可燃物与空气隔绝，达到灭火的目的。泡沫灭火器适用于扑救一般 B 类（液体）火灾，如油制品、油脂火灾等，也可适用于 A 类（固体）火灾，但不能扑救 B 类火灾中的水溶性可燃、易燃液体的火灾，如醇、酯、醚、酮等物质火灾，也不能扑救带电设备及 C 类（气体）和 D 类（金属）火灾。

泡沫灭火器使用方法如下：

(1) 右手拖着压把，左手托着灭火器底部，轻轻取下灭火器。

(2) 手提灭火器到现场。

(3) 右手捂住喷嘴，左手执筒底边缘。

(4) 把灭火器颠倒过来呈垂直状态，用力上下晃动几下，然后放开喷嘴。

(5) 右手抓筒耳，左手抓筒底边缘，把喷嘴朝向燃烧区，站在离火源约 8 m 的地方喷射，并不断前进，围着火焰喷射直至把火扑灭。

(6) 灭火后，把灭火器卧放在地上，喷嘴朝下。

四、灭火器有效性检查

(1) 检查灭火器铅封是否完好。

(2) 检查灭火器的压力表指针是否有效，指在绿色区域为有效、可用；指在红色区域为失效，需要更换或重装灭火剂。

(3) 检查灭火器喷嘴的完好程度，若有破损，及时更换。

(4) 检查灭火器的软管是否完好，若有问题，及时更换。

(5) 检查灭火器是否在有效期内，若即将到期，及时更换。

第三节　地面火灾扑救技术

一、地面火灾现场扑救注意事项

(1) 扑救火灾时要首先确保自身安全，穿戴好消防装备。扑救火灾过程中要注意保持沉着冷静，严格按照扑救程序进行扑救。

(2) 灭火器材和设备的使用必须符合消防技术要求，能够有效阻止火势蔓延，减少火灾损失。

(3) 局部轻微着火，不危及人员安全时，应充分利用就近的消防器材直接灭火。

(4) 局部着火可以扑灭但有蔓延扩大可能时，在不危及人员安全的情况下，立即通知周围人员灭火，并向上级汇报。

（5）用水灭火时必须有足够的水量，人要站在上风方向作业，水射流由火源的边缘逐渐推向中心，以免产生过量的水蒸气伤人。用水扑救高处火灾时应注意安全，使用消防水管等器材将火势扑灭，不得轻易往下泼水。不宜用水扑灭油料火灾。

（6）电气设备发生火灾时，先切断火区的电源，防止在处理火灾的过程中救援人员触电。在电器火灾电源无法切断或者无法确认电源是否断开的情况下，一律按带电扑救处置，扑救人员必须使用干粉灭火器、消防砂等不导电的灭火器材进行灭火，严禁用水灭火。

二、善后工作

（1）火灾扑灭后，要派人监护现场，消灭余火，发现危险情况及时上报。

（2）起火单位应当保护现场，做好火场封存、遗留证据保护工作，配合有关部门展开火灾调查工作，接受事故调查。协助有关部门查明火灾原因，核定火灾损失，查明火灾责任，未经应急救援指挥部的同意，不得擅自清理火灾现场。

（3）要对灭火器材和设备进行归还、更换和修复，确保其状态良好，使用有效。对于因火灾造成的场地、设备、车辆和物品的损坏等，要及时进行清理和修复，杜绝二次灾害发生。

（4）对于地面火灾扑救工作，应定期进行督促检查和评估，逐步完善管理机制，并及时整改存在的问题。

第十一章　领导科学与艺术

领导工作是领导科学和领导艺术的高度融合，领导工作是受领导活动规律所制约的客观条件和个人因素的完美结合。领导者自我认知是自我调节和人格完善的重要前提。领导者应具备政治素质、道德素质、知识素质、能力素质、心理素质和身体素质等基本素质，同时，必须掌握领导方法和领导艺术，处理好与上下级之间的关系，注重团队凝聚力培养，带领团队顺利实现共同的奋斗目标。

第一节　领导认知及基本素质

一、领导认知及其系统性

（一）领导认知

自我认知是自我调节和人格完善的重要前提。恰当地认识自我，实事求是地评价自己，提高自我认知能力，对于一个人尤其是领导干部做好工作和成长发展至关重要。要客观观察、找准位置，要学会“三看”。

1. 看职责认同度

领导者的自我认知心理成熟水平，首先表现在如何看待自己所处的岗位职责、岗位性质，胜任岗位需要具备什么知识、需要具备什么能力、需要具备什么职业道德等都直接影响领导者在岗位上的工作表现力。

2. 看自己的工作态度

工作积极性源于对职业的理解与热爱。领导者的爱岗敬业，首先要看自己对事业是否真正热爱。“爱”讲究的是责任心，关注的是热情与投入，推崇的是奉献精神。有了深切的关爱态度，领导者必然焕发出旺盛的工作热情，就会对自己的岗位倍加珍惜，也会对自己的下属愈加关爱，就能拥有更多的追随者和拥护者。

3. 看自己是否有能力

领导者应具备驾驭全局的能力、组织协调的能力、科学决策的能力、贯彻执行的能力、知人善任的能力、开拓创新的能力、发现问题的能力、学习实践的能力和率先垂范的能力。

有时候，领导者的“德”本身也是一种“能”，是一种能够让大家聚集起来共创辉煌的“能量体”。

（二）领导认知的系统性

领导认知的系统性是指领导者在进行决策和执行任务时，需要从整体、全局的角度出发，全面考虑问题，制定计划，执行任务，并进行评估和调整。领导认知的系统性包括以下几个方面。

1. 超前性

领导者需要具备预见未来的能力，能够预测未来可能出现的问题和挑战，并提前制定相应的计划和措施。

2. 原则性

领导者需要遵循一定的原则和标准来进行领导决策和执行任务，遵守法律、道德、伦理等规范，保持公正、公平、公开的原则。

3. 创造性

领导者需要具备创新思维和创造性思维能力，能够在复杂多变的环境中寻找新的机遇和发展方向，并提出创新性的解决方案。

4. 综合性

领导者需要具备对各种信息和情况进行全面综合分析的能力，从而制定出更加科学、合理、有效的领导决策和计划。

5. 系统性

领导者需要将整个领导活动看作一个系统，从组织、人员、资源、目标等多个方面进行系统考虑，使领导活动能够有序、高效地进行。

综上所述，领导认知的系统性要求领导者从整体、全局的角度出发，全面考虑问题，制定计划，执行任务，并进行评估和调整，以实现领导目标。

二、领导者应具备的基本素质

领导者肩负组织的信任、单位的重托、群众的期望，其综合素质的高低直接影响工作成效的好坏。领导者至少应当具备以下几种素质。

（一）政治素质

确保领导者在政治上合格，思想政治素质是领导干部必须首先具备的基本素质，也是核心素质。它包括人生观、价值观、理论修养等，表现在政治方向、政治立场、政治观点、政治态度和政治品质等多个方面。每一名领导干部都要有以下几种意识：

（1）大局意识。善于从大局着眼，把具体事务置于全局背景下统筹，这样才能保证具体工作和全局工作，部门发展同社会进步方向一致、运行同步、协调发展。

（2）实干意识。树立强烈的事业心和高度的责任感，一心扑在工作上，任劳任怨、踏踏实实，敢于克服困难，真正做到“堂堂正正做人，清清白白为官，踏踏实实做事”。

（3）公仆意识。时刻牢记全心全意为人民服务的宗旨，吃苦在前、享受在后，廉洁从政，淡泊名利，保持艰苦奋斗的政治本色。

（4）自省意识。严于律己，从严要求自己，大事不糊涂，小事不马虎，遵守各项党纪政纪规定，防微杜渐。不断进行自我反思，自我批评，勇于承担责任。

（二）品德素质

“正人先正己”，领导干部具有良好的道德品质，就能影响群众、动员群众，从而增强领导的影响力和号召力。领导干部的道德品质主要体现在：正直诚实、严于律己、廉洁奉公、谦虚谨慎、豁达大度。领导干部必须德才兼备，其中，德是第一位的。中华民族的一些传统美德是人类文明的财富，也是与党性修养和党的优良传统相一致的，同时也在不断赋予新的时代内涵。

（三）知识素质

“高质量的权力来自知识的应用，知识是用途最广的社会控制的根本来源”，领导干部的知识素质，是现代领导者最基本的要求，也是领导者适应复杂多变和高标准的领导工作要求所应具备的必要条件，是其取得事业成功的基础，及早地在知识学习和工作能力上下功夫，使自己成为“知识化”的领导者。

领导者要具备以下知识：

（1）具备宽厚的文化基础知识。一个合格的领导者应具备扎实的社会科学和自然科学的基本知识。否则，知识贫乏、视野狭窄，常常导致思想僵化、方法简单。

（2）具备精通的专业知识。一定的专业知识是实行有效领导的基础，缺乏必要的专业知识是很难胜任领导工作的。只有具备与自己活动领域相应的专业知识，并力争成为本专业的行家里手，懂得自己领导的对象，熟悉有关的业务情况、工作规律和特点，才能确定恰当的目标，制定出科学的决策。

（3）具备现代经济知识和科技知识，懂得管理科学和领导科学。只有努力提升自己的科技知识素养，充分了解当今世界科技进步的趋势，学习和掌握市场经济、现代金融、管理等方面的基本知识，掌握科学规律，尽早适应现代科学管理，才能做好领导工作。

（四）能力素质

能力是人们能够进行某项活动或胜任某项工作的才能和本领，是知识和智慧的综合体现。能力素质主要包括以下几个方面：

（1）敏锐的洞察力。这是一种快速、准确地抓住问题要害的能力，这种能力使领导者在决策中始终处于主动地位，准确把握决策方向。

（2）快速决断的能力。这是迅速作出选择、下定决心，形成方案的能力，这种决断力不仅需要有敢冒风险的精神，而且需要有对事业高度负责的责任心和使命感，以及良好的心理素质。

（3）超强的推动力。这是领导者善于激励下属以实现创新意图的能力，这种推动力使整个组织行动起来，以自己的感染力、吸引力、凝聚力、号召力成为整个组织的主动轮，带动成员去完成组织目标。

（4）灵活的应变能力。这就要求在事物发展的偶然性面前，要有临危不惧、处变不惊、沉着应对、随机处理问题的能力。

（5）持续创新的能力。这就需要领导者具有创造性思维，要敢于变革现状，开创未来。

（6）良好的沟通协调能力。这是领导者为完成决策任务，采取各种对策和措施，协调处理好各种关系，以取得最佳领导效能的能力。

要具备以上能力素质必须克服心理障碍，正确认识自己，不断树立“我能行，我肯定行”的信念，努力实践，抱着积极的态度不断开发自身的潜力；要加强能力训练，加强实践锻炼，从实践中不断吸取经验和教训，在实践中摸索规律，在解决诸多问题的过程中，领导者的决断能力、组织能力和协调能力逐渐提高。

（五）心理素质

心理素质是指领导者个人的性格、气质、意识、情感价值观等心理要素。一个思想成熟的领导者要保持思维独立，要头脑清醒、有独到见解，能透过现象看本质，不被表面现象所迷惑，立场坚定，态度鲜明，这样才能作出正确的决策，才能临危不乱；要有敢于决断的勇气，抓住有利时机，大胆行动；要作出理智的决策，排除非理性因素，切忌感情用事，不做情绪的俘虏；要有顽强的意志，不退缩，不畏惧，一如既往地带领大家向着目标前进。

要当好领导者，必须善于调节自己的情绪，保持良好的心理状态，没有良好的心理素质，是难以卓有成效地开展组织管理工作的。

（六）身体素质

健康的体魄是领导者必备的素质之一，是做好领导工作的前提和基础。任何一项领导工作，都是艰苦而又繁重的脑力或体力劳动，均要付出巨大的心力和体力，都需要有健康的体魄来支撑，有充沛的精力来应对。如果没有健康的体魄和充沛的精力，即使有好的工作思路和工作能力，也会觉得力不从心，无法领导和指挥被领导者完成各项工作任务。

第二节　领导方法和领导艺术

一、领导方法和领导艺术的概念

1. 领导方法

领导方法是指领导者为达到一定的目标，依据领导活动规律运用的各种手段、方式、方法、措施、步骤等的总和。能不能实现正确有效的领导，取决于领导者是否有科学的领导方法，这对工作的好坏至关重要。

领导方法主要有以下内容：

（1）一切从实际出发、实事求是。

（2）坚持唯物辩证法，反对形而上学。

（3）尊重实践、尊重群众。

2. 领导艺术

领导艺术是指领导者在其自身拥有一定的知识、经验、智慧、才能、胆略、辩证思维和创造性思维的基础上，综合运用领导理论、原则、方法，迅速地、创造性地、卓有成效地处理领导活动中各种问题的才能和技巧。领导艺术是领导者的智慧、学识、胆略、经验、作风、品格、方法、能力等方面的综合体现。

二、领导方法和领导艺术的作用

（1）领导方法和领导艺术是有效行使领导职能的重要保证。

（2）领导方法和领导艺术是实现领导目标的桥梁。

（3）领导方法和领导艺术是提高领导效能的重要条件。

三、领导方法与领导艺术的关系

领导方法离不开领导艺术，领导方法只有通过领导艺术才能体现出来；领导艺术也离不开领导方法，领导艺术是以领导方法为前提的，是在熟练掌握领导方法的基础上不断创新，不断发展的。

四、领导方法与领导艺术的区别

领导方法与领导艺术的区别主要表现在共性与个性、模式化与非模式化、理论与经验、科学与技能等关系方面。

五、基本的领导方法和领导艺术

（1）理论联系实际，注重调查研究的方法。
（2）从群众中来，到群众中去的方法。
（3）一般与个别相结合的方法。
（4）系统方法。
（5）分析矛盾，求同存异。
（6）抓住中心，推动全盘。
（7）现代思维方法。

六、具体的领导方法和领导艺术

（一）决策的方法与艺术

（1）审时度势，考虑全局。审时度势，是一种发挥主观能动性的思维方式，是一种应对外部变化的技巧与手段，显示出领导者处事应变的能力与智慧、择机行事的冷静与果敢。形势瞬息万变，机遇稍纵即逝，要保持头脑清醒、细察时局、精准研判、因势利导、内外兼顾、趋利避害、科学谋划、主动作为。

不谋全局者，不足以谋一域。领导者需增强“放眼全局谋一域、审时度势抓要害”意识，善于把本地区和本部门的工作融入党和国家事业大局，善于从战略高度观察、分析和处理问题，不断增强“识局”之明、提高“谋局”之能、掌握“布局”之道。

（2）避免走进“布里丹选择”的误区。获取信息是为了利用信息实现特定目标。在信息化节奏不断加快、影响决策因素越来越多的情况下，有的领导之所以遇事举棋不定，陷入“布里丹选择”的困境，是因为没有清醒理智地排出优先顺序。所以，领导重在决策、决策重在选择、选择重在排序、排序重在价值，应当成为领导者处理复杂问题和纷繁信息的良策。

（3）避免掉入“祖孙抬驴”的陷阱。对于某项工作，由于人们看问题的角度不同，所产生的动机也不同。因此，领导者为了达到预定的效果，就应当坚持独立的见解，不能缺乏应有的自信和主见。如果遇事盲从，屈服某种压力，受别人左右，强求自己采纳每个人的意见，就可能一事无成。

（4）遵循科学的决策程序和方法。科学的决策程序包括发现问题、确定目标、收集信息、制定方案、评估和优选等重要环节。实行决策科学化的目的在于避免和减少决策失误。这就要求决策者必须从实际出发，站在战略的高度，具有大局意识和全局观念，采用系统工程的方法，运用好专家智囊的集体智慧共同完成决策工作。

（二）用人的方法与艺术

1. 用其所长，避其所短

这是用人方法与艺术的核心。领导者要做到知人善任，扬其长，避其短。

2. 量才使用，人尽其才

不同的工作岗位，对人才有不同的要求；不同的人，对岗位也有不同的适应性。领导者需要根据不同人才的素质才智，安排相应的岗位，既要防止大材小用，浪费人才，也要防止小材大用，虚占其位，贻误事业。

3. 明责授权，信任人才

既然是人才，就要明责授权，大胆使用，不可既用又疑，授职无权。领导工作千头万绪，一个人不可能包办一切，一定要大胆、充分地使用人才。

（三）激励的方法与艺术

激励是指领导者通过科学的方法来激发人的动机，开发人的能力，充分调动人的积极性和创造性，使被领导者焕发出旺盛的工作热情来保证组织目标实现的活动和过程。

1. 激励的方法

激励主要有以下几种方法：

（1）目标激励。

（2）奖罚激励。

（3）竞赛与评比激励。

（4）领导行为激励。

（5）关怀和支持激励。

（6）赏识激励。

（7）榜样或示范激励。

（8）思想政治工作激励。

2. 激励艺术的要点

激励艺术要做到“五个先后”：

（1）先自我激励，后激励他人。

（2）先“激”，后“励”。

（3）先激励“心”，后激励“智”。

（4）先“分”，后“合”。

（5）先激励，后凝聚。

（四）协调的方法与艺术

协调是指领导者运用各种措施和方法，使其所领导的组织同外部环境，以及组织中的各个部分和组成人员协同一致、相互配合，高效率地实现组织目标的一种基本职能和活动。

在遵循党性原则、平等原则、统筹兼顾和求同存异原则的前提下，在以下方面作出努力。

1. 协调与上级的关系

（1）理解、包容，让自己适应领导。

（2）认真、服从，让上级感觉放心。

（3）精明、强干，让上级有所欣赏。

（4）积极、乐观，让上级感觉放松。

2. 协调与同级的关系

（1）践行互相尊重，做到不自傲。

（2）力求真诚待人，做到不虚伪。

（3）争取合作共赢，做到互不拆台。

（4）分清彼此职责，做到互不插手。

（5）保持宽容大度，避免以势压人。

3. 协调与下属的关系

具体内容见本章第三节相关内容。

第三节　领导与下属关系处理

在任何社会组织系统中，除了最基层的群众，任何领导者都有各自的下级，都面临着如何处理与下级的关系问题。这种关系处理得如何，对于做好领导工作十分重要。

一、处理好领导与下属关系的作用

有利于调动下属的积极性；有利于团结凝聚下属的合力，实现共同的奋斗目标；有利于发挥领导效能，加快事业的发展。

二、处理好领导与下属关系必须遵循的原则

处理好与下属的关系必须遵循公道正派、民主集中和信任理解的基本原则。

三、处理好领导与下属关系的主要方法

1. 坚持原则，率先垂范

坚持组织原则，起到表率作用，这是协调好与下级关系的最根本要求。凡要求下属做到的事，自己首先做好；凡要求下属不做的事，自己坚决不做。下属和员工最不满意的，就是那种讲道理头头是道、做事情对不上号的领导。作为领导者，只有率先垂范，正人先正己，才能赢得下属的尊重。

2. 主动及时，未雨绸缪

领导者要在自己所领导的范围内，主动发现不协调的人和事，积极妥善地协调各方。协调贵在及时，不仅要在问题出现时及时解决，使矛盾解决在萌芽状态，还要未雨绸缪，做好预防工作。在作出一项重要决策前，预测可能产生的矛盾和问题，做好协调，提前化解矛盾。

3. 关心下属，一视同仁

上下级是组织概念，上下级之间的关系是工作关系。领导者对下级必须做到一视同仁，保持同等距离，不能对下级搞亲亲疏疏那一套，不能拉拢一部分人排挤另一部分人；既不能“一团和气”，更不能搞小圈子。领导者要善于团结一切力量，调动所有人的积极

性。领导者不但要与下级保持同等距离，而且还应注意疏密有度，做到亲而不密，疏而不远。距离过远，缺乏凝聚力，领导容易失控；距离过近，上下级界限几乎消失，领导者的权威、尊严和影响力就会淡化，甚至还会扭曲正常的组织关系和原则，把工作关系庸俗化。

4. 坦诚相待，构建和谐

领导者一定要在内心深处把下属放在重要位置，真诚对待下属。必须学会换位思考，站在下属的位置，了解下属的困难，与下属情感沟通。有无感情，感情深浅，对人的积极性的调动有十分明显的影响。领导者如果不是满腔热情，不善于站在下级的立场和角度思考问题，就很难真正了解下级，也就难以调动下级的积极性。上级与下级进行沟通和交流，构建一个和谐的工作环境是发挥下级工作积极性的重要条件。

5. 注意方法，讲究艺术

（1）突出目标导向。上级要教育下级摆正集体大目标与个人小目标的关系，出现目标冲突，要善于调整目标，以小目标服从大目标。

（2）加强职能定位。根据岗位职务确定职、责、权、利的相互关系。在领导工作中，不同的岗位有不同的职能要求，在领导班子中不同岗位的人有不同的责任。因此，领导者在协调下级之间关系时，必须明确下级各部门和人员的岗位职责范围和工作任务，然后再明确各自与有关单位的协调责任。否则，领导者的协调就没有是非标准。

（3）重视信息沟通。由于人往往具有好奇心，对不知道或者不确定的事情容易引起猜测，从而产生误解。引起上下级之间关系不协调，常常是信息沟通不充分造成的。因此，要及时沟通信息，加强信息反馈。

第四节　团队凝聚力培养

一、塑造团队凝聚力

一个团队要进步，一个企业要发展，凝聚力是重中之重。要使团队和企业处于最佳发展状态，团队精神和凝聚力更是必不可少的。团队精神和凝聚力共同属于企业文化范畴，它的大小高低决定着员工的士气，影响着员工的工作状态，也决定着员工是否能主动、积极、有效地工作，是否做到相互配合，提高工作效率，以及企业目标是否能够得以实现。

发扬团队精神和提升团队凝聚力要求团队成员都要有较强的事业心和责任感，对团队的业绩表现出一种荣誉感和自豪感，乐意积极承担团队的任务，并时刻秉持着尊重个性、彼此信任、信守承诺、同舟共济、利益共享、责任共担的团结精神。要做到全体员工团结一致、荣辱与共，凝聚力是企业发展的源泉和创造力的源泉，全体员工只有步调一致，凝聚力的作用才能充分有效地发挥。

企业内部要逐渐形成具有自身特点的行为准则，各级领导要带头用纪律和制度规范自己的言行举止，逐步建立起威信，从而保证团队的执行力，使员工自觉地按照企业的默认规则要求自己，形成良好的团队风气和氛围。培养一支充满团队精神的专业化、职业化团队，是企业发展的目标和方向。要尽可能使团队有着共同的目标和价值观，以最终形成一种共同的行为模式进而团结共进，需要全体员工的共同努力。

二、提高团队凝聚力

提高团队凝聚力是一个长期而复杂的过程，需要从以下几个方面入手。

1. 树立共同的目标和愿景

团队成员需要有共同的目标和愿景，明确团队的使命和价值，并且通过共同的努力实现这些目标。领导者需要让团队成员明确目标，了解自己在团队中的角色和责任。

2. 倡导共同的价值观和文化

建立共同的价值观和文化，强调团队的使命和责任，鼓励成员表现出积极向上、诚实守信、合作共赢的精神和品质，同时也能凝聚团队的共同力量。

3. 良好的沟通和协作

团队成员需要保持良好的沟通和协作，建立互信关系，积极分享信息和经验，尊重彼此的观点和想法，一起制定工作计划和方案。

4. 注重培训和发展

为团队成员提供培训和发展机会，让他们不断提升自己的知识和技能，激发他们的潜力和创新能力，同时也可以增加团队的专业素质和竞争力。

5. 组织团队建设活动

定期组织团队建设活动，如集体参观学习、运动会、文化活动等，增强团队成员之间的互动和了解，提高彼此之间的信任和友谊。

6. 适当的激励和奖励

对于表现优秀的团队成员进行适当的激励和奖励，如提高薪资、晋升职位、颁发奖品等，增强团队成员的工作动力和归属感。

通过实施这些措施，可以增强团队成员之间的互信、合作和团结，提高团队整体的工作效率。

三、培养团队精神

团队精神是团队成员在领导者的指挥和带领下，为共同的目标而努力奋斗的精神，是大局意识和协作精神的集中体现。

当今社会，企业分工越来越细，每个人所能实现的仅仅是企业整体目标的一小部分，团队力量的发挥已成为企业赢得竞争的必要条件。因此，弘扬团队精神对于企业的发展具有极其重要的意义。团队精神是一种信念、一种价值观和行为准则，它体现着企业的凝聚力和向心力，是企业的魅力和核心竞争力所在。团队精神的奥妙之处在于它能潜移默化地激发团队成员的事业心和责任感，为团队工作注入强大的能量，从而使整个团队拧成一股绳，劲往一处使，形成一个团结共进、众志成城、步调一致的团队，使得企业在激烈的市场竞争中站稳脚跟，取得又好又快的发展。

第十二章 自我防护技术

矿山救援队是处理矿井火、瓦斯、煤尘、水、顶板等灾害事故的专业队伍，实行标准化、准军事化管理和24 h战备值班备勤，是一支职业性、技术性较强的特殊队伍。矿山救援队在煤矿抢险救灾、预防检查消除事故隐患、协助煤炭企业搞好员工救援知识教育培训等方面发挥了重要作用，为煤炭工业的安全发展作出了特殊贡献。但是在抢险及其他作业过程中，因违章指挥、违章作业或者技术与装备等方面出现问题导致的矿山救援队应急救援人员自身伤亡，不仅会扩大事故，延误和影响灾害事故的处理，而且会造成极坏的社会影响。因此分析和总结矿山救援队自身伤亡的教训，采取积极预防措施有效避免救援队员自身伤亡意义重大。

第一节 矿山救援队自身伤亡原因及影响因素分析

据不完全统计，在矿山事故抢险救灾过程中，瓦斯煤尘爆炸事故救援、煤与瓦斯突出事故救援、火灾事故救援、启封火区及启封密闭排放瓦斯恢复通风的工作中，自身伤亡事故的发生概率较高。

救援队自身伤亡事故的特点主要体现在：

（1）救援人员自身伤亡地点大都在窒息区内（有毒有害气体超限的灾区）。

（2）救援人员自身伤亡突发性、偶然性不可预见。

（3）救援人员在处理灾害事故时违章指挥、违章作业造成自身伤亡事故。

（4）救援人员工作中疏忽大意、存在侥幸心理，造成自身伤亡事故。

（5）在灾区工作时，对灾区周围环境不了解、装备不完好、措施落实不到位、气体检测不及时，贸然行动造成自身伤亡事故。

通过分析救援队自身伤亡事故案例可知，造成矿山救援队自身伤亡的原因主要有以下4种影响因素，即身体健康因素、装备仪器因素、违章因素和救援队本身不可抗拒的突发因素。

一、身体健康因素造成的自身伤亡

人的身体素质是指人体在活动中所表现出来的力量、速度、耐力、灵敏、柔韧等机能。身体素质是一个人体质强弱的外在表现，它的好坏直接反映了人们在日常生活中承受能力的强弱。作为一名矿山救援指挥员，身体素质的强弱直接影响着抢险救灾工作的开展，影响着救灾决策和救灾任务完成的速度和质量。

二、装备仪器因素造成的自身伤亡

应急救援装备是应急救援人员的作战武器。要提高应急救援能力，保障应急救援工作的高效开展，迅速化解险情，控制事故，就必须为应急救援人员配备专业化的应急救援装备。装备配备水平是应急救援能力的根本基础与重要标志。

矿山救援装备是应急救援人员处理各类矿井灾害事故的专业武器和生命安全保障。矿山救援装备主要包括正压氧气呼吸器、检测类仪器、探测类仪器和惰性气体发生装置等。正压氧气呼吸器作为应急救援人员在灾区抢险救灾工作必备的个人防护装备，是确保应急救援人员生命安全的第一要素，由于日常维护保养和管理不到位，造成呼吸器系统故障，如仪器跑（漏）气、呼吸软管损坏、部件老化、氢氧化钙药剂过期失效、氧气瓶压力不足等都是造成自身伤亡的原因。

三、违章因素造成的自身伤亡

违章因素造成的自身伤亡主要包括：①违章指挥；②违章作业和管理不到位。

1. 违章指挥

【案例】 2013 年吉林八宝煤业发生瓦斯爆炸事故，从 3 月 28 日 16 时至 3 月 29 日 19 时 30 分的 27.5 h 内，八宝煤矿井下 -416 采区附近采空区相继发生 3 次瓦斯爆炸。在连续发生爆炸的情况下，该矿不仅没有立即撤出井下全部作业人员，而且在 3 月 29 日 21 时左右强令施工人员再次返回实施密闭施工作业，导致 21 时 56 分发生第 4 次瓦斯爆炸，造成 36 人死亡。当时井下共有 367 人作业，即 -416 采区发生 3 次瓦斯爆炸后，进行封闭火区作业时，其余 4 个采区并没有撤出作业人员。

2. 违章作业和管理不到位

【案例】 2019 年 10 月 22 日 14 时 20 分左右，陕西省彬长大佛寺矿业有限公司发生较大瓦斯窒息事故，造成陕煤彬长矿业公司救援中心 4 名救援队员死亡、1 人受伤，直接经济损失 948.7 万元。

事故直接原因：救援队员在高浓度瓦斯巷道探察作业过程中，一名队员呼吸器吸气软管被裸露的锚杆头刮破，造成氧气快速外泄，救援队员吸入高浓度瓦斯气体，导致窒息事故发生，其他队员后续救援不当，造成事故扩大。

四、救援队本身不可抗拒的突发因素造成的自身伤亡

突发性、不确定性的其他因素对救援队构成严重的威胁，是当前科技条件下救援队本身难以预料和不可抗拒的。如在处理矿山事故过程中发生的瓦斯二次爆炸、连续性爆炸、冲击地压等。随着科学技术的进步与发展，先进的预警监测设备的出现和监测技术的运用，此类问题可以逐渐加以解决，更好地保护应急救援人员的生命安全。

第二节　违章指挥及预防措施

一、违章指挥的概念

违章指挥是指安排或者指挥应急救援人员违反国家有关安全的法律、法规、规章、制度或者企业安全管理制度及工种岗位安全技术操作规程进行作业的行为。违章指挥危害最

大，造成的影响和损害程度也较为严重，且违章指挥具有一定的隐蔽性和不可抗拒性。

违章指挥是“三违”中危害最大的行为。一般来说，违章指挥者大多是管理人员，也有操作工。违章指挥的危害主要有：

（1）可能引发事故，给救援队员和违章指挥者造成人身伤害。

（2）即便没有引发事故，也会在队伍中造成恶劣影响，不仅会造成救援队员对指挥员的反感，影响指挥员的威信，也会对救援队员今后的违章行为形成一种反面例子。

二、发生违章作业和违章指挥的根源

（1）对违章作业和违章指挥的严重危害性认识不够。

（2）不能正确处理好安全与效益、安全与任务的关系。在安全与效益、安全与任务发生矛盾冲突时，有些人往往考虑自身和小团体的利益多一些，心存侥幸心理，冒险违章指挥和违章作业。

（3）在导向上存在重效益轻违章、重任务轻安全的现象。

（4）安全管理责任制、安全技术措施不落实，管理松懈。有些指挥员不能严格要求自己，重生产工作任务的完成，轻安全规章的执行，工作中存在带头违章作业和违章指挥的行为。

（5）日常管理检查不到位，造成仪器、装备不完好，维护保养不到位，值班备勤人员不到位或人数不足。

（6）法律法规意识淡薄，以自我为中心，为完成救援任务不顾灾区现场实际和上级指令，冒险蛮干，最终造成自身伤亡事故。

三、预防措施

（1）建立一个快速的、强有力的、专业力量强的救灾指挥部是救援队成功处理矿井灾害事故的关键，也是有效避免救援人员自身伤亡的重要前提和保证。为了避免和消除救援期间指挥程序的混乱和随意性，指挥部的救援命令下达对象必须是现场参战救援队的大队领导，实行垂直管理，一级对一级负责，传达指挥部的指令，接收下级的救援进度报告并及时反馈给矿井救灾指挥部。

（2）大队领导要根据救援队自身真实的综合实战能力和现场灾害事故的实际情况，合理建立井下基地，制定灾区探察、气体检测、现场处置等方面的安全技术措施和具体救援行动计划，确保依法、依规、安全、科学、有效、快速地完成矿山灾害事故救援的工作任务。

（3）应急救援要讲究科学，不能蛮干，更不能有令不行、有禁不止。煤矿是高危行业，必须依靠技术、敬畏技术，对违背技术问题的决策要敢于说“不”。

（4）要尊重科学，提升队伍专业技术水平和操作技能：

① 矿山救援队从事抢险救援工作必须严格遵守国家相关法律规定等，定期对全体应急救援人员开展系统性的救援理论、救援技术、救援技能、案例分析研讨等方面理论技能的培训学习，将常态化的演习训练、救援仪器操作纳入培训学习的重点内容。

② 应急救援人员要持证上岗，按照规定接受年度培训学习，不断进行知识储备和更

新，掌握前沿新技术、新装备、新战法，为实战奠定坚实的理论基础。

③ 矿山救援队要大力开展实战化训练，实现以练促战，在基本功训练上要从难、从严、从实战出发，遵循由浅至深、逐步提高、精益求精的训练原则。

（5）全面提升指挥员的综合素质。要想成为一名出色的指挥员，必须要在长期事故救援实践中淬火强能。各级指挥员要深入演习训练一线，在重大任务、艰苦环境、复杂事故中锻炼提升自己。要分析研究新战法、新装备、新技术在演习训练中的效能发挥，提高自身在突发特定情况下处置各种问题的能力、应急应变能力、快速反应能力、临场处置能力，使实践历练真正起到培养良好指挥能力素养的作用。

（6）加强军事化管理，强化指挥员责任担当，不断提高业务能力素养。矿山救援队是准军事化队伍，各级指挥员要能够依托指挥事故一线灾区探察提供的信息精准分析、科学谋划、快速决断；对新技术、新战法、新装备，能够知晓其新在何处、强在哪里，扬长避短发挥出最佳效能，与其他救援力量协同配合联合救援，确保做到“召之即来、来之能战、战之必胜”和“首战用我。用我必胜”。

第三节 违章作业及预防措施

一、违章作业的概念

违章作业是指不按照法律法规、规章制度，以及作业规程和救援人员安全技术操作规程规定的操作顺序和方法所进行的作业。违章作业具有以下特点：

（1）违章是个别指挥员的习惯动作，具有顽固性、多发性，个别指挥员不重视技术业务和安全知识的学习，盲目地凭着经验和习惯做法开展日常安全技术工作、事故救援等。

（2）违章作业行为是个别指挥员潜在的陋习，对个别文化和技术素质较低的违章者很容易缺乏警惕。

（3）指挥员的违章行为常常传习到新队员身上，并难以纠正。

（4）启封密闭排放瓦斯工作时，不佩机、出动人数少于6人、不设待机小队，装备携带不齐全，不坚持分断排放措施，心存侥幸，导致违章作业。

（5）救援队仪器装备维护保养制度、装备检查制度落实不到位，导致仪器装备不完好，“带病”作业，影响救援任务的完成和救援人员的安全。

（6）不遵守值班备勤制度，不落实监护措施，出现安全问题。

（7）在事故抢险救援中，只为完成救援任务而不落实救援行动计划和安全措施，要大胆，逞个人英雄主义，造成救援失败。

二、违章作业的原因分析

（1）安全意识淡薄，自我保护、自我防护意识差。

（2）麻痹侥幸心理。个别救援队指挥员认为偶尔违章不会产生什么后果，或者认为别人也这样做就没有出事，因此，无视有关的安全技术操作规程，麻痹大意，无视警告，不按操作规程办事。

（3）平时不注重技术业务专业知识和新技术、新装备的学习运用。有的救援队指挥员工作中漫不经心，我行我素，将岗位安全责任制、岗位操作规程、专业技术扔在脑后，把领导的忠告和同事的提醒当作耳旁风，一意孤行。

（4）懒惰蛮干，贪图方便。有的救援队指挥员工作时不愿多出力，耍小聪明，总想走捷径，操作时投机取巧，图一时方便，结果造成违章操作。

（5）安全监督不够。对一些习惯性违章现象熟视无睹，放松管理，对一些严重违章现象存在漏查或查处力度不够的情况。特别是在工作任务重、时间紧的情况下，一味强调按时完成工作任务，从而使部分救援队员滋生了忽视安全的习惯和心态。

（6）个别指挥员未按规定做好仪器装备维护保养，未落实定期检查制度，导致仪器装备不完好、不合格。

（7）个别指挥员未落实安全技术措施，未按规定确保出动人数、执行待机制度，抢险救灾安全技术措施未严格执行、违反规程的有关规定等。

（8）救灾中对上级管理人员或者指挥员的错误决策未果断拒绝，导致次生事故的发生。

三、预防违章作业的措施

（1）建立完善的安全管理制度和可操作性强的安全技术操作规程，并严格要求全体应急救援人员共同遵守和执行。同时建立安全工作奖惩机制，确保应急救援人员岗位安全责任制职责明确，实现责、权、利的统一，激发应急救援人员遵章守纪、刻苦训练、敢打胜仗、用我必胜的积极性，牢固树立“人民至上，生命至上，安全救援，科学救援”的理念，筑牢安全生产的最后一道防线。

（2）定期有针对性地开展安全教育、新技术、新战法、新装备、救援案例研讨及安全法律法规等内容的学习和培训，不断提高应急救援人员安全意识和操作技能，通过案例的现身说法、警示教育不断提高应急救援人员安全防范、识别和纠正违章行为的自主能力。强化各级应急救援人员遵章守纪意识和技术业务理论水平，使应急救援人员真正树立起“安全第一”的观念，确保入心入脑。

（3）各级应急救援人员要起到模范带头作用，在学习训练过程中严格遵守操作规程，规范井下基地建立、灾区探察、现场处置、气体检测、创伤急救、事故处理的程序，带队指挥员要养成严谨细致的工作作风，具有敏锐的观察力、良好的心理素质和应对突发事故的应急应变能力。加大基层应急救援人员日常管理和监督检查力度，使各级应急救援人员行为规范化、标准化，养成良好的岗位工作习惯。

（4）煤矿救援队各级应急救援人员要牢固树立遵守法规光荣、违章作业可耻的安全理念，强化应急救援人员的日常安全检查、安全宣传教育、安全知识培训等活动，提高应急救援人员的安全责任意识和忧患意识，使全体应急救援人员认识到安全工作的重要性，增强遵章守纪的自觉性，营造安全文化氛围，创造出适合发展需求的安全文化内涵。

（5）加大救援安全仪器装备材料的投入。煤矿救援队要大力营造安全、和谐的学习工作环境，确保所有救援装备合格率、完好率均达到100%，对所有救援装备进行科学化、规范化的管理，防止因装备管理不善发生事故，并加强日常装备维护保养的督导检查，落实应急救援人员装备定期维护保养制度，实现仪器装备的动态合格。

（6）扎实开展实战化的救援训练演练工作。和平年代，模拟实战化的演练训练是提高应急救援人员综合素质的根本保证，救援队要开展经常性的高温浓烟环境等实战化训练，开展服务矿井常见灾害事故的训练演练，探索符合队伍实际救援的路径和办法，为矿井安全生产保驾护航。

（7）坚持 24 h 战备值班值守制度，装备模块化管理，值班人数符合规程规定，随时做好闻警出动的全面准备。

（8）加强矿山救援队军事化管理，养成服从命令、听从指挥、雷厉风行的工作作风。在抢险救灾中坚持依法、依规、科学施救。秉持“生命至上，人民至上，安全救援，科学救援”的救援新理念，确保做到快速、高效、安全救援。

第四节　自身伤亡及预防措施

通过前文的分析，矿山救援队自身伤亡的原因主要是身体健康因素、仪器装备因素、违章因素和不可抗拒的突发因素等，因此，在抢险救灾过程中，加强事故防范，杜绝救援队自身伤亡是各级应急救援人员义不容辞的责任。预防自身伤亡的主要措施如下：

（1）加强体能锻炼，强化身体素质。日常自觉加大训练强度，要有针对性地从实战需要出发，制定切实可行的训练计划和实施措施，增强体能、柔韧度、极限素质，落实阶段性目标措施，开展技术练兵和技术比武活动，以省局、国家救援中心开展的矿山救援队救援技术竞赛为契机，以提高应急救援人员的身体素质，确保在抢险救灾中完胜体能要求，完成抢险救灾任务。

在抢险中，带队指挥员应全面掌握各参战小队的具体实际情况，掌握灾变矿井的动态变化情况，并广泛听取各方意见，正确决策，果断运筹。同时要注意劳逸结合，掌握救援工作节奏，投入的战斗力应保证其精力充沛、旺盛，杜绝连续疲劳作战。

（2）加强救援仪器装备的维护保养，确保仪器装备的完好率达到 100%。落实大队、中队、小队和个人仪器装备定期检查制度是维护装备的根本遵循，严格执行仪器装备的“谁主管谁负责，谁保管谁负责，谁使用谁负责”的规定，确保使用的仪器装备完好可靠，动态合格，为安全施救提供坚实的保证。

（3）矿山救援队各级应急救援人员必须严格遵守国家相关的安全法律法规、企业的安全规章制度和相关管理规定，规范操作、服从命令、依法依规、科学施救。

（4）推行新指挥员准入制度。新招进的救援指挥员必须按照培训大纲的规定，进行强制性、系统性、专业性的救援理论、救援技术、救援技能等方面的学习培训，将体能训练、演习训练、仪器操作、业务理论、创伤急救等内容列入培训学习的重点项目。此外，在日常演习训练中要从实战出发，遵循由浅至深、由易至难，逐步提高、精益求精的训练原则，提升应急救援人员的综合实战能力。

（5）做好 24 h 全天候战备值班备勤工作。指挥中心一旦接到矿山事故召请，立即启动大（中）队应急救援程序和应急救援行动综合预案，带班指挥员立即带领值班队伍携带相关救援装备迅速赶赴事故现场，参加事故救援工作。

（6）加强新装备的推广应用，并在实战中不断加以改进。在应急救援过程中，应急救援装备可以极大地提高救援效率和抢救成功率，并且可以降低现场救援人员的风险，让救援行动更加安全。在提升救援装备的同时，也需要加强救援队伍培训和专业化建设。

（7）推广新技术、新战法在抢险救灾中的应用和效果检验。优化救援技术和战术，改善救援方法是有效避免救援队人员自身伤亡最明显、最直接的方案措施。矿山救援队要积极与国内大学、高校、科研机构密切联系与交流，开展一些具有前沿救援新技术、新知识的学习培训，旨在提高应急救援人员的技术水平和工作效率，进而有效减少救援失误和自身伤亡的发生。

（8）适时开展应急救援人员心理疏导培训。作为矿山事故救援的逆行者，应急救援人员在处理伤亡事故时，面对突发的人员伤亡状况，心里难免产生恐惧，滋生恐慌，对事故的处理、救援效率造成不可估量的影响。因此，开设谈话疗法和心理疏导课程，以认知和谈话的治疗方式，教导应急救援人员如何改变有害的想法和信念，当应急救援人员有不切实际的负面想法产生时会被告知如何用正面想法来替代这些负面想法，进行心理疏导排解，避免畏战情绪滋生，确保救援成功。

（9）强化救援管理工作，杜绝违章指挥和违章作业。应急救援人员素质能力的高低会直接影响救援队的整体素质水平。要全面提高应急救援人员的风险辨识和应急处置能力。严格按规定开展煤矿事故应急救援和从事安全技术性工作，救援队伍要严把人员配备关，不符合标准的坚决不能纳入队伍，否则就可能出现违章作业，冒险蛮干，造成自身伤亡事故。

（10）加强与科研院校的密切合作，积极备装先进的事故救援预警监测装备。引进先进技术预警二次爆炸、连续性爆炸、冲击地压等事故发生原理，发挥先进的预警监测设备、监测技术在事故救援现场的运用，依靠科技进步消除事故隐患，保证事故现场救援人员的生命安全，杜绝或者避免突发不可抗力造成的次生灾害事故对救援人员的生命威胁，实现科学救援、安全救援，提高救援成功率。

第十三章　救援心理训练

在矿山事故抢险救灾中，矿山救援指挥员发挥了重要作用。当矿山发生险情时，需要矿山救援指挥员采取相应的救援措施，帮助指导救援队伍更好地展开救援工作。由于个别矿山救援指挥员心理原因，容易在指挥事故救援中出现过度紧张、决策不当等情况造成不应有的伤亡事故。因此，矿山救援队在抓好日常学习、训练的同时，还要注重指挥员的心理训练，增强其应变能力，才能保证快速、安全、有效处置矿山生产安全事故。

第一节　安全心理学

一、安全心理学的概述

人的心理现象是目前所知宇宙间最复杂的现象之一，历来被人们所关注。人类在漫长的发展历程中，经历了无数次的事故，留下了惨痛的教训。这些事故为什么会发生？它们与人的自身有没有关系？能否从人的因素角度来预测、预防和控制事故的发生？所以，以解释、预测和调控人的行为为目的，通过研究、分析人的行为，揭示人的心理活动规律，最终达到减少或者消除事故的科学诞生了，这就是安全心理学。

安全心理学是心理学分支学科，研究事故发生过程中人的心理活动特点和规律。安全心理学主要研究内容包括：人的认知、能力、人格、经验、性别、年龄、反应模式等主体因素和工作环境条件等物理因素与事故的关系，人为差错的类型和原因分析，安全训练和教育等。

安全心理学运用心理学的原理和安全科学的理论，研究人在劳动生产过程中各种与安全相关的心理现象，研究人对安全的认识、人的情感，以及与事故、职业病作斗争的意志。安全心理学研究人在对待和克服生产过程中不安全因素时的心理变化过程，旨在调动人在安全生产中的积极性，防止事故发生。

二、安全心理学的产生和发展

安全心理学的产生和发展经历了漫长的理论准备和实践应用的演化过程。安全心理学的产生和发展与工业心理学是不可分割的，讨论安全心理学的产生和发展，必然要涉及工业心理学的产生和发展。工业心理学是研究工业系统中人的心理活动规律及具体应用的学科，主要研究工作中人的行为规律及心理学基础，内容包括管理心理学、劳动心理学、工程心理学、人事心理学、消费心理学等。工业心理学除了研究人际关系、人机关系、人与工作环境之间的关系外，还研究劳动作业的内容、方式、方法与人的工作效能等关系问题。

工业心理学的产生和发展主要经历了以下几个阶段：

（一）20 世纪初泰罗的贡献

20 世纪初，由于工业革命以后机械化的普遍推广，市场逐渐扩大，为了提高劳动生产率，美国工程师泰罗开始进行实践研究。一方面，科学地研究作业方法，确定“一个最优的作业方法”，为企业管理提供了有效手段；另一方面，在工人和管理层之间掀起了一场心理革命，用来改善双方的关系。他的工作为心理学在工业上的应用奠定了基础。

（二）冯特及闵斯特伯格的工作

1879 年，德国生理心理学家、哲学家冯特在莱比锡大学建立了世界上第一个心理实验室，用自然科学的方法来研究心理现象，使心理学逐渐从哲学中脱离出来，成为一门独立的科学，这标志着科学心理学的诞生，冯特因此被誉为“心理学之父”。

他的学生闵斯特伯格感到对心理学的研究不能关在象牙塔内进行，而应该运用到实践中。1892 年，闵斯特伯格受聘于哈佛大学，建立了心理学实验室并出任主任，他的心理学实验室作为工业心理学活动的基地，成为后来的工业心理学运动的奠基石，因此他被誉为“工业心理学之父”。

（三）霍桑实验

随着生产的发展，心理学家意识到，要提高工作效率，不仅要解决好人与事、人与机之间的配合，还要解决好人与人之间的配合。因此，工业心理学研究的主要方向从工业个体心理学转向工业群体心理学，这一转变的里程碑就是梅奥主持的霍桑实验。自 1924 年起通过 15 年之久的研究发现，影响员工士气的不是物质条件，而是心理因素。从此，工业管理开始兼顾到心理因素。霍桑的研究使心理学走入了工业和组织管理学领域。

（四）第二次世界大战期间及之后心理学的发展

战争期间需要征集大量兵员，促使了人员选拔和培训措施的发展；复杂的武器系统，需要更好地研究机器如何与操作者相配合，也就需要进一步研究人 - 机之间的关系，为工程心理学（即人机工程学、人类工效学）的诞生奠定了基础。

随着现代科学技术的高速发展和工业生产规模的日益扩大化，由此带来的安全问题愈发引起人们的重视和关注。因此，安全心理学在 20 世纪 80 年代得到了迅猛发展，成为安全科学的一门新兴学科，它与人机工程学、安全系统工程并列，被誉为现代安全科学的三大理论支柱，也是工业心理学的一个重要独立分支。

三、安全心理学的研究任务和研究内容

（一）安全心理学的研究任务

安全心理学是运用心理学的原理、规律和方法来解决劳动生产过程中和人的心理活动有关的安全问题，其目的是减少生产中的伤亡事故；从心理学的角度来研究事故原因，研究人们在劳动过程中心理活动的规律和心理状态，探讨人的行为特征、心理过程、个性心理和安全的关系；发现和分析不安全因素，事故隐患和人的心理活动的关联，以及导致不安全行为的各种主观与客观因素；从心理学的角度提出有效的安全教育措施、组织措施和技术措施，预防事故发生，保证人员安全和生产顺利进行。

（二）安全心理学的研究内容

安全心理学研究安全问题，影响安全的因素有很多，既有人本身的问题，也有技术、

社会、环境等方面的因素。安全心理学并不研究所有影响人的安全的因素，只从心理学的特定角度研究人的安全问题。安全心理学也涉及其他因素，但着眼点是分析各种因素如何影响人的心理，进而影响人的安全。

安全心理学的主要研究内容有以下几个方面：

（1）意外事故的人的因素分析，如疲劳、情绪波动、注意力分散、判断错误、人际关系等对事故发生的影响。

（2）工伤事故肇事者的特性研究，如智力、年龄、性别、工作经验、情绪状态、个性、身体条件等与事故发生率之间关系的研究。

（3）防止意外事故的心理学对策，如从业人员的选拔（即职业适宜性检查），机器的设计要符合工程心理学的要求，开展安全教育和安全宣传，以及培养安全观念和安全意识等。

总之，在研究这些问题时，首先要研究人的心理变化特点及这些特点对劳动者个人的作用，其次必须考虑个性心理及个人生活因素。

四、安全心理学在安全工作中的作用

人是生产力中最活跃的因素，在导致事故发生的种种原因中，人的不安全因素是很重要的原因。要想搞好安全生产，防止事故发生，必须及时矫正各种影响安全的不良心理和纠正各种违章行为。这就要求人们正确运用安全心理学，探索人的安全心理，发挥它在安全生产中的作用，从而减少人的不安全因素，有效推动社会安全与进步。

（一）安全心理学的意义

安全心理学的意义可以分为对个人的意义和对社会的意义两个方面。

对个人而言，它通过描述和解释各种和安全有关的心理现象和心理活动历程，加深人们对自身的了解。目前人们对许多与安全相关的心理现象和行为的了解还停留在“知其然，但不知其所以然”的水平，通过学习安全心理学，可以了解自己的不安全行为为什么会出现？隐藏在这些行为背后的心理活动和规律是什么样的？还可以发现自己在劳动中受到哪些因素的影响？自己如何形成现在的性格等一系列与自身有关的安全问题。此外，安全心理学不仅提供“是什么”“为什么”的答案，更重要的是告诉人们如何解决问题。当人们发现自己存在一些不良的心理习惯时，比如工作时精力容易分散、容易莫名其妙地急躁等，就可以来寻求安全心理学的帮助。

对社会而言，安全心理学在社会的生产、生活等方面都发挥着重要的作用。比如，安全心理学会告诉人们该怎样合理地设置生产环境，以最有效的方式安排作业流程，让人们在理想的工作氛围中发挥自己最大的潜力并保证安全。

（二）安全心理学在安全生产中的应用

安全心理学的原理、规律、方法可以运用在预防工伤事故、进行安全教育及分析处理事故等方面。

（1）安全思想淡漠，自我保护意识不强，常常是造成工伤事故的重要原因，所以，研究和分析生产过程中人们对自身安全问题的心理现象，运用激励理论，激发职工的安全意识，使安全生产成为职工自发自觉的要求，这是做好安全工作的重要保证。

（2）利用安全心理学分析主观和客观心理现象，可以帮助管理人员认清安全生产中的有利因素和不安全因素，从而对各种不安全因素进行整改，调动广大职工安全生产的积极性。

（3）运用安全心理学的理论，做好职工的安全技术培训和安全思想教育工作，特别是运用心理学的理论对从事电工作业、焊接与热切割作业、高处作业、煤矿安全作业、金属非金属矿山安全作业等危险性较大的特种作业人员进行专业的安全技术教育。

（4）对影响整个系统运行或对安全生产非常关键的岗位，可以通过合适的职业选择，选拔合适的人选来担任。

（5）对职工的不安全行为及其心理状态进行研究分析，以采取相应的对策和措施。

（6）对事故进行统计分析，根据大量的原始资料，通过统计处理，找出此类事故产生的原因及变化规律。有时为了找出事故隐患，防止今后再次发生同类事故，以及采取最合适的预防措施，需要对事故个案进行心理学分析。

（7）深入分析事故的主要责任者在事故发生前的心理状态、情绪以及个人的个性心理特征、行为、习惯等，阐明事故发生的原因，进行安全教育和采取必要的措施，杜绝类似事故。

（8）从知觉、情感、意志、行为等方面，对一些经常有不安全行为的职工，给予积极的心理疏导，并列为重点的安全教育对象；分析他们的性格、气质、能力，根据个人特点逐步引导他们改变对安全不利的心理素质，培养良好的安全心理素质。

（9）运用安全心理学的知识，经常对生产设备、机具、安全保护装置、工作场所和工作环境进行工程心理学（人机工程学、人类工效学）等方面的研究，使设备、机具符合人的生理心理特点，工作场所适合人的操作，工作环境不影响人的安全和健康，从而达到操作方便、减轻劳动强度、节约劳动时间、提高工作效率、充分利用设备能力、降低能耗、减少工伤事故的目的。

（10）运用心理学原理和有关知识，进行经常性的、行之有效的安全教育。

必须指出的是，虽然安全心理学在探讨事故原因和防止工伤事故中具有重要作用，但在安全科学领域中它只属于“软件”范畴，不能越俎代庖，取代劳动安全“硬件”方面的工作，尤其是安全措施方面的工作（如防火、防爆的技术措施，设备的安全装置等）。做好安全工作，如果不从组织落实施工措施、加强企业管理、改善设备状况、改进工艺流程、改善作业环境条件、加强职工培训等方面去综合考虑，空谈安全心理学是没有任何意义的。

第二节　心理应激基本理论

一、心理应激概述

心理应激是有机体在某种环境刺激作用下由于客观要求和应对能力的不平衡而产生的一种适应环境的紧张反应状态。人在一定的社会环境中生活，总会有各种各样的情境变化或刺激对人施以影响，作用刺激被人感知到或者作为信息被人接收到，就一定会引进主观的评价，同时产生一系列相应的心理生理的变化。通过信息加工，对刺激作出相应的反应。人也具有承受应激的限度，如果刺激需要人作出较大的努力才能进行适应性反应，或者这种反应超出了人所能承受的适应能力，就会引起机体心理、生理平衡的失调，即紧张反应状态的出现。

二、应激概念及应激反应

（一）应激概念

“应激”的原意是指一个系统在外力作用下，竭尽全力对抗时的超负荷过程，应激是个体“察觉”环境刺激对生理、心理及社会系统过重负担时的整体现象，所引起的反应可以是适应的或者适应不良的。赛里将这个词引入生物和医学领域，并根据对其本质认识的发展而不断对它进行修正、补充和扩大。当个体察觉应激源的威胁后，就会通过心理和生理中介机制产生心理、生理反应，这种变化称为应激反应。心理应激（应激反应）是应激的表现形式，也是应激客观测量的指标。

（二）应激反应

应激引起的心理反应可分为两类：一类是积极的心理反应；另一类是消极的心理反应。

积极的心理反应是指适度的大脑皮层唤醒水平和情绪唤起、注意力集中、积极的思维和动机的调整。这类反应有利于肌体对传入信息的正确认知评价、应对策略的抉择和应对能力的发挥。消极的心理反应是指过度唤醒（焦虑）、紧张，过分的情绪唤起（激动）或低落（抑郁），认知能力降低，自我概念不清等。这类反应妨碍个体正确地评价现实情境、选择应对策略和正常应对能力的发挥。

通俗地讲，应激就是有机体调动自身潜力以应对外界强力的反应。紧急的情景唤起整个有机体的激活水平，使心率、血压、激素的分泌，以及肌肉的紧张度发生显著变化，引起情绪的高度应激化和行动的积极化，产生巨大的力量来应付环境的突然变化。因此，应激状态过后，由于肌体本身能量的大量消耗，人就感到十分疲乏。如果长期处于应激状态，就容易破坏人体的生物化学保护机制，降低抵抗力，遭受疾病的侵袭。

职业紧张度高的行业容易处于应激状态，如消防队员、矿山救援队员、公安人员等。

（三）应激对健康的影响

适度的心理应激可以提高个体在现实生活中的适应能力，提高注意力和工作效率，促进人格的成长与发展以及身心健康水平。但是，持久而强烈的应激、长期的紧张和困扰，可导致交感－肾上腺、下丘脑－垂体、肾上腺皮质系统、垂体－甲状腺系统活化而产生高血压、冠心病、脑血管病。

第三节　灾害环境下心理应激及心理训练

一、灾害环境下的心理应激

灾害环境下的心理应激是指人们在突如其来的灾难下表现出的情绪、认知、行为活动等一系列改变，这些改变可能会导致一些人出现一系列的躯体症状，如虚弱、头晕、出汗、震颤、心跳及脉搏加快、厌食、腹泻等不适体征，甚至出现呼吸困难、窒息等，也可加重或诱发原有疾病。如何减轻灾难造成的身心伤害，降低应激水平从而减少负面情绪对身心健康的影响，越来越受到人们的关注。

灾难是一种社会性应激源，而这种应激源具有不可预见性、突发性、速度快、应激强度大等特点。当人类赖以生存的环境（包括自然环境和社会环境）在瞬间发生了巨大改变，使人察觉需求与满足需求的能力不平衡，从而使机体陷入严重超负荷的身心紧张性反应状态时，机体内外平衡被打破，从而出现一系列心理和生理的反应。

二、灾害环境下的心理训练

矿山救援指挥员心理训练是指通过有意识的外部和内部活动对矿山救援指挥员的心理过程和个性心理进行影响和调节的活动过程。通过这种过程，提高矿山救援指挥员在灾情现场的心理适应能力。

矿山救援指挥员在指挥事故救援时，由于想象和灾害现场环境的刺激会引起心理的不平衡，而缺乏心理训练的人员则会加剧这种不平衡，矿山救援指挥员的不稳定心理必然会影响救援行动。

（一）影响成功救援的异常心理状态

心理状态是人的心理活动在某一段时间内的特征，如分心、疲劳、激情、镇定、紧张、松弛、克制、欲望等。生产过程中发生伤害事故的因素很多，而当事者的心理状态常常是导致事故发生的主要因素或者直接因素。由于人的心理结构复杂多样，人的心理活动千变万化，很难详尽叙述，因此下面只对常见的与救援关系较密切的心理状态做一些分析。

1. 侥幸心理

严格地说，侥幸心理并不是心理学中的专门概念，而是人们在日常生活中经常使用的一个词语。侥幸心理的含义大致是当某种行为既可以导致有利后果，也可以导致不利后果的情况下，行为人认为不利后果不会发生的主观判断。可以这么说，凡是知道操作行为有一定危险，但仍然冒险操作的人，都可以认为是存有侥幸心理的。在侥幸心理驱使下的冒险行为所带来的好处多种多样，如省时省事、收入提高、减少疲劳、引起羡慕、社会心理满足等。侥幸心理是职工冒险和违章的重要因素。

2. 盲目自信与麻痹心理

盲目自信心理表现为：认为这是“经常干的工作”“不知干过多少次、自己很有把握”“不会有危险”等。麻痹心理是指由于经验的影响，或者认为作业太简单，因而对危险视而不见的心理过程。盲目自信和麻痹心理常常是联系在一起的，即因自信而麻痹。在这样的心理状态支配下，作业者往往心不在焉，凭经验、印象、习惯进行操作，检查时走马观花，作业时漫不经心，没有意识到操作方法有错误，在作业过程中，也没有注意到出现异常情况。当突然出现与预料相反的客观条件变化时，由于没有心理准备，原有的定式遭到破坏，因此，往往表现为惊慌失措、手忙脚乱，未能采取得力措施，最终造成事故。矿山救援中类似的例子比比皆是。

3. 逞能好强心理

争强好胜和强烈自我表现欲属于马斯洛需要层次理论中的高层次需要，这种需要较强烈的人，可以牺牲安全需要为代价换取逞能好强心理的满足。有逞能心理的人虽然对安全知识略知一二，但往往在其逞能心理支配下，为表现自己头脑发热，产生盲目行为，结果却事与愿违，造成事故。

逞能好强心理是青年人较普遍的心理特征，一些青年人会在这种心理的驱使下，头脑发热，干出一些冒险的、愚蠢的事情，使一些本来不该发生的事故发生了。

4. 捷径心理

捷径心理是人类行为的共同特征，图省事、走捷径的心理人皆有之。实际上，捷径心理是由人类追求个人利益最大化的需求而产生的。这里所说的个人利益是广义的概念，包括多挣钱、省时间、少费力、图舒服、获尊重等。在企业生产过程中，捷径心理的表现形式多种多样，常见的是在“要钱不要命”的错误思想支配下，只讲进度效率，不要安全；只抓生产，不讲安全；不愿受安全规程的制约，简化必不可少的操作步骤，或者违反操作规程，往往导致事故发生。

5. 屈服心理

屈服心理多数是在某些权势的压力下形成的。由于人们预感有权势的人会在其指令被违抗的情况下采取制约自己的措施，从而在权势面前妥协让步，放弃原则，违心地进行违章作业。

屈服心理的另一种表现是从众行为。具有这种心理因素的人，常常看到别人或大多数人怎么做，他也随波逐流跟着怎么做，否则会感觉不合群，不近常理，怕被别人笑话，屈服于传统的习惯势力和舆论压力。这种心理往往具有一定的传染性和蔓延性，严重威胁安全生产。

6. 恐惧心理

由于某些工种或者岗位发生事故频率高，使一部分职工产生“谈虎色变”的心态，思想胆怯，工作缩手缩脚，心神不安；也有的职工在突如其来的变故面前缺少心理准备和承受能力，惊慌失措或束手无策，导致反射性行为而发生伤害事故。

7. 爱美心理

这里所说的爱美心理与马斯洛需要层次理论中的审美心理需要是有区别的。这里所说的爱美心理实际上来自人的社会交往需要和尊重需要，即人们希望通过自身的外在形象，给周围的其他人以某些方面的吸引力，从而增加自己社会交往的机会和地位。爱美之心，人皆有之，爱美本身并不是坏事。但在企业生产过程中，会有一些职工，特别是青年工人，将不适合生产作业的爱美心理带进生产岗位现场，产生不安全行为。

8. 逆反心理

心理学家认为，人的动机具有内隐性的特征，逆反心理便是动机的内隐性的特征之一。逆反心理往往在年轻人身上比较明显，其表现一般是“你让我这样，我偏要那样”。逆反心理通常是在受到处罚或思想上带有某种偏见时产生的，有了逆反心理，就会引起心理上的不认同，产生与领导或者规章制度相抵触和对抗的情绪。逆反心理的行为表现一般有两种：一种是明着故意与安全操作规程或者有关制度对着干；另一种是隐蔽的抵触行为，阳奉阴违，对于别人因自己违章而提出的批评劝阻，当面虚心接受，中止违章行为，过后不久，又故态复萌，我行我素。

除了上述几种易于引发事故的心理状态外，还有一些心理状态也与救援行为有关，如对工作的厌倦感、不良的心境和激情、生理和心理紧张等。

（二）救援行动前和救援行动中的心理特点

1. 救援行动前的心理特点

（1）紧张状态。救援指挥员在学习、劳动、就餐、休息等时间突然听到出警救援指令时，神经活动就会立即紧张。适度的紧张是一种积极的心理准备状态，能有效保证战斗任务的完成；而过于紧张，则会妨碍人员的活动，是一种消极的心理状态。

（2）恐惧状态。恐惧状态是在心理紧张的基础上，由于灾害现场情况的表象或者想象到可能发生的危险对个人生命的威胁而产生的心理现象。恐惧状态是一种消极的心理状态，会妨碍救援指挥员的正常活动。

（3）乐观状态。这种心理的产生一般基于两种原因：一是对灾害现场比较了解，感到救援指挥行动难度不大，呈现出乐观状态；二是对灾害现场估计过低，把复杂想象为简单，把困难想象为容易，是一种盲目乐观危险的临战心理。

（4）淡漠状态。淡漠状态的心理机制是由于出现保护性能和兴奋过程减弱而使心理紧张程度降低，表现为人体机能变化不显著，缺乏意志活动的主动性和灵活性，是一种消极的心理状态。

2. 救援行动中影响救援指挥员心理的主要因素

（1）噪声。救援现场的巨大噪声，容易造成矿山救援指挥员注意力分散，感觉和知觉能力下降，心慌意乱而无法进行思维和判断，听不清矿山救援队员的汇报，影响救援指令的下达。

（2）高温。火灾现场高温能强烈地刺激救援人员的神经活动，强化兴奋过程，而削弱抑制过程，易造成动作在时间和空间上的失调。高温破坏救援人员的生理机能，造成头昏脑涨、虚脱疲乏无力等，或者出现痉挛、幻觉，甚至失去知觉，停止正常的心理活动，严重影响矿山救援指挥员的判断力和决策指挥能力。

（3）浓烟。浓烟造成灾害现场能见度极低，矿山救援指挥员在茫然无措的情况下，易产生恐惧心理。同时，浓烟里的有毒气体能强烈地刺激救援人员的感觉器官，造成眼睛流泪或者睁不开眼等，干扰矿山救援指挥员对现场情况的观察和判断。

（4）危险情况。矿山救援指挥员在灾害现场若感受到有爆炸、坍塌、水淹等危险情况时，或者主观想象到某种危险时，就会本能地使神经活动紧张，有时会表现出恐慌的神态。尤其是最初看到遇难者时，神经活动就会有所紧张，恐惧心理会进一步加剧，甚至说话的声音会颤抖，进而影响整支救援队伍的情绪。

（5）活动空间狭小。矿山救援指挥员为了及时处置灾情，常常要钻进巷道变形比较狭小的活动空间工作；在这种狭小的空间里，矿山救援指挥员的工作受到影响，不但有压抑感还容易产生厌烦、急躁等消极情绪。

（6）外界干扰。灾害救援现场的外界干扰主要来自受灾单位或受灾个人、帮助救灾人员等。一是外界人员的集中、慌乱、恐惧情绪等，对矿山救援指挥员有一定的传染作用；二是外界人员的过激性或侮辱性语言，使矿山救援指挥员产生不耐烦、暴躁、愤怒等激情状态；三是外界干扰导致不正确的指挥，影响整个灾害救援的成效。

（三）心理训练计划的制定与心理训练检验

1. 心理训练计划的制定

制定心理训练计划非常重要，每个矿山救援基层组织都应该制定心理训练计划。心理训练计划既可以单独制定，也可以与其他计划一起制定。为使心理训练具有针对性，还应根据各类专业人员的工作和每个人的心理特征制定相应的心理训练计划。

2. 心理训练检验

每项心理训练结束后，要及时检验训练效果，便于调整或充实训练结构、内容和方法。建立心理训练档案是检验训练效果的基础工作，在档案中应记录训练前、训练中、训练后每个人的心理指标和生理指标。心理指标和生理指标可以通过观察、询问或测量（血压、心率、脉搏）的形式进行。考核方法可以采取单项因素考核法和综合因素考核法。单项因素考核法是对某一项心理因素进行考核评价。综合因素考核法是对整个心理训练的各种心理因素（如记忆、观察、想象、情绪等）进行考核评价。

（四）心理训练的内容

1. 一般心理训练

一般心理训练是指每个应急救援人员都要进行的训练，是各项心理训练的基础性训练。一般心理训练要注重以下几个方面的培养：

（1）培养责任心和事业心。责任心和事业心是矿山救援指挥员必须具备的心理条件，也是心理训练的一项重要任务，通过加强政治思想教育、法治教育、职业道德教育及价值观培养等方式来实现。

（2）培养和发展4种能力。培养和发展观察、想象、记忆和思维能力，有助于提高智力，增强意志品质，保证矿山救援指挥员顺利完成事故处理任务。

（3）培养情绪的稳定性。情绪是与机体生理需要是否获得满足相联系的最简单的体验。稳定的情绪是矿山救援指挥员在事故救援中顺利完成救援任务的心理条件，任何恐惧、焦躁、惊慌失措都会对救援带来影响。情绪的稳定性要求：掌握知识、熟悉对象、增强心理适应能力、加强自我调整和控制。

（4）培养意志品质。意志是人自觉地调节自己的行动去克服困难，以实现预定目标活动的心理过程。良好的意志品质是实现救援行动目标的根本保证。

培养良好的意志品质要求：树立信心，明确目的；采取有针对性的方法训练和实践；加强自我教育等。

（5）培养自我心理调节能力。自我心理调节也称自我心理训练。它通过有意识的意志活动达到稳定的情绪，使心理活动达到最佳临战状态。自我心理调整的方法很多，主要有转移法、语言提示法、身体活动法、自我监督法和暗示法。

2. 专业心理训练

专业心理训练是指对指挥员、战训管理机构人员、技术员，以及专兼职矿山救援队队员等不同工作岗位上的应急救援人员，依据其职责分工的需要，进行不同的心理训练。矿山救援指挥员心理训练在于增强指挥员的心理适应能力，提高对灾情现场情况判断和组织指挥能力。指挥员除进行一般心理训练外，还应进行下列训练：

（1）学习灾变救援战术理论。指挥员平时要多学习和掌握灾变救援战术理论知识，以利于实战时对灾害现场情况进行正确认识和准确判断。指挥员的知识积累越多，心中的底数就越大，就越能应付各种复杂情况，避免紧张、慌乱和恐惧情绪的产生。

（2）研究战术和战例。研究战术和战例能使指挥员形成灾害现场的再造想象、表象重现和创造想象。灾害现场的再造想象可以使指挥员重现别人所感受过的灾害现场状态和战斗情景；灾害现场的表象重现是指挥员经历过的灾害现场情况的再现，有利于加深印象，提高心理稳定性；灾害现场的创造想象是经过战术研究而在头脑中形成战斗活动的新形象。指挥员有了创造想象，如果遇到类似灾情，就能顺利地实施指挥而很少受到不良心理的影响。

（3）进行战术演练。战术演练能使指挥员通过实践加强对灾情处理战术理论的运用能力，提高下达命令的技能，完善判断灾情的知识和能力，体验灾变救援现场情境，增强心理适应性和指挥艺术。

（4）实战模拟训练。实战模拟训练是指挥员心理训练最有效的一种形式。模拟矿山灾害环境，在指挥员实施指挥的过程中，要施以必要的外界干扰，妨碍指挥员的正常指挥，如喊叫声、指责声、东拉西拽、到处告急等；要设置一些合理的冒险情境，如浓烟中搜索人员，抢救发生倒塌、爆炸、中毒情况下的遇险人员、疏散物资等；在救援中发生“爆炸”“倒塌”“中毒”等造成了人员伤亡等（通过音响或者故意设置爆炸、倒塌，但对人员应无危险），要达到真实可信。

第四节　心理素质培养

一、心理素质培养的必要性

矿山救援队全体应急救援人员长期同各种矿山灾害事故作斗争，始终处于战备状态。特别是在矿山事故救援过程中，矿山救援指挥员从始至终都处在紧张且忙碌的战斗中，紧张、恐慌等不良状态在所难免，一旦这些心理问题得不到有效解决，心理压力得不到及时宣泄，可能会导致心理疾病，使指挥员在指挥事故救援时出现过度紧张、决策失误。救援成败是由救援实战的内部条件相互作用的结果。这些内部条件是由应急救援人员的身体、技术、战术、心理、指挥艺术、面临的救援任务等因素结合而成的，其中，心理素质是很重要的因素。因此，对矿山救援指挥员进行心理素质培养十分必要。

二、心理素质培养的方式、方法

近年来，各矿山救援队将心理调整能力纳入平时训练中。有些救援队还开辟了心理健康网站，设置了心理咨询室、宣泄室和综合心理训练场，聘请或者培养了相应资质的心理咨询师，进一步加强了对矿山救援指挥员的心理健康教育和心理疏导，重点要在提高个人的自控能力、自我心理调适能力上下功夫，以缓解压力，增强适应力，提高其心理综合素质和指挥水平。

心理调整方法有很多，如自我精神放松法、表象再现法、暗示法、转移法、坚定信心谈话法等。这里只介绍自我精神放松法。

自我精神放松法是克服现场紧张情绪，使矿山救援指挥员心情获得平静的有效方法。这种方法包括催眠放松法、自律训练法、逐渐放松法、呼吸调整法和握手放松法等。这些方法虽然是临战心理调整方法，但也要靠平时经常训练，才能提高指挥员心理和身体的自我放松水平，增强自我控制能力。

1. 催眠放松法

催眠放松法就是在战前由心理专家和指导人员，把矿山救援指挥员引导到催眠状态，使指挥员从战前情绪紧张、不安和恐惧感中解脱出来。经过催眠后，指挥员精神焕发，情绪稳定、斗志昂扬地参加救援工作。

2. 自律训练法

自律训练法是由德国柏林大学舒尔兹教授创立的。这种方法首先应用于临床心理学，在神经医学范围内也曾广泛应用。自律训练法是一种自我控制的方法，这种方法首先要进行系统的精神集中训练，养成在任何情况下注意力高度集中的能力，在救援中指挥员情绪处于过度紧张时，能够不靠别人的帮助，通过自己的调整直接获得身心的稳定。

自律训练法也是科学的自我锻炼法，经过平时有计划的练习便能掌握。这种方法不仅在情绪紧张时能够进行自我调整，同时也是日常精神健康管理的有效方法。

3. 逐渐放松法

美国心理学家杰克布松在进行实验时发现，人在发生这样或那样的情感时，总是伴随有一定的肌肉群紧张。他认为如果放松了这些肌肉群的紧张程度，就可以改变人的情感状态，消除人们的紧张。

逐渐放松法是使指挥员从局部到全身的各部分肌肉紧张得到逐渐放松，使身心获得稳定的方法。这种方法要收到效果，必须在战前经过有计划的练习，才能在现场进行有效的调整。实验证明，逐渐放松法能够改变指挥员的肌肉紧张程度，消除疲劳，减缓兴奋性，起到调整情绪紧张的作用。

4. 呼吸调整法

加拿大学者彼尔西瓦利提出一种消除人激动、紧张，使人安静下来的方法，他称为“呼吸和肌肉的收缩、放松”。该方法就是把吸气时肌肉紧张和呼气时肌肉放松结合起来，从而消除人们的激动、紧张。在救援时，通过呼吸调整自己的心理状态，从而达到消除紧张、提高行动效能的目的。

当指挥员发现队员情绪紧张时，应及时告诉他“轻轻地活动手足，进行深呼吸”。运用这种方法可以使队员波动的情绪稳定下来。在进行自律法练习时，也可以同时进行呼吸调整，但必须预先做好两种方法的充分练习。

5. 握手放松法

握手放松法是根据自律训练法形成的一种自我心理调整方法。此法较为简单，指挥员可以自己把手轻轻地握起来，以调整自己的情绪状态。这是一种在临场或救援时较为适用和有效的方法。

第十四章　现场急救与自救互救

矿山救援医疗急救主要指应急救援人员针对受伤人员进行及时的现场救治，现场医疗急救的原则是使用徒手和无创技术，简单迅速地抢救伤员，并尽快将伤员移交给专业医护人员。本章对救援指挥员应掌握的急救基本知识、急救技能、自救互救等进行重点介绍。

第一节　运动医学基本理论

运动医学是将医学与体育相结合的综合应用科学。研究与运动有关的医学问题，运用医学知识和技术对运动参与者进行医学监督和指导，以达到预防和治疗损伤、保证运动员健康、增强体质、提高运动成绩的目的。

运动医学是在医疗卫生和体育运动相结合的过程中发展起来的。中国运动医学是20世纪50年代发展起来的，1978年中国运动医学会成立，并于1980年加入国际运动医学联合会。中国运动医学具有中西医结合的特色，受到国际体育界人士的重视。

运动医学主要包括运动医务监督、运动创伤学、运动营养学和医疗体育等四部分内容。

一、运动医务监督

医务监督是指用医学和生理学、生物化学方法，对从事体育运动的人（包括运动员）的身体进行全面检查和观察，评价其发育水平、训练水平和健康状况，为体育教师和教练员提供科学训练的依据。它是保证运动训练顺利进行并取得较好成绩的一种手段。

多年来，国内外运动生理、生化学者对评定运动员身体机能的指标和方法进行了大量的研究，推出了很多行之有效的生理、生化指标和方法。目前，适用于运动员身体机能评定的生理、生化指标涉及心血管、内分泌、免疫、氧转运及利用、骨骼及软组织损伤、物质能量代谢及代谢调节能力、神经系统等多个方面，评定方法的可靠性和准确性也越来越高，主要评定指标包括：脉搏、血压、最大吸氧量、血红蛋白、尿蛋白、血乳酸、血尿酸、睾酮等。

在运动医务监督中，运动性疾病的防治监督是一项重要内容。运动性疾病广泛存在于体育运动中，最常见的有过度疲劳、运动性血尿、运动性尿蛋白、肠胃功能紊乱、运动性贫血、肌肉痉挛、中暑、冻伤、溺水、游泳性中耳炎等。其发生规律包括：大运动量以后，发病率明显增加；伤病后重新开始参加运动训练，发病率明显增加；情绪过于激动、过于悲伤等心理状态异常时，发病率增加。

在运动训练中必须有效预防与及时治疗运动性疾病，否则会影响运动员的身体健康、运动能力，严重时还会致残致死。运动性疾病主要预防原则和措施包括：

（1）合理安排训练内容。

（2）加强医务监督，定期进行健康体检。

（3）改善日常不良生活习惯，注意饮食健康。

二、运动创伤学

在体育健身运动和竞技体育过程中发生的各种损伤，统称为运动损伤。运动创伤学主要研究运动损伤的发生规律、机理、防治措施和伤后的康复训练等问题。

运动损伤产生的主要原因包括：全身性疲劳、局部性疲劳、注意力不集中、准备活动不充分、动作技术不合理、外部环境变化、运动负荷不合理、训练方法不合理、生活规律变化等。

运动损伤的预防原则和具体措施如下：

（1）加强思想教育。

（2）合理安排训练。

（3）认真做好运动前的准备活动。

（4）加强易伤部位的力量训练和伸展性练习。

（5）加强保护和自我保护。

（6）加强运动现场安全管理。

三、运动营养学

运动营养学主要研究合理利用食物以满足人体需要，以提高运动能力。日常运动训练需要补充的基础营养包括：糖、脂肪、蛋白质、维生素、矿物质、水等，合理的营养补充是运动员保持身体健康和运动能力的物质基础，对运动员的机能状态、体力适应、运动后机体的恢复和伤病防治均有良好效果。

第二节　医疗急救基本知识

一、创伤急救基本知识

创伤主要分为开放性创伤和闭合性创伤两类。

1. 开放性创伤

开放性创伤时，皮肤完整性遭受破坏，有外出血，受伤时细菌侵入，煤尘污染机会增多。开放性创伤主要包括擦伤、撕裂伤、切伤、砍伤和刺伤等。

处理开放性创伤时，现场急救人员的主要责任是止血和防止细菌进入伤口，具体操作如下：

（1）暴露伤口。小心剪下或撕下衣物以便能看见伤口。

（2）清理净伤口表面。如果伤口周围有松散的小颗粒物，用消过毒的敷料把它们擦掉。不要动刺入身体的异物，如果拔出来，可能会引起严重出血或其他损伤。

（3）止血。大部分的出血可以通过直接按压或抬高并按压的方法止住。必要时，按压止血点，如非必要不使用止血带。

（4）有休克症状的要及时治疗休克。

（5）止住血后，要在伤口处绑上敷料。所有的敷料都应该足够宽以便能够把伤口及其周围完全覆盖住，再用三角巾或者三角绷带包扎住。

（6）让伤员保持安静，确保精神放松，减少移动。

2. 闭合性创伤

闭合性创伤时，皮肤保持完整，表面并无伤口。闭合性伤情不一定很轻，其难点在于难以确定有无体腔脏器损伤。闭合性创伤主要包括挫伤、挤压伤、扭伤、震荡伤、关节脱位和半脱位、闭合性骨折、闭合性内脏伤。

处理闭合性创伤时，现场急救人员的主要责任是全面检查受伤人员状态，分析受伤机理，具体操作如下：

（1）确保呼吸道畅通。

（2）必要时抬高受伤部位，使其处于完全放松的状态。

（3）检查是否有骨折或者其他可能的伤。

（4）有休克症状的要及时治疗休克。

（5）迅速转送至专业医生治疗。

二、烧伤急救基本知识

烧伤是由于火焰、热液、蒸汽、电流等热源作用于人体所引起的局部或全身性损害，煤矿井下发生火灾、瓦斯及煤尘爆炸、触电等事故时，常致人烧伤，属于热烧伤。由于热源温度的高低和接触人体位置不同、接触时间长短不一，浅者伤及皮肤各层，深者可达肌肉、骨骼，严重烧伤时可引起休克、全身感染，最后导致身体多个器官功能衰竭，危及生命。

烧伤伤员的现场急救措施如下：

（1）迅速使伤员脱离热源，如立即脱去着火的衣服，带伤员逃离火区，小面积肢体烧伤时可立即在冷水中浸泡或冲淋 0.5 ~ 1 h，以减轻损伤和疼痛。

（2）对无呼吸、无心跳的伤员，要立即进行心肺复苏。

（3）将烧伤处的衣袜和饰物（如手表、项链等）去掉，不可强行剥脱，以免再度损伤，如果衣服与皮肤黏到一块时，可以沿着伤口的四周剪去其余衣服，但不要触动伤口，更不要去弄破水泡。

（4）烧伤伤员通常会有发冷的感觉，除了烧伤部位露出外，要用毯子为伤员保暖。立即包扎创面，以保护创面、减少污染及引流渗出液。选用吸水性强的敷料进行包扎，敷料需超出创口边缘 5 cm 以上，包扎时压力要均匀，不能太松或太紧。太松使敷料与创面间残留死腔，致使渗出液积聚易于感染；过紧则对烧伤创面造成挤压，可致循环障碍。

（5）不要使烧伤部位间相互接触，如手指间或脚趾间、耳朵与头部侧面、手臂表面和胸部、腹股沟的褶皱处，包扎方法与各部位创伤包扎方法相同。

三、触电急救基本知识

触电伤员的现场急救措施如下：

（1）迅速切断电源：

① 立即关闭电源开关，使触电者迅速脱离电源。关闭电源前急救者不能直接用手去拉触电者的身体。

② 急救者利用木棍、塑料制品、橡胶制品等绝缘体挑开或用绳子拉开接触触电者的电源（如电线），使触电者迅速脱离电源。

（2）心肺复苏：

① 切断电源后，迅速将伤员运送到空气新鲜、流通的地方，解开其衣服，使安静平卧，使其呼吸道畅通。

② 呼吸、心跳停止者，要立即进行心脏除颤、心肺复苏。

（3）处置烧伤及其他损伤时，对局部烧伤应进行包扎，并抗休克。有出血、骨折的，应及时进行止血、包扎及固定。进行现场处置后，再送医院救治。

四、有害气体中毒窒息急救基本知识

有害气体中毒窒息伤员的现场急救措施如下：

（1）当感到有刺激性气体，有臭鸡蛋气味或产生有毒气体中毒症状时，除应立即向调度室汇报外，所有人员应立即戴好防护装置迅速将中毒人员抬离现场，撤到通风良好且比较安全的地方，并就地立即进行抢救。

（2）对中度、重度中毒的人员应立即给予吸氧、保暖，严重窒息者，应在给予吸氧的同时进行人工呼吸。

（3）有因喉头水肿致呼吸道阻塞而窒息者，医疗救援人员应速用环甲膜穿刺术，以确保其呼吸道畅通。

（4）若呼吸和心跳停止时，应立即进行心肺复苏。

（5）昏迷伤员可予针灸，针刺人中、内关、合谷等穴位，以促其苏醒。

（6）快速将伤员转送至医院进行综合救治。

第三节　急救技术及演练

一、心肺复苏

由于外伤、疾病、低温、中毒、高温、淹溺、电击等原因，致使心跳、呼吸骤停，必须在数分钟内采取急救措施，促使心脏、呼吸功能恢复从而保护和促进脑功能恢复。心肺复苏基础生命支持包括气道保持通畅、人工呼吸和人工循环，重点是维持脑的血氧供应，故又称心肺脑复苏（CPR）。

开始复苏的时间是关键：4 min 内开始复苏者，约 50% 可被救活；4 ~6 min 开始复苏者，10% 可以被救活；超过 6 min 开始复苏者，存活率仅 4%；10 min 以上开始复苏者，存活可能性极小。

（一）心肺复苏操作要求

（1）判定事发现场安全、配备个人防护装备后，开始施救。

（2）快速判断伤员反应，确定意识状态，判断有无呼吸或呼吸是否异常（如仅仅为

喘息），在 5 ~ 10 s 内完成。判断方法：轻拍或摇动伤员，并大声呼叫："您怎么了。"如果伤员有头颈部创伤或怀疑有颈部损伤，必要时才能移动伤员，对有脊髓损伤的伤员不要随意搬动。

（3）呼救及寻求帮助。

（4）将伤员放置心肺复苏体位。将伤员仰卧于坚实平面，施救人员跪于伤员肩旁。

（5）判断有无动脉搏动，在 5 ~ 10 s 内完成。用一手的食指、中指轻置伤员喉结处，然后滑向同侧气管旁软组织处（相当于气管和胸锁乳突肌之间）触摸颈动脉搏动。

（6）胸外心脏按压。

定位：队员用靠近伤员下肢手的食指、中指并拢，指尖沿其肋弓处向上滑动（定位手），中指端置于肋弓与胸骨剑突交界即切迹处，食指在其上方与中指并排。另一只手掌根紧贴于定位手食指的上方固定不动；再将定位手放开，用其掌根重叠放于已固定手的手背上，两手扣在一起，固定手的手指抬起，脱离胸壁。

姿势：双臂伸直，肘关节固定不动，双肩在伤员胸骨正上方，用腰部的力量垂直向下用力按压。

频率：100 ~ 120 次/min。深度：成人 50 ~ 60 mm。下压与放松时间比为 1 ∶ 1。

（7）畅通呼吸道。

仰头举颏法（或仰头举颌法）：施救人员一只手的小鱼际肌放置于伤员的前额，用力往下压，使其头后仰，另一只手的食指、中指放在下颌骨下方，将颏部向上抬起。

下颌前移法（托颌法）：施救人员位于伤员头侧，双肘支持在伤员仰卧平面上，双手紧推双下颌角，下颌前移，拇指牵引下唇，使口微张。

（8）开放气道时应查看口腔内有无异物，若有异物，吹气前应先清除异物。

（9）如果最初有颈动脉搏动而无呼吸或经 CPR 急救后出现颈动脉搏动而仍无呼吸，则应开始进行人工呼吸，人工呼吸的频率应为 10 ~ 12 次/min（不包括初始 2 次吹气）。

（二）单人心肺复苏要求

（1）由同一名救援人员完成胸外心脏按压和口对口人工呼吸。

（2）测定伤员无脉搏，立即进行胸外心脏按压 30 次，频率 100 ~ 120 次/min，然后俯身打开气道，进行 2 次连续吹气，再迅速回到伤员胸侧，重新确定按压部位，再做 30 次胸外心脏按压，如此循环操作。

（3）进行 5 次循环（2 min 左右）后，再次检查脉搏、呼吸（要求在 5 ~ 10 s 内完成）。若无脉搏、呼吸，再进行 5 次循环，如此重复操作。

二、止血

止血方法有局部压迫止血法、动脉压迫止血法及止血带止血法三种。

1. 局部压迫止血法

局部压迫止血法适用于较小伤口的出血，用无菌纱布直接压迫伤口处，压迫约 10 min。

2. 动脉压迫止血法

动脉压迫止血法适用于头部和四肢某些部位的大出血。方法为用手指压迫伤口近心端动脉，将动脉压向深部的骨头，阻断血液流通。

3. 止血带止血法

如果采用局部压迫止血法无法达到目的，而动脉压迫止血法又不便于伤者转运时，可以使用止血带止血法，材料取弹性橡皮管、橡皮带。现场无止血带时可用绷带、绳索、毛巾、围巾、衣物等代替，切忌使用铁丝作为止血带。

上臂外伤大出血应扎在上臂上 1/3 处，前臂或手大出血应扎在上臂下 1/3 处，不能扎在上臂中 1/3 处，因为该处神经走行贴近肱骨，易被损伤。下肢外伤大出血应扎在大腿根部或大腿中下 1/3 交界处。包扎时应先将伤肢抬高，局部垫上敷料或者毛巾等软织物，将止血带适当拉长，绕肢体两周，在外侧打结固定。使用止血带的过程中，应注意力量要足够，同时要标明扎止血带时间，每 30 min ~ 1 h 要放松 1 次，放松时间为 1 ~ 2 min。

三、包扎

包扎的主要目的是简易止血、保护伤口和固定。包扎使用的材料主要有绷带、三角带等，如无上述物品，可以用清洁的毛巾、围巾、衣物替代，包扎时力量以达到止血目的为准。包扎过程中，如发现伤口有骨折端外露，切忌将骨折端还纳，否则可导致深层感染。腹壁伤致肠管外露时，应使用清洁的碗等物扣住外露肠管，达到保护的目的，严禁将流出的肠管还纳。

常用绷带包扎法，用绷带包扎伤口的目的是固定盖在伤口上的纱布，固定骨折或挫伤，并有压迫止血的作用，还可以保护患处。绷带包扎法主要有：环形法、蛇形法、螺旋形法和螺旋反折法。

（1）环形法：此法多用于手腕部、肢体粗细相等的部位。首先将绷带作环形重叠缠绕，第一圈环绕稍作斜状；第二、第三圈作环形，并将第一圈斜出一角压于环形圈内，最后用粘膏将带尾固定，也可将带尾剪成两个头，然后打结。

（2）蛇形法：此法多用于夹板固定。先将绷带按环形法缠绕数圈，按绷带宽度作间隔斜着上缠或下缠。

（3）螺旋形法：此法多用于肢体粗细相同处。先按环形法缠绕数圈，上缠每圈盖住前圈 1/3 或者 2/3 呈螺旋形。

（4）螺旋反折法：此法用于肢体粗细不等处。先按环形法缠绕，待缠到渐粗处，将每圈绷带反折，盖住前圈 1/3 或者 2/3，依此由下而上地缠绕。

四、固定

现场急救中的骨折固定均为临时性的，一般以夹板固定为主，也可以用木板等替代，固定范围必须包括骨折邻近的关节。如现场无上述材料，可以用伤者自身进行固定，上肢骨折，可将伤肢与躯干固定；下肢骨折，可将伤侧肢体与健侧肢体固定。

（1）肱骨骨折固定法：患者手臂呈屈肘状，用两块夹板固定，一块放于上臂内侧，另一块放在外侧，用绷带固定。如只有一块夹板，则夹板放在外侧加以固定，用三角巾悬吊伤肢。

（2）大腿骨折固定法：将伤腿放平，两块夹板放于大腿内、外侧，内侧夹板长度上至腹股沟，下过脚跟；外侧夹板长度上至腋窝下，下过脚跟，用绷带或三角巾缠绕固定。

（3）脊柱骨折固定法：在保持脊柱稳定状况下，应轻巧平稳地移至硬板担架上，用三角巾固定后，及早转运。切勿扶持患者走动或者躺在软担架上，这样会使脊柱骨折加重，对神经造成损伤，引起终身截瘫。

五、搬运

一般来说，伤员是不可以轻易搬动的；先把伤员从事故现场搬开，是急救的大忌。如果危险可能继续发生，确实需要搬动伤员时则要特别注意技巧。

骨折病人在搬动前要确定伤肢不会移动，否则会导致血管和神经在搬动时受到伤害。如果颈椎和腰椎受到冲击，则最好让专业医护人员搬动或者采取多人平托法搬运，因为脊柱中有很多神经，不当搬动有可能造成永久性伤害，甚至瘫痪。对于有脊柱伤或者怀疑有脊柱伤者，搬动必须平稳，防止出现脊柱弯曲，严禁背、抱或者二人抬。对于颈椎受伤者，必须固定其头部。

对于昏迷伤者的转运，最为重要的是保持伤者的呼吸道通畅，伤者应头侧向一侧，要随时观察伤者，一旦出现呕吐，应及时清除呕吐物，防止误吸。

对于使用止血带的伤者，应及时松开止血带，再重新固定。

1. 徒手搬运

（1）单人搬运：由一个人进行搬运。常见的方法有扶持法、抱持法、背负法。

（2）双人搬运：由两个人进行搬运。常见的方法有椅托式托运法、轿杠式托运法、拉车式托运法、平卧式托运法。

2. 器械搬运

将伤员放置在担架上搬运，同时要注意保暖。在没有担架的情况下，也可以就地取材制作简易担架搬运。

3. 危重伤病员的搬运

（1）脊柱损伤：采用硬担架搬运，3～4 人同时搬运，固定颈部不能前屈、后伸、扭曲。

（2）颅脑损伤：采用半卧位或侧卧位搬运。

（3）胸部伤：采用半卧位或坐位搬运。

（4）腹部伤：采用仰卧位搬运，屈曲下肢，宜用担架或木板搬运。

（5）呼吸困难病人：采用坐位搬运，最好用折叠担架（或椅）搬运。

（6）昏迷病人：采用平卧位搬运，头转向一侧或者侧卧。

（7）休克病人：采用平卧位搬运，不用枕头，脚抬高。

六、医疗急救演练

医疗急救演练是提高队伍急救技术水平的重要手段，需要经常性地组织医疗急救专项演练或现场应急处置演练，指挥员应制定科学、有针对性的演练方案。

医疗急救演练方案制定步骤如下：

（1）明确演练的目的。演练必须具有极强的目的性，哪里是弱项就演练哪里。

（2）按照训练大纲的要求确定演练的名称、类型、科目。

（3）确定演练时间与演练工作组织。让演练和日常工作有机地结合起来，减少相互影响，合理安排演练周期。

（4）确定演练准备工作与场景布置。前期准备既是演练成功的保障，也是救援准备的实际演练，凡事预则立不预则废，充分的演练准备会减少意外因素的影响。

（5）制定演练的实施程序。救援行动的科学化是救援成功的保障，制定科学的演练程序是实际救援程序的科学训练。

（6）确定演练的评估与总结工作。评估与总结是提高实际训练效果的有效途径，达到找出差距、吸取经验教训、强化记忆的功效。

（7）组织参演人员对演练方案进行研讨。研讨过程是对方案的完善和补充，也是对方案的培训和贯彻。

（8）按照程序审批、签发演练方案，贯彻培训。

第四节　自救互救与避灾方法

矿井发生事故后，矿山救援队不可能立即到达事故地点进行组织抢救。实践证明，在事故发生初期，井下作业人员如果能够及时采取措施，正确地开展自救互救，可以减小事故危害程度，减少人员伤亡和财产损失。自救就是矿井发生意外灾变事故时，在灾区或者受灾变影响区域的每个工作人员进行避灾和保护自己的方法。而互救则是在有效的自救前提下妥善地救援他人及伤员的方法。自救和互救的成效如何，决定于方法措施的正确性，其具体内容及要求主要包括：熟悉并掌握所在矿井的灾害预防和处理计划，熟悉矿井的避灾路线和安全出口，掌握抢救伤员的基本方法及现场急救的操作技术。

一、常规自救与互救

井下灾害事故发生后，一般都有一个由小到大的发展过程。做好现场抢救工作可能将事故消灭于萌芽之中，具体做法是：

（1）出现事故时，在场人员一定要头脑清醒、沉着、冷静，要尽量了解判断事故发生的地点、性质、灾害程度和可能波及的地点，迅速向矿调度室报告。

（2）在保证人员安全的条件下，利用附近的设备、工具和材料及时处理、消灭事故。当确实无法处理时，应由在场的负责人或有经验的老工人带领，根据灾害地点的实际情况，选择安全路线迅速撤离危险区域。撤离时，不要惊慌失措、大喊大叫、四处乱跑。

（3）当井下发生火灾、瓦斯和煤尘爆炸、煤与瓦斯或二氧化碳突出等灾害时，井下人员应立即佩戴自救器脱险，免于中毒或窒息伤害。

（4）在遇险人员暂时不能撤出灾区的情况下，应该尽快寻找避难硐室待救，遇有受伤人员要在安全的情况下组织现场急救。

二、灾区作业人员正确选择撤退路线

事故发生后，灾区作业人员应根据事故通知信号及事故发生时的特征，判断事故性

质、发生地点，人员的分布位置，考虑巷道断面、坡度、风速及局部障碍等因素的影响，遵循在最短的时间内安全撤退的原则，选择正确的避灾撤退路线。一般来说，位于事故地点进风流中的人员，应逆风流撤出；但遇有转入进风流的贯通巷道时要迅速转入进风流中撤退；处在事故地点回风流中的人员，如确认在不冒生命危险的情况下，逆着风流行走一小段路程即可到达新鲜风流中，则可沿此捷径迅速撤到安全地点。灾区人员撤出路线选择正确与否，决定自救和互救的成败。

三、无法迅速撤离时的避灾措施

在遇险人员无法撤出灾区时，应借助独头巷道、各类硐室和两道风门之间等位置，利用现场的木板、风门、煤块、岩石、泥土、风筒等物资构筑隔离墙或者风障，隔绝有害气体，人员在内避难待救。同时，应注意在隔离墙外留有明显标志，如挂矿灯、衣物、写粉笔字等，并经常有规则地敲击岩石或者管道发出呼救信号，使抢救人员容易发现，便于抢救。

避难人员在硐室内避难时应静卧，不得走动与呼喊，以免消耗体力和氧气。特别要注意减少氧气消耗，延长在硐室内的待救时间。

如果人员距离爆炸源很近无法撤出时，在爆炸瞬间应面向下方就地卧倒，最好将湿毛巾捂在口鼻面部或俯入水沟内以免烧伤，冲击波过后迅速佩戴自救器逃生。

第五节　急救器材的使用及维护

一、自动苏生器简介

自动苏生器是对中毒或窒息的伤员自动进行人工呼吸或者输氧的急救器具。它能连续地把新鲜氧气自动输入被抢救人员的肺内，又能自动将肺内的气体抽除，达到人工呼吸的目的；还可以吸除被抢救人员呼吸道内的分泌物或异物。目前国家（区域）矿山应急救援队常用的 ASZ－30 型自动苏生器如图 14－1 所示。

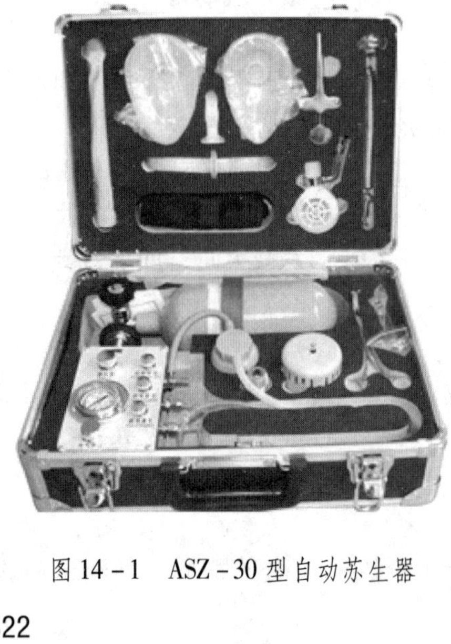

图 14－1　ASZ－30 型自动苏生器

二、操作方法

以 ASZ－30 型自动苏生器为例，说明苏生器的操作方法：

（1）打开氧气瓶开关，如果外接氧气瓶已接好，就打开外接氧气瓶的氧气，将苏生器里面的氧气瓶关闭。

（2）接好自动肺，套好面罩，将自动肺杠杆拉到抽气位置，压在伤员面部，压紧程度以不漏气为准。打开配气阀开关，此时自动肺便自动交替工作充气和抽气。

（3）为防止氧气进入伤员胃内，应用手轻压伤员喉头中部环状软骨，关闭食道。当伤员胸部有明显起伏状态时，说明氧气已进入伤员肺部内，压喉可以停止。

（4）苏生时间较长时，可以用头带将面罩固定。

（5）注意观察外接氧气瓶中的压力，当压力接近 1 MPa 时就打开仪器里面的氧气瓶供氧，更换外接氧气瓶。如果苏生时间较长，可更换成 40 L 大氧气瓶，氧气量一般应调在 80%，一氧化碳中毒的伤员应调在 100%。

（6）苏生中如自动肺杠杆突然动作过快，此时可用食指和中指轻轻托起伤员下颌，使呼吸道畅通。如仍无效，则说明伤员呼吸道内有痰（或堵塞物），应立即取下面罩，进行抽痰，抽完痰后继续苏生。如伤员出现呕吐时，应及时清除呕吐物；如伤员发生严重痉挛时，必须及时对其进行处置（防止伤员咬伤舌头或者损伤其他器官），待不影响人工呼吸时，再恢复苏生工作。

（7）如遇有 2 名伤员时，则重伤员使用自动肺，轻伤员使用自主呼吸供氧并配合人工呼吸。

（8）如属于一氧化碳中毒的伤员，要用自主呼吸阀进行输氧，氧气调节环必须调在 100% 的供氧位置。属于腐蚀性气体中毒的伤员，不准使用自动肺强行进行人工呼吸，只能使用自主呼吸阀供氧。

（9）经过自动肺苏生后有了自主呼吸能力的伤员，应立即将口咽中的口咽导气管取出，改用自主呼吸阀供氧。

三、维护保养

（1）仪器使用后，必须彻底清洗和消毒，用完的空氧气瓶要充好氧气。

（2）要避免阳光直射，以防胶质件老化，日常保存室温不超过 30 ℃。

（3）苏生器要有专人负责和保管，确保处于良好状态。

第十五章　矿山安全生产技术

本章主要讲述了矿山地质、矿图等基础知识，以及矿山开采、巷道掘进与支护、爆破、粉尘防治、机电安全、通风安全、尾矿库安全等技术知识。通过这些知识的学习，使矿山救援指挥员对矿山事故的成因、矿山生产与矿山灾害事故的关系有一个基本认识，为搞好抢险救援工作奠定坚实的基础。

第一节　矿山地质基础知识

一、矿物

矿物是指在各种地质作用中产生和发展着的，在一定地质和物理化学条件下处于相对稳定的自然元素的单质和它们的化合物。矿物具有相对稳定的化学组成，呈固态者还具有确定的内部结构，它是组成岩石和矿石的基本单元。

二、岩石

（一）岩石及其物理力学性质

岩石是在各种地质作用下，由一种或者多种矿物有规律地组合成的矿物集合体。岩石的物理力学性质表现在变形特性、强度特征、破坏形式三个方面。

（二）煤层的顶底板岩石

在煤的形成过程中，煤层上下同时形成许多岩层。根据顶底板岩层相对于煤层的位置和垮落性能、强度等特征的不同，可以分为以下类型：

（1）顶板岩石。从采煤工作的角度，根据顶板岩层变形和垮塌的难易程度，可将煤层的顶板岩层分为伪顶、直接顶、基本顶 3 种。

伪顶：位于煤层之上，随采随落的极不稳定岩层。其厚度一般在 0.5 m 以下，多由页岩、炭质页岩组成，不易支护。

直接顶：位于煤层或者伪顶之上，具有一定的稳定性，移架或者回柱后能自行垮落的岩层。其厚度一般为 1 ~2 m，多由页岩、泥岩、粉砂岩及少量的石灰岩组成。但某些砂岩、石灰岩的直接顶还需人工强制放顶。

基本顶：位于直接顶或煤层之上，厚度及岩石强度较大难以垮落的岩层。基本顶一般只发生缓慢下沉，在采空区上方悬露一段时间，达到相当面积之后才垮落一次。岩性多为砂岩和石灰岩。

（2）底板岩石。煤层的底板岩石可分为直接底及基本底两种。

直接底：位于煤层之下硬度较低的岩层。厚度一般为几十厘米至几米。直接底通常为泥岩、页岩或黏土岩。如果直接底的岩性是遇水后膨胀的黏土岩，可造成巷道底鼓与支架插底，轻者影响巷道运输与工作面支护，重者可使巷道遭受严重破坏。

基本底：位于直接底或者煤层之下的较硬岩层，常为厚层砂岩、石灰岩等。

三、地质构造

沉积岩层和煤层在形成时，一般都是水平或者近水平的，在一定范围内是连续完整的。但后来由于受到地壳运动的影响，使岩层失去了连续性和完整性，其形态和产状发生了变化。这种由地壳运动引起的岩层变形和变位的结果叫作构造变动，构造变动按其表现形式，主要分为褶皱和断裂两类。这种由地壳运动造成岩层空间形态的变化，称为地质构造。

（一）褶皱和断裂

1. 褶皱构造

褶皱构造是指组成地壳的岩层受构造力的强烈作用，使岩层形成一系列弯曲且未丧失连续性的构造。岩石受力发生的弯曲称为褶皱。

褶皱构造的基本单位叫作褶曲。褶曲就是岩层的一个弯曲。

（1）褶曲的基本形态：一般把褶曲的基本形态分成背斜和向斜两种。

（2）褶曲的要素：核部、翼部、轴面、轴线、枢纽。

（3）褶曲的分类：根据褶曲轴面的产状，分为直立褶曲、倾斜褶曲和倒转褶曲。

2. 断裂构造

岩层在外力或内力作用下，产生了机械破坏，使岩体丧失连续性和完整性，不论发生位移与否，都认为岩层产生了断裂。断裂后，两侧岩层若没有发生显著位移，称为裂隙或节理；若发生了显著位移则称为断层。

（1）裂隙。裂隙按成因可分为原生裂隙、风化裂隙和构造裂隙。根据裂隙的产状和岩层的产状关系，可分为走向裂隙、倾向裂隙和斜交裂隙。

（2）断层。岩层沿断裂面发生显著位移的断裂构造称为断层。为了描述断层的性质、位置和空间形态，给断层的各个部位以一定的名称，这些断层的基本组成部分叫作断层要素。根据断层上下盘相对移动的方向，可分为正断层、逆断层和平推断层。根据断层面的倾角，又把逆断层分为冲断层（断层面倾角大于45°）、逆掩断层（断层面倾角为45° ~ 25°）和辗掩断层（断层面倾角在25°以下）。根据断层走向与岩层走向的关系，断层又分为走向断层、斜交断层。断裂构造发育的地区，经常是许多断层以某种组合形式出现，其中有地堑和地垒、叠瓦状构造、阶梯状构造。

（二）煤（岩）层的产状要素

为了说明倾斜煤（岩）层的空间形态，常用产状要素来表示，即煤（岩）层的走向、倾向及倾角。煤（岩）层的产状要素如图15 - 1所示。

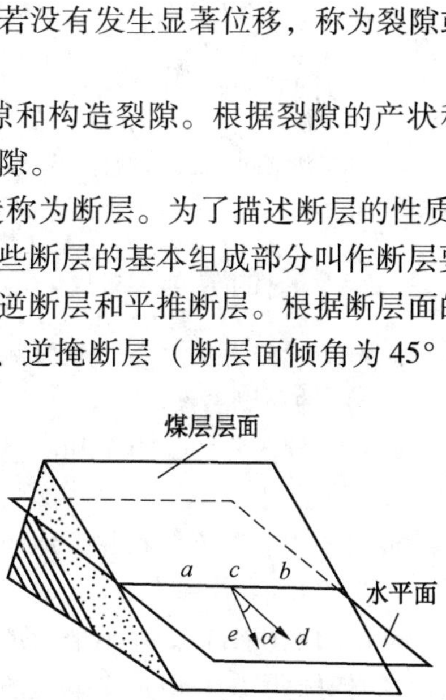

α—倾角；ab—走向线；cd—倾向线；ce—倾斜线

图15 - 1　煤（岩）层的产状要素

（1）走向：煤层层面与水平面的交线称为走向

线，走向线两端所指的方向就是走向。

（2）倾向：在煤层层面上与走向线垂直的线称为倾斜线，倾斜线的水平投影所指的方向称为倾向。

（3）倾角：煤层层面与水平面所夹的最大锐角称为倾角。倾角的大小反映煤层的倾斜程度。

煤层倾角在0°~90°之间变化，煤层倾角越大，开采难度越大。

（三）地质构造对安全生产的影响

（1）瓦斯矿井中，在断层带附近及褶曲核部，易积聚大量瓦斯，有可能发生煤与瓦斯突出事故。

（2）在褶曲核部和断层带附近，一般岩石比较破碎，顶板控制不善，容易造成冒顶事故。

（3）断层带和裂隙发育地段是地下水的良好通道，当采掘工作至此时，会使矿井涌水量增加或发生突水事故。

（4）地质条件复杂的地段，工作面布置往往不正规，需要多掘巷道，造成无效进尺，使掘进率比正常情况显著增大。

（5）采煤工作面出现断层，会给回采工作造成困难，影响正规循环作业，甚至使生产中断。尤其是断层的大量出现，还会影响煤层的开采价值，损失国家资源和增加煤炭开采成本。

第二节　矿图基础知识

一、矿图的概念

矿井在地质勘探、设计、建设、生产过程中需要绘制和应用一系列图纸，这些图纸统称为矿图。

二、矿图的分类

矿图一般分为三大类：地质测量图、设计工程图和生产管理图。

（一）地质测量图

地质测量图分为地质图和测量图。

1. 地质图

根据地质勘查资料和井下地质编录资料经分析推断绘制的主要反映矿井地质情况的图纸，称为矿井地质图。

常用的地质图有：井田地形地质图、煤层底板等高线图、各种地质剖面图、各种柱状图、煤岩对比图、井田水文地质图和资源储量计算图等。

2. 测量图

根据地面及井下实际测量的资料绘制而成的图纸，称为测量图。测量图随矿井采掘情况的变化而逐步测量并添绘。

常用的测量图有：井田区域地形图、工业场地平面图、采掘工程图、水平主要巷道平面图、井上下对照图和主要保护煤柱图等。

（二）设计工程图

由设计部门设计并绘制的一系列图纸，称为设计工程图。

煤矿设计包括矿井初步设计、矿井改扩建设计、矿井水平延深设计、采区设计和单项工程设计等。每类设计须绘制相应的图纸用以说明设计方案和设计内容。

（三）生产管理图

用于指导矿井日常生产工作的主要图纸称为生产管理图，如采掘工程平面图、采掘计划图和各类安全、生产系统图。

《煤矿安全规程》相关规定如下：

（1）井工煤矿必须按规定填绘反映实际情况的下列图纸：

① 矿井地质图和水文地质图。

② 井上、下对照图。

③ 巷道布置图。

④ 采掘工程平面图。

⑤ 通风系统图。

⑥ 井下运输系统图。

⑦ 安全监控布置图和断电控制图、人员位置监测系统图。

⑧ 压风、排水、防尘、防火注浆、抽采瓦斯等管路系统图。

⑨ 井下通信系统图。

⑩ 井上、下配电系统图和井下电气设备布置图。

⑪ 井下避灾路线图。

（2）露天煤矿必须按规定填绘反映实际情况的下列图纸：

① 地形地质图。

② 工程地质平面图、断面图。

③ 综合水文地质图。

④ 采剥、排土工程平面图和运输系统图。

⑤ 供配电系统图。

⑥ 通信系统图。

⑦ 防排水系统图。

⑧ 边坡监测系统平面图。

⑨ 井工采空区与露天矿平面对照图。

三、矿图的作用

在矿山生产过程中，人们要借助矿图系统地了解矿山及井上下自然条件及其变化情况，掌握采掘、采剥作业的进展情况，及时解决地质勘探、采矿设计、生产管理和安全管理等一系列实际问题。矿图的作用如下：

（1）矿图可用于确定矿山、井田边界，选择开拓、开采方案，划分开采水平，布置采区和采掘工作面等。

（2）矿图可作为预留地表及井下重要建筑物和其他安全煤柱的重要依据，为保护建筑物和防止水灾、火灾等事故的发生创造有利条件。

（3）根据矿图可以了解矿山地质构造，煤（岩）层的产状变化，瓦斯含量、涌出量及煤和瓦斯涌出的分布规律，且经过分析可以进行地质构造和瓦斯预测、预报，可以指导采掘、采剥作业进展情况，有利于安全生产。

（4）矿图中标明有煤（岩）的风化带、变薄带、火成岩侵入带，井下火区、水淹区、老空区等，为矿山安全生产管理提供重要依据。

（5）在矿山事故应急救援过程中，矿图对了解发生事故区域的方位、判断被困人员的位置、规划救援人员的行进路线，以及确定救援设备安设地点等方面具有重要的参考作用。

四、矿图的特点

矿图是反映矿山及井田的边界、规模、矿产类型、储量、采掘工程等资料的图纸，是矿山企业最重要的技术资料，是矿山企业安全生产必不可少的基础图件。

以井工煤矿为例，矿图与其他图纸相比较，具有以下几个特点：

（1）矿图的内容要随着采矿工程的进展逐渐增加、补充、修改。

（2）矿图的测绘区域根据矿层分布和掘进巷道部署情况而定，常常是分水平测绘。

（3）矿图反映的是井下巷道复杂的空间关系，以及矿体和围岩产状与各种地质破坏，测绘内容多，读图较困难。

（4）采用实测与编绘的方法，以实测资料为基础，再辅以地质、水文、采掘等方面的技术资料绘制而成。

五、矿山救援队指挥员应掌握的识图内容及方法

（一）识图的基础内容

（1）首先阅读图名和比例尺，根据图名就能知道该图的用途。矿图一般是缩小的，故图中的比例尺（又叫缩尺）常用分数或比例式表示，例如：1/500、1/1000 或 1：500、1：1000 等。

（2）识别图的坐标和方向。在矿图中通常采用平面直角坐标系，它是由两条互相垂直的直线组成的方格网。煤矿用的方格网大多为 10 cm × 10 cm，一般纵坐标表示南北方向（X 轴），横坐标表示东西方向（Y 轴）。在图纸上通常画有指北针，如图 15 - 2 所示，方格的实地长度是 100 m。

图纸上任何一点 A 的位置，可由该点到坐标轴的垂直距离来确定，即该点的坐标（X_a，Y_a），如图 15 - 2 中的位置为：

$$X_a = 1700 + Aa_1 = 1700 + 80 = 1780\ \text{m}$$

$$Y_a = 2300 + Aa_1 = 2300 + 50 = 2350\ \text{m}$$

由坐标指北方向起，顺时针方向旋转量到某直线的夹角，称为该直线坐标方位角。方位角可以从 0°到 360°。由于直线是有方向的，所以两个点构成直线，因起止点的不同，

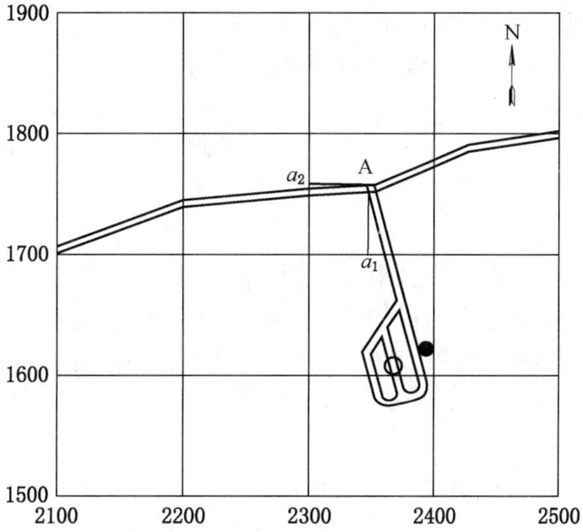

图 15-2　正方格网

其方位角也不相同，且相差 180°。

（3）等高线的识读。同一等高线上的各点标高相同，等高线上所标数值为正值（+）时，数值越大标高越高；为负值（-）时，数值越大标高越低。等高线的距离越近，则表示地形或煤层倾角越大；等高线距离越远，则表示地形或煤层倾角越小。等高线呈曲线说明地形或煤层有起伏与褶皱现象，波折越多起伏越多，波折越大起伏越大。

（4）地质构造、地面建筑物、河流等可依据图纸的各种图例符号加以识别。

（二）采掘工程平面图识图及方法

1. 采掘工程平面图的基本概念

采掘工程平面图是反映煤层内巷道布置、工程进度和回采情况，以及煤层、地质情况的图纸。采掘工程平面图是将开采煤层或开采分层内的实测地质情况和采掘工程情况，采用正投影的原理投影到水平面上，按一定比例绘制的图件。

2. 采掘工程平面图的内容

（1）地面建筑物、河流、湖泊、铁路、主要井巷及其保护煤柱的边界、井田技术边界和井田隔离煤柱边界。

（2）地面近井点、井下导线点和水准点。

（3）水平主要巷道及硐室，以及特征点的高程。

（4）沿煤层掘进的全部巷道和回采工作面，以及巷道的掘进日期，斜巷的倾角，煤层的产状要素、回采年月。

（5）断层和煤层的交面线。

（6）穿过本煤层的钻孔、煤层露头线及其产状。

（7）岩浆侵入体在煤层中的边界及范围。

（8）发火区的边界与永久性防火密闭。

（9）瓦斯突出地点，以及突出时间和强度。

（10）水淹地区、透水地点及永久性水闸门或隔水墙。

（11）煤层尖灭地区。

（12）丢煤地区。

（13）剖面线。

3. 识读各种巷道的方法

矿井巷道由各类井巷组成，有水平的、倾斜的，也有竖直的，有煤层的顶板岩巷、底板岩巷，还有平穿顶底板及煤层的石门等。这些巷道分布在不同的位置上，组成了一个纵横交错的巷道网。识读采掘工程平面图，应具备判读巷道在空间的形态、位置及其相互关系的基本知识。

1）识读看图步骤及要点

（1）看标题栏、图名、比例尺、编制日期。

（2）看图例，检查坐标方格网，找到指北标志。

（3）看煤层的走向和倾向。

（4）根据煤层等高线和地质构造符号，看煤层的产状、构造。

（5）找到进风口和风井出风口，从井口到井底车场找出主要石门、水平运输大巷、主要上下山、人行道、开拓方式、采煤方法、采区巷道布置、运输和通风系统等。

（6）识读全矿井、采区或采煤工作面巷道布置。

（7）掌握采掘情况。

（8）将平面图和剖面图结合起来识读。

2）竖直、倾斜和水平巷道的判读

立井、暗（立）井等属于竖直巷道，在平面图左边标注井口及井底的高程，箭头向里表示进风井，向外表示出风井。两高程之差即为井深。

在平面图上，要注意区别钻孔和立井的符号。在采掘工程平面图上，立井与巷道是联系的，而钻孔一般是孤立的。

斜井、暗斜井、上（下）山等均属于倾斜巷道，其特点是倾角较大；平硐、石门、运输大巷、回风大巷、区段运输巷、区段回风巷，顺槽等属于水平巷道（并非绝对水平，坡度一般为3‰~5‰）。

在采掘工程平面图上判断各种巷道倾斜与否，除了看巷道的符号和名称外，主要根据巷道底板的高程确定。如某采掘工程平面图注明了巷道名称，可知上山为斜巷，顺槽及运输平巷为平巷；若未注明巷道名称，但根据巷道底板高程的变化关系，同样可以判断是平巷还是斜巷。

3）相交、相错和重叠巷道的判读

巷道在空间中有相交、相错或重叠等3种位置关系。

相交巷道是指两条方向不同的巷道相交于同一平面图上，两相交巷道交点处的高程应相等。

相错巷道是指两条方向与高程均不同的巷道在空间中相错。在平面图上表示两条巷道相交，但交点处高程不等。

重叠巷道是指两条高程不同的巷道位于同一竖直面内。在平面图上表示为两条巷道重叠在一起，但高程相差较大。

4）煤巷和岩巷的判读

煤巷是指在煤层内开掘的巷道，如上（下）山、顺槽、开切眼等。岩巷是指在煤层顶、底板岩层内开掘的巷道，多属于主要巷道，如立井、斜井、平硐、石门、水平运输大巷等。在采掘工程平面图上，除了根据名称来识别岩巷或煤巷外，主要依据巷道高程和煤层底板高程的关系来判断。在同一点上，若巷道高程与煤层底板高程大致相同，则为煤巷；若巷道高程与煤层底板高程相差较大（高差大于煤厚时），则为岩巷。

（三）其他矿图识图及方法

1. 矿井通风系统图

矿井通风系统图是表示矿井通风网络、通风设备设施、风流方向和风量等参数的图件。

1）分类

（1）矿井通风系统平面示意图。

（2）矿井通风系统工程平面图。

（3）矿井通风系统立体示意图。

2）主要内容

（1）矿井进风井、回风井数目及布置方式。

（2）矿井通风网络结构。

（3）矿井通风设备型号、台数、主要技术参数、安装位置。

（4）矿井通风网络新鲜风流、污浊风流的方向、路线。

（5）各巷道、硐室、采煤工作面、掘进工作面名称及通过风量。

（6）矿井通风设施及其位置。

3）识读内容

（1）识读矿井开拓开采巷道布置及采掘情况。

（2）识读矿井通风方式、通风方法，采掘工作面、硐室通风系统。

（3）识读矿井总风量及各用风地点的风量；主要通风机、局部通风机设置位置及有关技术参数。

（4）识读矿井通风设施种类、数量及位置。

2. 矿井安全监测系统图

矿井安全监测系统是利用现代传感技术、信息传输技术、计算机信息处理控制技术对煤矿井下瓦斯等环境参数进行实时采集、分析、存储和超限控制的装置。

矿井安全监测系统图是表示矿井安全监测系统井下信息传输电缆、分站及各种传感器布置和有关技术参数的图件。

矿井安全监测系统图的识图用途如下：

（1）分析矿井井下监测系统信号传输电缆、井下分站、传感器布置的合理性，发现问题及时处理。

（2）指导矿井日常瓦斯等参数的监测工作，如随着工作面的推进，调整传感器及分站位置、数量等。

（3）了解井下作业场所瓦斯等有害气体浓度，分析其涌出量及规律，掌握矿井瓦斯等有害气体的涌出情况，制定有效的防治瓦斯等有害气体措施。

（4）评价矿井抗灾能力强弱及现代化管理水平高低。

（5）用于矿井瓦斯管理。

3. 井下避灾路线图

井下避灾路线图是表示矿井发生灾害时，井下人员安全撤离灾区至地面的路线图纸，是矿井安全生产必备图纸。

1）主要内容

（1）矿井安全出口位置。

（2）矿井通风网络进风风流、回风风流的方向、路线。

（3）井下发生瓦斯、煤尘爆炸，煤与瓦斯突出，矿井火灾时的井下避灾路线。

（4）井下发生水灾时的避灾路线。

（5）矿井巷道名称。

2）分类及用途

（1）分类：井下避灾路线工程平面图、井下避灾路线示意图、井下避灾路线立体示意图。

（2）用途：①用于井下职工安全基本知识培训，使职工熟悉井下避灾路线，具备一定的防灾抗灾能力；②部署、指导和实施矿井救灾演习工作；③矿井一旦发生灾害，井下灾区工作人员可以根据事故性质、所处位置，按照井下避灾路线图规定的路线，安全且迅速地撤离至地面，避免或减少人员伤亡；④井下发生灾害后，井下避灾路线图是制定和实施井下被困人员营救方案的重要依据之一。

第三节　矿山开采技术

矿山开采是指用人工或机械对有利用价值的天然矿物资源的开采。根据矿床埋藏深度的不同和技术经济合理性的要求，矿山开采分为井工开采和露天开采两种方式。矿物资源埋藏较深的采用井工开采，接近地表和埋藏较浅的采用露天开采。

一、井工开采

由于矿体埋藏较深，要将矿物采出来必须开凿由地表通往矿体的巷道，如立井、斜井、斜巷、平巷、平硐等。矿井基本建设的重点就是开凿这些井巷工程。矿井开拓方式按井筒（硐）形式不同可分为立井开拓、斜井开拓、平硐开拓和综合开拓。

（一）立井开拓

主井、副井均为立井的开拓方式，称为立井开拓。立井开拓的适应性强，一般不受煤层倾角、厚度、瓦斯、水文等自然条件的限制；立井井筒短，提升速度快，提升能力大，作副井特别有利；对井型特大的矿井，可采用大断面井筒，装备两套提升设备；大断面可满足大风量的要求；由于井筒短，通风阻力较小，对深井更有利。对于煤层埋藏较深，表土层厚，水文情况复杂，需要特殊施工方法或者开采近水平煤层和多水平开采急倾斜煤层的矿井，一般采用立井开拓。

（二）斜井开拓

主井、副井均为斜井的开拓方式称为斜井开拓。

根据井田及阶段划分方式不同，可以组合成各种斜井开拓方式，如斜井单水平分区式、斜井单水平分带式、斜井多水平分区式和斜井多水平分段式等。

斜井开拓井筒施工工艺、施工设备和工序比较简单，掘进速度快，井筒施工单价低，初期投资少；地面建筑、井筒设备、井底车场及硐室都比立井简单，井筒延深施工方便，对生产干扰少，不易受地下含水层的威胁；主提升带式输送机有很大的提升能力，可满足特大型矿井主提升的需要；斜井井筒可作为安全出口，一旦发生透水事故人员可迅速撤离。

（三）平硐开拓

由地表掘进直接通到矿体的水平巷道称为平硐，以平硐作为主要开拓巷道的开拓方式称为平硐开拓。

根据平硐与煤层的相对位置和用作运煤的平硐水平及数量不同，平硐开拓方式分为以下 3 种形式：

（1）走向平硐：平硐与煤层走向平行。

（2）垂直走向平硐：平硐与煤层走向垂直或斜交。

（3）阶梯平硐：有两个或两个以上平硐开采水平。

（四）综合开拓

在复杂的地形、地质及开采技术条件下，有时采用单一的井筒形式开拓在技术上是有困难的，在经济上是不合理的。各种开拓方式的开采形式各有其优点，若将两种开拓方式的主要优点结合起来，就形成了综合开拓。综合开拓是指立井、斜井、平硐等任何两种或两种以上的开拓方式的组合。综合开拓更适用于大型矿井开采。

井工煤矿的生产系统主要有采煤系统、运煤系统、运料及排矸系统、通风系统、供电系统、排水系统和安全监控系统等。

二、露天开采

露天开采是采用采剥设备在敞露的条件下，以山坡露天或凹陷露天的方式，一个阶段、一个阶段地向下剥离岩石和采出有用矿物的一种采矿方法。露天开采与井工开采相比有很多优点，如建设速度快、劳动生产率高、成本低、劳动条件好、作业相对安全、矿物回收率高、贫化损失小等。尤其是随着大型高效露天采矿及运输设备的发展，露天开采将得到更加广泛的应用。

露天开采时先将覆盖在矿体上面的土岩剥离，自上而下把矿体分为若干梯段，直接在露天进行采矿。露天开采要遵循“采剥并举，剥离先行”的原则组织生产。露天矿开采工艺主要包括钻孔、爆破、采装与运输、排土。这几项工作完成好坏及它们之间的配合程度，是露天采矿的关键。

1. 钻孔

在露天开采过程中，硬岩平台必须进行爆破使其松碎，故按设计要求采用钻孔机械打出炮孔，装药爆破后使其破碎成一定规格的块度，以便采装。钻孔方法主要包括热力破碎钻孔和机械破碎钻孔 2 种方法。钻孔设备主要有火钻、钢绳式冲击钻、潜孔钻、牙轮钻、凿岩台车。目前主要应用的设备有牙轮钻、潜孔钻、凿岩台车。

2. 爆破

爆破是露天煤矿开采的重要工艺环节，通过爆破作业，将整体矿岩进行破碎及松动，形成一定形状的爆堆，为后续采装作业提供工作条件。露天煤矿钻孔、爆破作业必须编制钻孔、爆破设计及安全技术措施，并经矿总工程师批准。钻孔、爆破作业必须按设计进行。爆破前应当绘制爆破警戒范围图，并实地标出警戒点的位置。

3. 采装与运输

采装与运输是密不可分的，两者相互影响、相互制约。目前采装与运输工艺的发展趋势主要体现在采装与运输设备的大型化，采装与运输环节的一体化、连续化和自动化。

4. 排土

排土是将剥离下来的土岩运输到排土场进行排弃。目前，露天矿山排土技术发展趋势为：采用高效率的排土工艺与排土设备，提高排土能力；提高堆置高度；适时进行排土场复垦。

第四节　巷道掘进与支护技术

一、巷道掘进技术

在煤（岩）体中，采用一定的手段把煤（岩）破碎下来，形成地下空间，接着对这个空间进行支护的工作，叫作巷道掘进。掘进的主要工序有破岩、装岩、运输和支护，辅助工序有排水、掘砌水沟、通风、铺轨和测量等。

（一）破岩技术

在巷道掘进中，破碎岩石是一项主要工序。破碎岩石常用的方法有钻孔爆破破岩法和综合机械化破岩法。

1. 钻孔爆破破岩法

钻孔爆破破岩法（以下简称钻爆法），在采用钻爆法掘进巷道时，施工工艺参数往往是以钻爆工序为主配合其他工序确定的。钻孔爆破技术主要包括岩巷光面爆破技术、毫秒爆破技术、断裂控制爆破技术等。

在钻孔爆破作业时，应根据爆破说明书进行工作面炮眼布置。编制爆破说明书和爆破图表时，应根据岩石性质、地质条件、设备能力和施工队伍的技术水平等，合理选择爆破参数，尽量采用先进的爆破技术。

2. 综合机械化破岩法

综合机械化破岩法（以下简称综掘法），综掘法是近年来迅速发展起来的一种先进的巷道掘进技术，其关键设备是综合掘进机，主要以悬臂掘进机和刀盘掘进机为主。综合掘进机是集切割、装载及转运降尘等功能于一体的大型高效联合作业机械设备，综合掘进机用于巷道掘进施工，可以连续掘进，实现破、装、运一体化，减少掘进工序。综合掘进机具有掘进速度快、效率高、巷道成型规整、岩体免遭爆破震动、煤巷煤岩巷快速掘进的特点。

（二）装岩与运输

巷道装岩有人工装岩和机械装岩，运输机械有刮板输送机、带式输送机和电机车等。

（三）巷道支护技术

支护的作用在于改善围岩稳定状况和控制围岩运动发展速度，以维护安全的工作空间。支护方式的选择，取决于巷道用途、服务年限和围岩的稳定状况等。对受采动影响小的巷道，可采用沉缩量小的刚性支护，如井下运输大巷、井底车场等一些开拓巷道；对受采动影响较大的不稳定巷道，可采用可缩性支护，如准备巷道和回采巷道。

1. 拱形砌碹支护

拱形砌碹支护是以料石、砌块为主要材料，以水泥沙浆胶结或者以混凝土现场浇灌而成的连续整体式支护。石材及混凝土支架一般为拱形，由基础、墙和拱顶三部分组成。

拱形砌碹支护适用于服务年限长或者断面尺寸较大的开拓巷道和硐室，或者用于围岩很破碎、顶板不稳定、有大面积淋水的地段。

2. 金属支架支护

金属支架一般分为U型钢拱形可缩性支架和矿用工字钢支架。

（1）U型钢拱形可缩性支架是国内外使用最广泛的一种架型，一般由拱形顶梁、棚腿和连接件组成。根据巷道断面尺寸、主要来压方向及围岩移近量大小的不同，可采用节数不同的结构形式，一般为3～5节。拱形支架断面参数对支架承载能力有一定的影响。多铰摩擦U型钢拱形可缩性支架是一种屈腿拱形支架，将多铰支架与U型钢拱形可缩性支架合成一体，兼具两者的优点。多铰结构能适当调整支架断面形状以适应围岩不均匀荷载和变形，使支架受力均匀；铰结构本身还能减小支架弯矩，提高支架承载能力。同时铰结构靠近型钢可缩接头，使型钢搭接位置处弯矩减小、轴力增大，改善支架的可缩性能。

（2）矿用工字钢支架。矿用工字钢支架支护体系中的缩量包括柱腿插入底板量、架后破碎矸石压缩、接榫处木垫压缩和支架本身的挠曲变形等。由于可缩量很小，矿用工字钢支架只能在围岩比较稳定、变形较小、压力不大的巷道中使用。梯形刚性支架是使用最多的一种架型，有一梁二柱和加设中柱两种基本形式，梁、腿之间有接榫结构，柱腿下部焊有底座。

3. 锚杆支护

锚杆支护是把围岩锚固起来，形成支架与围岩共同作用的受力整体，从而减小围岩变形，防止围岩冒落。在层状岩层中，锚杆可将薄层的岩层锚固在一起形成组合梁，锚杆还可以把松软围岩牢固悬吊在坚固稳定的岩层上；在非层状岩层中，锚杆可将巷道周围的岩块彼此拉紧使其形成一个拱。

锚杆支护的优点是：坚固、耐用，安全可靠，巷道维护量少；施工工艺简单，劳动强度低；可紧跟掘进工作面，便于组织掘进支护平行作业和一次成巷；占用施工净空间少，节省材料，费用低。锚杆支护的缺点是：人工打顶板眼困难；单纯的锚杆支护不能封闭围岩表面，不能防止围岩风化和脱落，最好和其他支护方式联合使用。

4. 锚网支护

锚网支护是将金属网用托板固定或者绑扎在锚杆上所形成的支护形式。金属网用来维护锚杆间的围岩防止小块松散岩石掉落，也可以用作喷射混凝土的配筋。

5. 锚喷支护

在巷道掘进后，向围岩钻孔，并在孔内插入锚杆对围岩进行人工加固，利用围岩本身的支撑能力以达到维护巷道的目的。为防止围岩风化或者破碎，可以在锚固以后再喷射混凝土（或喷水泥沙浆），这样可以增强支护效果。

锚喷支护的优点是施工速度快、机械化程度高、成本低、节省材料等。

6. 锚网喷联合支护

锚网喷联合支护是取锚杆支护和喷射混凝土支护二者的优点，在喷射混凝土之前敷设金属网，喷射后形成钢筋混凝土层，提高了喷层的整体性，改善了喷层的抗拉性能，这就形成了锚网喷联合支护，可以有效地支护松散破碎的软弱岩层。

锚网喷联合支护是一种先进的支护方式。其优点是当围岩不稳定时，该支护方式具有工艺简单、机械化程度高、施工速度快、巷道掘进工程量小、支护材料消耗少、成本低等优点。

7. 组合锚杆支护

组合锚杆支护是以锚杆为主要构件并辅以其他支护构件而组成的锚杆支护系统。组合锚杆支护是近年来发展起来的新型锚杆支护形式，一般用于煤巷支护，其类型主要有锚梁（带）网支护和锚杆桁架支护等。

二、盾构机在煤矿巷道掘进与支护中的应用

盾构掘进技术在隧道、地铁等领域的应用十分广泛，具有掘进速度快、机械化程度高、劳动强度低等优势，是一种比较先进的施工技术。目前，国外一些煤矿将盾构掘进技术应用于煤矿井下巷道掘进，并取得了良好的技术效果。我国很多煤矿也开始尝试盾构掘进技术在煤矿中的应用，并取得一定的实践经验。

盾构施工法与传统的钻爆施工相比，在破、装、运、支等关键工序均有明显优势，因此掘进效率高。盾构施工法施工工序如下。

1. 破、装、运工序

盾构施工法采用机械式破岩掘进，破岩采用带有滚刀的刀盘挤压岩石剥落成小块岩石，装岩、运岩通过刀盘铲刀将岩石碎块带到刀盘后方刮板输送机，然后通过盾构机自带一运带式输送机、二运带式输送机转载；与钻爆施工法相比，盾构施工法机械化程度高，破岩速度快，装岩、运岩可以实现连续、高效操作。

2. 支护工序

巷道掘进支护分为临时支护和永久支护。盾构施工法采用机器前头的护盾进行临时支护，安全、高效、方便；永久支护利用设备自身的风动钻机或液压钻机进行锚杆锚索的打孔、安装，省时、省力，施工质量高、劳动强度低等，同时部分永久支护可滞后于掘进平行作业，缩短了永久支护时间。

3. 盾构机掘进施工的优缺点

盾构机掘进施工的优点如下：

（1）掘进速度快，施工效率高。

（2）机械化水平高，劳动强度低。

（3）施工环境好，工作效率高。

（4）围岩扰动小、巷道断面好，有利于支护。

（5）安全性高。

盾构机掘进施工的缺点如下：

（1）临时支护护盾具有一定的适应性，围岩破碎时支护受影响。

（2）转向性能较差，对岩层起伏适应有限。

（3）对巷道围岩硬度有要求，有一定的适应条件。

（4）没有排水设备，影响下山施工。

（5）前期准备复杂，对准备硐室、安装技术、安装时间要求较高，前期投入较大。

由于煤矿的特殊性，盾构施工法在井下大断面岩巷中的应用还处在起步阶段，对地质条件变化的适应性仍需提高。煤矿井下大断面岩巷掘进在提升掘进设备的前提下，需要突破顶板安全和围岩控制技术，加强设备维修维护力量，实现主要工序的全机械化和连续性，实现各个部分协同集成作业。

第五节 矿山爆破安全技术

矿山爆破是指在矿山的岩石、矿石或者煤炭中装进炸药，利用炸药的爆炸威力把岩石、矿石或者煤炭破碎成一定的块度，为随后的采、装、运创造条件。

一、矿山爆破常用爆炸物品

矿山用炸药有硝铵类炸药、水胶炸药、硝化甘油炸药和乳化油炸药等。我国矿山广泛使用的炸药有硝铵类炸药，包括铵梯炸药、铵油炸药、铵松蜡炸药和含水硝铵类炸药等。

常用的起爆器材有雷管（火雷管、电雷管）、导爆索、导爆管、导火索等。根据使用的起爆器材种类不同，起爆方法有火雷管起爆法、电雷管起爆法、导爆索起爆法、导爆管起爆法和联合起爆法等。煤矿井下必须使用矿用防爆型（矿用增安型除外）发爆器起爆电雷管和炸药。为了保证爆破作业安全可靠，防止拒爆，一般在较大规模爆破时使用联合起爆法起爆，同时敷设两种起爆网路。

在有瓦斯、煤尘爆炸危险的煤矿井下必须使用经主管部门批准，符合《煤矿安全规程》规定的煤矿许用炸药和煤矿许用电雷管。

二、爆破作业的主要安全要求

（1）各种爆破作业必须使用符合国家标准或者行业标准的爆炸物品，不准使用擅自制造的炸药。

（2）进行爆破工作的群采矿山、矿点，必须设爆破工作负责人、爆破工和爆炸物品保管员。这些人员应了解所使用的爆炸物品的性能、爆破技术和有关的安全知识。

（3）凡从事爆破作业的人员，都必须经过培训，考试合格并持证上岗。

（4）矿山进行浅孔爆破时，应有爆破说明书。其内容包括装药量、装药结构、充填长度、起爆方法等。

（5）爆破作业地点有以下情况之一时，禁止进行爆破作业：有冒顶或者边坡滑落危险；通路不安全或者通路阻塞；进行中深孔、深孔爆破时，爆破参数或者施工质量不符合设计要求；工作面有涌水危险或者炮眼温度异常；危险边界上未设警戒；光线不足或者无照明。

（6）进行爆炸物品的加工、运输和爆破作业人员禁止穿化纤衣服。

（7）爆破作业必须在白天进行，严禁在雷雨时进行，严禁裸露爆破。

（8）在高温区、自然发火区进行爆破作业时，必须遵守下列规定：

① 测试孔内温度。有明火的炮孔或者孔内温度在 80 ℃以上的高温炮孔采取灭火、降温措施。

② 高温孔经降温处理合格后方可装药起爆。

③ 高温孔应当采用热感度低的炸药或者将炸药、雷管作隔热包装。

（9）爆炸物品的领用、保管和使用必须遵守下列规定：

① 爆炸物品的领用、保管和使用必须严格执行账、卡、物一致的管理制度。

② 严禁发放和使用变质失效及过期的爆炸物品。

③ 爆破后剩余的爆炸物品，必须当天退回爆炸物品库，严禁私自存放和销毁。

（10）爆炸物品的验收、存放和起爆药卷的加工必须遵守下列规定：

① 爆炸物品车到达爆破地点后，爆破区域负责人应当对爆炸物品进行检查验收，无误后双方签字。

② 在爆破区域内放置和使用爆炸物品的地点，20 m 以内严禁烟火，10 m 以内严禁非工作人员进入。

③ 加工起爆药卷必须距放置炸药的地点 5 m 以外，加工好的起爆药卷必须放在距炮孔炸药 2 m 以外。

（11）炮孔装药和充填必须遵守下列规定：

① 装药前在爆破区域边界设置明显标志，严禁与工作无关的人员和车辆进入爆破区。

② 装药时，每个炮孔同时操作的人员不得超过 3 人；严禁向炮孔内投掷起爆具和受冲击易爆的炸药；严禁使用塑料、金属或者带金属包头的炮杆。

③ 炮孔卡堵或者雷管脚线、导爆管及导爆索损坏时应当及时处理；无法处理时必须插上标志，按拒爆处理。

④ 机械化装药时由专人现场指挥。

⑤ 预装药炮孔在当班进行充填，预装药期间严禁连接起爆网路。

⑥ 装药完成撤出人员后方可连接起爆网路。

（12）爆破安全警戒必须遵守下列规定：

① 必须有安全警戒负责人，并向爆破区周围派出警戒人员。

② 爆破区域负责人与警戒人员之间实行“三联系制”。

③ 因爆破中断生产时，立即报告矿调度室，采取措施后方可解除警戒。

(13) 安全警戒距离应当符合下列要求：

① 抛掷爆破（孔深小于45 m）：爆破区域正向不得小于1000 m，其余方向不得小于600 m。

② 深孔松动爆破（孔深大于5 m）：距爆破区域边缘，软岩不得小于100 m、硬岩不得小于200 m。

③ 浅孔爆破（孔深小于5 m）：无充填预裂爆破，不得小于300 m。

④ 二次爆破：炮眼爆破不得小于200 m。

(14) 起爆前，必须将所有人员撤至安全地点。接触爆炸物品的人员必须穿戴抗静电保护用品。

(15) 爆破后检查必须遵守下列规定：

① 爆破后5 min内，严禁检查。

② 发现拒爆，必须向爆破区负责人报告。

③ 发现残余爆炸物品必须收集上缴，集中销毁。

三、起爆安全技术

（一）火雷管起爆安全技术

火雷管起爆易产生事故的原因包括导火索及火雷管的质量问题、火雷管早爆、火雷管起爆延迟、火雷管拒爆。主要预防措施包括：

(1) 加强导火索及火雷管的制造、存储、运输等管理工作，认真选购和检查导火索和火雷管，严格控制导火索和火雷管的质量。

(2) 建立健全检验制度，在操作中避免过度弯曲或折断导火索，由专人听炮响声并数炮，或者由数炮器数炮。有瞎炮或者可能有瞎炮时，应加倍延长进入炮区的时间。

(3) 加强爆破工的培训，提高其专业知识水平，改进操作技术。

（二）电雷管起爆安全技术

电雷管起爆易产生事故的原因有电雷管的早爆、拒爆、延迟爆炸等。杂散电流、雷电和静电是引起电雷管早爆事故的主要因素。预防杂散电流引起电雷管早爆事故的主要措施有：采用防杂散电流的电爆网路；采用抗杂散电流的电雷管；采用非电起爆方法；加强爆破线路的绝缘，不用裸线连接。预防雷电引起电雷管早爆事故的措施有：禁止在雷雨天气进行电雷管爆破，在爆破区域内设立避雷系统，采用屏蔽线爆破，采用非电起爆方法。预防静电引起电雷管早爆事故应采取的措施包括：增加炸药水分，采用抗静电雷管，采用非电起爆方法。

必须保证电雷管质量合格，而且为同厂同批号产品。

为了减少电雷管拒爆和延迟爆炸现象的发生，除了要严格检测爆炸物品、保证爆炸物品质量外，还要采取准确可靠的起爆网路，消除网路设计方面的缺陷，同时严格执行操作规程。

（三）导爆管起爆和导爆索起爆安全技术

在设计导爆管起爆网路时，不能采用环形网路，即传爆的初始位置与终了位置不能相隔太近。应特别注意采用正确的连接方法，防止导爆索网路拒爆事故的发生。在有瓦斯煤尘爆炸危险的矿山，禁止使用导爆管。

四、爆炸物品的储运和管理

爆炸物品库的位置、结构和设施等的设置，要符合《爆破安全规程》《煤矿安全规程》的规定和要求，经主管部门审定，并报当地公安部门批准。爆炸物品的管理、存放、收发和运输必须符合《爆破安全规程》《煤矿安全规程》的有关规定。

经过检验确认失效的爆炸物品或者不符合国家标准及技术条件的爆炸物品，都应销毁。销毁爆炸物品时，必须登记造册并编制书面报告，报告中应说明被销毁爆炸物品的名称、数量、销毁原因、销毁方法、销毁地点和时间，并报有关部门。

五、爆破事故的预防措施

预防爆破事故的主要措施如下：

（1）保持爆破安全距离。爆破时必然会产生爆破地震、空气冲击波、碎石飞散及有害气体，危及爆破区域附近人员、设备、建筑物及井巷等的安全。因此，编制爆破设计时必须确定爆破危害范围并指定安全距离。安全距离主要包括爆破地震的安全距离、空气冲击波的安全距离、个别碎石飞散的安全距离、电力起爆的安全距离、有害气体扩散的安全距离。

（2）精心编制爆破设计。在编制爆破设计之前必须做到情况明确；设计时要确定最大允许装药量，然后合理选取爆破参数，选择合理的延发时间，作出切实可行的爆破方案；制定爆破事故预防措施；对设计文件要严格审核把关。

（3）精心施工。各级人员持证上岗，组成严格的管理体制；根据工程特点，分别制定各种安全制度，明确岗位责任、关键技术、操作细则；按规程要求做好爆炸物品检验；确保装药、堵塞、连线三个关键工序的施工质量；做好爆后安全检查和处理。

（4）炸药爆炸后，要等现场充分通风后再进入施工人员作业，这是由于炸药爆炸后含有对人身有害的气体，进入现场时间过早有可能导致人员气体中毒等其他事故发生。

（5）加强安全管理。按规程要求报管理部门审批、备案；建立、健全严格的指挥管理组织：建立质量保证体系，制定质量保证大纲和各工序质保程序。

第六节　矿山粉尘防治技术

在矿山建设、生产过程的各个环节都产生大量的粉尘。煤矿、非煤矿山、采石场的作业面是产生粉尘的重点场所。矿山粉尘影响安全生产，威胁职工的身体健康。对于煤矿来说，有效控制粉尘、降低粉尘浓度、改善作业环境、杜绝煤尘爆炸事故，是矿山安全生产的重要环节；抓好矿山综合防尘治理工作，对促进煤矿安全生产建设、保障职工身体健康、创造一个优良环境具有重大意义。

一、矿尘的产生及分类

（一）矿尘的产生

矿尘是指在矿山生产和建设过程中所产生的各种煤、岩等微粒的总称。

在矿山生产过程中，如钻孔作业、爆破作业、掘进机及采煤机作业、顶板控制、矿物的装载及运输等各个环节都会产生大量的矿尘。同一矿山产尘的多少也因地因时发生着变化。一般来说，在现有防尘技术措施下，各生产环节产生的浮游矿尘比例大致为：采煤工作面产尘量占45%～80%，掘进工作面产尘量占20%～38%，锚喷作业点产尘量占10%～15%，运输通风巷道产尘量占5%～10%，其他作业点产尘量占2%～5%。各作业点随着机械化程度的提高，矿尘生成量也将增大，因此防尘工作更加重要。

矿山作业的各个生产过程都可能产生矿尘，按井下作业地点划分，采掘工作面的矿尘浓度最高，其次为运输系统的各转载点的矿尘浓度。

（二）影响矿尘产生量的主要因素

（1）地质构造。地质构造破坏严重的地区，断层、褶曲比较发育，煤岩较为破碎，矿尘产生量大。

（2）煤层赋存条件。在同样技术条件下，开采厚煤层比开采薄煤层的产尘量大；开采急倾斜煤层比开采缓倾斜煤层的产尘量大。

（3）煤岩的物理性质。节理发育、结构疏松、水分低、脆性大的煤岩，开采时产尘量较大；反之较小。

（4）采掘机械化程度和开采强度。如煤矿井下，矿尘的70%～85%来自采掘工作面，采掘机械化程度的提高和开采强度的加大使产尘量大幅度增加。不同的采掘方法及有无防尘措施，其产尘浓度相差很大。

（5）工作环境的温度和风速。在其他条件相同的情况下，如果井下作业环境温度高、湿度低，则悬浮在空气中的粉尘浓度大。风速过大，会将已沉积的矿尘吹扬起来；风速过小，影响井下供风量和矿尘吹散。最佳的排尘风速要根据不同作业的特点确定，国内外普遍认为，掘进工作面的最佳排尘风速为0.25～0.5 m/s。

（三）矿尘的分类

1. 按矿尘的存在状态划分

（1）浮游矿尘（以下简称浮尘）：悬浮于矿内空气中的矿尘。

（2）沉积矿尘（以下简称落尘）：从矿井空气中沉降下来的矿尘。

浮尘和落尘在不同环境下可以相互转化，浮尘因受自重作用可以逐渐沉降下来变成落尘，而落尘受到机械振动、暴风冲击及巷道中风速的变化等外界条件干扰时，它可以再次飞扬，又成为浮尘。

浮尘在空气中飞扬的时间不仅与尘粒的大小、重量、形式等有关，还与空气的湿度、风速等大气参数有关。矿山除尘研究对象是悬浮于空气中的矿尘。

2. 按矿尘的粒径组成范围划分

（1）全尘（总矿尘），各种粒径的矿尘之和，对于煤尘常指粒径在1 mm以下的尘粒。

（2）呼吸性矿尘，主要指粒径在5 μm以下的微细尘粒，它能通过人体上呼吸道进入肺区，是导致尘肺病的病因，对人体危害很大。

粉尘粒径越小、游离二氧化硅的含量越高，引起尘肺病的程度越重，病情发展越快，危害也越大。

二、矿尘的主要计量指标

1. 矿尘浓度

矿尘浓度是表示矿尘量大小的参数之一，是指空气中所含浮尘的数量，一般用两种指标来量度：

（1）质量法：每立方米空气中所含浮尘的毫克数，单位为 mg/m^3。

（2）计数法：每立方厘米空气中所含浮尘的粒数，单位为粒/cm^3。

我国采用质量法计量粉尘浓度。

2. 矿尘产生强度

矿尘产生强度是指生产过程中产生的矿尘量，常用相对产尘强度即每采掘 1 t 或 1 m^3 煤（岩）所产生的矿尘量来表示，单位为 mg/t 或 mg/m^3。

3. 矿尘沉积量

矿尘沉积量是指单位时间在巷道表面单位面积上所沉积的矿尘量，单位为 $g/(m^2 \cdot d)$。这一指标用来表示巷道中沉积矿尘的强度，是确定岩粉撒布周期的重要依据。

4. 矿尘分散度

矿尘分散度是指矿尘的整体组成中各种粒度的尘粒所占的百分比。分散度有两种表示方法：

（1）重量百分比。用各种粒级尘粒的重量占总重量的百分数来表示，叫作重量分散度。

（2）数量百分比，用各种粒级尘粒的颗粒数占总颗粒数的百分数来表示，叫作数量分散度。

矿尘分散度是衡量矿尘颗粒大小构成的一个重要指标。矿尘总量中微细颗粒多，所占比例大时，称为高分散度矿尘；反之，如果矿尘中粗大颗粒多，所占比例大，就称作低分散度矿尘。矿尘分散度越高，危害性越大，越难捕获。

粒级是根据粒度大小和测试目的划分的，我国工矿企业将矿尘粒级划分为 4 级：小于 2 μm、2 ~ 5 μm、5 ~ 10 μm 和大于 10 μm。

三、矿尘防治的基本技术

（一）减尘技术

减尘是指减少和抑制尘源产生，从而减少井下空气中煤尘的浓度。减尘一是减少产尘总量和产尘强度；二是减少呼吸性矿尘所占的比例。它是防尘技术措施中最积极最有效的措施，主要包括向煤岩体注水、湿式打眼、湿式作业等措施。

1. 向煤层注水湿润煤体

向煤层注水是在采煤和掘进之前，利用钻孔向煤层注入压力水，使水沿着煤层的层理、节理或裂隙向四周扩散并渗入煤体里面的微孔中，增加煤的水分，使煤体和其内部的原生煤尘都得到预先润湿。同时，使煤体的塑性增强，以减少采掘时生成煤尘的数量。这是防治煤尘的根本措施。注水钻孔可分为平行于工作面的长孔注水及垂直于工作面的短孔注水，注水后用水泥浆封堵孔口。

一般来说，中厚煤层的吨煤注水量为 0.015 ~ 0.03 m^3/t；厚煤层的吨煤注水量为 0.025 ~ 0.04 m^3/t。机采工作面及水量流失率大的煤层取上限值，炮采工作面及水量流失率小或者产量较小的煤层取下限值。

在实际注水中，常把在预定的湿润范围内煤壁出现均匀“出汗”（渗出水珠）的现象，作为判断煤体是否全面湿润的辅助方法。煤层注水使煤体内的水分增加。一般来说，当水分增加到1%时，就可以收到降尘效果。水分增加量越大，效果越好。

影响煤层注水效果的因素：一是煤层注水效果同煤层的裂隙及孔隙的发育程度有关；二是煤层注水效果与煤层的埋藏深度和地压的集中程度有关，埋藏越深、地压越集中的地方，煤层的孔隙被压紧，透水性越差。

2. 采空区灌水

采空区灌水是在开采近距离煤层群的上组煤或者采用分层法开采厚煤层时（包括急倾斜水平分层），利用往采空区灌水的方法润湿下组煤和下分层煤体，防止开采时生成大量的煤尘。

3. 湿式作业

湿式作业是利用水或者其他液体，使之与尘粒相接触而捕集矿尘的方法。

（1）湿式凿岩、钻孔。该方法的实质是在凿岩和打钻过程中，将压力水通过凿岩机、钻杆中心孔源源不断地送入钻孔并充满孔底，使钻孔过程中形成的粉尘湿润并排出，不至于飞扬。一般干式打眼产尘量占掘进总产尘量的70% ~80%。而湿式打眼，其飞扬到空气中的粉尘量只占总产尘量的10% ~20%。

（2）水封爆破和水炮泥。水封爆破和水炮泥都是由钻孔注水湿润煤体演变而来的，它将注水和爆破联结起来，不仅起到消除炮烟和防尘作用，而且提高了炸药的爆炸效果。

① 水封爆破。水封爆破是在工作面打好炮孔后，先注入压力不超过 4.903×10^6 Pa（50 kg/cm^2）的高压水，使之沿煤层节理、裂隙渗透，直到煤壁见水为止。然后装入防水炸药，再将注水器插入炮孔进行水封。

② 水炮泥。水炮泥是用装水的专用塑料袋填于炮孔内代替黏土使用。它借助炸药爆炸时产生的压力将水压入煤层的裂隙中湿润煤体，同时，水汽化成水雾，湿润尘粒，起到降尘作用。

（二）降低浮尘

一般采用喷雾洒水来降低浮尘。喷雾洒水是将压力水通过喷雾装置的喷雾器（又称喷嘴），在旋转及冲击的作用下，使水流雾化成细微的水滴喷射于空气中，用水湿润、冲洗初生或沉积于煤堆、岩堆、巷道周壁、支架等处的矿尘，以达到降尘的目的。

我国矿山普遍采取湿式凿岩和洒水降尘等防尘技术。湿式凿岩、钻孔是指在凿岩和打钻过程中，将压力水通过凿岩机、钻杆送入并充满孔底，以湿润、冲洗和排出产生的矿尘。洒水降尘是用水湿润沉积于岩堆、煤堆、巷道周壁、支架等处的矿尘，当矿尘被水湿润后，尘粒间会互相附着凝集成较大的颗粒，附着性增强，矿尘就不易飞起。

1. 对产尘源喷雾洒水

（1）掘进机喷雾洒水。掘进机喷雾分为内喷雾和外喷雾两种。外喷雾多用于捕集空气中悬浮的矿尘，内喷雾则通过掘进机切割机构上的喷嘴向割落的煤岩处直接喷雾，在矿尘生成的瞬间将其抑制。较好的内外喷雾系统可使空气中含尘量减少 85% ~95% 。

（2）采煤机喷雾洒水。采煤机的喷雾系统分为内喷雾和外喷雾两种方式。采用内喷雾时，水由安装在截割滚筒上的喷嘴直接向截齿的切割点喷射，可保证在滚筒转动时只向切割煤体的截齿供水，形成“湿式截割”。

（3）液压支架移架和放煤口放煤喷雾洒水。液压支架移架和放煤口放煤是综采放顶煤工作面主要产尘源之一，采取有效的治理技术加以防治势在必行。

（4）转载点喷雾。转载点降尘的有效方法是封闭 + 喷雾装置。通常在转载点（即采煤工作面输送机与顺槽输送机连接处）加设半密封罩，罩内安装喷嘴，以消除飞扬的浮尘，降低进入采煤工作面的风流含尘量。

（5）爆破喷雾。爆破过程中，产生大量的粉尘和有毒有害气体，在炮采炮掘工作面爆破前后喷雾洒水，不仅起到良好的降尘效果，还可消除或者减轻炮烟的危害，缩短通风消除炮烟的时间。喷雾装置有风水喷射器和压气喷雾器两种。

（6）装岩洒水。煤（岩）体爆破后，使用雾化喷头将水洒向煤（岩）体表面使其层层湿透，注意洒水量达至湿润程度即可。然后，喷雾装置对准铲斗或耙斗装岩活动区域，射程大体与活动半径一致。随着装岩机或耙斗机向前推进，喷雾装置随之向前安放。同时，在耙斗机尾部装设防尘喷雾装置，从而降低装载、转运途中粉尘产生的系数。

（7）其他地点的喷雾。除上述地点、工艺的喷雾洒水外，在煤仓、溜煤眼及运输过程等产尘环节均应实施喷雾洒水。

2. 巷道水幕净化风流

水幕是净化入风流和降低污风流矿尘浓度的有效方法。水幕是在敷设于巷道顶部或两帮的水管上间隔地安上数个喷雾器喷雾形成的。喷雾器的布置应以水幕布满巷道断面尽可能靠近尘源为原则，并保证设施齐全、灵敏可靠。净化水幕应安设在支护完好、壁面平整、无断裂破碎的巷道内，一般安设位置为：

（1）矿井总进风净化水幕安设在距井口 20 ~100 m 巷道内。

（2）采区进风净化水幕安设在风流分叉口支流内侧 20 ~50 m 巷道内。

（3）采煤工作面回风净化水幕安设在距工作面回风口 10 ~20 m 回风巷内。

（4）掘进回风净化水幕安设在距工作面 30 ~50 m 巷道内。

（5）巷道中产尘源净化水幕安设在尘源下风侧 5 ~10 m 巷道内。

雾化后的细小水滴散布在空气中，与飘浮在空气中的尘粒碰撞，尘粒湿润后下沉，达到净化空气的目的。

3. 冲洗井巷壁帮

定期对井巷壁帮进行冲洗，把附着在壁帮的浮尘清洗干净，避免浮尘干燥后在不合理的风速下再次扬起。另外也净化井巷壁帮，保持井巷清洁。

（三）除尘措施

除尘措施有两种：一种是通风排尘；另一种是除尘装置捕集除尘。

1. 通风排尘

（1）一般巷道和工作地点的通风排尘。通风排尘措施是稀释和排出作业地点悬浮的矿尘，防止其过量积聚的有效措施。通风排尘的效果取决于风速和风量。

（2）掘进巷道的通风排尘。选择合理的掘进除尘系统，是抽尘净化技术效果好坏的关键因素。掘进除尘系统有两种：①长压短抽掘进除尘系统；②长抽掘进除尘系统。

要注意除尘对通风工艺的要求，主要包括压、抽风筒口相互位置的关系；压、抽风量的匹配；长压局部通风机和长抽除尘局部通风机的安装位置。

2. 除尘装置捕集除尘

除尘装置（或除尘器）是指把气流或空气中含有的固体粒子分离并捕集起来的装置，又称集尘器或者捕尘器。除尘装置多用于煤（岩）巷掘进工作面。

根据是否利用水或者其他液体，除尘装置可分为湿式和干式两大类。

1）湿式除尘装置

（1）湿式振弦栅除尘器。湿式振弦栅除尘器有两种结构形式：一种是固定式振弦栅式除尘器，常称为振弦栅除尘器；另一种是旋转式振弦栅除尘器，常称为旋转栅除尘器。旋转栅除尘器只比振弦栅除尘器多了一个旋转栅，除尘效果虽然有所提高并具有良好的脱水作用，但是工作阻力较大。

（2）涡流控尘与湿式旋流除尘器。涡流控尘与湿式旋流除尘器是采用涡流控尘和旋流除尘相结合的综合除尘原理净化机掘（综掘）工作面的含尘气流。湿式旋流除尘系统主要由电动旋流器、导向装置、脱水器、水箱、污水泵及抽出式局部通风机等组成。

2）干式除尘装置

干式除尘措施是把局部产尘点首先密闭起来，防止矿尘飞扬扩散，然后再将矿尘抽到集尘器内，集尘器将含尘空气中的粗尘阻留，使空气净化的技术措施。干式除尘装置常在缺水或者不宜用水作业（如干式凿岩时要密闭尘源）等特殊情况下使用。

目前，国内矿山使用的干式捕尘凿岩机有带捕尘罩的孔口捕尘和不带捕尘罩的孔底捕尘两种。孔底捕尘较孔口捕尘的防尘效果好，而且使用方便。干式孔底捕尘又分为中心抽尘和旁侧抽尘两种。

3. 泡沫除尘技术

泡沫除尘技术主要通过水与发泡剂有效混合，借由发泡器及泡沫高压喷射设备，对尘源或者含尘空气中的矿尘颗粒进行“无间隙”的泡沫灭尘与吸附。矿用泡沫抑尘装置产生的泡沫通过良好的覆盖、湿润、黏附等方式作用于粉尘，使粉尘得到全面包覆，从根本上阻止粉尘的产生及向外扩散，进而有效降低采掘工作面粉尘浓度，提高抑尘效率，降低抑尘成本，改善采掘工作面环境，提高井下作业人员的工作效率，有效降低采掘一线作业人员尘肺病的发病率。

（四）隔尘措施

1. 防尘口罩

矿井要求所有接触矿尘作业人员必须佩戴防尘口罩。对防尘口罩的基本要求是：阻尘率高、呼吸阻力小、有害空间小、佩戴舒适、不妨碍视野。普通纱布口罩阻尘率低、呼吸阻力大，潮湿后有不舒适的感觉，应避免使用。

2. 防尘安全帽（头盔）

防尘安全帽（头盔）又称送风头盔，在头盔间隔中安装有微型轴流风机、主过滤器、预过滤器，面罩可自由开启。

3. 隔绝式压风呼吸防尘装置

隔绝式压风呼吸防尘装置是利用矿井压缩空气，通过离心力脱去油雾、活性炭吸附等，经减压阀减压同时向多人均衡配气以供呼吸的装置。

第七节　矿山机电安全技术

在矿山生产建设过程中，离不开采掘、运输、提升、通风、排水、破碎、选矿和变配电等各种电气与机械设备。但是，机电设备有时会因使用、维护不当而造成损坏，从而影响矿山的正常生产，甚至会发生各种机电伤害事故。

一、矿山机械安全技术

为了能科学地对矿山设备进行管理，矿山企业应建立设备管理制度、设备使用和维护保养制度、设备维修制度、设备事故处理制度等。预防矿山机械伤害的措施主要有：

（1）良好的设备安全性能。设备的操纵机构要灵敏、可靠，便于操纵。

（2）必要的安全保护装置。对危险设备装设防护罩壳、栏杆或者栅栏门等装置。要装设各种保险装置，以避免人身和设备事故。保险装置包括锁紧件、缓冲装置、防过载装置、限位装置、限压装置、闭锁装置和制动装置等。矿山要装设各种必要的报警装置。

（3）良好的作业环境条件。要为设备的使用和安装、检验创造必要的环境条件，如设备所处的空间不能过于狭小、现场整洁、有良好的照明等。

（4）加强维修工作。要保证设备的安全运行，除了要设计、制造安全性能优良的设备外，设备的安装、维护、检验工作十分重要，尤其是对于移动频繁的采掘和运输设备，要保证安装和维修质量。

二、矿山电气安全技术

（一）矿山电压等级

（1）煤矿井下各级配电电压和各种电气设备的额定电压等级，应当符合下列要求：①高压不超过 10000 V；②低压不超过 1140 V；③照明和手持式电气设备的供电额定电压不超过 127 V；④远距离控制线路的额定电压不超过 36 V；⑤采掘工作面用电设备的电压超过 3300 V 时，必须制定专门的安全措施。

（2）采用架线电机车运输时，架空线的直流电压不得超过 600 V。

（3）露天矿高压电力网的配电电压，一般为 6 kV 和 10 kV。

（4）露天矿的低压配电，一般采用 380 V 和 380 V/220 V。

（二）矿山电气安全基本措施

矿山电气安全基本措施包括直接触电防护措施、间接触电防护措施、电气作业安全措施、电气安全装置、电气安全操作规程、电气安全用具、电气火灾消防技术等。

1.《煤矿安全规程》对井工煤矿电气设备保护装置的主要规定

（1）井下高压电动机、动力变压器的高压控制设备，应当具有短路、过负荷、接地和欠压释放保护。井下由采区变电所、移动变电站或者配电点引出的馈电线上，必须具有短路、过负荷和漏电保护。低压电动机的控制设备，必须具备短路、过负荷、单相断线、漏电闭锁保护及远程控制功能。

（2）井下配电网路（变压器馈出线路、电动机等）必须具有过流、短路保护装置。

（3）井上、下变电所的高压馈电线上，必须具备有选择性的单相接地保护；向移动变电站和电动机供电的高压馈电线上，必须具有选择性的动作于跳闸的单相接地保护。

井下低压馈电线上，必须装设检漏保护装置或者有选择性的漏电保护装置，保证自动切断漏电的馈电线路。

每天必须对低压漏电保护进行1次跳闸试验。

煤电钻必须使用具有检漏、漏电闭锁、短路、过负荷、断相和远距离控制功能的综合保护装置。每班使用前，必须对煤电钻综合保护装置进行1次跳闸试验。

（4）井上、下必须装设防雷电装置，并遵守下列规定：

① 经由地面架空线路引入井下的供电线路和电机车架线，必须在入井处装设防雷电装置。

② 由地面直接入井的轨道、金属架构及露天架空引入（出）井的管路，必须在井口附近对金属体设置不少于2处的良好的集中接地。

（5）电压在36 V以上和由于绝缘损坏可能带有危险电压的电气设备的金属外壳、构架，铠装电缆的钢带（钢丝）、铅皮（屏蔽护套）等必须有保护接地。

2.《煤矿安全规程》对露天煤矿电气设备保护装置的主要规定

（1）高压配电线路应当装设过负荷、短路、漏电保护；低压配电线路应当装设短路和单相接地（漏电）保护；高压电动机应当装设短路、过负荷、漏电和欠压释放保护；低压电动机应当装设过流、短路保护；中性点接地的变压器必须装设接地保护；低压电力系统的变压器中性点直接接地时，必须装设接地保护。

（2）变（配）电设施、油库、爆炸物品库、高大或者易受雷击的建筑，必须装设防雷电装置，每年雨季前检验1次。

（3）采场必须选用户外型电气设备，所有高、低压电气设备裸露导电体必须有安全防护。

（4）变电所（站）的各种继电保护装置每2年至少做1次试验。

（5）接地和接零应当符合下列要求：

① 采场的架空线主接地极不得少于2组。主接地极应当设在电阻率低的地方，每组接地电阻值不得大于4 Ω，在土壤电阻率大于1000 $\Omega mm^2/m$ 的地区，不得超过30 Ω。移动设备与架空线接地极之间的电阻值不得大于1 Ω。接地线和设备的金属外壳的接触电压不得大于36 V。

② 高压架空线的接地线应当使用截面大于35 mm^2 的钢绞线。

③ 采用橡套电缆的专用接地芯线必须接地或者接零，严禁接地线作电源线。

④ 50 V 以上的交流电气设备的金属外壳、构架等必须接地。

⑤ 连接电气设备与接地母线应当使用截面不小于 50 mm^2 的耐腐蚀的铁线，严禁电气设备的接地线串联接地，严禁用金属管道或者电缆金属护套作为接地线。

⑥ 低压接地系统的架空线路的终端和支线的终端必须重复接地，交流线路零线的重复接地必须用独立的人工接地体，不得与地下金属管网相连接。

第八节　通风安全技术

一、通风安全的重要性

通风安全就是保证风流畅通，风速、风量等符合有关规定，风流中甲烷、二氧化碳等有害气体的浓度、作业地点的温度不超过规定等。对于井工煤矿安全生产，矿井通风是“一通三防”（通风、防瓦斯、防尘、防火）工作的基础，是煤矿安全生产的重要基础保障。

矿井通风是指借助于机械或者自然风压，将适量的地面空气连续输送到井下各用风地点供给人员呼吸，稀释并排出各种有害气体和矿尘，以降低环境温度，创造良好的井下工作环境，保障井下作业人员的生命安全和身心健康，并在发生灾变时能够根据应急救援的需要调节和控制风流流动路线，为救援工作创造有利条件。

二、矿井通风安全技术

（一）合理编制通风安全工作计划

通风安全管理应根据矿井的地质条件、安全和开采技术条件而采取有针对性的安全措施。通风安全工作计划主要依据国家安全生产方针、矿井生产发展计划、技术装备、技术水平及通风安全技术资料编制。在编制年度和月生产计划的同时，必须根据矿井的实际条件，编制保证安全生产的通风、防治瓦斯、防火、防尘和降温等工作计划。根据工作计划要求合理分配人力、物力和财力，并认真贯彻落实，无特殊条件变化，应确保工作计划实现。每期工作计划执行中和结束时要进行检查、分析和总结，及时解决安全隐患和工作计划存在的问题，并对下期工作计划进行全面安排，提出保证工作计划完成的措施。如果工作计划在实施的过程中遇到地质条件变化、资金或者设备不能落实，采取措施后仍不能解决时，可适当调整工作计划，但必须满足安全生产需要。

（二）正确、合理选择矿井通风系统

矿井通风系统是向井下各作业地点供给新鲜空气、排出污浊空气的通风网络、通风动力和通风控制设施等的总称。矿井通风系统与矿井开发具有战略意义，它与整个矿井的开拓布置有紧密联系，对保证安全生产、提高经济效益有长远的影响。根据进回风井的布置方式、主要通风机的工作方式及安装地点分类，矿井通风系统可分为：①按进风井与回风井在井田范围内的布局分为中央式、对角式和中央对角混合式；②按主要通风机的工作方式分为压入式、抽出式和压抽混合式。选择合理的通风系统，应在能保证安全生产的前提下，尽量做到通风系统简单，减少通风工程量；风流稳定易于管理；有符合规定的井下环

境及安全监测系统或者检测措施；具有抗灾能力，发生事故时风流易于控制，人员便于撤出；力求经济合理，降低通风费用。

在具体设计时，应结合矿井的不同地形与不同深度作出具体分析。对于较深的矿井，应在常规设计的基础上适度增大主要通风机的功率。在此基础上，应考虑不同矿区气候与季节对矿井通风的影响，并作出有针对性的调整。以东北地区为例，在东北地区进行矿山开采时应注意冬季对通风系统的要求，设置防冻、防水的主要通风机。

（三）合理选择矿井风量调节方法

在通风网络中，风流按巷道风阻的匹配关系分配到各作业地点的风量往往不能满足要求，需要采取控制与调节风量的措施。此外，随着巷道的推进和更替，相应地要求及时进行风量调节，按调节的范围可分为矿井总风量调节和局部风量调节。把增减矿井总风量的调节，称为矿井总风量调节。矿井总风量调节有：

（1）改变主要通风机特性，主要通过改变主要通风机转速或者叶片安装角的方法改变主要通风机特性。

（2）改变矿井总风阻和降低某些风速较高的巷道（如矿井总回风巷）的风阻。

（四）加强井下通风设施的管理及维护

维护矿井通风设施是强化矿井安全管理的主要手段之一。由于工作损耗与外力损耗等原因，矿井内通风设施经常损坏。此时，如果通风设施得不到及时维护，便会引发漏风情况，容易造成瓦斯积聚、气温升高，形成不良的气候条件，并导致矿井内有害气体浓度上升或者粉尘无法被及时排出，从而埋下安全隐患，最终造成安全事故。因此应对矿井设备进行维护，以保障其正常运行，从而减少安全隐患，保证矿井内通风安全。矿井可以采用定期检查与不定期抽查相结合，责任人员与普通员工相结合的方式对上述设备进行维护与检查。煤矿生产企业应设定相关责任人员，规定检查日期对通风设备进行检查与维护。同时，普通员工也应不定期对设备进行抽查，以防责任人员发生疏漏，形成互补的完善体系。

在采区通风网络中，为了控制风流的方向和风量而构筑的隔断、通道和控制风流的通风构筑物称为采区通风设施。采区主要的通风设施有：风桥、挡风墙、风门、调节风窗等。合理地安设通风构筑物，并使其经常处于完好状态，是矿井通风技术管理的一项重要任务。当通风设施损坏时，如不能及时维护就会造成大量漏风，必然使工作面所需风流下降。所以必须加强采区通风设施的维护、管理，才能避免发生无风、微风等通风重大隐患，保证矿井安全生产。

（五）加强通风技术文件和技术资料管理

图纸要齐全并能正确反映实际情况。每个矿井必须有通风系统图、通风网络图、防尘管路布置图、瓦斯监控系统图，对于采用防火灌浆技术和建立瓦斯抽放系统的矿井，要有防火灌浆和瓦斯抽放管路系统图等。需要收集储存的数据主要有井巷的通风参数、煤层瓦斯含量、瓦斯相对涌出量、瓦斯绝对涌出量、瓦斯地质资料、煤层的自燃倾向性鉴定资料、自然发火期统计资料、煤层的最短自然发火期、主要通风机性能曲线、局部通风机型号及性能参数。所有仪器应有说明书，建立技术档案。各种报表应存档，各类台账（密闭墙台账、火区台账、局部通风机台账和注水台账等）健全，各种检查记录（通风设施检查记录、反风设施检查记录、瓦斯检查记录和瓦斯涌出异常检查记录等）齐全。制定符合本矿的风量计算方法，采掘工作面风量分配要合理。定期进行主要通风机性能测定和矿井通风系统阻力测定，以获得主要通风机性能实测曲线和关键阻力路线的阻力分布等资料。

（六）加强通风安全仪器、仪表管理

矿井必须配备足够的通风安全检查仪表，并定期进行校准和维修，其完好率应达到90% 以上，井下仪器、传感器的合格率必须达到100% 。

三、《煤矿安全规程》对矿井通风系统的相关规定

（一）对矿井通风系统的规定

（1）矿井必须有完整的独立通风系统。改变全矿井通风系统时，必须编制通风设计及安全措施，由企业技术负责人审批。

（2）矿井每年安排采掘作业计划时，必须核定矿井生产和通风能力，必须按实际供风量核定矿井产量，严禁超通风能力生产。

（3）矿井通风系统图必须标明风流方向、风量和通风设施的安装地点。必须按季绘制通风系统图，并按月补充修改。多煤层同时开采的矿井，必须绘制分层通风系统图。

应当绘制矿井通风系统立体示意图和矿井通风网络图。

（二）对主要通风机的规定

（1）矿井必须采用机械通风。主要通风机的安装和使用应当符合下列要求：

① 主要通风机必须安装在地面；装有通风机的井口必须封闭严密，其外部漏风率在无提升设备时不得超过5%，有提升设备时不得超过15% 。

② 必须保证主要通风机连续运转。

③ 必须安装2套同等能力的主要通风机装置，其中1套作备用，备用通风机必须能在10 min 内开动。

④ 严禁采用局部通风机或者风机群作为主要通风机使用。

⑤ 装有主要通风机的出风井口应当安装防爆门，防爆门每6个月检查维修1次。

⑥ 至少每月检查1次主要通风机。改变主要通风机转数、叶片角度或者对旋式主要通风机运转级数时，必须经矿总工程师批准。

⑦ 新安装的主要通风机投入使用前，必须进行试运转和通风机性能测定，以后每5年至少进行1次性能测定。

⑧ 主要通风机技术改造及更换叶片后必须进行性能测试。

⑨ 井下严禁安设辅助通风机。

（2）生产矿井主要通风机必须装有反风设施，并能在10 min 内改变巷道中的风流方向；当风流方向改变后，主要通风机的供给风量不应小于正常供风量的40% 。

每季度应当至少检查1次反风设施，每年应当进行1次反风演习；矿井通风系统有较大变化时，应当进行1次反风演习。

（3）严禁主要通风机房兼作他用。主要通风机房内必须安装水柱计（压力表）、电流表、电压表、轴承温度计等仪表，还必须有直通矿调度室的电话，并有反风操作系统图、司机岗位责任制和操作规程。主要通风机的运转应当由专职司机负责，司机应当每小时将

通风机运转情况记入运转记录簿内；发现异常，立即报告。实现主要通风机集中监控、图像监视的主要通风机房可不设专职司机，但必须实行巡检制度。

（4）矿井必须制定主要通风机停止运转的应急预案。因检修、停电或者其他原因停止主要通风机运转时，必须制定停风措施。

变电所或者电厂在停电前，必须将预计停电时间通知矿调度室。

主要通风机停止运转时，必须立即停止工作、切断电源，工作人员先撤到进风巷道中，由值班矿领导组织全矿井工作人员全部撤出。

主要通风机停止运转期间，必须打开井口防爆门和有关风门，利用自然风压通风；对由多台主要通风机联合通风的矿井，必须正确控制风流，防止风流紊乱。

（三）对局部通风的规定

（1）矿井开拓或者准备采区时，在设计中必须根据该处全风压供风量和瓦斯涌出量编制通风设计。掘进巷道的通风方式、局部通风机和风筒的安装和使用等应当在作业规程中明确规定。

（2）掘进巷道必须采用矿井全风压通风或者局部通风机通风。

煤巷、半煤岩巷和有瓦斯涌出的岩巷掘进采用局部通风机通风时，应当采用压入式，不得采用抽出式（压气、水力引射器不受此限）；如果采用混合式，必须制定安全措施。

瓦斯喷出区域和突出煤层采用局部通风机通风时，必须采用压入式。

（3）安装和使用局部通风机和风筒时，必须遵守的规定见第七章第六节相关内容。

（4）使用局部通风机通风的掘进工作面，不得停风；因检修、停电、故障等原因停风时，必须将人员全部撤至全风压进风流处，切断电源，设置栅栏、警示标志，禁止人员入内。

（5）井下爆炸物品库必须有独立的通风系统，回风风流必须直接引入矿井的总回风巷或者主要回风巷中。新建矿井采用对角式通风系统时，投产初期可利用采区岩石上山或者用不燃性材料支护和不燃性背板背严的煤层上山作爆炸物品库的回风巷。必须保证爆炸物品库每小时能有其总容积 4 倍的风量。

（6）井下充电室必须有独立的通风系统，回风风流应当引入回风巷。

井下充电室，在同一时间内，5 t 及以下的电机车充电电池的数量不超过 3 组、5 t 以上的电机车充电电池的数量不超过 1 组时，可不采用独立通风，但必须在新鲜风流中。

井下充电室风流中以及局部积聚处的氢气浓度，不得超过 0.5%。

（7）井下机电设备硐室必须设在进风风流中；采用扩散通风的硐室，其深度不得超过 6 m、入口宽度不得小于 1.5 m，并且无瓦斯涌出。

井下个别机电设备设在回风流中的，必须安装甲烷传感器并实现甲烷电闭锁。

采区变电所及实现采区变电所功能的中央变电所必须有独立的通风系统。

（四）对采掘通风的规定

（1）矿井开拓新水平和准备新采区的回风，必须引入总回风巷或者主要回风巷中。在未构成通风系统前，可将此回风引入生产水平的进风中；但在有瓦斯喷出或者有突出危险的矿井中，开拓新水平和准备新采区时，必须先在无瓦斯喷出或者无突出危险的煤（岩）层中掘进巷道并构成通风系统，为构成通风系统的掘进巷道的回风，可以引入生产水平的进风中。上述 2 种回风流中的甲烷和二氧化碳浓度都不得超过 0.5%，其他有害气体浓度必须符合本规程第一百三十五条的规定，并制定安全措施，报企业技术负责人审批。

(2) 生产水平和采（盘）区必须实行分区通风。

准备采区，必须在采区构成通风系统后，方可开掘其他巷道；采用倾斜长壁布置的，大巷必须至少超前 2 个区段，并构成通风系统后，方可开掘其他巷道。采煤工作面必须在采（盘）区构成完整的通风、排水系统后，方可回采。

高瓦斯、突出矿井的每个采（盘）区和开采容易自燃煤层的采（盘）区，必须设置至少 1 条专用回风巷；低瓦斯矿井开采煤层群和分层开采采用联合布置的采（盘）区，必须设置 1 条专用回风巷。

采区进、回风巷必须贯穿整个采区，严禁一段为进风巷、一段为回风巷。

(3) 采、掘工作面应当实行独立通风，严禁 2 个采煤工作面之间串联通风。

同一采区内 1 个采煤工作面与其相连接的 1 个掘进工作面、相邻的 2 个掘进工作面，布置独立通风有困难时，在制定措施后，可采用串联通风，但串联通风的次数不得超过 1 次。

采区内为构成新区段通风系统的掘进巷道或者采煤工作面遇地质构造而重新掘进的巷道，布置独立通风有困难时，其回风可以串入采煤工作面，但必须制定安全措施，且串联通风的次数不得超过 1 次；构成独立通风系统后，必须立即改为独立通风。

对于本条规定的串联通风，必须在进入被串联工作面的巷道中装设甲烷传感器，且甲烷和二氧化碳浓度都不得超过 0.5%，其他有害气体浓度都应当符合本规程第一百三十五条的要求。

开采有瓦斯喷出、有突出危险的煤层或者在距离突出煤层垂距小于 10 m 的区域掘进施工时，严禁任何 2 个工作面之间串联通风。

(4) 井下所有煤仓和溜煤眼都应当保持一定的存煤，不得放空；有涌水的煤仓和溜煤眼，可以放空，但放空后放煤口闸板必须关闭，并设置引水管。

溜煤眼不得兼作风眼使用。

(5) 煤层倾角大于 12°的采煤工作面采用下行通风时，应当报矿总工程师批准，并遵守下列规定：

① 采煤工作面风速不得低于 1 m/s。

② 在进、回风巷中必须设置消防供水管路。

③ 有突出危险的采煤工作面严禁采用下行通风。

(6) 采煤工作面必须采用矿井全风压通风，禁止采用局部通风机稀释瓦斯。

采掘工作面的进风和回风不得经过采空区或者冒顶区。

无煤柱开采沿空送巷和沿空留巷时，应当采取防止从巷道的两帮和顶部向采空区漏风的措施。

矿井在同一煤层、同翼、同一采区相邻正在开采的采煤工作面沿空送巷时，采掘工作面严禁同时作业。

水采和连续采煤机开采的采煤工作面由采空区回风时，工作面必须有足够的新鲜风流，工作面及其回风巷的风流中的甲烷和二氧化碳浓度必须符合本规程第一百七十二条至第一百七十四条的规定。

（7）采空区必须及时封闭。必须随采煤工作面的推进逐个封闭通至采空区的连通巷道。采区开采结束后45天内，必须在所有与已采区相连通的巷道中设置密闭墙，全部封闭采区。

（8）控制风流的风门、风桥、风墙、风窗等设施必须可靠。

不应在倾斜运输巷中设置风门；如果必须设置风门，应当安设自动风门或者设专人管理，并有防止矿车或者风门碰撞人员以及矿车碰坏风门的安全措施。

开采突出煤层时，工作面回风侧不得设置调节风量的设施。

（五）对巷道贯通通风的规定

贯通巷道必须遵守下列规定：

（1）巷道贯通前应当制定贯通专项措施。综合机械化掘进巷道在相距50 m前、其他巷道在相距20 m前，必须停止一个工作面作业，做好调整通风系统的准备工作。

停掘的工作面必须保持正常通风，设置栅栏及警标，每班必须检查风筒的完好状况和工作面及其回风流中的瓦斯浓度，瓦斯浓度超限时，必须立即处理。

掘进的工作面每次爆破前，必须派专人和瓦斯检查工共同到停掘的工作面检查工作面及其回风流中的瓦斯浓度，瓦斯浓度超限时，必须先停止在掘工作面的工作，然后处理瓦斯，只有在2个工作面及其回风流中的甲烷浓度都在1.0%以下时，掘进的工作面方可爆破。每次爆破前，2个工作面入口必须有专人警戒。

（2）贯通时，必须由专人在现场统一指挥。

（3）贯通后，必须停止采区内的一切工作，立即调整通风系统，风流稳定后，方可恢复工作。

间距小于20 m的平行巷道的联络巷贯通，必须遵守以上规定。

（六）对矿井测风的规定

（1）矿井必须建立测风制度。每10天至少进行1次全面测风。对采掘工作面和其他用风地点，应当根据实际需要随时测风，每次测风结果应当记录并写在测风地点的记录牌上。

应当根据测风结果采取措施，进行风量调节。

（2）新井投产前必须进行1次矿井通风阻力测定，以后每3年至少测定1次。生产矿井转入新水平生产、改变一翼或者全矿井通风系统后，必须重新进行矿井通风阻力测定。

第九节　尾矿库安全技术

一、影响尾矿库安全的主要因素

1. 选址问题

尾矿库在选址时违反法律法规的相关规定，建在饮用水源保护区、重要生态功能保护区，或者靠近河道、公路、铁路及居民生活区，不仅对人民生命财产安全造成严重威胁，而且威胁环境，可能由于有毒物质泄漏给人们生产生活带来不利影响。

2. 设计问题

一是尾矿库在设计时没有经过有资质的设计部门进行工程设计，盲目施工；二是尾矿库在设计时缺少测绘资料、气象资料、水文资料、地质勘察资料等相关技术资料的支撑；三是设计深度不够，导致设计可靠性差，如排洪沟的设计不能达到排洪要求、库容不能满足尾矿堆放等。

3. 工程质量问题

尾矿库的建设没有正规的施工团队，有些企业委托农民工或者自行施工，缺少施工原始记录，使尾矿库运营过程中的维护维修和检测十分麻烦；有的企业随意将施工转包他人，却并未进行有效监督，导致施工人员以次充好、偷工减料，使得工程质量大幅降低。对于施工监管方面，无资质的施工单位缺乏健全的监督管理部门，也没有做好施工竣工验收和备案工作。

4. 安全监测不到位

有的尾矿库仍然采用传统仪器到现场进行测量的监测方法，但观测周期很长、误差较大、单次信息量少、工作量繁多，易受天气、人为和现场条件诸多因素的影响，并且数据资料的整理与分析较为滞后，没有充分利用监测成果为尾矿库安全管理服务。目前安装有科学有效的安全在线监测系统的尾矿库大多是 3 等及 3 等以上尾矿库，数量较少。

二、尾矿库安全监管措施及建议

1. 合理选址

尾矿库对周围安全和环境影响巨大，因此选择合理的建造地点十分重要，这也是保障尾矿库安全的基础工作。尾矿库不应设在国家法律、法规规定禁止建设尾矿库的区域以及尾矿库失事将使下游重要城镇、工矿企业、铁路干线或高速公路等遭受严重威胁区域。因此，主管部门在进行审批时，必须考察是否已对尾矿库选址的可行性进行了科学论证。另外，对尾矿库进行详细的地质勘测也是为新建尾矿库提供更全面、更完善的设计依据，可以减少由地质因素产生的设计变更，保证尾矿库整体与局部的稳定性。

2. 提高设计质量

首先，尾矿库的设计必须由已经具备尾矿库设计资质的单位来承担，必须保证设计的基础资料翔实，熟悉国家相关法律法规，保证设计符合国家和行业标准；其次，设计文件需经过相关部门进行审核并出具施工图审核报告，一定要审核通过之后才能开工建设；最后，设置专业化职能监督管理部门，对尾矿库的整个设计、施工和运营过程实施监管，防止企业自行设计、施工。

3. 提高工程质量

尾矿库的施工可以进行合法的招投标活动，使符合条件的施工单位参与竞标，从而杜绝企业自行施工、委托无资质单位或者个人施工、转包工程等现象。监督施工单位严格按照设计方案保质保量完成，全部工程材料需检验合格方能使用。待尾矿库建设完成之后，由质量监管部门进行工程竣工验收并备案。

4. 加强安全管理

为加强尾矿设施的安全管理，应设立不同层次的管理机构各负其责。建立健全安全生产规章制度和安全技术操作规程，加强隐患排查治理，严格按照设计和有关技术规定组织操作。管理人员做好尾矿的排放、筑坝、回水、泄洪、坝体监测等，在满足尾矿堆存需要的同时，必须满足防汛、生产回水所需的库容，并确保有足够的安全超高。严格控制库内水位，当回水与坝体安全要求的沉积滩滩长相矛盾时，应以确保坝体安全为主控制水位。尾矿库排水构筑物应保持疏通，善后封堵工作必须严格按照设计要求施工，并保证质量。尾矿沉积干滩的长度和坡度、下游坝面坡度、澄清距离等，必须按设计或有关技术规定严格控制。应在尾矿库库区设置明显的安全警示标识。尾矿库应每三年至少进行一次安全评价。

5. 加强安全监测

对尾矿库的坝体监测应采用人工安全监测和在线安全监测相结合的方式，按规定的监测频率、监测项目及要求进行监测。尾矿坝的部分观测项目可用肉眼直观判断，如观察坝坡有无明显变形、塌陷、沼泽化、渗水、裂缝及蚁穴鼠洞等。部分观测项目，如坝体的沉降、水平位移、浸润线监测等必须借助仪器设备完成，把每次的监测结果做好记录并保存。在非正常或汛期情况下，按规定应增加监测次数。

6. 加强安全检查

尾矿库安全检查主要包括对尾矿库防洪、尾矿坝、放矿、尾矿库库区、监测系统及其他设施的安全检查。

（1）生产经营单位应定期组织相关人员对尾矿库进行安全检查。安全检查每年应不少于4次，并做好记录；汛期前后、寒冷地区结冰期前应重点进行检查。

（2）安全检查不得使用生产运行日常巡检结果及安全监测数据代替。需要采用仪器进行测量的，应按人工安全监测的要求进行测量，测量仪器的精度不得小于日常人工安全监测仪器的精度。

（3）安全检查后应对检查记录进行整理、分析，对分析结论进行闭环处置，并对检查过程资料进行归档。

7. 加强安全技术培训

对尾矿库相关设施作业人员的安全技术培训，是加强尾矿库安全监督管理的重要内容。他们的技术水平、管理能力直接关系到尾矿库的安危和千万人的生命财产安全。因此必须对他们进行安全技术培训，提高其素质，这是确保尾矿库安全运行的重要工作。

三、尾矿库隐患及重大险情处理

《尾矿库安全规程》规定如下：

（1）尾矿库存在下列一般生产安全事故隐患之一时，应在限定的时间内进行整治，消除事故隐患：

① 尾矿库调洪库容不足，在设计洪水位时不能同时满足设计规定的安全超高和干滩长度的要求。

② 排洪设施出现不影响安全使用的裂缝、腐蚀或磨损。

③ 经验算，坝体抗滑稳定最小安全系数满足规定值，但部分高程上堆积边坡过陡，

可能出现局部失稳。

④ 坝体浸润线埋深小于1.1倍控制浸润线埋深。

⑤ 坝面局部出现纵向或横向裂缝。

⑥ 干式堆存尾矿的含水量偏大，实行干式堆存有一定困难，且没有设置可靠防范措施。

⑦ 坝面未按设计设置排水沟，冲蚀严重，形成较多或较大的冲沟。

⑧ 坝肩无截水沟，山坡雨水冲刷坝肩。

⑨ 堆积坝外坡未按设计设置维护设施。

⑩ 其他不影响尾矿库基本安全生产条件的非正常情况。

（2）尾矿库存在下列重大生产安全事故隐患之一时，应立即停产，生产经营单位应制定并实施重大事故隐患治理方案，消除事故隐患：

① 库区和尾矿坝上存在未按批准的设计方案进行开采、挖掘、爆破等活动。

② 坝体出现大面积纵向裂缝，且出现较大范围渗透水高位出逸，出现大面积沼泽化。

③ 坝外坡坡比陡于设计坡比。

④ 坝体超过设计坝高，或者超设计库容贮存尾矿。

⑤ 尾矿堆积坝上升速率大于设计堆积上升速率。

⑥ 经验算，坝体抗滑稳定最小安全系数小于规定值的0.98倍。

⑦ 坝体浸润线埋深小于控制浸润线埋深。

⑧ 尾矿库调洪库容不足，在设计洪水位时，安全超高和干滩长度均不满足设计要求。

⑨ 排洪设施部分堵塞或坍塌、排水井有所倾斜，排水能力有所降低，达不到设计要求。

⑩ 干式堆存尾矿的含水量大，实行干式堆存比较困难，且没有设置可靠的防范措施。

⑪ 多种矿石性质不同的尾砂混合排放时，未按设计要求进行排放。

⑫ 冬季未按照设计要求采用冰下放矿作业。

⑬ 设计以外的尾矿、废料或者废水进库。

⑭ 其他危及尾矿库安全运行的情况。

（3）尾矿库出现下列重大险情之一时，生产经营单位应立即停产，启动应急预案，进行抢险：

① 坝体出现严重的管涌、流土等现象的。

② 坝体出现严重裂缝、坍塌和滑动迹象的。

③ 经验算，坝体抗滑稳定最小安全系数小于规定值的0.95倍。

④ 尾矿库调洪库容严重不足，在设计洪水位时，安全超高和干滩长度均不满足设计要求，将可能出现洪水漫顶。

⑤ 排水井显著倾斜，有倒塌迹象的。

⑥ 排洪系统严重堵塞或者坍塌，不能排水或者排水能力急剧降低。

⑦ 干式堆存尾矿的含水量过大，基本不能干式堆存，且没有设置可靠的防范措施。

⑧ 其他危及尾矿库安全的重大险情。

第十六章　矿山救援信息化技术

信息技术的高速发展，为矿山安全管理及事故救援带来了便利。本章主要介绍了采矿CAD制图、数据库和信息管理基本知识。通过学习，使矿山救援指挥员对CAD软件的基本功能、使用方法及数据库基本知识有一个初步了解，通过专业人员对矿山数据信息资料的具体操作，可以对矿山事故区域进行快速二维制图或三维建模，为抢险救援工作的顺利开展提供更为直观的参考。

第一节　采矿CAD制图基本知识

一、CAD概述

AutoCAD（Autodesk Computer Aided Design）是美国Autodesk（欧特克）有限公司于1982年开发的自动计算机辅助设计软件。它可以在各种操作系统支持的微型计算机和工作站上运行，逐步取代手工绘图，具有广泛的适用性。它可以进行二维（平面）绘图、详细绘制、设计文档和基本三维（立体）设计。

CAD操作方便，通过交互菜单或者命令行方式进行各种操作，与传统的手工绘图相比，计算机绘图不但速度快、精度高，而且便于共享数据、协同工作，并且可以通过网络快速交流。

二、CAD基本功能

1. 绘制与编辑图形

CAD的“绘图”菜单中包含有丰富的绘图命令，可以绘制直线、圆及圆弧、椭圆、点、矩形、多边形、样条曲线、多线、多段线，以及构造线等基本图形，也可以将绘制的图形转换为面域，对其进行填充。CAD提供了正交、对象捕捉、极轴追踪、捕捉追踪等绘图辅助工具。正交功能可以很方便地绘制水平、竖直直线，对象捕捉可以帮助拾取几何对象上的特殊点，追踪功能使画斜线及沿不同方向定位点变得更加容易。借助于“修改”菜单中的修改命令，可以精确绘制出各类采矿二维图形，功能全面，能满足采矿专业制图要求。

在三维建模工作空间中，可通过功能区工具快速创立圆柱体、球体、长方体等基本实体，并可利用各种图形编辑功能，快速准确地获得各种各样的三维图形创立效果。此外，一些二维图形也可通过拉伸、设置标高和厚度等操作轻松地转换为三维图形。

在工程设计中，也常常使用轴测图来描述物体的特征。轴测图是以二维绘图技术来模拟三维对象沿特定视点产生的三维平行投影效果的，但在绘制方法上不同于二维图形的绘制。因此，轴测图看似是三维图形，但实际上是二维图形。

CAD 具有强大的编辑功能，可以移动、复制、旋转、阵列、拉伸、延长、修剪、缩放对象等；CAD 能轻易在图形的任何位置、沿任何方向书写文字，可设定文字字体、倾斜角度及宽度缩放比例等属性；图形对象都位于某一图层上，可设定图层颜色、线型、线宽等特性。

2. 标注图形尺寸

标注尺寸是向图形中添加测量注释的过程，是整个绘图过程中不可缺少的一步。CAD 的“标注”菜单中包含了一套完整的尺寸标注和编辑命令，使用它们可以在图形的各个方向上创建各种类型的标注，标注外观可以自行设定，也可以方便、快速地以一定格式创建符合行业或者项目标准的标注。

标注显示了对象的测量值，对象之间的距离、角度，或者特征与指定原点的距离。在 CAD 中提供了线性、半径和角度 3 种基本的标注类型，可以进行水平、垂直、对齐、旋转、坐标、基线或者连续等标注。此外，还可以进行引线标注、公差标注，以及自定义粗糙度标注。

标注的对象可以是二维图形或者三维图形。

3. 输出与打印图形

CAD 不仅允许将所绘图形以不同样式通过绘图仪或者打印机输出，还能够将不同格式的图形导入 CAD 或者将 CAD 图形以其他格式输出。因此，当图形绘制完成之后可以使用多种方法将其输出。例如，可以将图形打印在图纸上，或者创建成文件以供其他应用程序使用。CAD 可将图形在网络上发布，或者通过网络访问 CAD 资源。

4. 二次开发

CAD 允许用户定制菜单和工具栏，并能利用内嵌语言 Autolisp、Visual Lisp、VBA、ADS、ARX 等进行二次开发。

三、CAD2023 新增功能

1. 标记导入和标记辅助

快速发送反馈并将反馈整合到设计中。从打印的图纸或者 PDF 导入反馈，并自动将更改添加到图形，无须其他绘图步骤。

2. 图纸集管理器

比以往更快地打开图纸集。使用 Autodesk 远程服务平台，向团队成员发送图纸集及打开从团队成员那里接收的图纸集变得更加快速、安全。

3. 计数

使用菜单自动计算选定区域或者整个图形中的块/对象数，以便识别错误并浏览已计数的对象。

4. 图形历史记录

可查看、比较图形的过去和当前版本，以查看工作演变情况。

5.“块”选项板

从桌面上的 CAD 或者 CAD Web 应用快速查看和访问块内容。

6. 浮动窗口

在 CAD 的同一实例中，并排显示或者在多个显示器上显示图形窗口。

7. 随时随地使用 CAD

通过使用 CAD Web 应用的浏览器或通过 CAD 移动应用创建、编辑和查看 CAD 图形。

8. 分享

将图形的受控副本发送给团队成员和同事，以便在任意位置查看或者编辑。

CAD2023 还有更多功能，包括二维草图、图形和注释，三维建模和可视化等。CAD2023 能够实现更多的流程自动化，节省宝贵的时间，更快更高效地完成设计任务。

四、CAD2023 中文版工作界面组成

1. CAD2023 工作界面

CAD2023 工作界面如图 16－1 所示，包括标题栏、菜单栏、绘图区、十字光标、坐标系图标、命令行窗口、状态栏、布局标签和快速访问工具栏等。启动 CAD2023 应用程序后，进入其工作界面。

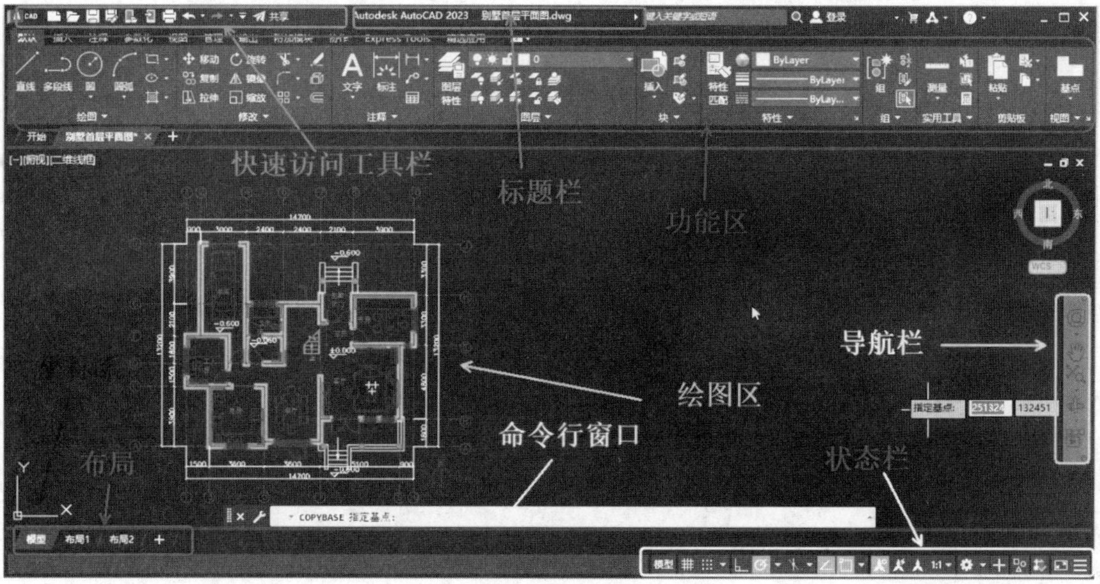

图 16－1　CAD2023 工作界面

2. 标题栏

CAD2023 中文版绘图窗口的最上端是标题栏。在标题栏中，显示了系统当前正在运行的应用程序和用户正在使用的图形文件。第一次启动 CAD2023 中文版时，在绘图窗口的标题栏中，将显示 CAD2023 中文版在启动时创建并打开的图形文件的名字 Drawing 1. dwg。

3. 绘图区

绘图区是指在标题栏下方的大片空白区域，是用户绘制图形的区域。在绘图区域中，还有一个十字线，称为光标，如图 16－2 所示，其交点反映了光标在当前坐标系中的位置。CAD2023 中文版通过光标显示当前点的位置，十字线的方向与当前用户坐标系的 X 轴、Y 轴方向平行，十字线的长度系统预设为屏幕大小的 5%。

4. 坐标系

在绘图区域的左下角有一个箭头指向图标，称为坐标系图标，表示用户绘图时正使用的坐标系形式，如图 16－3 所示。坐标系图标是为点的坐标确定一个参照系，根据工作需要，用户可以选择将其关闭。方法是选择菜单栏中的“视图/显示/UCS 图标/开”命令，可以打开和关闭坐标系图标。

图 16－2　光标

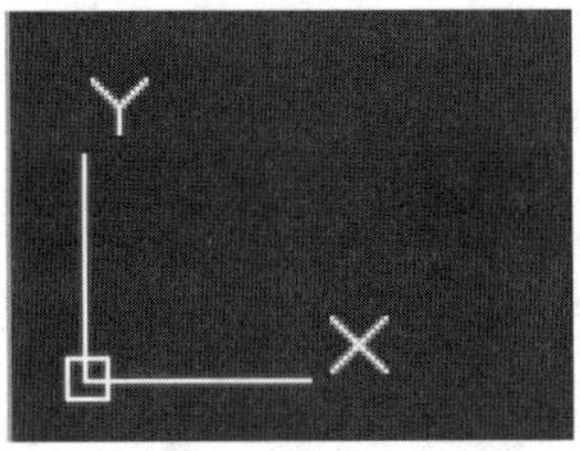

图 16－3　坐标系图标

5. 菜单栏

在 CAD2023 中文版快速访问工具栏处调出菜单栏，同其他 Windows 程序一样，CAD2023 中文版的菜单也是下拉式的，并在菜单中包含子菜单，有“文件”“编辑”“视图”“插入”“格式”“工具”“绘图”“标注”“修改”“参数”“窗口”和“帮助”等，这些菜单几乎包含了 CAD2023 中文版的所有绘图命令。

6. 工具栏

CAD2023 中文版的标准菜单提供了几十种工具栏。选择菜单栏中的“工具/工具栏/AutoCAD/ * * * ”，调出所需要的工具栏，用鼠标单击某一个未在界面显示的工具栏名，系统自动在界面打开该工具栏。反之，关闭工具栏。

7. 命令行窗口

CAD2023 中文版命令行窗口是输入命令名和显示命令提示的区域，默认的命令行窗口布置在绘图区下方，是若干文本行。

8. 布局标签

CAD2023 中文版系统默认设定一个模型空间布局标签和“布局 1”“布局 2”两个图样空间布局标签。

1）布局

布局是系统为绘图设置的一种环境，包括图样大小、尺寸单位、角度设定、数值精确度等。在系统预设的 3 个标签中，这些环境变量都按默认设置，用户可以根据实际需要改变这些变量的值，也可以根据需要设置符合要求的新标签。

2）模型

CAD2023 的空间分为模型空间和图样空间。模型空间是绘图的环境；而在图样空间中，用户可以创建“浮动视口”的区域，以不同视图显示所绘图形。用户可以在图样空间中调整浮动视口并决定所包含视图的缩放比例。如果选择图样空间，则可以打印多个视图，还可以打印任意布局的视图。CAD2023 中文版系统默认打开模型空间，用户可以通过鼠标单击选择需要的布局。

9. 状态栏

状态栏在屏幕的底部，依次有“坐标”“模型空间”“栅格”“捕捉模式”“推断约束”“动态输入”“正交模式”“极轴追踪”“等轴测草图”“对象捕捉追踪”“二维对象捕捉”“线宽”“透明度”“选择循环”等 28 个功能按钮。单击这些开关按钮，可以显现这些功能开关。

10. 功能区

在默认情况下，功能区包括“默认”选项卡、“插入”选项卡、“注释”选项卡、“参数化”选项卡、“视图”选项卡、“管理”选项卡、“输出”选项卡、“附加模块”选项卡等，每个选项卡集成了相关的操作工具，方便用户使用。

五、CAD2023 中文版的简单应用

1. 绘制直线

（1）依次单击“常用”选项卡 ➤“绘图”面板 ➤“直线”。

（2）在绘图区域中单击，即可指定线段的起点和终点。

（3）继续指定其他线段。

若要放弃之前的线段，需在命令提示下输入 u。单击快速访问工具栏上的“放弃”来取消整个线段系列。

（4）按 Enter 键或者 Esc 键（完成时），或者输入 c 使一系列线段闭合。

2. 绘制包含直线段的多段线

（1）依次单击“常用”选项卡 ➤“绘图”面板 ➤“多段线”。

（2）指定多段线的起点。

（3）指定第一条线段的端点。

（4）根据需要继续指定线段端点。

（5）按 Enter 键结束，或者输入 c 使多段线闭合。

3. 绘制矩形

（1）依次单击“常用”选项卡 ➤“绘图”面板 ➤“矩形”。

（2）指定矩形第一个角点的位置。

（3）指定矩形对角点的位置。

4. 绘制多边形

（1）依次单击“常用”选项卡 ➤“绘图”面板 ➤“多边形”。

（2）输入边数。

（3）指定多边形的中心。

（4）执行以下操作之一：

① 输入 i 以指定与圆内接的多边形，如图 16－4 所示。

② 输入 c 以指定与圆外切的多边形，如图 16－5 所示。

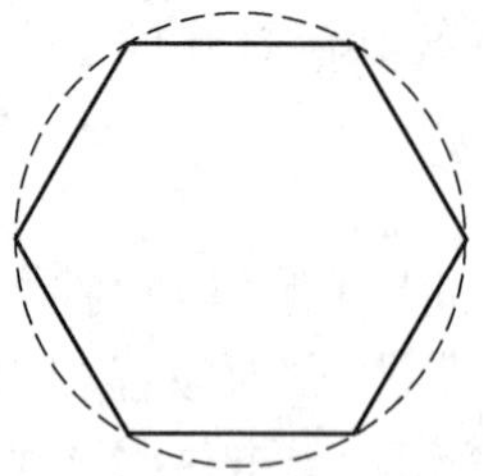

图 16－4　与圆内接的多边形

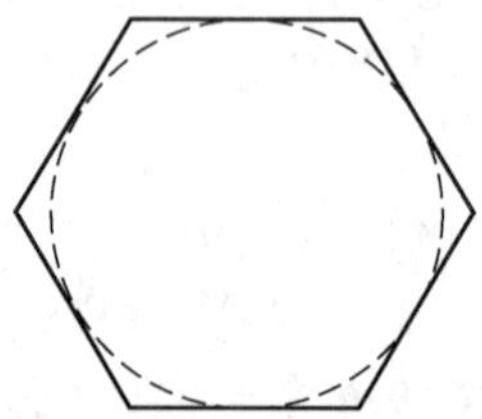

图 16－5　与圆外切的多边形

（5）输入半径长度。

5. 通过圆心和半径或直径绘制圆

（1）执行以下操作之一：

① 依次单击“常用”选项卡 ➤“绘图”面板 ➤“圆”下拉菜单 ➤“圆心，半径”。

② 依次单击“常用”选项卡 ➤“绘图”面板 ➤“圆”下拉菜单 ➤“圆心，直径”。

（2）指定圆心。

（3）指定半径或者直径。

六、CAD 在矿山救援中的应用

由于矿图的复杂性，对于手工绘图人员而言，劳动强度大、精力消耗多，绘制的图纸显得粗糙，精确度低，结构不紧凑，很容易出现错误，并且修改难，给人一种又脏又乱的感觉。因此，对于复杂的矿图，可以利用 CAD 中的各种功能来完成。利用 CAD 制出的矿图不仅美观，而且能够及时发现和修改错误，减少制图的工作量和劳动强度，真正做到了科学、准确地反映井上下的各种情况，有助于准确和及时地进行矿山事故救援工作。

1. 在 CAD 中采用的比例

在矿图绘制过程中，最好使用 1：1 比例画图。输出比例可以任意调整，输出时使用“输出 1 单位 = 绘图 500 单位”就是按 1：500 比例输出。若“输出 10 单位 = 绘图 1 单位”就是放大 10 倍输出。使用 1：1 比例画图的优点如下：

（1）容易发现错误。按实际尺寸画图，很容易发现尺寸设置不合理的地方。

（2）标注尺寸方便。尺寸数字是多少，利用软件测量容易发现错误。

（3）在各图之间复制局部图形或者使用块时，由于都是 1：1 比例，调整块尺寸方便。

（4）由零件图拼成装配图或由装配图拆画零件图非常方便。

（5）不用进行烦琐的比例缩小和放大计算，提高了工作效率，防止出现换算过程中可能出现的差错。

2. 合理利用图层

合理利用图层，可以达到事半功倍的效果。只需画出一份图形文件，就可以组合出许多需要的图纸，需要修改时可针对图层进行。比如在矿图绘制过程中，矿图包含了井上下的各种信息及其变化，如果把这些信息全部放在一个图层上，图就显得比较乱，也不易于进一步处理。如果把矿图的煤层底板等高线、巷道、地表等信息按不同类别建立不同的图层，就会容易很多，并且如果某一个图层出现错误，可以单独地在这个图层上修改，而不影响其他图层。

3. 处理手工绘制的工程图样

要把一些手工绘制的重要图纸输入计算机，可以通过重新绘制来完成。但是，这样对于一些复杂的矿图显然比较费事。把图纸扫描到计算机，利用 CAD 处理的图形，对比原图应用 CAD 进行编辑和修改。这样可以达到事半功倍的效果。

第二节　数据库基本知识

一、数据库及数据库系统

1. 数据库

数据库是长期储存在计算机内的、有组织的、可共享的大量数据的集合。数据库的数据按一定的数据模型组织、描述和存储，具有以下特点：

（1）较小的冗余度。

（2）较高的数据独立性和易扩展性。

（3）应用程序对数据资源进行共享。

（4）统一管理和控制。

2. 数据库系统

数据库系统是由数据库、数据库管理系统、应用程序和数据库管理员组成的用来存储、管理、处理、维护数据的系统。

数据库系统使信息系统从以加工数据程序为中心，转向以围绕共享数据库为中心的新阶段。

二、数据库管理系统

1. 数据库管理系统的功能

数据库管理系统是计算机的基础软件，主要功能包括：

（1）数据定义功能。数据库管理系统提供数据定义语言，通过它，用户可以对数据库数据对象的组成和结构进行定义。

（2）数据组织、存储和管理功能。数据库管理系统要分类组织、存储、管理各种数据，包括数据字典、用户数据、数据库存取路径等。数据库管理系统提供多种存取方法（如索引查找、散列查找、顺序查找等）来提高存取效率。

（3）数据操纵功能。数据库管理系统提供数据库操作语言，用户通过它可以操作数据，实现对数据库的基本操作，如增、删、改、查。

（4）数据库的事务管理和运行管理功能。数据库在建立、运用、维护时由数据库管理系统统一管理和控制，确保事务正确运行，以保证数据的安全性、完整性，并在多用户同时使用数据库时进行并发控制，在发生故障后对数据库进行恢复。

（5）数据库的建立和维护功能。该功能包括数据库初始数据的输入、转换功能，数据库的转储、恢复功能，数据库的重组功能和性能监视、分析功能等。这些功能一般是由一些实用程序或者管理工具完成的。

（6）其他功能。数据库管理系统与其他软件的通信功能，与其他数据库管理系统的数据转换等。

2. 数据库管理系统的组成

（1）硬件平台及数据库：包括足够大的内存（存放操作系统、数据库管理系统的核心模块、数据缓冲区和应用程序）、足够大的磁盘或者磁盘阵列等。

（2）软件：主要包括数据库管理系统、支持数据库管理系统运行的操作系统、具有与数据库接口的高级语言及其编译工具、以数据库管理系统为核心的应用开发工具，以及为特定应用环境开发的数据库应用系统。

（3）人员：主要包括数据库管理人员、系统分析员、数据库设计人员、应用程序员和用户。

三、MySQL 数据库的基本操作

1. 启动 MySQL 服务

通过 DOS 命令启动 MySQL 服务，点击“开始”菜单，在搜索框中输入“cmd”，以管理员身份运行，按回车键，弹出命令提示符界面。然后输入 net start mysql，按回车键，即启动 MySQL 服务；停止 MySQL 服务的命令为 net stop mysql。启动 MySQL 服务，如图 16 – 6 所示。

2. 登录 MySQL 数据库

（1）单击“开始”➤“Windows 系统”➤“命令提示符”。

（2）打开命令行提示符界面，输入命令 cd C:\Program Files\MySQL\MySQL Server 5.7\bin\，按回车键。

（3）在命令提示符界面可以通过登录命令 mysql – h 127.0.0.1 – u root – p 连接 MySQL 数据库。

按回车键，系统会提示输入密码（Enter password），输入配置向导中设置的密码，验证正确后，即可登录 MySQL 数据库。

在 DOS 窗口下运行该命令后，系统会提示输入密码。密码输入正确以后，即可登录 MySQL 数据库。可以在 mysql 命令中直接加上密码，该命令为 mysql – h localhost – u root – proot。这里的 – p 后面的 root 就是密码。此处特别注意 – p 和密码之间没有空格。如果出现空格，系统将不会把后面的字符串当成密码来对待。

（4）登录成功后进入 MySQL 初始界面，会出现“Welcome to the MySQL monitor”的欢迎语，还有一些说明性的语句。

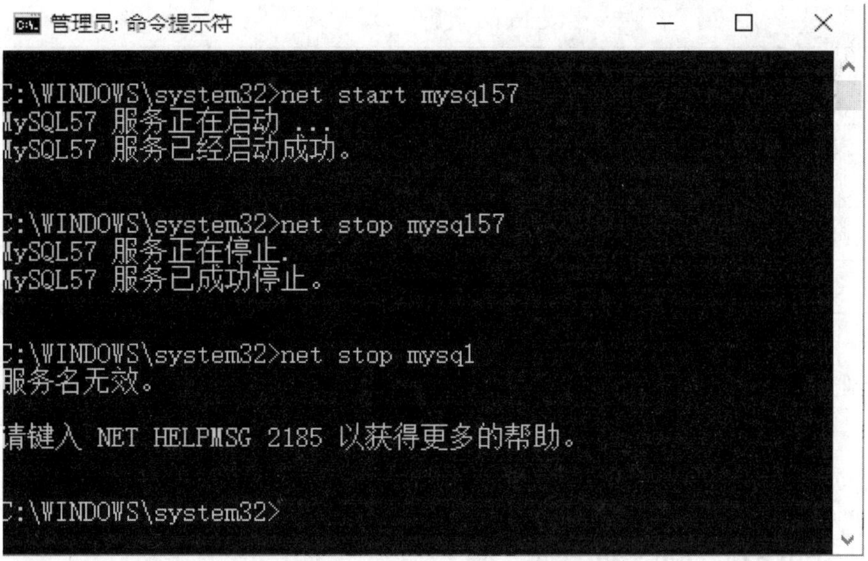

图 16-6　启动 MySQL 服务

3. 创建数据表

在 MySQL 中，可以使用 CREATE TABLE 语句创建表。其语法格式为：

CREATE TABLE <表名>([表定义选项])[表选项][分区选项]；

其中，[表定义选项] 的格式为：

<列名 1> <类型 1>[,…] <列名 n> <类型 n>

CREATE TABLE 命令语法比较多，其主要是由表创建定义（create - definition）、表选项（table - options）和分区选项（partition - options）组成的。

CREATE TABLE 语句的主要语法及使用说明如下：

（1）CREATE TABLE：用于创建给定名称的表，必须拥有表 CREATE 的权限。

（2）<表名>：指定要创建表的名称，在 CREATE TABLE 之后给出，必须符合标识符命名规则。表名称被指定为 db_name. tbl_name，以便在特定的数据库中创建表。无论是否有当前数据库，都可以通过这种方式创建。在当前数据库中创建表时，可以省略 db - name。如果使用加引号的识别名，则应对数据库和表名称分别加引号。例如，'mydb'. 'mytbl' 是合法的，但 'mydb. mytbl' 不合法。

（3）<表定义选项>：表创建定义，由列名（col_name）、列的定义（column_definition）和可能的空值说明、完整性约束或表索引组成。

（4）默认的情况是表被创建到当前的数据库中。若表已存在、没有当前数据库或者数据库不存在，则会出现错误。

（5）要创建的表的名称不区分大小写，不能使用 SQL 语言中的关键字，如 DROP、ALTER、INSERT 等。

（6）数据表中每个列（字段）的名称和数据类型，如果创建多个列，要用逗号隔开。

例如：创建员工表 tb_emp1，结构见表 16-1。

表16-1 员　工　表

字段名称	数据类型	备注
id	INT(11)	员工编号
name	VARCHAR(25)	员工名称
deptld	INT(11)	所在部门编号
salary	FLOAT	工资

选择创建表的数据库 test_db，创建 tb_emp1 数据表，输入的 SQL 语句和运行结果如下：

```
mysql > USE test_db;
Database changed
mysql > CREATE TABLE tb_emp1
    -> (
    -> id INT(11),
    -> name VARCHAR(25),
    -> deptId INT(11),
    -> salary FLOAT
    -> );
Query OK, 0 rows affected (0.37 sec)
```

语句执行后，便创建一个名称为 tb_emp1 的数据表，使用 SHOW TABLES；用语句查看数据表是否创建成功，如下：

```
mysql > SHOW TABLES;
+--------------------+
| Tables_in_test_db  |
+--------------------+
| tb_emp1            |
+--------------------+
1 rows in set (0.00 sec)
```

4. 修改/删除字段

MySQL 中修改表字段名的语法规则如下：

ALTER TABLE <表名> CHANGE <旧字段名> <新字段名> <新数据类型>；

其中：

（1）旧字段名：修改前的字段名。

（2）新字段名：修改后的字段名。

（3）新数据类型：修改后的数据类型，如果不需要修改字段的数据类型，可以将新数据类型设置成与原来一样，但数据类型不能为空。

例如：使用 ALTER TABLE 修改表 tb_emp1 的结构，将 col1 字段名称改为 col3，同时将数据类型变为 CHAR(30)，SQL 语句和运行结果如下：

```
mysql > ALTER TABLE tb_emp1
    -> CHANGE col1 col3 CHAR(30);
Query OK, 0 rows affected (0.76 sec)
Records: 0  Duplicates: 0  Warnings: 0
mysql > DESC tb_emp1;
+--------+-------------+------+-----+---------+-------+
| Field  | Type        | Null | Key | Default | Extra |
+--------+-------------+------+-----+---------+-------+
| col3   | char(30)    | YES  |     | NULL    |       |
| id     | int(11)     | YES  |     | NULL    |       |
| name   | varchar(30) | YES  |     | NULL    |       |
| deptId | int(11)     | YES  |     | NULL    |       |
| salary | float       | YES  |     | NULL    |       |
+--------+-------------+------+-----+---------+-------+
5 rows in set (0.01 sec)
```

5. 删除数据表

使用 DROP TABLE 语句可以删除一个或多个数据表，语法格式如下：

DROP TABLE [IF EXISTS] 表名 1 [，表名 2，表名 3…]

对语法格式说明如下：

（1）表名 1，表名 2，表名 3…表示要被删除的数据表的名称。DROP TABLE 可以同时删除多个表，只要将表名依次写在后面，相互之间用逗号隔开即可。

（2）IF EXISTS 用于在删除数据表之前判断该表是否存在。如果不加 IF EXISTS，当数据表不存在时 MySQL 将提示错误，中断 SQL 语句的执行；加上 IF EXISTS 后，当数据表不存在时 SQL 语句可以顺利执行，但是会发出警告（warning）。

需要注意的是：用户必须拥有执行 DROP TABLE 命令的权限，否则数据表不会被删除；表被删除时，用户在该表上的权限不会自动删除。

例如：删除数据表 tb_emp3，输入的 SQL 语句和运行结果如下：

```
mysql > DROP TABLE tb_emp3;
Query OK, 0 rows affected (0.22 sec)
mysql > SHOW TABLES;
+--------------------+
| Tables_in_test_db  |
+--------------------+
| tb_emp2            |
+--------------------+
1 rows in set (0.00 sec)
```

可以看到，test_db 数据库的数据表列表中已经不存在名称为 tb_emp3 的表，删除操作成功。

四、数据库在矿山救援中的应用

针对矿山救援的实际情况，矿山救援信息管理系统数据库的基本功能应包含对矿山生产过程中的数据收集、监测监控和应急预案管理等。一旦发生事故，即能快速反应，迅速预警，并调取存储的数据，综合专家预测、类似事故分析等，生成优化的、可供参考的救援方案。同时，能辅助现场救援，对矿山事故进展情况进行数据统计分析，为科学、快速决策提供参考，并及时对外发布准确的救援信息和事故造成的损失信息。

1. 数据库设计

空间数据和属性数据是系统数据的两种体现方式。在矿山救援信息管理系统中，空间数据主要包含地图信息，根据图层进行归类；属性数据库存储所有有关属性的关系数据表。矿山救援信息管理系统属性数据库的设计以维护方便、便于统计为原则，避免产生大量数据运行时产生冗余数据，从而影响系统的运行速度。

矿山救援信息管理系统数据库设计步骤如图 16－7 所示，具体包括：①空间数据库的需求分析；②确定地理实体及实体之间的关系表达；③空间实体的逻辑表达；④选择合适的数据模型；⑤空间数据集组织。

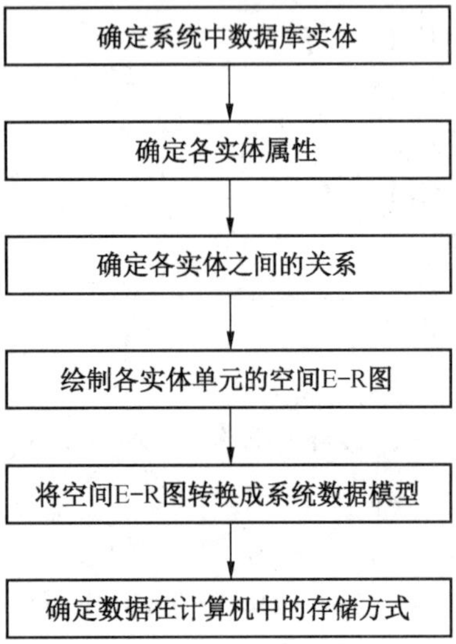

图 16－7　数据库设计步骤

2. 数据库实现

矿山救援信息管理系统可以分为服务层、数据存储层、信息通信连接层、业务逻辑层和展现层 5 个层次。

服务层用于采集各个系统的相关数据，针对不同系统采集的设备数据特点，制订数据传输协议，通过标准的协议来获得应急管理所需的数据，提供给矿山救援信息管理系统。

数据存储层包括管理信息数据、各类设备的采集数据、空间数据、应急预案库、应急事件实例库、案例库和知识库。除了关系型的数据库以外，数据存储还应包括一些常用的文件格式，如 XML 文件、Word 文档、Excel 表格、JPG 图像等。

信息通信连接层是对矿山的监控技术、物联网技术、GPS 定位技术、5G 无线通信技术等，实现统一的信息采集和事故现场人员定位。

业务逻辑层是整个矿山救援信息管理系统的核心部分。其功能分为救援信息的基本功能、查询调用功能、统计分析功能、数据采集功能、报表自动生成功能和应急救援方案的编制、查询、修改功能，以及应急救援资料库的建立查询功能。要简化用户操作，及时生成应急救援方案，作为矿山救援队应急救援的参考，提高救援效率。

展现层是对用户界面的展示。矿山救援信息管理系统的界面一般应采用 C/S 架构和 B/S 架构，对于需要迅速响应和系统安全性要求非常高的应急报警、应急决策等采用 C/S

架构；而为了应急指挥的外部执行、历史数据信息查询、应急调度管理、统计资料生成等则采用 B/S 架构，以便于访问。

第三节　信息管理基本知识

一、信息及信息管理的概念

信息是认知主体对物质特征、运动方式、运动状态及运动有序性的反映和揭示，是事物之间的相互联系、相互作用状态的描述。

信息管理是指在整个管理过程中，人们收集、加工和输入、输出的信息的总称。信息管理的过程包括信息收集、信息传输、信息加工和信息储存等。

二、信息管理的内容与主要任务

1. 信息管理的内容

信息管理主要有宏观管理、中观管理和微观管理，其内容主要包括：

（1）信息资源的开发、调配与组织管理。

（2）信息传递与交流组织。

（3）信息研究、咨询与决策。

（4）信息技术管理。

（5）信息系统管理。

（6）信息服务与用户管理。

企业信息管理是指企业利用计算机技术、网络技术等一系列先进的信息技术，将企业生成和使用的信息进行组织，使之系统化、数字化、网络化，并服务于企业的管理和发展战略，提高企业竞争力。

2. 信息管理的主要任务

识别使用者的信息需要，对数据进行收集、加工、存储和检索，对信息的传递加以计划，将数据转化为信息，并将这些信息及时、准确、适用和经济地提供给各级主管和其他相关人员。

企业信息管理分为 3 个层次：第一层次，企业在生产中广泛使用电子信息技术；第二层次，推广计算机的应用，对数据进行存储和处理；第三层次及更高层次的管理，引用大型的集成应用系统。

3. 信息资源的开发和利用

开发和利用信息资源的能力包括：信息符号的识别能力、信息资源的调查能力、信息检索能力、信息分析鉴别能力和信息的处理转化能力。

信息资源开发和利用的方法主要有：观察分析法、理性思维法、社会调查分析法、数据库法和网络化方法。

信息资源开发和利用解决的主要问题是：决策问题、具体操作问题。

信息资源在企业管理中具有十分重要的作用。不论是企业安全运行、市场前景调研、技术研发还是预测未来发展规划，都必须以信息资源为依托。从本质上来讲，信息是决策之本，是决策的依据。企业的各项重要决策必须以不断完备的信息资源为基础，只有快速、精准、完备地采集、分析、整理和使用信息，才能更好地进行决策工作。因此，企业领导及全体员工要提高信息意识，强化信息管理，建立和完善信息资源管理机构，加强信息资源管理人才培养和队伍建设，重视信息系统软件的选择，确定系统的实施和咨询团队，有效地利用信息资源，助推企业安全、高效、可持续发展。

三、信息管理在矿山安全生产及事故应急救援中的应用

矿山企业将获得的各种有效信息，要完成识别、转换、存储和再生等程序，将“安全第一、预防为主、综合治理”作为安全管理生产的方针，将以人为本作为安全管理生产的理念，建立安全技术的咨询系统、安全信息管理系统、事故应急救援指挥系统、安全监测监控预警系统和安全教育培训系统，充分运用信息技术对矿山企业的资源进行整合，强化矿山企业安全管理信息化建设。

煤矿应急管理与救援指挥信息系统开发和应用的目标：

（1）通过预先设计的综合应急预案，迅速组织救援队伍，利用一切可以利用的力量，在灾害事故发生后迅速控制其发展，并努力使灾害损失降至最低。

（2）通过研究煤矿应急管理与救援指挥信息系统，实现为煤矿工作人员提供安全全方位服务的目标，使煤矿能及时更新安全信息，降低安全管理成本，在发生事故时能及时作出反应并采取相关措施，提高事故的救援效率，有效减少事故损失。

（3）煤矿应急管理与救援指挥信息系统借助 GIS 平台，利用基于复杂地质条件下的三维地质模型建模技术，实现对井下工作环境的三维展示，在灾害发生时，可直观显示井下实际条件，为决策者迅速作出正确决策提供可靠依据。

（4）应用计算机信息技术，建立煤矿应急管理与救援指挥信息系统，可有效提高煤矿企业的信息获取能力、快速反应能力、组织协调能力、决策指挥能力和防灾抗灾减灾能力。

第十七章　矿山救援装备（仪器）的使用与管理

矿山救援装备（仪器）是矿山救援队处理各类灾害事故的硬件保障，必须符合国家标准、行业标准和矿山安全有关规定。各级矿山救援队应按照周期对装备（仪器）进行维护和保养，开展常规化学习与训练，确保救援装备（仪器）时刻处于完好可用状态。

按照矿山事故类型不同，矿山救援装备（仪器）可分为处理井下水、火、瓦斯、煤尘和顶板事故的救援装备（仪器）。按照救援队管理属性不同，矿山救护装备（仪器）分为个人、小队、中队、和大队装备（仪器）。按照装备（仪器）使用功能不同，矿山救护装备（仪器）分为个人防护、搜救、通信、检测、灭火、排水、破拆及支护、运输等救援装备（仪器）。

第一节　矿山救援个体防护装备（仪器）

矿山救援个体防护装备（仪器）是应急救援人员在有毒有害气体、高温缺氧等危险环境中对自身安全有效防护的必要保障装备，必须时刻保证个体防护装备（仪器）的性能完好、状态可用。按照《矿山救援规程》《矿山救护队标准化考核规范》中装备配备标准，矿山救援个体防护装备（仪器）包括4 h氧气呼吸器、2 h氧气呼吸器、自动苏生器、自救器等。

一、氧气呼吸器

按照《国家安全监管总局关于印发淘汰落后安全技术装备目录（2015年第一批）的通知》（安监总科技〔2015〕75号）的规定，自2015年起矿山救援队使用的氧气呼吸器全部为正压氧气呼吸器，即呼吸系统（包括面罩）内的压力始终高于外界环境大气压力，可有效阻止外界有毒有害气体进入呼吸系统。氧气呼吸器结构分为呼吸舱式和气囊式两大类。矿山救援队使用的4 h氧气呼吸器以HYZ4、HYZ4（A/B/C/D/E/N/T/Z）、PSSBG4、Biopak 240R等型号为主，其中前两种型号为国产自主研发制造；2 h氧气呼吸器以HYZ2、HYZ2（A/C/D/G）型号为主，为国产自主研发制造。

氧气呼吸器对于矿山应急救援人员的重要性不言而喻，故氧气呼吸器的日常管理尤为重要，包括使用、存放、周期合格性查验、定期更换药品、佩戴后清洗等方面，日常管理责任人应为使用者本人。

二、自动苏生器

自动苏生器是对中毒或窒息的伤员自动进行人工呼吸或输氧的急救器具。目前矿山救援队使用的自动苏生器主要型号为 MZS30、ZS－45 等。根据自动苏生器的配备属性不同，即（大队所属/独立）中队配备的自动苏生器日常管理应为（大队所属/独立）中队，具体到责任人；小队配备的自动苏生器日常管理应为小队，具体到责任人。基于以上两种型号的自动苏生器自动肺结构及工作原理，在使用时应注意一点，MZS30 型自动苏生器不能在有毒有害气体环境下对伤员进行心肺复苏，ZS－45 型自动苏生器则不受环境的约束。

三、自救器

按照《矿山救援规程》《矿山救护队标准化考核规范》中装备配备标准，矿山救援队配备使用的自救器为隔绝式压缩氧自救器，是一种小型氧气呼吸器，其氧气来源于自救器中的高压氧气瓶。目前矿山救援队使用的压缩氧自救器主要型号为 ZYX30、ZYX45、ZYX60 等。根据自救器配备属性不同，（大队所属/独立）中队配备的自救器日常管理应为（大队所属/独立）中队，具体到责任人；个人配备的自救器日常管理责任人应为使用者本人。

第二节　矿山救援灭火装备

矿山救援灭火装备是救援队在处理矿山火灾事故、爆炸事故时的有效装备保障。按照《矿山救援规程》《矿山救护队标准化考核规范》中装备配备标准，矿山救援队灭火装备包括高倍数泡沫灭火机、惰气灭火装置、快速密闭等。

矿山救援指挥员除需要掌握矿山救援灭火装备的使用外，还应较全面地掌握大型灭火装备的准备（吊装、运输、组装）、使用位置的选择、使用人员的调度等方面。

一、高倍数泡沫灭火机

高倍数泡沫灭火机利用隔绝、载水降温及热量交换三重作用联合灭火。当发生火灾事故，需要使用高倍数泡沫灭火机进行灭火时，指挥员应及时调度安排车辆对设备进行吊装及运输，到达灾区后，根据灾区情况分析研判，做好安全防范措施，在合理位置（保证所有与泡沫流经路线连通的支巷口，都必须封闭，确保利用巷道输送泡沫灭火的有效距离，平巷应控制在 300 m 以内，不大于 15°的上山巷道应控制在 200 m 以内）组织操作人员对设备（通风机、水泵、接线盒、开关、电缆线等）进行组装，确认连接正常后开始对灾区进行发泡灭火。

按照《矿山救援规程》《矿山救护队标准化考核规范》中装备配备标准，大队配备 400 型高倍数泡沫灭火机，大队所属中队（或独立中队）配备 200 型高倍数泡沫灭火机。大队及大队所属中队（或独立中队）应配备专职装备管理人员对设备进行日常维护及保养，保证设备完好随时可用。

二、惰气灭火装置

目前矿山救援队使用的惰气灭火装置常为液态二氧化碳发生装置，它利用保温存储罐内的液态二氧化碳将自身压力作为动力，经不锈钢远距离液体输送管路流至灾区，通过喷头汽化喷射，稀释降低灾区中的氧气浓度，使其达到燃烧所需的含氧量以下，火即刻自动熄灭。当发生火灾事故，需要使用惰气灭火装置进行灭火时，指挥员应及时调度安排车辆对设备进行吊装及运输，到达灾区后，根据灾区情况分析研判，做好安全防范措施，在合理位置组织操作人员对设备管路进行连接及铺设，确认连接正常后开始发射液态二氧化碳对灾区进行灭火。

按照《矿山救援规程》《矿山救护队标准化考核规范》中装备配备标准，惰气灭火装置为大队配备的救援装备，大队应配备专职装备管理人员对设备进行日常维护及保养，保证设备完好随时可用。

1. 液态二氧化碳特性及灭火机理分析

二氧化碳是一种窒息性气体，它在不同的压力、温度条件下有三种形态，气、液、固三态均不燃烧、不助燃。液态二氧化碳密度随温度的变化而改变，－37 ℃时的密度约为 1101 kg/m^3，汽化热为 137 kcal/kg，在 15 ℃和 1 个大气压下，1 t 液态二氧化碳体积膨胀约 640 倍。

液态二氧化碳灭火机理包括窒息作用、冷却降温作用、惰化抑爆作用。

（1）窒息作用：向发火或具有高温火点的采空区内注入液态二氧化碳立即会形成大量的高浓度二氧化碳，使采空区内原有氧气浓度相对减小，煤体对二氧化碳具有较强的吸附作用，很容易替代氧气从而覆盖煤体燃烧体表面，减少煤体燃烧体表面氧气浓度，当氧气浓度下降到 11.5% 以下时火区内明火因缺氧气而熄灭。

（2）冷却降温作用：直接喷注液态二氧化碳时，可使火源明显降温，加速熄灭火源。液态二氧化碳喷入火区空间会瞬间汽化，体积将膨胀 640 倍左右，需要吸收大量热量，温度急剧下降。同时扩散到采空区内的二氧化碳气体也会吸收氧化反应过程中产生的热量，降低周围介质的温度，以减缓煤的升温速度，使得煤的氧化反应由于聚热条件被破坏而延缓或者终止。

（3）惰化抑爆作用：汽化后的二氧化碳在冲淡可燃气体与氧气含量的过程中，使得火区空间气体惰化程度不断增大，当氧气浓度下降到 14.6% 以下，即二氧化碳浓度达到 23% 以上时火区失去爆炸性。

2. 使用液态二氧化碳灭火装置的要点

（1）在火区封闭作业时，流进火区的风速应维持不变，保持足够高的风速可以防止烟流滚退或者形成可燃气体层，一旦发生严重的烟流滚退，烟流充满构筑防火墙区域，人员必须撤退。

（2）实施注二氧化碳措施时，必须保证注入封闭区域内的惰性气体呈紊流流动状态，巷道风速应保持在 0.5 m/s 以上，以起到充分稀释及降温的作用，从而使可燃气体失去爆炸性，达到惰化火区的目的，实现安全封闭火区。

（3）封闭火区后，供风量急剧减少，注入的二氧化碳可能引起火区内风流方向发生变化，如同“活塞”一样推动可燃气体至火源，引起爆炸。因此，向封闭火区内注入惰性气体必须采取预防爆炸的措施。

（4）根据二氧化碳注入的火区阻爆临界氧气浓度为 14.6% 的特性，为保证灾区失去爆炸性，二氧化碳浓度应达到 30% 以上，由于二氧化碳比重大，在取样化验时，应在巷道中上部采集，保证灾区内全部达到阻爆临界氧气浓度。

（5）在分析火区爆炸性过程中，必须注意检测氢气、一氧化碳等可燃气体，当其高浓度存在时，火区爆炸的上下限会明显扩大，应利用气相色谱分析仪时刻检测气体情况。

（6）液态二氧化碳由于纯度原因，在汽化后可能会含有比较高的一氧化碳，注意其自身携带杂质气体对火区气体分析的干扰。

三、快速密闭

快速密闭是能够在较短的时间内，隔绝空气进行灭火的密闭墙。它适用于矿山井下快速临时密闭，封堵巷道漏风，封闭火区，控制火势、烟雾等。目前国内矿山救援队使用的主要有气囊型和喷涂型快速充气密闭。当发生火灾事故，需要使用快速密闭进行灭火时，指挥员应对封闭的位置进行合理正确的研判分析确定，同时对灾区发生爆炸的概率进行全面分析，计算爆炸时间，保证救援队员的生命安全。

按照《矿山救援规程》《矿山救护队标准化考核规范》中装备配备标准，快速密闭为大队及独立中队配备装备，大队及独立中队应配备专职装备管理人员对设备进行日常维护及保养，保证设备完好随时可用。

第三节　呼吸器校验装备

呼吸器校验装备主要指氧气呼吸器校验仪。氧气呼吸器校验仪是用以准确检验氧气呼吸器各项技术指标是否符合规定标准的专用仪器。按照《矿山救援规程》《矿山救护队标准化考核规范》中基本装备配备标准规定，矿山救援大队应配备 2 台氧气呼吸器校验仪，大队所属中队和独立中队应分别配备 2 台氧气呼吸器校验仪，矿山救援小队应配备 1 台氧气呼吸器校验仪。

氧气呼吸器校验仪型号较多，常用型号主要包括：HAJ－Ⅱ型呼吸器检测仪、JY－1型正压氧气呼吸器校验仪、RZ7000 型呼吸器校验仪、JMH－E 型氧气呼吸器检验仪等。不同型号的氧气呼吸器校验仪原理不尽相同，但校验氧气呼吸器的技术指标基本相同，主要技术指标包括：①呼、吸气阀的密封性；②排水阀的气密性；③正压气密性；④排气阀开启压力；⑤高压气密性测试；⑥定量供氧流量；⑦自动补给阀的开启压力值；⑧手动补给阀测试；⑨低压报警值等。

使用氧气呼吸器校验仪的主要注意事项有：

（1）使用氧气呼吸器校验仪前，应检查校验仪整机气密性。

（2）使用氧气呼吸器校验仪时，应进行无油脂操作。

（3）使用氧气呼吸器校验仪时，应检查校验仪压力计和流量计是否归零。

（4）使用氧气呼吸器校验仪时，应检查并核对氧气呼吸器与校验仪的接口连接是否正确。

根据氧气呼吸器的配备属性，即大队所属/独立中队配备的氧气呼吸器日常管理应为大队所属/独立中队，具体到责任人；个人配备的氧气呼吸器日常管理责任人应为使用者本人。

第四节　救援通信装备

救援通信装备是救援队在应急值守、应急响应、救援行动中必不可少的装备之一，是指挥部与井下救援小队联系的纽带，可以实时地将井下灾区的视频音频信息、环境信息、遇险人员状况传输给指挥人员，同时将指挥人员的决策和方案实时地传输给救援人员，先进的通信设备可以提高救援工作效率，减少人员伤亡和财产损失。按照《矿山救援规程》《矿山救护队标准化考核规范》中基本装备配备标准规定，矿山救援队通信器材包括视频指挥系统、救灾电话、录音电话等。

一、视频指挥系统

视频指挥系统是由矿用本安型基站、本安型路由器、本安型平板电脑、本安型手机、本安型多参数测定器、轻型矿用光缆等组合而成的，可进行双向对称数字信号传输，提供一种可实时监视和直接联络事故现场的先进技术手段。视频指挥系统能够实现将灾害现场视频、音频信号传送至地面指挥部和各级救援指挥中心，地面指挥部和各级救援指挥中心根据灾区情况向一线救援人员发送救援指令等双向通信功能。

二、救灾电话

救灾电话可分为有线救灾电话、无线救灾电话、有线/无线自适应应急救援通信设备。目前，救援队常规配备的救灾电话为有线救灾电话。有线救灾电话在信号的传输过程中依靠线路进行传输。传输线有双绞电话线、同轴线缆、网线、光纤等。常用的有线救灾电话有 KTT9 型灾区电话，主要由通信电缆、电源通信盒、耳麦组成，与正压氧气呼吸器配套使用，通过多站接力方式，通信距离可达 2000 m。

三、录音电话

录音电路主要包括电源转换模块、单片机、音频监测模块、录音模块、存储卡和实时时钟。电源转换模块与外部电源相连接并输出直流电源为各个模块供电；单片机分别与录音模块、音频监测模块、存储卡及实时时钟相连接；音频监测模块与录音模块相连接，该录音模块与通信系统中的音频线路相连接；录音模块由单片机控制进行音频采集，并将音频数据保存在存储卡中。该电路安装在煤矿井下通信控制系统中，通过监测通信系统内音频线上的信号，进行沿线语音数据的采集和数据编码，将编码文件存储到内部存储卡上，从而实现对沿线语音的实时记录功能，具有存储量大、录音时间长、功耗低、可靠性强、成本低廉等特点。

第五节　矿山救援检测装备

矿山救援检测装备是救援队在事故抢险救援中的必备装备，主要用于救援现场的环境气体、温度、风速测定，被困人员搜寻等工作。先进的检测装备不仅可以有效提高救援工作效率，保证救援的成功，而且可以帮助救援人员避免次生事故的发生，保障救援人员的生命安全。

按照《矿山救援规程》《矿山救护队标准化考核规范》中基本装备配备标准规定，矿山救援队检测装备包括气体分析化验设备、热成像仪、生命探测仪、瓦斯检定仪、多参数气体检测仪、红外测温仪、风速表等。

一、气体检测类装备

灾区的气体检测共有 2 种形式：一种是采用便携式气体检测仪进行灾区现场检测，主要检测 O_2、CH_4、CO、CO_2、H_2 等气体浓度，判定灾区是否存在有毒性、窒息性气体，是否具备爆炸危险及事故类别；另一种是人工使用取样器、球胆采集灾区气体，利用气体分析化验车或者便携式气相色谱仪进行全组分气体化验分析，主要检测 H_2、O_2、N_2、CH_4、CO、CO_2、C_2H_4、C_2H_6、C_2H_2、C_3H_8 等气体浓度，主要检测火灾标志性气体，综合判断灾情发生发展变化趋势。

便携式气体检测仪可分为化学式气体检测仪、光学式气体检测仪、催化燃烧式气体检测仪、热导式气体检测仪、电化学式气体检测仪等，救援队常用的多种气体检定器属于化学式气体检测仪，瓦斯检定器属于光学式气体检测仪，氧气检定器属于电化学式气体检测仪，多参数气体检测仪根据检测气体种类安装不同类型的气体传感器。按照国家相关标准规定气体检测类仪器检定周期一般不超过 1 年。

二、雷达生命探测仪

雷达生命探测仪是一种微波生命探测设备，适用于在自由空间和穿透非金属介质进行生命探测，主要用来对被掩埋在倒塌建筑物、废墟、土壤中的人类幸存者或者对烟、雾等环境中的人类生命体进行探测搜寻。

三、红外测温仪

红外测温仪主要由光学系统、光电探测器、信号放大器及信号处理、显示输出等部分组成。光学系统汇聚其视场内的目标红外辐射能量，视场的大小由测温仪的光学零件及其位置确定。红外能量聚焦在光电探测器上并转变为相应的电信号。该信号经过放大器和信号处理电路，并按照仪器内置的算法和目标发射率校正、环境温度补偿后转变为被测目标的温度值。

在自然界中，一切温度高于零度的物体都在不停地向周围空间发出红外辐射能量。物体的红外辐射能量的大小及其按波长的分布与它的表面温度有着十分密切的关系。因此，通过对物体自身辐射的红外能量的测量，便能准确地测定它的表面温度，这就是红外辐射测温所依据的客观基础。

目前国内外使用的红外温度测定仪大都是运用微处理电子技术集光、机、电于一体的智能式非接触测温仪表。矿山救援队员携带其进入灾区，可迅速检测灾区的环境温度，并根据探测距离，对火源点、火势等作出正确判断。

四、红外热成像仪

红外热成像仪是根据红外成像原理，利用周围的物体会不停地发出热红外线的原理，探测人类肉眼不能直接看到的可见光范围以外的物体。利用探测仪测定目标本身和背景之间的红外线差可以得到不同的红外图像，热红外线形成的图像称为热图像。目标的热图像和目标的可见光图像不同，它不是人眼所看到的目标可见光图像，而是目标表面温度分布图像。红外热像仪将人眼不能直接看到目标的表面温度分布，变成人眼可以看到的代表目标表面温度分布的热图像。

矿用本质安全型红外热成像仪在矿山救援中主要用于煤矿的热成像和测温功能。可在具有爆炸危险环境的热成像和温度测试，可寻找高温区域，实时温差成像，适用于救援队在黑暗浓烟条件下搜寻遇险人员、寻找高温点或观测火场中的火源及火势蔓延方向。

第六节　其他救援装备的使用、保养和操作演练

一、其他救援装备

（一）破拆与支护装备

（1）液压剪切器主要由剪切刀片、中心锁轴锁头、双向液压锁、手控双向阀及手轮、工作油缸、油缸盖、高压软管及操作手柄等部件构成。机动泵或手动泵作为动力源，产生较大推力，拖过软管、手动双向阀作用于工作油缸，产生较大推力。主要用于发生事故时，剪断直径较小的障碍物，救援被夹持或困于危险环境的受害者。使用时如果发生故障应立刻停机并锁上机器，迅速检查故障原因，排除故障后方可继续使用，运行过程中如需要调整设备，必须保证周围无人，使用前与使用完毕后都需液压剪切器要进行检查。

（2）液压顶撑杆主要由固定支撑、移动支撑、双向液压锁、手控双向阀、工作油缸、油缸盖、高压软管及操作手柄等部件构成，用于支起重物。使用前检查工具外观，查看把手是否牢固，处于工作状态时不能进行液压胶管、液压工具的连接。在泄压位置时才能更换工具，撑开时，避免尖锐物体划伤液压柱塞。

（3）起重气垫主要由高压气瓶、气管、止回阀、减压表、控制器与气垫构成，具有方便携带、升举速度快、安全性高、升举力强等特点，常用于抢救重物压陷的人员和狭窄空间的救援。使用时避免起点被锋利物体划伤；注意气垫的受力点防止侧滑脱落，工作中禁止拔插连接插头，气瓶压力不足时，将止回阀和气瓶关闭后，才能更换气瓶。气垫层叠使用不得超过 2 个，应先给上层气垫充气，承载力以最小的为准。

（4）矿用救援轻型快速成套支护装备主要由液压支柱、延长柱、手动支柱、支撑头等构成。该装备利用手动液压泵提供支撑动力源，可在任意倾斜角度下快速支护，在支撑高度为 2 m 的情况下（支撑力不小于 100 kN），可支撑 60 m^2 安全区域或搭建 30 m 双排支撑安全通道，便于救援人员和设备安全快速通过。该装备通过各种可相互连接的轻质部件

以及不同的组合形式，满足救援现场各种撑顶长度及支撑方式的需要。

（二）矿井救灾排水装备

矿井救灾排水装备适用立井或短时间内倾斜、平卧式运行，也可用于斜井追排水、采掘面突水抢救、矿井突透水抢险和淹井矿复矿排水抢险等抢险工程。

矿井救灾排水装备主要由矿用潜水泵、潜水电机、动力电缆、控制电缆、接力泵、接力泵开关、高低压软启动柜、无缝钢管、金属软管、软管、扬水管、矿用小车、高强度螺栓、泵座、吸水罩及控制和检测设备等构成。

矿用潜水泵由双吸或单吸多级导叶式离心泵和充水式高压或低压潜水三相异步电动机组成一个整体，潜入水中运行。

衡量矿井救灾排水装备的主要技术指标有流量、扬程、功率、效率、转速、允许吸上真空高度、工作电压、工作频率、IP 防护等级等参数。

（三）救援保障车辆

救援保障车辆是指为救援力量（人员和装备）提供保障条件、恢复其战斗力的车辆，主要有宿营车、野外生活保障车、多功能集成式救援装备保障车、矿山救援车等。

（1）宿营车设置了装备存放区，可随车运送救援物资及个人随身用品等装备。宿营车除了能运载救援人员、物资外，还能为救援人员提供防风、防雨、防晒、防潮、防蛇的宿营条件，使救援队伍的救援保障能力得到提高。有的车厢内部还设有空调、照明灯等，可供救援人员的休息或充当现场指挥部。

（2）野外生活保障车用于野外的餐食加工，保障救援人员的生活与能量所需。一般配备有发电机、柴油灶、操作台、水箱水池、排烟设备等。

（3）多功能集成式救援装备保障车是根据执行救援任务的需求，针对救援任务快速反应和救援装备快速到位的实际需要研制而成的。该车装载救援所需装备，能够充分保障救援等任务的完成。

（4）矿山救援车是灾害救援中必不可少的装备，主要用于快速运输救援人员到达救援现场。

二、救援装备管理

从工作内容来说，装备管理包括装备运作全部过程的管理，即从设备到位到投入使用，以及在使用中维护、保养及修理，直至报废退出服务救援工作的全过程。为了加强装备管理，使装备经常处于良好的状态，必须严格落实装备管理、维护保养和修理制度。在装备管理中，要根据各种装备的具体情况和技术特点，提出明确的管理维护标准，并做到尽职尽责认真执行。装备的维护保养情况，要记入检查登记簿内，根据不同类型的装备，应分级管理，属中队或小队的装备，应由中队或小队负责人签字后，方可投入抢险救灾工作。

在装备管理过程中要做到：一般性的装备，要建卡立账；对固定资产的大型装备，要建立技术档案和装备定期检查记录。这样，有利于掌握装备的技术性能，对装备出厂的使用说明书、合格证要妥善保管，一旦装备有重大问题或技术性能不合乎要求时，可作为追究厂家责任的依据，以利产品质量的提高。

在装备使用和维护保养过程中，矿山救援队应急救援人员和维护保养人员要寻找装备存在的优点和不足，为新装备的补充提供借鉴。对存在不足的装备要及时向生产厂家反馈信息，与生产厂家一同制定解决、改进方案，促进装备不断优化，提高救援工作的可靠性。

参 考 文 献

[1] 王志坚. 矿山救护指挥员 [M]. 北京：煤炭工业出版社，2007.
[2] 肖文儒. 矿山事故应急救援典型案例及处置要点 [M]. 北京：煤炭工业出版社，2018.
[3] 应急管理部宣传教育中心. 安全生产隐患排查治理工作指南 [M]. 北京：国家行政出版社，2023.
[4] 中国安全生产科学研究院. 安全生产管理 [M]. 北京：应急管理出版社，2022.
[5] 国家矿山安全监察局. 煤矿重大事故隐患判定标准解读 [M]. 北京：应急管理出版社，2021.
[6] 煤矿安全规程专家解读编委会. 煤矿安全规程专家解读（井工煤矿）[M]. 徐州：中国矿业大学出版社，2022.
[7] 邵辉. 安全心理学 [M]. 北京：化学工业出版社，2013.
[8] 周志阳，杨涛. 煤矿职业病防治培训教材 [M]. 徐州：中国矿业大学出版社，2018.
[9] 王振东. 矿山救护队员 [M]. 北京：中国劳动社会保障出版社，2008.
[10] 黄喜贵. 矿山救护队员 [M]. 北京：煤炭工业出版社，2006.
[11] 刘红艳，焦向东. 煤矿通风班组长安全培训教材 [M]. 徐州：中国矿业大学出版社，2021.
[12] 王志坚. 矿山救护队员 [M]. 北京：煤炭工业出版社，2007.
[13] 贾群林. 地震应急救援培训的组织与管理 [M]. 北京：地震出版社，2014.
[14] 高玖平. 矿山安全人才队伍建设工作的思考和认识 [J]. 化工管理，2017（23）：95.
[15] 马俊宇. 消防救援队伍在地震救援中的人员搜救方法研究 [J]. 今日消防，2020（11）：41－42.
[16] 王建刚. 多元化救援技术在地震救援中的运用 [J]. 消防界（电子版），2020（19）：29.
[17] 胡月星. “三看”提高领导自我认知能力 [N]. 文摘报，2015－2－3（6）.
[18] 冯杰. 瓦斯燃烧事故救灾方法的决策 [J]. 煤矿安全，2010（3）：92－94.
[19] 臧燕杰. 破碎顶板的管理及防治 [J]. 矿山工程，2021，9（3）：201－204.
[20] 闫海忠. 浅议强化煤矿矿井通风技术的策略 [J]. 机械管理开发，2016，31（6）：161－162，165.
[21] 郭本洪. 浅谈煤矿矿井通风安全的影响因素及对策 [J]. 中国化工贸易，2014（1）：2.
[22] 杨志强. 浅谈地震应急救援中伤员转运方法 [J]. 金田，2014（9）：466.
[23] 罗羽，杨雅娜，刘秀娜，等. 重大灾害后大批伤员转运工作的研究现状 [J]. 护理学杂志，2009（2）：88.
[24] 郗伟来. 矿山救护指战员的心理素质提高策略 [J]. 技术与市场，2017（10）：237.
[25] 王居胜，魏新杰. 培养救护队指战员良好心理素质的途径 [J]. 煤矿安全，2011（7）：181－182.
[26] 陈忠贤. 干式堆存尾矿库安全运行风险分析及对策 [J]. 世界有色金属，2019（8上）：89－90.
[27] 郭晶. 煤矿事故应急救援信息管理系统数据库构建 [J]. 科技风，2015（9）：140.